KB152134

개정판

핵심포인트를 꽉 짚어주는

C 프로그래밍 완전정복

이승호 이용민 지음

한티미디어

핵심포인트를 **팍** 짚어주는

C 프로그래밍 완전정복

발행일 2015년 2월 25일 개정판 1쇄

지은이 이승호 · 이용민
펴낸이 김준호
펴낸곳 한티미디어 | 주소 서울시 마포구 연남동 570-20
등 록 제15-571호 2006년 5월 15일
전 화 02)332-7993~4 | 팩스 02)332-7995
ISBN 978-89-6421-224-0(93560)
정 가 25,000원

마케팅 박재인 최상욱 김원국 | **편집** 이소영 박새롬 안현희 | **관리** 김지영
표지 디자인 이소영 | **내지 디자인** 이경은 | **인쇄** 우일미디어

이 책에 대한 의견이나 잘못된 내용에 대한 수정정보는 한티미디어 홈페이지나 이메일로 알려주십시오.
독자님의 의견을 충분히 반영하도록 늘 노력하겠습니다.
홈페이지 www.hanteemedia.co.kr | 이메일 hantee@empal.com

인간이 컴퓨터를 제어하기 위해서는 인간의 생각을 컴퓨터에게 정확히 전달할 수 있는 언어가 존재하여야 한다. 인간이 사용하는 자연 언어를 컴퓨터에게 전달할 수가 있다면 그 이상 좋은 방법이 없을 것이다. 단순히 '1부터 10000까지 더해라' 라고 말을 했을 때 컴퓨터가 이를 알아들어 수행할 것이다. 그러나 컴퓨터는 인간이 사용하는 자연 언어를 알아들을 수 없기 때문에 컴퓨터가 알아들을 수 있는 컴퓨터 언어라는 것이 개발되어 사용되어왔다. 초기에는 0과 1로 구성된 기계어가 사용되었고, 다음에는 이보다 좀 더 발전된 형태인 어셈블리어가 사용되었다. 어셈블리어는 숫자로 이루어져 이해하기 힘든 기계어보다 이해하기 쉽고 의미가 있는 문자로 구성되어있다. 그러나 기계어와 어셈블리어는 인간의 언어와 비교해서는 훨씬 뒤떨어지는 기능을 가진 저급언어이다. 따라서 보다 인간의 언어와 가까운 형태로 이루어진 고급언어들인 FOR-TRAN, COBOL, PASCAL, C, C++ 등이 개발되었다. 이중 C 언어는 1972년에 Dennis Ritchie 가 유닉스를 개발하기 위하여 기존의 B 언어를 개량한 이식성(Portability)이 뛰어난 실무 위주의 구조적 프로그래밍 언어이다. C 언어는 다음과 같은 이유들 때문에 현재 매우 폭넓게 사용되고 있는 가장 인기있는 컴퓨터 프로그래밍 언어이다. 첫 번째로 함수(function)단위로 모듈(module)화 할 수가 있어 구조적 프로그래밍이 가능하기 때문에 복잡한 문제를 아주 작은 수행단위로 분해하여 처리할 수가 있어 효율성 있는 프로그램이 가능하다. 두 번째로는 배열, 리스트, 스택, 큐, 트리 등의 다양한 자료 구조를 손쉽게 표현할 수가 있다. 세 번째로는 간결하고 빠른 강력한 프로그래밍이 가능하기 때문에 C 언어를 사용하여 수행할 수 있는 작업의 종류에는 운영 체제(operating system), 문서 작성기(word processor), 스프레드쉬트(spreadsheet), 게임, 인터넷 프로그램 등 아무런 제한이 없다. 네 번째로는 A 컴퓨터에서 작성된 프로그램이 기종이 다른 B 컴퓨터에서도 극히 일부만 수정하여 새로 컴파일 하면 동작이 가능할 정도로 이식성이 뛰어나다. 다섯 번째로는 어셈블리어 수준의 프로그래밍이 가능하여 8088, 8051 등의 마이크로프로세서나 하드웨어 인터페이스 제어 등의 프로그램이 가능하다.

본서의 전반적인 특징은 다음과 같다.

- 핵심포인트를 정확히 짚어주는 C 언어 소스 설명

- C 언어 문법을 그림으로 쉽게 이해하도록 구성

- 단계별 학습에 의한 개념 습득 가능

- 가려운 곳을 긁어주는 풍부한 TIP

- C 프로그래밍 실력을 향상시킬 수 있는 다양한 실습예제를 수록

본서는 다음과 같이 16주차에 나누어 강의할 수 있다.

주	내용	
1주차 강의	제 1장	C 언어 개요
2주차 강의	제 2장	C 프로그램 시작하기
3주차 강의	제 3장	변수와 자료형
4주차 강의	제 4장	표준 입출력 라이브러리 함수
5주차 강의	제 5장	연산자
6주차 강의	제 6장	제어문
7주차 강의	제 7장	함수
8주차 강의	중간고사	
9주차 강의	제 8장	배열
10주차 강의	제 9장	포인터
11주차 강의	제 9장	포인터
12주차 강의	제10장	구조체
13주차 강의	제10장	구조체
14주차 강의	제11장	동적 메모리
15주차 강의	제12장	라이브러리 함수
16주차 강의	기말고사	

개정판에서는 Microsoft Visual C++ 2010 Express 버전을 기준으로 설명하였다.

한편, 본서에 수록된 예제들에 대한 파일이 필요한 사용자들은 국립 한밭대학교 이승호 교수의 홈페이지(http://cad.hanbat.ac.kr) 자료실에서 다운로드 받기를 바란다. 책의 집필 과정에서 조언을 아끼지 않았던 곽수영 교수님과 VLSI&CAD 랩실 학생들의 수고에 깊은 감사를 드린다. 끝으로 항상 출판에 많은 사랑과 정성을 기울이시는 한티미디어 김준호 사장님께도 깊은 감사를 드린다.

2015년 2월

대표저자 이승호

저자약력

■ 공학박사 이승호(李昇昊)

- 한양대학교 공과대학 전자공학과 공학사
- 한양대학교 대학원 전자공학과 공학석사
- 한양대학교 대학원 전자공학과 공학박사
- IDEC Working Group 참여교수
- 現 국립 한밭대학교 전자·제어공학과 교수

[주 관심분야]
디지털영상처리, 집적회로 설계(VLSI&CAD), 디지털시스템 설계, 마이크로프로세서, 임베디드시스템 설계 등

[저서]
PC에서의 Internet, 파워 유저를 위한 Internet, 파워 유저를 위한 홈페이지 작성법, ALTERA MAX+ PLUS II를 사용한 디지털시스템설계, ALTERA MAX+PLUS II를 사용한 디지털 논리 회로 설계의 기초와 활용, ALTERA MAX+PLUS II를 사용한 디지털 논리 회로 설계(기초와 활용), ALTERA MAX+PLUS II를 사용한 디지털 논리회로 설계(Graphic Editor), ALTERA MAX+PLUS II를 사용한 디지털 논리회로 설계(VHDL)(이상 복두출판사), 모바일 통신을 적용한 임베디드 리눅스 실습, ALTERA Quartus II를 사용한 디지털 논리회로 설계, Xilinx ISE WebPACK을 사용한 디지털 논리회로 설계, ALTERA Quartus II와 ModelSim을 사용한 Verilog HDL 논리회로 설계, 핵심포인트를 꽉 짚어주는 AVR ATmega128 완전정복(이상 한티미디어), 단계별로 따라하며 배우는 디지털 공학 실험(한빛아카데미) 등

- 2010년 문화체육관광부 우수 학술도서 선정
  ALTERA Quartus II를 사용한 디지털 논리회로 설계(한티미디어)

- 홈페이지 주소 : http://cad.hanbat.ac.kr
- E-Mail Address : shlee@cad.hanbat.ac.kr

■ 이용민

- 국립 한밭대학교 전자공학과 공학사
- 국립 한밭대학교 전자공학과 공학석사
- 한국 폴리텍 1대학 강사
- 부천대학 종합기술지원센터 강사
- 인천전문대학 강사
- 동양공업 전문대학 강사
- 안산 1대학 강사
- 부산 동의과학대학 강사
- 한밭대학교 강사
- 한국 전자부품연구원 위촉강사
- 조선대학교 초빙강사
- 現 (주)웨스넷 연구소장

[주 관심분야]
임베디드시스템 설계, 빌딩 자동제어 시스템, 컴퓨터 프로그래밍, 마이크로프로세서 응용 설계, 자동제어 프로토콜 및 통신, BEMS 등

[저서]
모바일 통신을 적용한 임베디드 리눅스 실습, 핵심포인트를 꽉 짚어주는 AVR ATmega128 완전정복(이상 한티미디어), IN-DVK-P255B를 이용한 임베디드 리눅스 기초 실습(지앤북), 그린빌딩 자동화 시스템 제어(광주교육청) 등

- E-Mail Address : joeylee0120@gmail.com

CHAPTER 7 함수

CHAPTER 8   배열   352

CHAPTER 10 구조체 456

CONTENTS

C 언어 개요

학습목표

- 프로그램의 개념을 학습한다.
- 프로그램이 사용하는 언어와 인간이 사용하는 언어와의 차이점에 대하여 학습한다.
- 프로그래밍 기법에 대하여 학습한다.
- 프로그래밍 개발 과정에 대하여 학습한다.
- C 언어의 역사, 특징, 버전, 활용에 대하여 학습한다.

1.1 프로그래밍의 개념

현대는 다양한 정보를 필요로 하는 사람들에게 빠른 시간 내에 적절히 가공해서 전달해주는 정보화 사회이다. 이를 처리하는 주체인 컴퓨터는 빠른 처리속도, 정확성, 신뢰성, 효율적인 자료관리 등의 특징으로 우리 생활에 필수 불가결한 존재가 되고 있다. 이러한 컴퓨터를 제어하기 위해서는 인간의 생각을 컴퓨터에게 정확히 전달할 수 있는 언어가 존재해야 한다. 인간이 사용하는 자연 언어를 컴퓨터에게 전달할 수만 있다면 그 이상 좋은 방법이 없을 것이다. 단순히 "1부터 10000까지 더하라" 라고 말했을 때 컴퓨터가 이를 알아들어 수행할 것이다. 그러나 그림 1.1.1과 같이 컴퓨터는 인간이 사용하는 자연 언어를 알아들을 수 없기 때문에 컴퓨터가 알아들을 수 있는 컴퓨터 언어라는 것이 개발되어 사용되어 왔다.

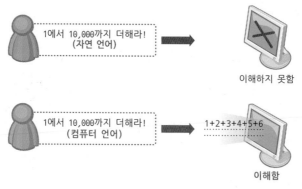

1에서 10,000까지 더해라!
(자연 언어)

이해하지 못함

1에서 10,000까지 더해라!
(컴퓨터 언어)

1+2+3+4+5+6

이해함

그림 1.1.1 인간과 컴퓨터 사이의 언어 소통

프로그램은 인간이 컴퓨터에게 특정한 작업을 시키기 위해 컴퓨터가 알아들을 수 있는 컴퓨터 언어로 작성한 일련의 명령들이다. 프로그램이 컴퓨터가 동작되기 위한 명령이라고 한다면, 프로그래밍은 그러한 명령들을 만들고 수정하면서 컴퓨터에 기록하는 것들을 의미한다. 그림 1.1.2에서 보는 바와 같이 사람이 컴퓨터에게 명령을 내리고자 하는 동작들이 프로그래밍의 과정을 거치면 프로그램으로 바뀌고 이를 컴퓨터에 이식하게 되면, 컴퓨터는 사람이 작성한 프로그램에 따라 동작하게 된다. 즉 프로그래밍이란 사람이 컴퓨터에게 명령을 내리고자 하는 동작들을 컴퓨터가 알아들을 수 있도록 컴퓨터 언어로 변환을 해주는 것이다.

한편 그림 1.1.3에서와 같이 컴퓨터에 맞게 변환되지 않은 프로그램을 컴퓨터에게 이식했을 경우 컴퓨터는 이 언어를 이해할 수 없기 때문에 컴퓨터가 정상적으로 사용자의 요구에 맞는 동작을 할 수 없게 된다. 따라서 **프로그래밍시에는 반드시 컴퓨터에 맞게 변환된 프로그램으로 이식을 해야 정상적으로 사용자의 요구에 맞는 동작을 할 수 있다.**

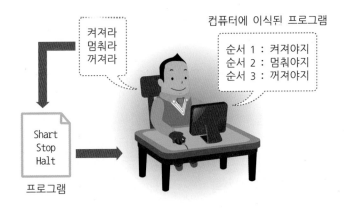

그림 1.1.2 프로그램과 프로그래밍

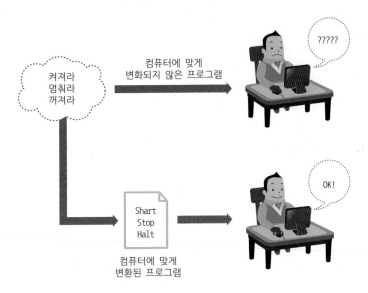

그림 1.1.3 프로그래밍시에는 컴퓨터에 맞게 변환된 프로그램으로 이식

 핵심포인트   **프로그램이 어려운가?**

복잡하고 난해한가? 사실상 그렇지 않다. 프로그램이 어렵다고 느끼는 사람은 컴퓨터가 사용하고 있는 언어를 잘 몰라서 그런 것이다. 프로그래밍 언어는 말 그대로 언어인 것이다. 영어가 어렵다고 느끼는 사람이 많을 것이다. 이는 영어에 대한 연습이 부족하고 우리가 평소 사용하지 않는 언어이기에 그럴 것이다. 컴퓨터 프로그래밍 언어도 마찬가지로 평소에 접하지 못하고, 자주 사용하지 않기 때문에 어려운 것이지 막상 익숙해지고, 매일매일 사용하다보면 한국어처럼 쉽게 이해할 수 있을 것이다. 요컨대 언어는 학습의 과정에서 얻어지는 것이 아닌 경험과 반복훈련을 통해서 통달할 수 있듯이 프로그래밍 자체도 연습과 훈련이 뒷받침 되지 않으면 결코 훌륭한 프로그래머가 될 수 없다.

1.2 프로그래밍 언어의 종류

컴퓨터는 인간이 사용하는 자연 언어를 알아들을 수 없기 때문에 컴퓨터가 알아들을 수 있는 컴퓨터 언어라는 것이 개발되어 사용되어왔다. 초기에는 0과 1로 구성된 기계어가 사용되었고, 다음에는 이보다 좀 더 발전된 형태인 어셈블리어가 사용되었다. 어셈블리어는 숫자로 이뤄져 이해하기 힘든 기계어보다 이해하기 쉽고 의미가 있는 문자로 구성되어있다. 그러나 기계어와 어셈블리어는 인간의 언어와 비교해서는 훨씬 뒤떨어지는 기능을 가진 저급 언어이다. 따라서 보다 인간의 언어와 가까운 형태로 이뤄진 고급 언어가 개발되었다.

1.2.1 기계어

기계어는 0과 1로 이뤄진 명령어의 조합으로 실제로 컴퓨터의 CPU(Central Processing Unit)가 이해하고 알아들을 수 있는 언어이며 컴퓨터의 CPU의 종류에 따라 달라진다. 따라서 인간이 이해하기가 매우 힘들며 실수가 많이 발생한다. 그림 1.2.1과 같이 **기계어는 CPU가 이해하고 알아들을 수 있는 0과 1의 조합으로 되어 있어서 컴퓨터 CPU에서 별다른 처리 과정 없이 즉시 동작되어진다.**

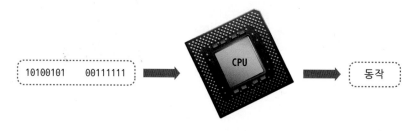

그림 1.2.1   기계어의 CPU에서 동작

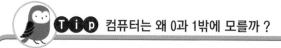 **컴퓨터는 왜 0과 1밖에 모를까 ?**

컴퓨터의 핵심이라고 일컬어지는 CPU는 디지털 소자이다. 디지털 소자는 특정 전압일 때 1, 특정 전압이 없을 때 0으로 간주하기 때문에 CPU는 0과 1밖에 모른다고 할 수 있다.

1.2.2 어셈블리어

어셈블리어는 기계어를 사람이 알아보기 쉬운 일련의 기호를 사용하여 좀 더 쉽게 컴퓨터의 동작을 제어할 수 있도록 만든 것이나 여전히 인간이 이해하기 힘들고, 컴퓨터의 CPU의 종류에 따라 모두 다르다. 어셈블리어는 어셈블러에 의하여 CPU가 이해하고 알아들을 수 있는 기계어로 변환된다. 그림 1.2.2와 같이 **사람이 알아보기 쉬운 일련의 기호를 사용하며 어셈블러에 의하여 CPU가 이해하고 알아들을 수 있는 기계어로 변환되어 CPU에서 동작되어진다.**

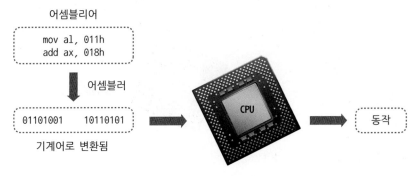

그림 1.2.2 어셈블리어의 CPU에서 동작

 어셈블러란 무엇인가요?

어셈블러란 하드웨어에 가까운 어셈블리어를 기계어로 변환해 주는 프로그램이다. 어셈블리어, 어셈블러 언어, 어셈블리어 모두 같은 말이며 어셈블러에 의해서 기계어로 변환되기 이전의 원시 코드, 즉 소스 코드를 의미한다. 어셈블러는 어셈블리어로 작성된 코드들을 가져다가 그 동작에 부합하는 1과 0의 패턴으로 변경시켜 주는 역할을 한다. 이렇게 1과 0의 패턴으로 이뤄진 파일을 오브젝트 코드 또는 목적 프로그램이라고 하며 기계어이다. 아주 초창기 프로그램에서는 프로그래머들이 실제 어셈블러를 사용하지 않고, 기계어를 직접 제작하기도 했지만, 분석하고 작성하는데 대단히 어렵고 시간이 많이 걸려 어셈블러와 이 때 사용하는 명령어들의 조합인 어셈블리어를 개발하여 개발기간의 단축을 가져올 수 있었다. 하지만, 어셈블리어는 CPU가 바뀔 때마다 명령어의 조합이 바뀌고, CPU에 대한 지식을 가지고 있어야 프로그래밍이 가능하기 때문에, 근래에는 C와 같은 고급언어를 사용하는 것이 더 효율적이기 때문에 많이 사용하지는 않는다.

1.2.3 고급 언어

기계어와 어셈블리어는 인간의 언어와 비교해서는 훨씬 뒤떨어지는 기능을 가진 저급 언어이다. 따라서 보다 인간의 언어와 가까운 형태로 이뤄진 고급 언어인 BASIC, FORTRAN,

COBOL, PASCAL, C, C++ 등이 개발되었다. 고급 언어는 인간이 사용하는 언어를 직접 사용하여 프로그램에 대응하도록 한 것으로 인간이 사용하기 쉽기 때문에 많이 사용되고 있다. **고급 언어는 컴파일러에 의하여 CPU가 이해하고 알아들을 수 있는 기계어로 변환된다.** 1.2.2와 같이 고급 언어인 C 언어는 인간이 사용하는 언어를 직접 사용하여 프로그래밍하며 컴파일러에 의하여 CPU가 이해하고 알아들을 수 있는 기계어로 변환되어 CPU에서 동작되어진다.

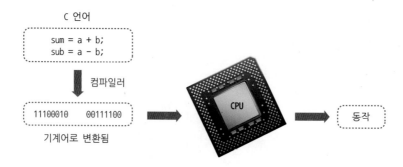

그림 1.2.3 고급 언어의 CPU에서 동작

프로그래머가 작성한 고급 언어를 기계가 알아들을 수 있도록 변환하는 방법에는 다음과 같은 2가지 방법이 있다.

1. 인터프리터(interpreter) 방식
① 소스 코드를 주기억장치에 복사한 후 기계어(2진수 체계인 0 또는 1)로 번역하여 처리 결과를 나타낸다.
② 초보자가 사용하기에 편리하다.
③ 실행 결과를 나타내려면 항상 소스 코드가 존재해야 하므로 상용화가 불가능하다.
④ 실행 할 때마다 매번 소스 코드를 기계어로 번역하므로 실행 속도가 느리다.
⑤ BASIC과 LISP등이 있다.

2. 컴파일러(compiler) 방식
① 소스 코드, 오브젝트 코드, 실행 코드 등 각 단계별로 소프트웨어 자원이 존재하기 때문에 상용화가 가능하다.
② 초보자가 사용하기가 어렵다.
③ 일단 기계어로 번역된 실행 코드는 최적화된 상태의 코드이므로 실행 결과가 빠르게 나타난다.
④ FORTRAN, COBOL, PASCAL, C, C++ 등이 있다.

1.3 프로그래밍 기법

프로그래밍 기법이란 프로그램을 만드는 방법에 대한 일반적인 이야기를 말한다. 프로그램을 짜는 사람 마음대로 프로그램을 작성하면 되는 것 아니냐고 반문할 수도 있겠지만, 여기에서 이야기하는 프로그래밍 기법이란 프로그램 언어에 따라 혹은 프로그램의 사용 용도에 따라 프로그램을 어떠한 방식으로 짤 것인지, 어떠한 방법으로 구성하고 계획해야 차후에 문제가 발생될 소지를 줄일 것인지에 대한 개념이다. **프로그래밍 기법은 크게 순차적 프로그래밍, 구조적 프로그래밍, 객체지향 프로그래밍으로 구분된다.**

1.3.1 순차적 프로그래밍

순차적 프로그래밍이란 프로그램의 시작에서부터 종료할 때까지 결과를 얻어내기 위해 코드 (code)의 흐름대로 프로그램이 진행되는 것을 말한다. 마치 일기처럼 프로그램의 시작 코드가 가장 상위에 존재하고, 프로그램은 하위로 내려오면서 진행되며 마지막 END 코드를 만나면 프로그램은 종료하게 된다. 그림 1.3.1은 순차적 프로그램의 예이다. 예를 들어 A 과목을 수강한 뒤 과목의 시험을 치르고 A 과목 과제를 진행한 뒤 A 과목 보충 단계에서 문제점이 발견됐을 때, A 과목 수강부터 재검토해야 한다. 순차적 프로그래밍 특징상 A 과목 수강부터 A 과목 보충까지 하나의 처리문으로 이뤄져 있기 때문에, 중간의 어느 부분에서 수정하기가 쉽지 않기 때문이다. 순차적 프로그래밍은 간단하고 복잡하지 않은 프로그램에서는 사용하기가 쉬우나, 복잡한 프로그램에서는 사용하기가 거의 불가능하다. 순차적 프로그래밍 기법을 사용하는 대표적인 언어는 BASIC이 있다.

Tip 코드(code)는?

코드는 프로그래밍에 사용되는 컴퓨터 프로그래밍의 언어 중 단어라고 이해하면 되겠다. 국어에 품사와 어휘가 있듯이 프로그램에도 코드가 있다.
예 int, void, add() 등

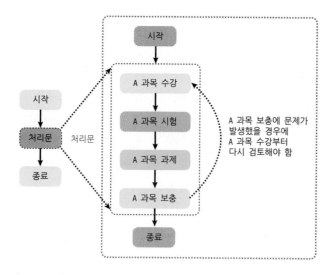

그림 1.3.1   순차적 프로그래밍의 예

1.3.2 구조적 프로그래밍

구조적 프로그래밍은 그림 1.3.2와 같이 일련의 독립적인 작업단위로 분해된 모듈들로 구성되며, 복잡한 문제를 아주 작은 수행단위로 분해하여 처리할 수 있기 때문에 효율적인 프로그래밍을 수행할 수 있다. 구조적 프로그래밍의 가장 큰 특징은 독립적인 작업단위로 구성된 모듈들인 각각의 처리문들이 개별적으로 존재하여 처리문 별로 분석이 가능하기 때문에, 문제 발생시 전체 프로그램을 처음부터 다시 검토할 필요가 없다.

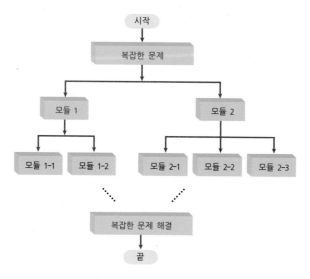

그림 1.3.2   구조적 프로그래밍 기법

그림 1.3.3은 구조적 프로그래밍의 예이다. 예를 들어 A 과목 보충 단계에서 문제점을 발견했을 때 A 과목 수강부터 다시 검토할 필요없이 독립적인 작업단위로 구성된 모듈인 처리문2 부분만 다시 검토하면 된다. 구조적 프로그래밍 기법을 사용하는 대표적인 언어는 C가 있다.

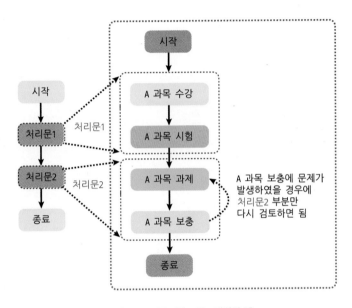

그림 1.3.3 구조적 프로그래밍의 예

1.3.3 객체지향 프로그래밍

그림 1.3.4와 같이 일련의 독립적인 작업단위로 분해된 모듈들로 구성된 구조적인 프로그래밍 기법은 모듈내에서 동작되는 함수와 입력되는 자료들이 분리되어 있어 독립적인 모듈처리가 힘들어진다. 따라서 프로그램의 모듈들이 많을 경우에 각각의 모듈내에서 동작되는 함수와 입력되는 자료들을 파악하기가 복잡해지는 문제가 발생하게 된다. 따라서 이전에 개발되었던 구조적 프로그램을 나중에 수정할 경우에 모듈내에서 동작하는 함수와 이에 입력되는 자료들을 혼돈하여 예기치 않은 부작용이 발생하게 된다. 이에 따른 문제점을 해결하기 위해 객체지향 프로그래밍 기법이 나오게 되었다. 그림 1.3.5와 같이 **객체지향 프로그래밍 기법에서 객체는 모듈내에서 동작되는 함수와 입력되는 자료들을 하나의 패키지로 묶어 완전히 독립된 모듈로 존재한다.** 이렇게 정의된 객체를 중심으로 프로그래밍을 하게 되면 객체와 객체간에는 서로 독립적으로 존재하기 때문에 모듈내에서 동작하는 함수와 이에 입력되는 자료들을 혼돈하여 예기치 않은 부작용을 막을 수 있다. 따라서 프로그램의 업데이트가 쉽게 이루어 질 수 있다.

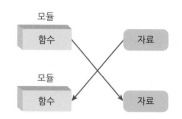

그림 1.3.4 모듈내에서 동작되는 함수와 입력되는 자료들이 분리됨

그림 1.3.5 동작되어지는 함수와 입력되는 자료들을 하나의 패키지로 묶인 객체

프로그램 입장에서 객체란 자료를 처리하고 다룰 수 있는 흔히 사용되는 일반적인 대상이라 할 수 있다. 컴퓨터 입장에서 바라본다면 객체란 마우스 포인터, 스크롤 대상, 바탕화면의 작은 아이콘까지 모두 객체라고 보면 된다. 그림 1.3.6은 객체지향 프로그램의 예이다. 예를 들어, 시작 → A 과목 수강 → A 과목 시험을 수행하는 모듈을 메인 객체라 정의한다고 가정한다. 또한 A 과목 과제 → A 과목 보충의 기능을 수행하는 모듈을 서브 객체라 정의하고, 메인 객체에서 서브 객체를 호출하여 전체 프로그램을 수행하게 된다. 이때 A 과목 보충 과정에서 문제 발생시 메인 객체는 별개로 하고 서브 객체만 다시 검토하면 된다. 이는 객체간에는 서로 독립적인 관계를 유지하는 객체지향 프로그래밍 기법의 특징 때문이다. 객체지향 프로그래밍 기법을 사용하는 대표적인 언어는 C++, JAVA 등이 있다.

지금까지 3개의 프로그래밍 기법에 대해서 살펴보았다. C 언어는 순차적 프로그래밍 기법과 구조적 프로그래밍 기법을 모두 사용할 수 있다. 앞서 설명한 바와 같이 기능이 단순하

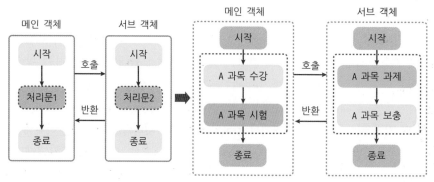

A 과목 보충 과정에 문제가 발생하였을 경우에
서브 객체만 다시 검토하면 됨

그림 1.3.6 객체지향 프로그래밍의 예

고, 프로그래밍을 빨리 해야 하는 경우에는 순자적 프로그램 기법을 사용해도 되지만, 기능이 다양하고 복잡한 알고리즘과 논리적인 부분이 많이 개입되어 있는 경우에는 구조적 프로그래밍 기법을 사용하는 것을 추천한다. 순차적 프로그래밍 기법을 사용시 작은 프로그램일 경우에는 코드를 수정하고 보완하는 작업이 초보자에게도 쉬운 편이다. 그러나 프로그램이 커지게 되면 전체 프로그램의 구조를 파악하기가 불가능해진다. 반면에 구조적 프로그래밍 기법에서는 각 모듈 및 기능별로 처리문을 구조화 시키기 때문에 전체 프로그램의 구조가 한 눈에 보일 뿐만 아니라 수정하기에도 편리하다.

1.4 프로그래밍 개발 과정

하나의 주제를 가지고 관련된 과제물을 작성하고 제출해야 한다고 가정하자. 과제물을 작성하고 해결하는데에 필요한 일련의 과정들에 대해 살펴보면, 구성, 본론, 문제해결, 결과정리 등의 과정으로 진행된다. 프로그래밍도 마찬가지이다. 어떠한 특정의 동작 요구조건이 주어졌을 때 이를 어떠한 방법으로 풀어나갈 것이며, 동작의 순서, 해결방법, 결론을 도출해 내는 과정, 결과를 내는 정의 및 방법들 또한 존재할 것이다. 일단 프로그래밍 된 프로그램이 컴퓨터에 주입되었을 때에는 더 이상 프로그래머가 관여할 수 없게 된다. 따라서 프로그래밍 할 때 계획과 요구사항을 정확하게 분석하여 계획을 수립하고, 과정을 진행해 나가며, 잘못된 것이 있는지 잘 검토하여 요구사항에 충족하는 것이 프로그래밍의 핵심이라고 할 수 있다. **프로그래밍을 하는데 있어서 혼히 요구되는 개발 과정은 프로그래밍 요구사항 분석, 프로그램 계획 설정, 소스 코드 작성, 컴파일(compile), 링크(link), 디버깅(debugging) 등으로 나뉜다.**

1.4.1 프로그래밍 요구사항 분석

프로그램의 요구사항 과정에서는 그림 1.4.1과 같이 프로그램이 동작되기 위한 조건을 정립하는 것이다. 과제물의 경우 제시하는 조건을 맞추면 되지만, 직접 프로그래밍을 계획하고 수립한다고 했을 때 어떠한 요구조건들이 필요한지를 구성하고 계획하는 것이 중요하다. 본 단계를 생략하고 프로그래밍 작업을 수행한다면, 프로그래밍 중간에 개입되고 수정되는 요구조건들 때문에 프로그램이 복잡하게 될 수 있다.

그림 1.4.1　프로그램의 요구사항 분석

1.4.2 프로그램 계획 설정

프로그램을 계획할 때 요구조건을 충분히 분석하였다면, 실제 필요한 프로그램의 방법에 대해 생각할 차례이다. 프로그래밍의 시작시 어떠한 기준으로 연산을 할 것이며, 어떠한 기준으로 프로그래밍을 진행할 것이지, 또한 어떠한 방식으로 자료를 관리할 것인지 등에 대한 계획이 필요하다. 즉 **효율적인 자료 처리를 위한 자료 구조(data structure) 설정 및 문제를 해결하기 위한 방법론인 알고리즘(algorithm) 설정이 필요하게 된다.**

(1) 자료 구조(data structure)

컴퓨터의 주기억장치인 RAM(Random Access Memory)에는 그림 1.4.2와 같이 자료 영역, 프로그램 영역, 운영체제 영역으로 구분되어 저장된다. 운영체제 영역에는 컴퓨터 부팅시 필요한 운영체제 파일들이 저장되고, 프로그램 영역에는 CPU에게 지시할 명령어들이 저장된다. 자료 영역에는 CPU가 프로그램에 의하여 명령을 수행할 때 필요한 자료들이 저장된

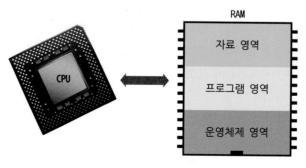

그림 1.4.2　RAM 영역

다. **이때 자료들을 이 영역에 어떠한 구조로 저장하는지를 결정하는 방식이 자료 구조이다.** 물류창고에 저장된 물건들이 어떠한 형태로 저장되었는가에 따라 필요한 물건을 찾는 시간이 차이가 나는 것과 마찬가지로, 어떠한 자료 구조를 사용하느냐에 따라서 CPU가 동작하는 시간에 차이가 나게 된다. 따라서 프로그램에 맞는 적절한 자료 구조를 사용하는 것이 CPU가 프로그램에 의하여 어떤 동작을 할 때 동작 시간을 줄일 수 있게 된다.

자료 구조의 종류에는 배열(array), 연결 리스트(linked list), 스택(stack), 큐(queue), 트리(tree) 등이 존재한다.

그림 1.4.3은 연속된 메모리 공간에 연속적으로 같은 크기로 순서를 갖고 있는 자료들의 집합인 배열을 나타내고 있다. 배열은 한번 할당된 메모리 공간을 사용하지 않아도 그대로 유지해야 하는 정적인 자료 구조이다. 따라서 메모리 사용면에 있어서는 효율적이지 못하나 사용하기에는 편리한 면이 있다.

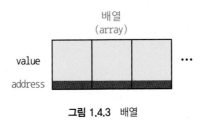

그림 1.4.3 배열

그림 1.4.4는 포인터(pointer)를 사용하여 메모리 공간에 동적으로 메모리를 관리하는 연결 리스트이다. 배열과는 달리 메모리를 미리 할당하지 않고, 프로그램 수행 중에 필요시 할당하며 필요 없을 경우에는 해제할 수가 있어 메모리 사용면에 있어 매우 효율적이다. 그러나 사용하기가 까다로워 잘못 사용하면 프로그램 실행 중에 심각한 논리 에러를 발생시킬 수 있다.

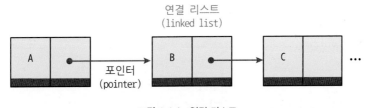

그림 1.4.4 연결 리스트

그림 1.4.5는 가장 먼저 입력된 자료가 가장 나중에 출력되는 LIFO(Last In First out) 구조인 스택이다. 스택은 인터럽트 처리 또는 함수의 호출시에 현재의 주소나 상태 등을 임시로 저장하는데 사용된다.

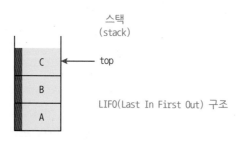

그림 1.4.5 스택

그림 1.4.6은 가장 먼저 입력된 자료가 가장 먼저 출력되는 FIFO(First In First out) 구조인 큐이다. 마우스의 이벤트, 버퍼링 등이 발생하면 큐에 저장한 후에, 저장된 순서대로 출력하여 처리하도록 하는데 큐가 활용된다.

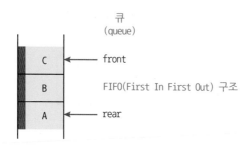

그림 1.4.6 큐

이벤트는?
이벤트는 마우스의 움직임이나 버튼이 눌리거나 떼어지는 것들을 말한다.

버퍼링이란?
버퍼링이란 어떤 이벤트들을 임시 저장장소에 모아놓는 것을 말한다.

그림 1.4.7은 노드(node)와 에지(edge)로 구성된 이차원적인 자료 구조인 나무 모양을 한 트리이다. 윈도우의 탐색기에서 나타내는 폴더 구조가 대표적인 트리 구조이다. 트리 구조는 대규모 자료가 저장되어 있는 공간을 빠르게 검색할 경우 많이 활용된다.

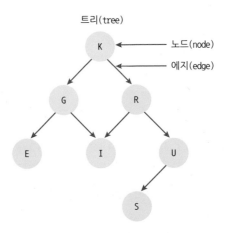

그림 1.4.7 트리

(2) 알고리즘

알고리즘(algorithm)이란 그림 1.4.8과 같이 보통 문제를 해결해 내기 위한 방법이나 절차를 의미한다. 대학생들이 좋아하는 MT를 예를 들면 강원도의 한 해수욕장으로 장소를 지정했을 때. 어떠한 방법으로 그곳에 도달해야 하는지에 대한 방법과 절차를 떠올리면 된다. 여기서 얘기하는 문제란 MT 장소에 도달하는데 이동수단과 경로가 될 것이며, 이를 해결해 내기 위한 알고리즘에는 버스를 타고 이동하는 것과 자가용, 기차를 이용하는 것이며, 고속도로를 타고 갈 것인지, 국도를 타고 여러 곳을 경유해서 갈 것인지이다. 목적지에 도달하기까지 알고리즘을 어떻게 수립하느냐에 따라 시간을 아낄 수 있고, 흥미를 유발할 수 있듯이 프로그램에서도 알고리즘을 잘 수립해야 보다 간결한 코드가 완성되고 프로그래밍의 시간도 절약할 수 있다.

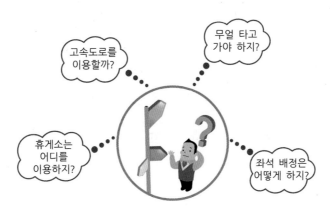

그림 1.4.8 알고리즘의 고민 단계

1에서 100까지 더하는 프로그램을 작성한다고 가정했을 때 알고리즘은 여러 가지가 있을 것이다. 그림 1.4.9처럼 1부터 100까지 일렬로 더하는 알고리즘이 있을 수 있으며, 그림 1.4.10처럼 더하여 101이 되는 모듈을 50개 만들어 50×101을 하는 알고리즘이 있을 수 있다.

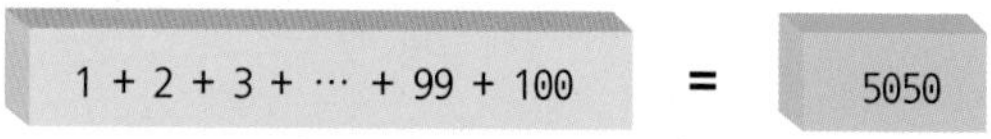

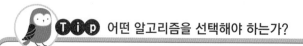

$$1 + 2 + 3 + \cdots + 99 + 100 \quad = \quad 5050$$

그림 1.4.9   1부터 100까지 일렬로 더하는 알고리즘

$$(1 + 100) + (2 + 99) + \cdots + (50 + 51) \quad = \quad 50 \times 101 \quad = \quad 5050$$

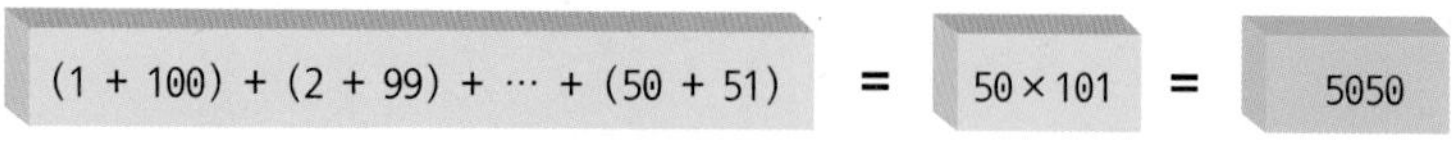

그림 1.4.10   더하여 101이 되는 모듈을 50개 만들어 50 X 101을 하는 알고리즘

Tip 어떤 알고리즘을 선택해야 하는가?

어떤 문제를 해결하는 알고리즘은 다양하게 존재할 수 있다. 그러면 어떤 알고리즘을 선택할 것인가를 고민해야 한다. 일반적으로 어떤 문제에 대한 가장 최적의 알고리즘은 존재하지 않는다. 따라서 문제의 상황과 제한적 요소들을 고려하여 알맞은 알고리즘을 선택하면 된다. 이때 알고리즘의 속도와 메모리 사용량과의 관계를 적절히 고려해야 한다. 알고리즘의 속도가 빠르면 메모리 사용량이 많아지게 되고, 알고리즘의 속도가 느리면 메모리 사용량이 적어진다.

1.4.3 소스 코드 작성

소스 코드(source code)란 말의 의미는 근원적 코드를 뜻하며, 프로그래밍에 사용되는 코드라고 이해해도 무방하다. 소스 코드 작성은 그림 1.4.11과 같이 컴퓨터상에서 프로그래밍에 사용되는 언어(본서에서는 고급 언어인 C 언어를 지칭한다.)를 이용하여 프로그래밍을 작성해 나가는 과정을 말한다.

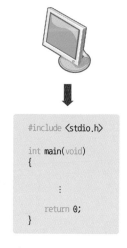

```c
#include <stdio.h>

int main(void)
{
        :
    return 0;
}
```

그림 1.4.11   소스 코드 작성

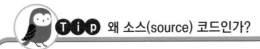 **왜 소스(source) 코드인가?**

소스 코드라고 명명하는 이유는 인간이 작성한 고급 언어를 컴파일이라는 과정을 거쳐 프로그램이 동작될 특정 컴퓨터에 맞도록 변환되어야 하기 때문에 오리지널 코드, 소스 코드, 원시 코드라 명명된다. 하지만, 특정 컴퓨터에서 동작되는 변환된 프로그램은 보통 2진으로 이뤄져 있는 코드이기 때문에 프로그램을 구성하고 있는 코드는 보통 소스 코드를 지칭한다.

1.4.4 컴파일

사용자가 고급 언어로 작성한 소스 코드를 동작할 컴퓨터 등에서 동작시킬 수 있도록 저급 언어 혹은 기계어로 번역해야 할 필요가 있다. 이 과정을 컴파일(compile)이라고 하며 컴파일러에 의하여 문법적 에러를 체크하여 사용자가 수정할 수 있도록 한다. 사용자가 편집기 등을 이용하여 작성한 소스 코드가 컴파일 과정을 거치면 동작할 컴퓨터에서 동작시킬 수 있는 기계어인 오브젝트 코드가 생성된다. 그림 1.4.12는 컴파일 과정이다.

그림 1.4.12 컴파일 과정

 **컴파일?**

프로그래밍에 사용되는 몇몇 소프트웨어들은 컴파일 과정에 실행 기능까지 같이 수행되도록 지원한다. 그래서 간혹 일부 학생들은 컴파일 과정이 프로그램의 오류 검사를 마치고 실행 코드를 실행시키는 과정이라고 오해하기 쉬우나 컴파일의 본래 의미는 위와 같이 컴퓨터가 알아들을 수 있도록 번역하는 기능이다. PC에서 사용하는 PC용 컴파일 프로그램들은 그 오브젝트 코드가 PC에 맞춰 있기 때문에 바로 컴파일과 실행을 할 수 있는 것뿐이지, 만일 PC용 프로그램이 아니라 다른 마이크로프로세서를 사용하는 장치에 프로그램을 제작시 오류가 발생한다.

1.4.5 링크

링크(link) 과정에서는 링커(linker)에 의해 컴파일 과정에서 생성되어 분할된 오브젝트 코드들을 결합하고, 오브젝트 코드로 존재하는 라이브러리들을 결합하여 동작할 컴퓨터에서 동

작시킬 수 있는 실행 코드를 생성한다. 한편 링크 과정에서도 문법적 에러를 체크하여 사용자에게 알려주어 수정할 수 있도록 한다. 그림 1.4.13은 링크 과정이다.

그림 1.4.13 링크 과정

1.4.6 실행

실행(execution)이란 그림 1.4.14와 같이 **운영체제에 존재하는 프로그램인 로더(loader)가** 하드 디스크와 같은 저장 공간에 있는 실행 코드를 주기억장치로 복사한 후 컴퓨터가 실행하는 기능을 수행하는 과정이다.

그림 1.4.14 실행 과정

1.4.7 디버깅

디버깅(debugging)이란 소스 코드를 수정하여 버그(bug)를 없애는 과정을 말한다. 버그란 프로그램 상에서 흔히 오류라고 이해하면 좋을 것이다. 컴파일 과정에서 대부분의 문법적 오류를 알려주긴 하지만, 간혹 메모리 관련 오류, 또 프로그래머의 목적에 부합되지 않은 동작들을 고치고 개선해 나가는 과정 자체도 큰 의미로써는 디버깅의 과정에 해당된다. 디버깅 과정은 그림 1.4.15와 같이 컴파일 과정과 링크 과정에서 발생하는 문법적 에러를 디버깅하는 문법 에러 디버깅과 프로그램 실행시 발생하는 메모리 관련 오류를 디버깅하는 실행 시간 에러 디버깅, 알고리즘 오류를 디버깅하는 논리 에러 디버깅 등으로 구분된다.

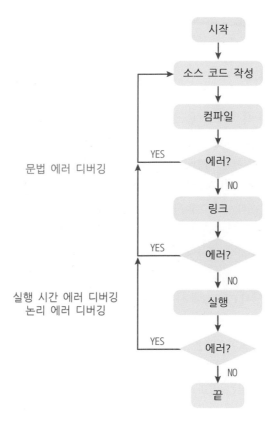

그림 1.4.15 디버깅 과정

Tip 디버깅이란 말의 유래?

1945년 해군장교였던 그레이스 머레이 하퍼(Grace Murray Hopper)는 갑자기 동작하지 않는 메인프레임 컴퓨터를 보고 의아해 했다. 그녀가 컴퓨터의 뒷부분을 열어보자 죽어 있는 나방 한 마리를 발견하고, 그 나방이 두 개의 회로에 엉켜있어 컴퓨터가 동작되지 않음을 간파하고, 나방을 꺼냈더니 컴퓨터가 잘 동작되었다는 일화가 있다. 이 때 이후로 컴퓨터 내부에 있던 버그(벌레)를 제거하여 컴퓨터 동작을 재연시켰다는 의미에서 디버그, 디버깅이라는 말이 유래되었다. 하퍼는 당시 이러한 내용을 자신의 노트에 기술하였고, 이 노트는 현재 미 해군 박물관에 전시되어 있다.

1.5 C 언어의 소개

1.5.1 C 언어의 역사

1960년 말에 AT&T사의 벨 연구소에 근무하는 켄 톰슨(Ken Thomson)은 Space Travel이라는 태양계의 천체 움직임을 시뮬레이션하는 컴퓨터 게임을 개발하였다. 그러나 그 당시 사용된 메인 프레임의 성능이 매우 불안정하고 가격도 매우 비쌌기 때문에 데니스 리치(Dennis Ritchie)와 함께 소형 컴퓨터인 PDP-7에 사용할 수 있는 Space Travel이라는 컴퓨터 게임을 다시 개발하게 되었다. 이때 PDP-7에 사용되는 운영체제인 유닉스를 어셈블리어로 적성하였으나, 운영체제의 이식성을 높이기 위해 PDP-11에 사용될 운영체제인 유닉스를 그 당시의 고급 언어인 B 언어를 사용하여 개발하기로 하였다. 그러나 B 언어는 성능이 떨어진다고 생각되어 새로이 향상된 성능을 가진 C 언어를 개발하게 되었다. 따라서 **C 언어는 1972년에 켄 톰슨과 데니스 리치가 당시 PDP-11에 사용될 운영체제인 유닉스에서 사용하기 위해 만든 고급 프로그래밍 언어이다.** 이후에 유닉스 시스템의 바탕 프로그램은 모두 C 언어로 만들어졌고, 많은 운영체제의 커널도 또한 C 언어로 만들어졌다. C 언어는 실질적으로 모든 컴퓨터 시스템에서 사용할 수 있는 프로그래밍 언어이다. 예를 들어 BASIC 등과는 달리 다양한 플랫폼에서 ANSI C의 정의에 따르는 비교적 동일한 구현이 가능하다. 모든 C 언어 시스템에는 정규화된 표준 C 라이브러리가 존재하기 때문에 C 언어의 표준함수로만 작성된 프로그램은 어떤 기종의 컴퓨터에서도 정상적으로 컴파일되고 실행될 수 있다. 또한 C 언어는 어셈블리어 수준의 하위 레벨(low-level) 프로그램이 가능하기 때문에 널리 쓰이는 운영체제 커널 대부분이 C 언어를 이용해 구현되는 이유이기도 하다. 이에 따라 C 언어는 시스템 프로그램 개발 뿐만 아니라 응용 프로그램 개발 등에도 사용되는 현재 매우 폭넓게 사용되고 있는 가장 인기 있는 프로그래밍 언어이다. 한편 C++ 언어는 C 언어에서 객체 지향형 언어로 발전된 것이며 다른 다양한 최신 언어들도 그 뿌리를 C 언어에 두고 있다.

1.5.2 C 언어의 특징

(1) 이식성

C 언어는 다른 프로그래밍 언어들보다 높은 호환성을 가지고 있고 C 언어의 표준 함수로만 작성된 프로그램은 어떤 기종의 컴퓨터에서도 정상적으로 컴파일되고 실행될 수 있다. 예를 들면 소형 컴퓨터에서 작성된 C 언어 프로그램이 대형 컴퓨터에서도 완벽하게 사용될 수 있다는 것이다.

(2) 다양성

C 언어는 과학 계산용 프로그램뿐만 아니라 설비(facilities), 공장 자동화(FA), 시스템 프로그램(system program), 응용 프로그램(application program), GUI(Graphic User Interface), 사무 자동화(OA) 등과 같이 컴퓨터의 모든 분야에서 사용할 수 있도록 설계된 간결하면서도 효율적인 프로그램 언어이다.

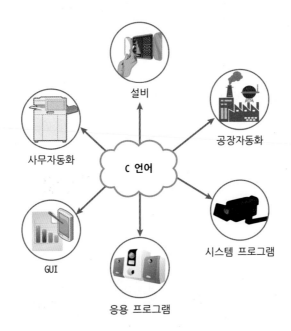

(3) 유연성

C 언어의 가장 큰 특징 중의 하나는 소프트웨어의 부품화를 실현할 수 있다는 것이다. 소프트웨어의 부품화란 새로운 프로그램을 개발하기 위해 이미 작성된 외부 프로그램 모듈들을 그대로 사용할 수 있다는 것을 의미한다. C 언어를 부품과 같이 사용할 수 있는 대

표적인 응용 소프트웨어로는 클리퍼, 폭스프로, 윈도우, 오토캐드 등이 있다. 또 다른 의미로는 어셈블리어에 준하면서도 고급 언어로 집적된 표현을 할 수 있다. 즉, 하위 레벨 수준의 프로그래밍과 고급 언어 수준의 프로그래밍이 가능하다.

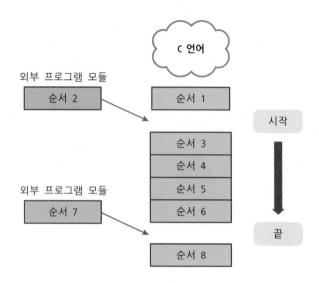

(4) 혼합성

C 언어는 다른 프로그래밍 언어와 함께 혼합되어 사용될 수 있으며, 혼합 프로그램을 개발하는 프로그램의 혼합성을 극대화시키는데 사용된다. C 언어와 함께 가장 많이 사용되는 프로그래밍 언어는 어셈블리어이며 패키지 언어에는 클리퍼 등이 있다.

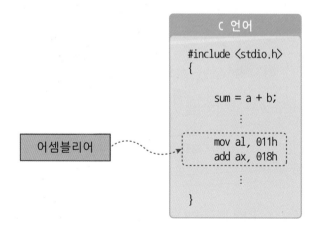

1.5.3 C 언어의 버전

C 언어의 버전은 K&R C, ANSI C & ISO(C90), C99 등 크게 3가지가 있다. 각 버전의 특징은 다음과 같다.

버전	내 용
K&R C	1978년 Dennis Ritche 와 Brian Kernighan은 "The C Programming Language" 라는 책을 편찬하면서 K&R C 언어에 대해 소개하면서 표준이 되었다.
ANSI &ISO C(C90)	1970년대를 지나면서 C 언어가 점차적으로 BASIC 언어를 대체하기 시작했다. 1980년대에는 IBM PC에 채용되면서 대중화가 많이 되었으며, 이에 따라 표준화가 필요하게 되어 1989년에 ANSI(American national Standards Institute)에서 K&R C를 확장하여 ANSI C(C89) 표준을 제정하였다. 그리고 1990년에 ISO(International Organization for Standardization)에서 ISO C(C90)를 국제 표준으로 제정하였다.
C99	1999년에 ISO에서 ANSI C에 대한 내용을 좀 더 추가하여 C99라는 새로운 표준을 제정하였다. 되었다. 추가된 내용을 간단히 요약하면 다음과 같다. - inline 함수 - 새로운 자료형 - 한줄 처리 주석(//)

 Tip C 언어 버전 사이트?

C 언어 버전에 내용에 대한 자세한 설명은 http://en.wikipedia.org/wiki/C_(programming_language#History 사이트를 참고한다.

1.5.4 C 언어의 활용

C 언어는 운영 체제, 문서 작성기, 스프레드 시트, 게임, 인터넷 프로그램 등 다양한 분야로 사용되면서 가장 많이 사용되는 고급 프로그래밍 언어이다. 또한 어셈블리어 수준의 프로그래밍이 가능하여 마이크로프로세서, 하드웨어 인터페이스 제어, 임베디드 시스템(embedded system) 등에도 활용된다. 한편 C++. C#, 자바, 펄, PHP 등과 같은 프로그래밍 언어들도 C 언어에 뿌리를 두고 있기 때문에 C 언어의 활용은 다양할 수 밖에 없다.

임베디드 시스템이란 무엇인가?

임베디드 시스템이란 더 큰 시스템의 구성 요소를 이루거나, 사람의 개입없이 동작하도록 기대되는 하드웨어와 소프트웨어를 총칭하는 개념이다. 전형적인 임베디드 시스템은 전원을 켜면 동작하고, 전원이 꺼질 때까지 멈추지 않는 특수한 용도로 사용하는 일부 응용 프로그램이 ROM에 저장된 소프트웨어를 포함하는 단일 보드 마이크로컴퓨터라고 할 수 있다. 즉 다음 그림과 같이 하드웨어와 소프트웨어가 하나의 단일 플랫폼으로 결합된 형태로써 시스템에 구성되어 존재하는 것을 일컫는다. 최근에는 가전기기, 휴대폰, 산업기기 전반에 임베디드 시스템이 적용되고 있다.

임베디드 시스템의 구성 요소

1. 프로그래밍에 대한 설명 중 올바르지 못한 것은?

① 프로그램은 인간이 사용하는 언어를 기계가 알아들을 수 있도록 번역해 놓은 언어이다.

② 프로그래밍은 프로그램을 만드는 작업을 일컫는다.

③ 프로그램은 컴퓨터 혹은 기계에 내장되어 동작되는 명령어의 연속적인 조합이다.

④ 한글, 컴퓨터 게임, 워드프로세서 등은 PC용 프로그램이다.

⑤ 프로그램을 만들기 위해서는 기계어를 반드시 숙지해야 한다.

2. 다음은 무엇을 설명하는 문장인가?

> 0과 1로 조합된 언어이며, 인간은 결코 알아들을 수 없는 2진수로 되어 있는 문장이다.

① 어셈블리어   ② 기계어

③ 고급언어   ④ 저급언어

⑤ 논리지시어

3. 다음은 무엇을 설명하는 문장인가?

> 기계가 알아들을 수 있는 언어를 인간이 보다 쉽게 접근할 수 있도록 만들어진 언어이며, 이는 CPU 혹은 마이크로프로세서에 따라 문법 혹은 언어가 차이가 있다.

① 어셈블리어   ② 기계어

③ 고급 언어   ④ 저급 언어

⑤ 논리 지시어

4. C 언어 등을 고급언어로 구분 짓는 이유에 대해 근접하게 설명한 것은?

① 다른 언어에 비해 값이 비싸기 때문

② 기계어보다 내용이 복잡하고 어렵기 때문

③ 인간이 알아들을 수 있도록 영어의 문장의 조합으로 이루어졌기 때문

④ 언어의 구성 및 형태가 고급스럽게 구현되었기 때문

⑤ 기계가 알아들을 수 없는 언어이기 때문

5. 다음과 같은 언어는 어떠한 분류에 속하는가?

```
sum = a + b;
if(a == true) result = zero;
```

① 저급 언어   ② 고급 언어

③ 기계어   ④ 어셈블리어

⑤ 특수 기계어

6. 다음 중 고급언어에 속하지 않는 언어는 무엇인가?

① Assembly   ② FORTRAN

③ COBOL   ④ C++

⑤ JAVA

7. 다음 중 성격이 다른 하나는?

① 원시 코드   ② 소스 코드

③ 어셈블리어   ④ 오브젝트 코드

⑤ 고급 언어

8. 인터프리터 방식에 대한 설명 중 틀린 것은?

① 초보자가 사용하기 쉬운 언어이다.

② 실행속도가 느리다.

③ FORTRAN, COBOL 등이 있다.

④ 실행시키기 위해서 소스 코드가 반드시 필요하다.

⑤ 소스 코드를 기계어로 번역하여 동작한다.

9. 컴파일러 방식에 대한 설명 중 틀린 것은?

① 초보자가 사용하기 어려운 언어이다.

② 실행속도가 빠르다.

③ C, C++ 등이 있다.

④ 소스 코드를 기계어로 굳이 변환할 필요가 없다.

⑤ 상용화가 가능하다.

10. 프로그래밍 기법 중 순차적 프로그래밍 방법과 구조적 프로그래밍 방법에 대한 차이를 바르게 설명한 것은?

① 순차적 방법은 위에서 아래로 진행되는 반면, 구조적 기법은 아래에서 위로 진행된다.

② 순차적 기법이 구조적 기법보다 실행속도가 빠르다.

③ 순차적 기법은 간결한 내용을 작성할 때, 구조적 기법은 복잡한 내용을 다룰 때 용이하다.

④ 프로그래밍의 수정이 쉬운 방법은 순차적 기법이다.

⑤ 순차적 프로그래밍언어의 대표적인 예는 C 언어이다.

11. 프로그래밍 과정 중 자료에 대한 설명으로 올바르지 못한 것은?

① 프로그램이 사용하는 각종 리소스, 데이터베이스, 자원 등을 일컫는다.

② 보통 주기억장치에 위치하며, 프로그램이 필요시에 넣거나 뺄 수가 있다.

③ 자료의 크기는 프로그램이 사용되는 동안 그 크기가 자동으로 할당이 되어 편리한 구조를 취하고 있다.

④ 자료가 위치하는 곳에서 프로그램이 사용하는 영역과 자료가 사용하는 영역이 구분되어 있다.

⑤ CPU는 각 자료가 위치하는 곳을 일련의 주소로 관리한다.

12. 알고리즘에 대한 설명 중 틀린 것은?

① 프로그래밍 방법에 대한 중요한 내용이다.

② 계획, 연산, 자료관리 등에 대한 내용을 포함한다.

③ 프로그램의 처리속도 및 메모리 관련에 밀접한 연관이 있다.

④ 알고리즘의 최적 설계치는 프로그램 처리 속도에 비례한다.

⑤ 문제해결의 핵심 포인트로도 대응된다.

13. 컴파일의 목적에 대한 내용 중 틀린 것은?

① 소스 코드의 에러를 검사하기 위해 수행한다.

② 소스 코드의 알고리즘 검사를 위해 수행한다.

③ 오브젝트 코드를 생성하기 위해 수행한다.

④ 고급언어를 저급언어로 번역하기 위해 수행한다.

⑤ 기계어를 만들기 위해 반드시 거쳐야 하는 과정이다.

14. 링크 과정에 대한 설명 중 틀린 것은?

① 링크 과정을 수행한 후에 얻어지는 결과물은 실행 코드이다.

② 오브젝트 코드의 에러를 검사한다.

③ 프로그램에 필요한 각종 리소스를 포함시킨다.

④ 분할된 오브젝트 코드를 결합시킨다.

⑤ 프로그램을 실행가능 하도록 만드는 과정이다.

15. C 언어의 특징이 아닌 것은?

① 이식성   ② 다양성

③ 유연성   ④ 혼합성

⑤ 간결성

16. C 언어가 중요한 이유에 대하여 자신의 생각을 기술하라.

17. 로더가 하는 역할은 무엇인가 ?

① 프로그래밍된 소스 코드를 컴파일러에 전달하는 역할

② 오브젝트 코드를 링커에게 전달하는 역할

③ 소스 코드를 컴파일 할 때 그 에러를 프로그래머에게 알려주는 역할

④ 프로그램이 실행될 때 실행 코드를 메모리에 복사해주는 역할

⑤ 프로그램이 실행될 때 필요한 리소스들을 메모리에 복사하는 역할

18. 1부터 100까지의 합을 구하는 프로그램을 작성한다고 할 때의 알고리즘에 대해 생각하여 기술하라.

19. 임베디드 시스템에 대한 설명 중 틀린 것은?

① 하드웨어와 소프트웨어가 결합된 시스템

② 마이크로 프로세서를 사용하는 시스템

③ 단일 기능 소형 컴퓨터와 같은 개념이다.

④ C 언어를 사용하여 만든 단일 마이크로 컴퓨터이다.

⑤ 소형가전, 휴대폰, 산업기기 등에 쓰이는 시스템이다.

20. 주변에 흔히 찾아볼 수 있는 전자기기 중 C 언어를 사용했을 것 같은 장치를 열거해 보라.

C 프로그램 시작하기

C · P r o g r a m m i n g

학 습 목 표

- 윈도우에서의 C 프로그램 통합 개발 환경인 Microsoft Visual C++ 2010 Express 버전과 Microsoft Visual C++ 6.0 버전을 이용한 C 프로그래밍 개발 과정에 대하여 학습한다.
- C 프로그램의 기본 구조에 대하여 학습한다.

2.1 윈도우에서의 C 프로그램 통합 개발 환경

 핵심포인트

C 소스 코드를 작성하고, 컴파일, 링크. 디버깅 과정을 거치면 최종적으로 실행 가능한 실행 코드가 생성된다. 유닉스나 리눅스 운영체제 환경에서는 이러한 일련의 과정들이 독립적으로 명령어를 입력하는 방식으로 이뤄진다. 따라서 사용자가 사용하기에 번거롭고 어려운 특징이 있다. 이러한 단점을 해결하기 위하여 윈도우 환경에서는 C 소스 코드 작성, 컴파일, 링크, 디버깅 과정을 하나의 통합된 환경에서 처리할 수 있는 통합 개발 환경(IDE:Integrated Development Environment) 소프트웨어가 제공된다.

윈도우 환경에서 제공되는 C 프로그램 통합 개발 환경 소프트웨어에는 여러 가지 종류가 있으나 Microsoft 사에서 나온 Visual Studio 패키지내의 Visual C++가 대표적이다. Visual C++는 예전에는 Microsoft Visual C++ 6.0 버전이 많이 사용되었으나, 요즘에는 Visual Studio.NET 계열의 Visual C++ 2010 버전을 많이 사용하고 있다. Visual C++ 2010 버전은 Microsoft 사의 홈페이지에서 Visual C++ 2010 Express 버전을 무료로 다운 받아 사용할 수가 있다. 이 책에서는 Microsoft Visual C++ 2010 Express 버전을 기준으로 설명하기로 한다.

 Microsoft Visual C++ 은 만능 프로그램 툴?

그렇지 않다. Microsoft Visual C++에서의 프로그램은 오직 PC에서 동작 될 수 있도록 컴파일러를 지원하는 툴이다. 사용자가 작성한 프로그램을 컴파일하고 바로 실행시킬 수 있는 이유는 현재 프로그래밍을 하고 있는 PC에 맞도록 컴파일이 되었기 때문이다. 임베디드 시스템과 같은 소형 컴퓨팅 장치에서 동작 될 수 있도록 프로그래밍 하기 위해서도 물론 PC를 사용하지만, 실행 코드 자체가 동작될 환경은 PC가 아니기 때문에 컴파일만 가능하며, 실행 코드 등을 별도로 임베디드 시스템으로 다운로드 해주어야 실행 코드를 테스트 할 수 있다. 물론 현재에는 기술이 진보하여 일부 임베디드 시스템과 비슷한 환경을 소프트웨어적으로 구현하여 PC에서도 확인할 수 있도록 지원하는 시스템도 있긴 하다.

2.1.1 Microsoft Visual Studio를 이용한 C 프로그래밍 개발 과정

Microsoft Visual Studio를 이용한 C 프로그래밍 개발과정은 그림 2.1.1과 같이 프로젝트 생성, 소스 코드 작성, 컴파일, 빌드, 실행, 소스 코드를 수정하는 디버깅 등으로 구분되어진다. 프로젝트를 생성하면 프로젝트가 폴더의 형태로 관리되며 이때 개발하고자 하는 응용 프로그램의 형태 및 기능을 결정한다. 다음에 C 언어로 이루어진 소스 코드들(example1.c, example2.c)을 프로젝트 내에 생성하고 작성을 완료한 후에, 컴파일 과정을 수행하면 고급 언어인 C 소스 코드가 오브젝트 코드들(example1.obj example2.obj)을 기계어로 변경되면서 동시에 코드내의 문법적인 에러 코드들을 검출하게 된다. 이후 링크 과정을 수행하면 분리된 오브젝트 코드들을 결합하고 각종 라이브러리와 리소스 등을 결합하여 실행 가능한 실행 코드(example.exe)를 생성하게 된다. 실행 단계에서는 실행 코드를 실행하여 동작 테스트를 마치고, 컴파일 단계 혹은 실행 단계에서 발생될 수 있는 에러나 오동작을 확인하기 위해 디버깅 과정을 추가로 수행할 수가 있다. 소스 코드를 수정하여 버그(bug)를 없애는 과정인 디버깅 과정은 컴파일 과정과 링크 과정에서 발생하는 문법적 에러를 디버깅하는 문법 에러 디버깅과 프로그램 실행 시에 발생하는 메모리 관련 오류를 디버깅하는 실행 시간 에러 디버깅, 알고리즘 오류를 디버깅하는 논리 에러 디버깅 등으로 구분된다.

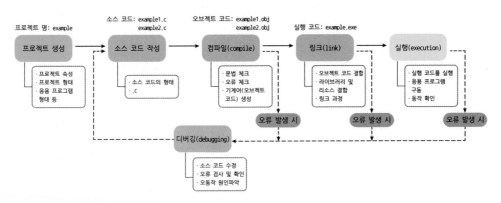

그림 2.1.1 Microsoft Visual Studio를 이용한 C 프로그래밍 개발 과정

2.1.2 Microsoft Visual C++ 2010 Express 버전을 이용한 C 프로그래밍 개발과정

(1) Microsoft Visual C++ 2010 Express 버전 구하기

Microsoft Visual C++ 2010 Express는 Microsoft 사에서 평가의 목적으로 내놓은 무료 버전이다. Microsoft 홈페이지에서 다운로드 받을 수 있으며 해당 제품을 설치한 후에 라이센스를 입력하면 영구적으로 무료로 사용이 가능하게 된다. Microsoft Visual C++ 2010 Express 무료 버전을 다운로드 받을 수 있는 첫 번째 방법으로는 http://www.visualstudio.com/downloads/download-visual-studio-vs 사이트에 접속하여 Visual C++ 2010 Express 항목을 선택하여 '지금 설치를 누르고 회원에 가입하고 로그인 하면 다운로드 받아서 설치가 가능하다. Microsoft Visual C++ 2010 Express 무료 버전을 다운로드 받을 수 있는 두 번째 방법

으로는 http://go.microsoft.com/?linkid=9709956 사이트에 접속하여 회원에 가입하고 로그인하면 다운로드 받아서 설치가 가능하다. Microsoft Visual C++ 2010 Express 무료 버전을 설치 한 후에 실행하여 [도움말(H)] → [제품등록(P)] 서브 메뉴를 클릭하면 라이센스를 받을 수 있는 링크가 있으므로 해당 링크에서 라이센스를 확인할 수 있다. 다음에 [도움말(H)] → [제품등록(P)] 서브 메뉴에 앞서 확인한 라이센스를 입력하면 영구적으로 무료로 사용이 가능하게 된다. 그림 2.1.2는 라이센스를 입력하여 영구적으로 무료로 사용이 가능한 Microsoft Visual C++ 2010 Express 버전을 실행한 모습이다.

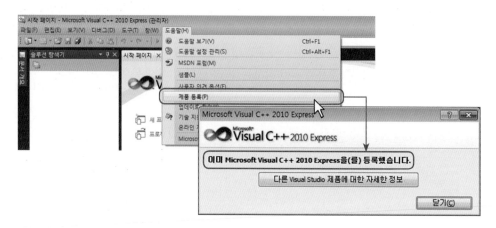

그림 2.1.2 영구 등록된 Microsoft Visual C++ 2010 Express 버전

(2) Microsoft Visual C++ 2010 Express 버전 시작하기

[시작] → [모든 프로그램] → [Microsoft Visual Studio 2010 Express] → [Microsoft Visual C++ 2010 Express]를 선택하여 Microsoft Visual C++ 2010 Express 버전을 실행한다.

(3) 프로젝트 생성하기

Microsoft Visual C++ 2010 Express 버전은 그림 2.1.3과 같이 workspace와 프로젝트를 사용하여 소스 코드 작성, 컴파일, 링크, 실행, 소스 코드를 수정하는 디버깅 등의 C 프로그래밍을 개발하는 과정을 통합 관리한다. 프로젝트는 소스 코드 이외에 소스 코드가 컴파일된 실행 파일이 동작되기 위한 각종 파일들(라이브러리, 데이터베이스, 오브젝트 코드 등)을 하나로 통합 관리함으로써 프로그래머에게 작업 편리성을 부여할 수 있다. 따라서 프

로젝트 내의 파일들을 다른 PC로 옮겨도 Microsoft Visual C++ 2010 Express 버전만 설치되어 있으면 똑같이 동작하게 된다. Microsoft Visual C++ 2010 Express workspace는 여러개의 프로젝트 들이 존재하는 작업 공간이다. 한편, Microsoft Visual C++ 2010 Express 버전을 사용하여 C 프로그램을 작성하려면 먼저 프로젝트를 생성하여야 한다.

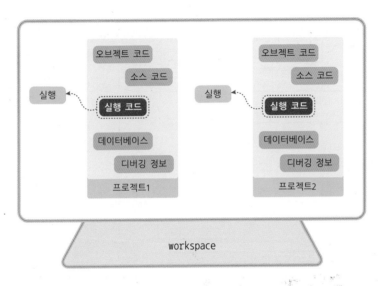

그림 2.1.3 Microsoft Visual C++ 2010 Express 버전의 workspace와 프로젝트

단계 1 풀다운 메뉴에서 [파일] → [새로 만들기(N)] → [프로젝트(P...) Ctrl+Shift+N] 서브 메뉴를 선택하거나, 두 번째 그림의 화면에서 [새 프로젝트...] 항목을 클릭하고 다음 단계로 진행한다.

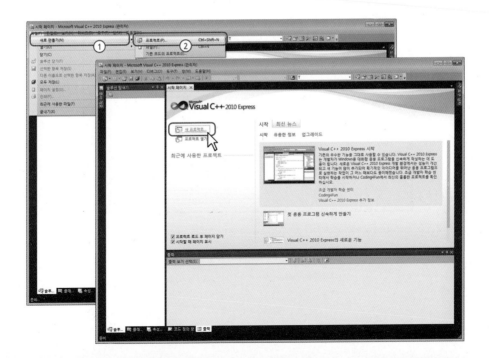

단계 2 좌측의 Visual C++ 탭에는 Win32를 선택하고 우측에는 win32 콘솔 응용 프로그램을 선택한 후 하단의 이름(N): 항목에 ch2_project1 이라고 입력한다. 다음에 솔루션용 디렉토리 만들기(D) 항목의 체크를 해제하고 우측의 ▢찾아보기(B)... ▢ 버튼을 클릭하여 프로젝트의 경로를 C:₩C_EXAMPLE₩ch2로 선택한 후에 ▢폴더 선택▢ 버튼을 선택하고 다음 단계로 진행한다.

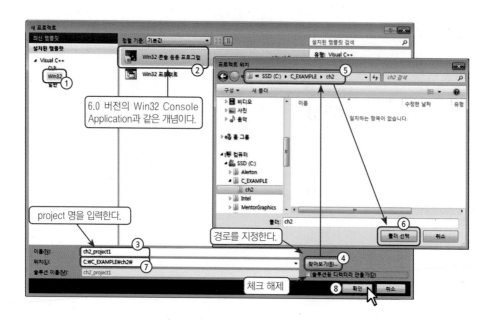

단계 3 ▢ 다음 ▶ ▢ 버튼을 선택하고 다음 단계로 진행한다.

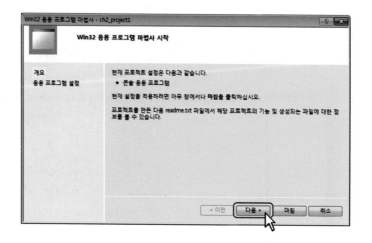

단계 4 빈 프로젝트(E) 항목을 선택하고 ﹇마침﹈ 버튼을 선택하고 다음 난계로 진행한다.

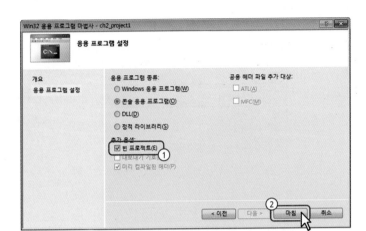

(4) 소스 코드 작성하기

단계 1 좌측의 솔루션 탐색기에서 project 이름인 ch2_project1에서 마우스 우측 버튼을 클릭하여 나타
나는 팝업 메뉴에서 [추가(D)] → [새 항목(W) Ctrl+Shift+A] 서브 메뉴를 선택하고 다음 단계로
진행한다.

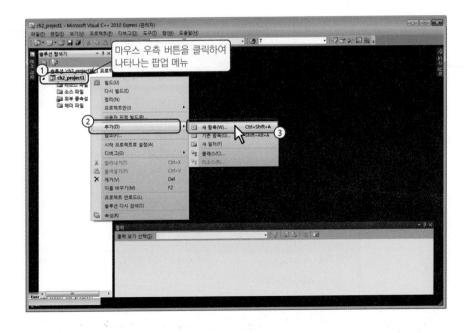

단계 2 C++ 파일(.cpp) 항목을 선택하고, 이름(N) 항목에 example.c 이라고 입력한 후에, 추가(A) 버튼을 선택하고 다음 단계로 진행한다.

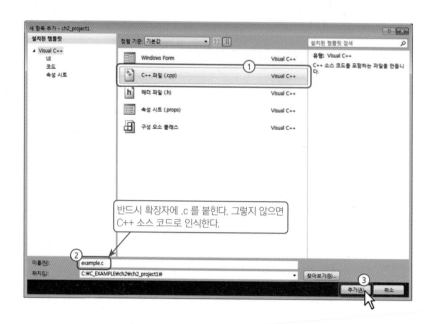

단계 3 다음 화면과 같이 example.c의 소스 코드를 작성할 Microsoft Visual C++ 2010 Express 버전의 ch2_project1 환경이 나타나게 된다.

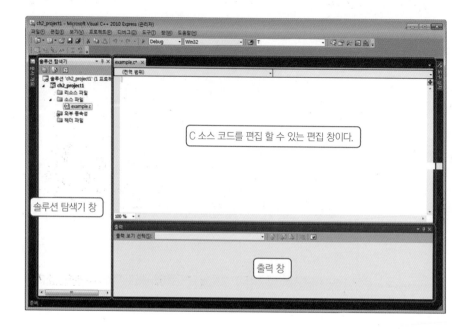

단계 4 **C 소스 코드를 편집 창에 입력한다.**

Microsoft Visual C++ 2010 Express 버전의 ch2_project1 환경의 편집 창에 다음과 같은 C 소스 코드를 오탈자 없이 정확히 입력한다. 철자, 띄어쓰기, 대문자와 소문자에 정확히 구별하여 입력해야만 컴파일 과정에서 에러가 발생하지 않을 것이다.

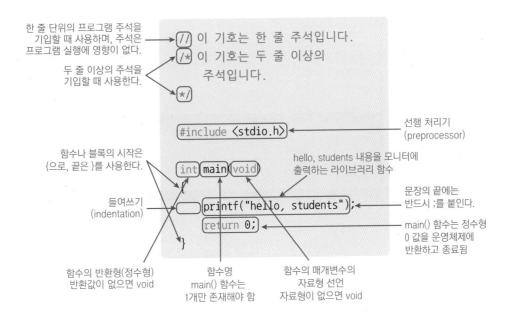

한 줄 단위의 프로그램 주석을 기입할 때 사용하며, 주석은 프로그램 실행에 영향이 없다.
두 줄 이상의 주석을 기입할 때 사용한다.

```
// 이 기호는 한 줄 주석입니다.
/* 이 기호는 두 줄 이상의
   주석입니다.
*/

#include <stdio.h>

int main(void)
{
    printf("hello, students");
    return 0;
}
```

선행 처리기 (preprocessor)

hello, students 내용을 모니터에 출력하는 라이브러리 함수

문장의 끝에는 반드시 ;를 붙인다.

main() 함수는 정수형 0 값을 운영체제에 반환하고 종료됨

함수나 블록의 시작은 {으로, 끝은 }를 사용한다.

들여쓰기 (indentation)

함수의 반환형(정수형) 반환값이 없으면 void

함수명 main() 함수는 1개만 존재해야 함

함수의 매개변수의 자료형 선언 자료형이 없으면 void

Tip C 프로그램을 작성할 때의 주의사항

- C 프로그램은 대문자와 소문자를 구별한다.
- 문장의 중간에 띄어쓰기가 있으면 별도의 문장으로 구분한다.
- 괄호로 시작하면 반드시 괄호로 끝나야 한다.
- 문장의 끝에는 반드시 세미콜론(;)이 붙어야 한다.
- 함수나 블록의 시작은 {으로 끝은 }를 사용한다.
- 함수에는 반드시 반환형(return type)과 매개변수 선언(parameter declaration)이 존재하여야 한다.
- C 프로그램의 형태를 보기 쉽게 하기 위하여 들여쓰기(indentation)를 사용한다.

편집 창에 C 코드 작성

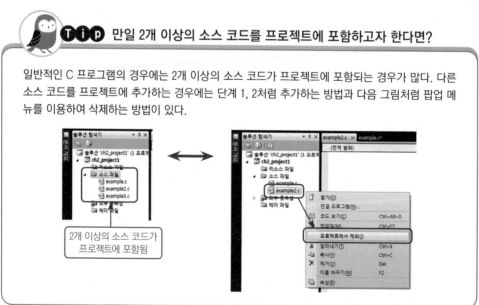

Tip 만일 2개 이상의 소스 코드를 프로젝트에 포함하고자 한다면?

일반적인 C 프로그램의 경우에는 2개 이상의 소스 코드가 프로젝트에 포함되는 경우가 많다. 다른
소스 코드를 프로젝트에 추가하는 경우에는 단계 1, 2처럼 추가하는 방법과 다음 그림처럼 팝업 메
뉴를 이용하여 삭제하는 방법이 있다.

2개 이상의 소스 코드가
프로젝트에 포함됨

(5) 전문가 설정으로 변경하기

Microsoft Visual C++ 2010 Express 버전의 프로그램은 기본적으로 기본 설정 모드로 되어
있다. 이를 전문가 설정 모드로 바꾸기 위해서는 풀다운 메뉴에서 [도구(T)] → [설정(S)] →
[전문가 설정] 서브 메뉴를 선택한다.

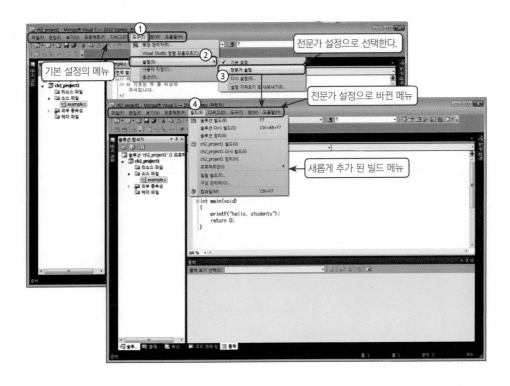

(6) 컴파일 과정 수행하기

단계 1 컴퓨터에서 동작시킬 수 있는 기계어인 오브젝트 코드를 생성하는 컴파일 과정을 수행하기 위해서는 풀다운 메뉴에서 [빌드(B)] → [컴파일(M) Ctrl+F7] 서브 메뉴를 선택한다.

단계 2 컴파일이 성공적으로 수행되면 다음의 출력 창에 작업의 결과가 나타나게 된다.

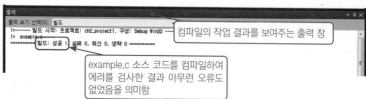

C:\C_EXAMPLE\ch2\ch2_project1\Debug 디렉토리에 컴파일 과정에서 example.obj 오브젝트 코드가 생성된다.

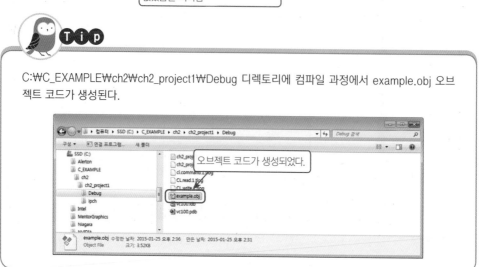

(7) 빌드 과정 수행하기

단계 1 빌드 과정에서는 컴파일 과정과 링크 과정이 차례로 수행된다. 따라서 빌드 과정을 수행하려면 컴파일 과정을 따로 수행할 필요가 없다. 빌드 과정이 성공적으로 수행되면 실행 코드가 생성된다. 빌드 과정을 수행하기 위해서는 풀다운 메뉴에서 [디버그(D)] → [솔루션 빌드(B) F7] 서브 메뉴를 선택한다.

단계 2 빌드 과정이 성공하면 다음과 같이 작업의 결과가 출력 창에 보이게 된다.

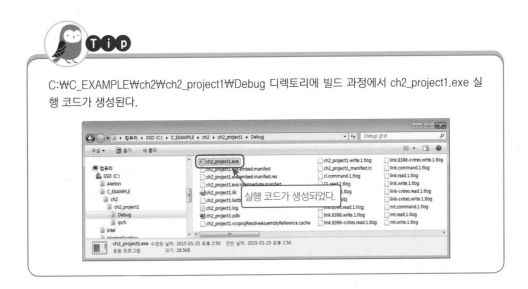

C:₩C_EXAMPLE₩ch2₩ch2_project1₩Debug 디렉토리에 빌드 과정에서 ch2_project1.exe 실행 코드가 생성된다.

(8) 실행 코드 수행하기

단계 1 Microsoft Visual C++ 2010 Express 버전에서 작성한 C 프로그램을 실행하기 위해서 풀다운 메뉴의 [디버그(D)] → [디버깅하지 않고 시작(H)]을 선택하거나, 단축키 Ctrl + F5 를 누르면 실행 결과는 콘솔 창에 나타나게 된다.

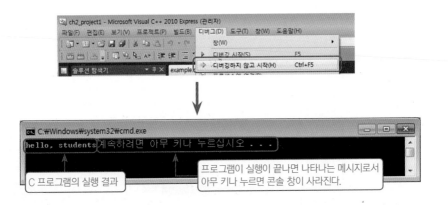

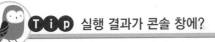
 실행 결과가 콘솔 창에?

프로젝트를 생성하는 [단계 2]에서 새 프로젝트 창에서 Win32 콘솔 응용 프로그램 항목을 선택하였기 때문에 실행 결과가 텍스트 기반의 콘솔 창에 나타나게 된다.

(9) 디버깅 과정 수행하기

소스 코드를 수정하여 버그를 없애는 과정인 디버깅 과정은 컴파일 과정과 링크 과정에서 발생하는 문법적 에러를 디버깅하는 문법 에러 디버깅과 프로그램 실행 시에 발생하는 메모리 관련 오류를 디버깅하는 실행 시간 에러 디버깅, 알고리즘 오류를 디버깅하는 논리 에러 디버깅 등으로 구분된다. 이때 문법 에러 디버깅은 프로그래머가 컴파일 과정에 나타나는 오류 메시지를 보고 소스 코드를 수정하면 된다. 그러나 실행 시간 에러 디버깅과 논리 에러 디버깅은 프로그래머에게 많은 시간을 요구하는 어려운 작업이다. 이때 Microsoft Visual C++ 2010 Express 버전에서 지원하는 디버깅 기법을 사용하면 실행 시간 에러나 논리 에러를 쉽게 찾아낼 수 있게 된다.

■ 문법 에러 디버깅

컴파일 과정과 링크 과정에서 발생하는 문법적 에러를 출력 창에서 확인한 후에, 에러 메시지가 나타난 곳을 마우스로 더블 클릭하거나, F4 키를 누르면 소스 코드 내에서 에러가 발생한 줄로 바로 이동하여 커서가 위치한다. 프로그래머는 마우스 커서가 위치한 주변의 C 소스 코드를 살펴보면 다음 화면과 같이 문장의 끝에 ; 이 빠져 있어 에러가 났다는 것을 쉽게 알 수가 있다. 문장의 끝에 ; 을 붙이고 다시 컴파일 과정과 링크 과정을 수행하면 에러가 없이 프로그램을 실행 할 수가 있게 된다.

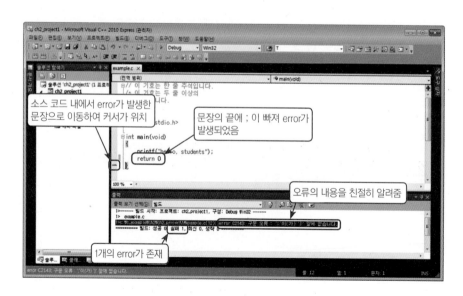

Tip 실시간으로 오류를 체크해 주는 똑똑한 Microsoft Visual C++ 2010 Express 버전의 IntelliSense 기능

Microsoft Visual C++ 2010 Express 버전은 프로그램 소스 코드를 작성하는 동안에도 실시간으로 에러를 체크해준다. 다음 그림과 같이 편집창에서 세미콜론을 제거하면 코드 내부에 에러가 발생된 위치를 표시해준 줌과 동시에 마우스 포인터를 해당 위치에 올려놓으면 에러의 내용이 표시된다.

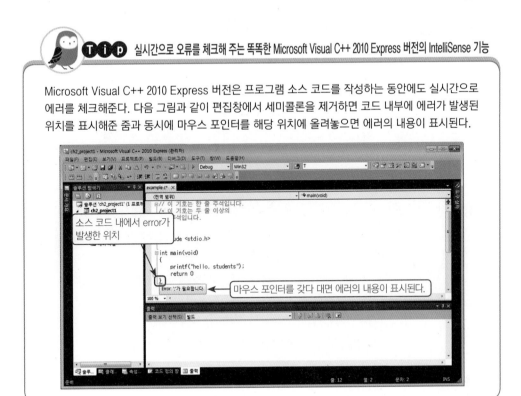

■ Microsoft Visual C++ 2010 Express 버전에서 지원하는 디버깅 기법

단계 1 풀다운 메뉴에서 [디버그(D)] → [프로시저 단위 실행(O) F10] 서브 메뉴를 선택하고 다음 단계로 진행한다.

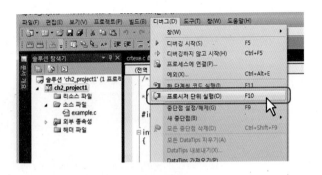

단계 2   현재 소스 코드에 오류가 있으므로 마지막으로 성공한 빌드를 실행하겠냐고 묻는 창이 보인다.
예(Y) 버튼을 누르고 다음단계로 진행한다.

단계 3   현재 소스 코드와 이전에 빌드된 실행 코드가 다르므로 나타나는 오류 창이 나타난다. 무시하
고 예(Y) 버튼을 선택한다. 이 오류 메시지가 발생하는 원인은 이전에 이미 동일한 프로젝트
에 빌드가 된 실행 파일이 존재하고 현재 빌드하고자 하는 소스 코드와 다르기 때문에 발생되
는 에러이다. 만일 최초로 디버깅을 실행하면 다음의 오류 메시지는 보이지 않을 것이다.

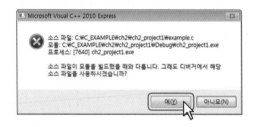

단계 4   디버깅이 실행되면 현재 어느 부분이 실행되고 있는지를 나타내는 화살표가 보인다. 콘솔 창에
는 아직 실행 결과가 나타나지 않는다.

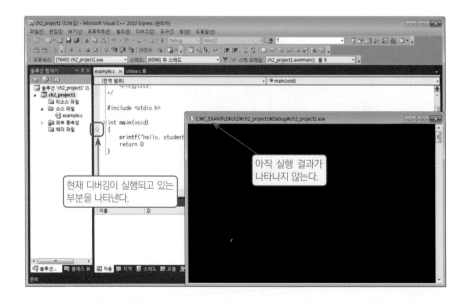

단계 5 [단계 1]의 과정을 반복하면 현재 디버깅이 진행중인 상태를 나타내는 화살표가 다음 문장으로 이동하고 콘솔창 역시 아직 실행결과가 나타나지 않고 있음을 확인할 수 있다.

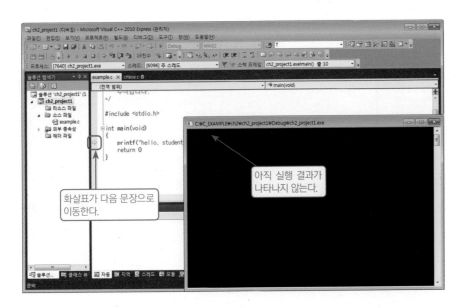

단계 6 [단계 5]의 과정을 반복하게 되면 현재 디버깅이 진행중인 상태를 나타내는 화살표가 다음 문장으로 이동하면서 실행 결과가 콘솔 창에 출력된다. 이때 하단의 정보창에는 현재 진행중인 소스 코드의 정보가 표시된다.

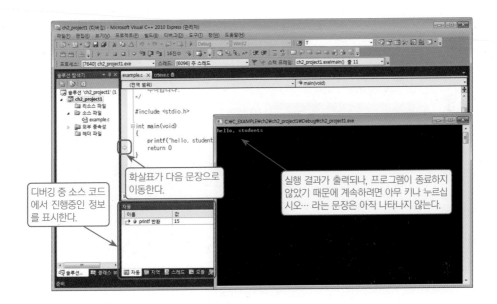

단계 7 위의 과정을 반복하면서 소스 코드의 오류를 검사할 수 있는 이러한 과정을 디버깅이라고 하며 종료하기 위해서는 [디버그(D)] → [디버깅 중지(E) Shift + F5]의 서브 메뉴를 선택한다.

2.1.3 Microsoft Visual C++ 6.0 버전을 이용한 C 프로그래밍 개발 과정

(1) Microsoft Visual C++ 6.0 버전 시작하기

단계 1 [시작] → [모든 프로그램] → [Microsoft Visual Studio 6.0] → [Microsoft Visual C++ 6.0]을 선택하여 Microsoft Visual C++ 6.0 버전을 실행한다.

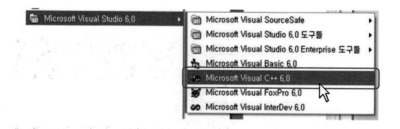

단계 2 Microsoft Visual C++ 6.0 버전이 실행되면 다음 그림과 같은 화면이 보이며 Tip of the Day 창이 나타나게 된다. 이때 [Close] 버튼을 클릭하여 다음 단계로 진행한다.

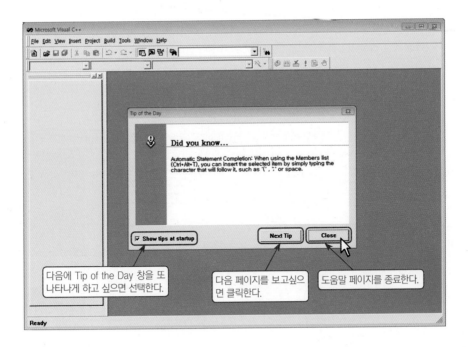

다음에 Tip of the Day 창을 또 나타나게 하고 싶으면 선택한다.

다음 페이지를 보고싶으면 클릭한다.

도움말 페이지를 종료한다.

(2) project 생성하기

단계 1 풀다운 메뉴에서 [File] → [New   Ctrl+N] 서브 메뉴를 선택하고 다음 단계로 진행한다.

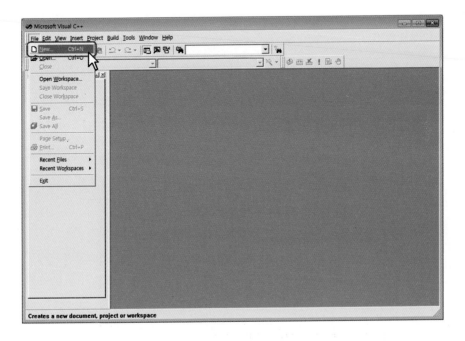

단계 2 New 창의 Projects 탭 항목에서 Win32 Console Application 항목을 선택하고, Project name: 항목에 ch2_project2 이라고 입력하고, Location: 항목을 지정하기 위하여 다음 단계로 진행한다.

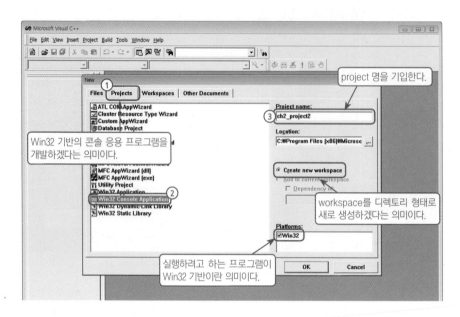

 **Win32 란?**

Win32는 윈도우 기반의 어플리케이션으로 32비트를 사용하는 운영체제에서 동작될 수 있는 응용 프로그램을 말한다.

단계 3 Location: 항목의 ... 버튼을 선택하여 나타나는 Choose Directory 창에서 C:\C_EXAMPLE\ ch2 경로를 선택한 후에 [OK] 버튼을 누르고 다음 단계로 진행한다.

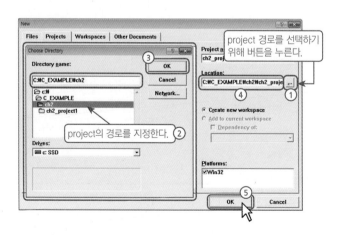

단계 4 비어있는 project를 생성시키기 위해 An empty project 항목을 선택한 후에 ┃ **Finish** ┃ 버튼을
선택하고 다음 단계로 진행한다.

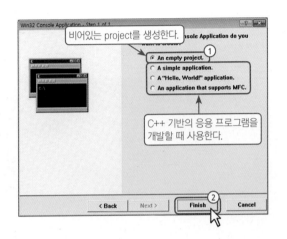

단계 5 project의 생성 결과 요약 화면을 확인한 후에 ┃ **OK** ┃ 버튼을 선택하고 다음 단계로 진행
한다.

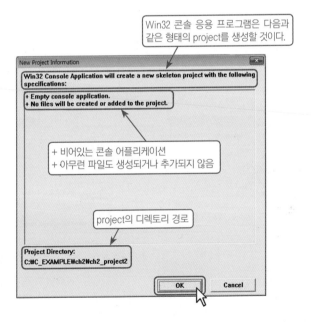

(3) 소스 코드 작성하기

단계 1 풀다운 메뉴에서 [File] → [New   Ctrl+N] 서브 메뉴를 선택하고 다음 단계로 진행한다.

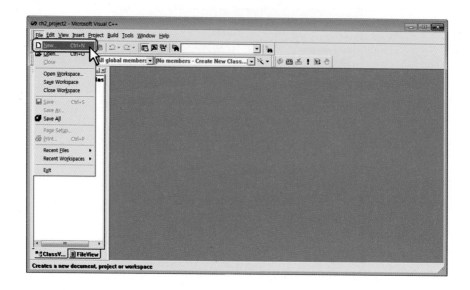

단계 2 New 창의 Files 탭 항목에서 C++ Source File 항목을 선택하고, project에 작성된 C 소스 코드를 포함시키기 위하여 Add to Project 항목에 체크하고, File 항목에 example.c 이라고 입력하고, [OK] 버튼을 선택하고 다음 단계로 진행한다.

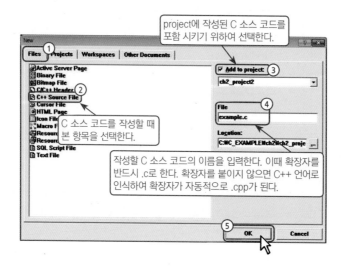

단계 3 다음 화면과 같이 example.c의 소스 코드를 작성할 Microsoft Visual C++ 6.0 버전의 ch2_project2 환경이 나타나게 된다.

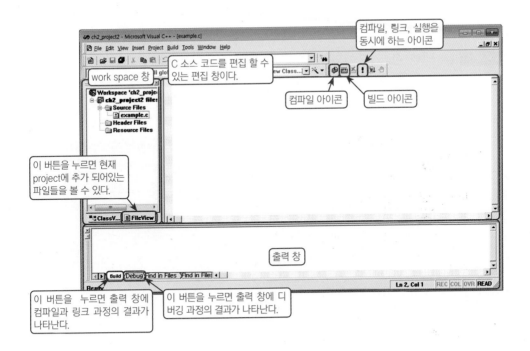

단계 4 **C 소스 코드를 편집 창에 입력한다.**

Microsoft Visual C++ 6.0 버전의 ch2_project2 환경의 편집 창에 다음과 같은 C 소스 코드를
오타 없이 정확히 입력한다. 철자, 띄어쓰기, 대문자와 소문자에 정확히 구별하여 입력해야만
컴파일 과정에서 에러가 발생하지 않을 것이다.

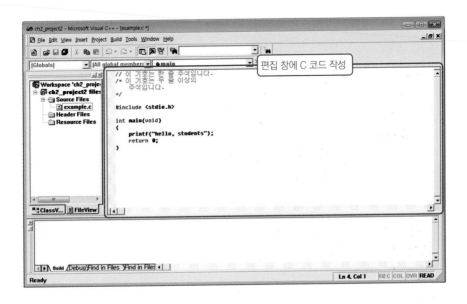

(4) 컴파일 과정 수행하기

단계 1 컴퓨터에서 동작시킬 수 있는 기계어인 오브젝트 코드를 생성하는 컴파일 과정을 수행하기 위해서는 풀다운 메뉴에서 [Build] → [Compile example.c Ctrl + F7] 서브 메뉴를 선택하거나, 상단의 툴바 메뉴인 🍥 아이콘을 선택해도 된다.

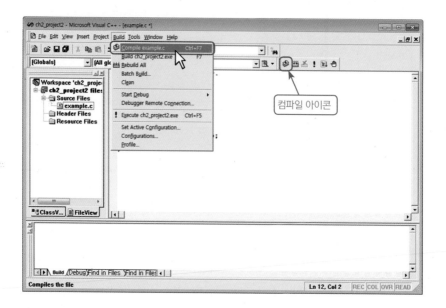

단계 2 컴파일 과정이 성공하면 다음과 같이 작업의 결과가 출력 창에 보이게 된다.

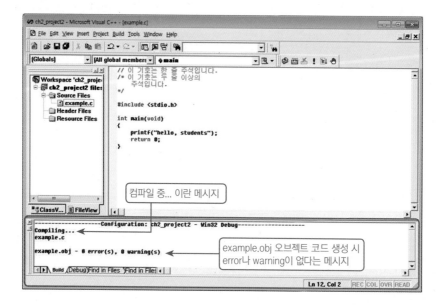

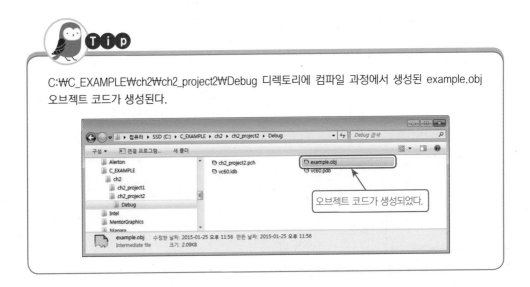

C:₩C_EXAMPLE₩ch2₩ch2_project2₩Debug 디렉토리에 컴파일 과정에서 생성된 example.obj 오브젝트 코드가 생성된다.

(5) 빌드 과정 수행하기

단계 1 빌드 과정에서는 컴파일 과정과 링크 과정이 차례로 수행된다. 따라서 빌드 과정을 수행하려면 컴파일 과정을 따로 수행할 필요가 없다. 빌드 과정이 성공적으로 수행되면 실행 코드가 생성된다. 빌드 과정을 수행하기 위해서는 풀다운 메뉴에서 [Build] → [Build ch2_project2.exe F7] 서브 메뉴를 선택하거나, 상단의 툴바 메뉴인 🖳 아이콘을 선택해도 된다.

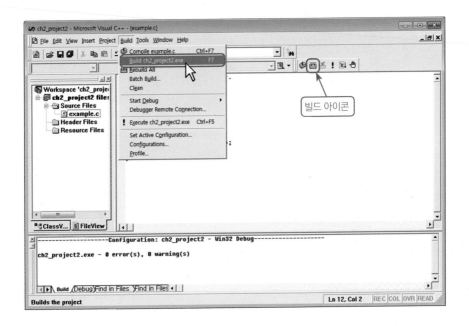

단계 2 빌드 과정이 성공하면 다음과 같이 작업의 결과가 출력 창에 보이게 된다.

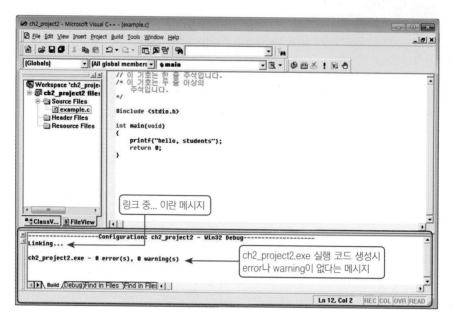

링크 중... 이란 메시지

ch2_project2.exe 실행 코드 생성시
error나 warning이 없다는 메시지

Tip

C:\C_EXAMPLE\ch2\ch2_project2\Debug 디렉토리에 빌드 과정에서 생성된 ch2_project2.exe
실행 코드가 생성된다.

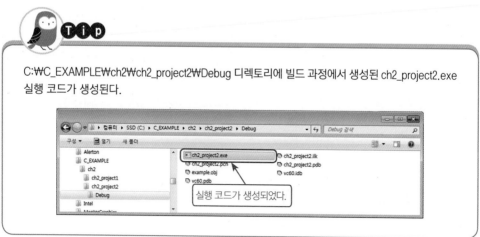

실행 코드가 생성되었다.

(6) 실행 코드 수행하기

단계 1 실행 코드를 수행하기 위해서는 풀다운 메뉴에서 [Build] → [Excute ch2_project1.exe   Ctrl +
F5] 서브 메뉴를 선택하거나, 상단의 툴바 메뉴인 █ 아이콘을 선택해도 된다.

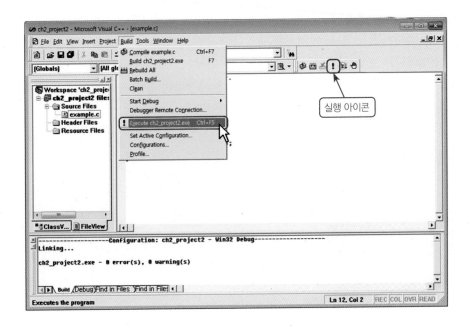

단계 2 C 프로그램의 실행 결과는 콘솔 창에 나타나게 된다.

Tip 실행 결과가 콘솔 창에?

project를 생성하는 [단계 2]에서 New 창의 Projects 탭 항목에서 Win32 Console Application 항목을 선택하였기 때문에 실행 결과가 텍스트 기반의 콘솔 창에 나타나게 된다. 실행 결과를 그래픽 사용자 인터페이스(GUI:Graphic User Interface) 형태의 창에 나타나게 하려면 MFC 라이브러리나 Win32 API 라이브러리를 사용하여야 한다.

(7) 디버깅 과정 수행하기

소스 코드를 수정하여 버그(bug)를 없애는 과정인 디버깅 과정은 컴파일 과정과 링크 과정에서 발생하는 문법적 에러를 디버깅하는 문법 에러 디버깅과 프로그램 실행 시에 발생하는 메모리 관련 오류를 디버깅하는 실행 시간 에러 디버깅, 알고리즘 오류를 디버깅하는 논리

에러 디버깅 등으로 구분된다. 이때 문법 에러 디버깅은 프로그래머가 컴파일 과정에 나타나는 오류 메시지를 보고 소스 코드를 수정하면 된다. 그러나 실행 시간 에러 디버깅과 논리 에러 디버깅은 프로그래머에게 많은 시간을 요구하는 어려운 작업이다. 이때 Microsoft Visual C++ 6.0 버전에서 지원하는 디버깅 기법을 사용하면 실행 시간 에러나 논리 에러를 쉽게 찾아낼 수 있게 된다.

■ 문법 에러 디버깅

컴파일 과정과 링크 과정에서 발생하는 문법적 에러를 output 창에서 확인한 후에, 에러 메시지가 나타난 곳을 마우스로 더블 클릭하거나 F4 키를 누르면, 소스 코드 내에서 에러가 발생한 줄로 바로 이동하여 커서가 위치한다. 프로그래머는 마우스 커서가 위치한 주변의 C 소스 코드를 살펴보면 다음 화면과 같이 문장의 끝에 ; 이 빠져 있어 에러가 났다는 것을 쉽게 알 수가 있다. 문장의 끝에 ; 을 붙이고 다시 컴파일 과정과 링크 과정을 수행하면 error가 없이 프로그램을 실행 할 수가 있게 된다.

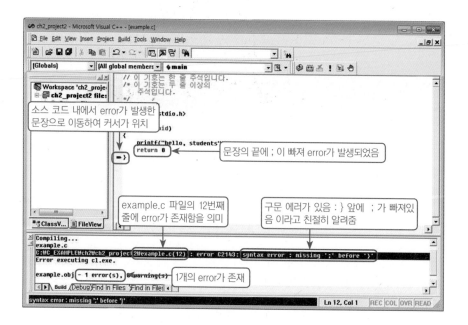

■ Microsoft Visual C++ 6.0 버전에서 지원하는 디버깅 기법

단계 1 풀다운 메뉴에서 [Build] → [Start Debug] → [Step Into   F11] 서브 메뉴를 선택하고 다음 단계
로 진행한다.

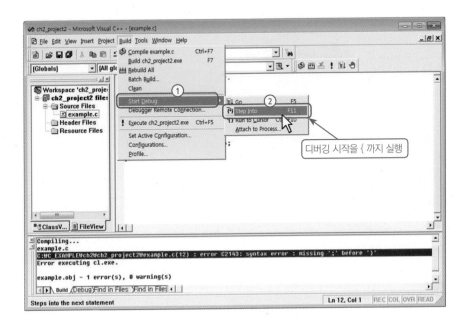

단계 2 디버깅이 실행되면 현재 어느 부분이 실행되고 있는지를 나타내는 화살표가 보인다. 콘솔 창에
는 아직 실행 결과가 나타나지 않는다.

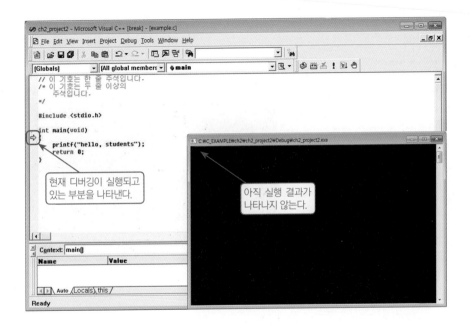

단계 3 풀다운 메뉴에서 [Debug] → [Step Over   F10] 서브 메뉴를 선택하고 다음 단계로 진행한다.

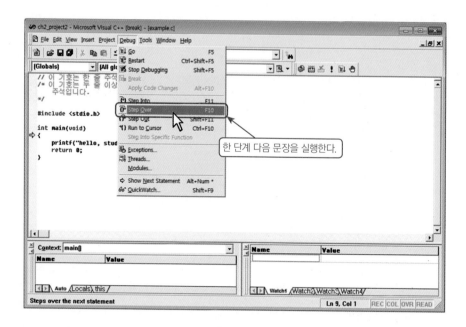

단계 4 현재 디버깅이 진행중인 상태를 나타내는 화살표가 다음 문장으로 이동하고 콘솔 창에는 아직 실행 결과가 나타나지 않음을 확인할 수 있다.

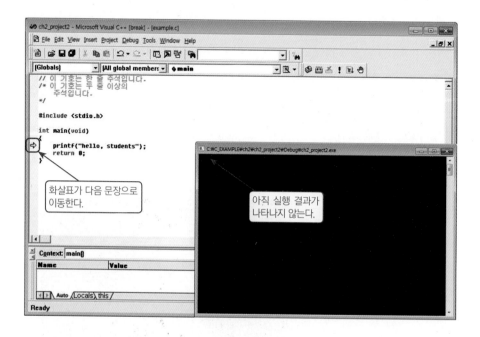

단계 5 풀다운 메뉴에서 [Debug] → [Step Over   F10] 서브 메뉴를 선택하고 다음 단계로 진행한다. 현재 디버깅이 진행중인 상태를 나타내는 화살표가 다음 문장으로 이동하면서 실행 결과가 콘솔 창에 출력된다.

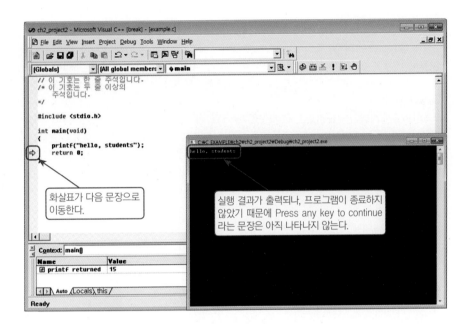

단계 6 이제 디버깅을 종료하려면 풀다운 메뉴에서 [Debug] → [Stop Debugging   SHIFT + F5] 서브 메뉴를 선택한다.

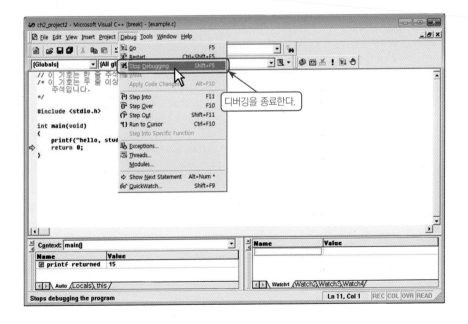

2.2 C 프로그램의 기본 구조

 핵심포인트

프로그래머가 C 프로그램을 작성하기 위해서는 반드시 지켜줘야 하는 규칙이 있다. 이는 한국어를 사용할 때 주어 + 목적어 + 서술어 순으로 이야기 하듯이 C 프로그램도 일련의 규칙이 있는 것이다. 이런 규칙을 무시하고 프로그래밍을 하게 되면 컴파일러가 어떠한 프로그램 인지 해석하기가 힘들어진다.

C 프로그램에서 사용되는 규칙을 C 언어 문법이라고도 한다. 우리가 모국어를 배울때는 어릴때부터 자연스럽게 모국어의 문법을 모르고도 습득할 수 있지만 성장한 후에 외국어를 배울때는 문법을 배워야만 정확한 외국어를 습득할 수 있게 된다. 컴퓨터 언어인 C 언어도 정확한 문법을 알아야만 프로그래머의 생각을 컴퓨터에게 정확히 전달할 수가 있게 된다.

2.1절의 윈도우에서의 C 프로그램 통합 개발 환경에서 사용하였던 C 프로그램 예제를 가지고 C 프로그램의 기본 구조에 대해서 살펴보도록 하겠다.

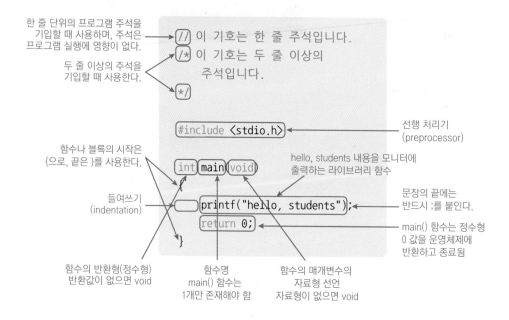

2.2.1 주석(comment)

주석이란 프로그램에는 소스 코드 내에 프로그래머가 프로그램에 대한 설명을 기록할 때 사용하는 것이다. 이때 프로그래머가 작성한 주석은 컴파일러가 기계어로 변환하지 않기 때문에 프로그램의 수행 결과에 전혀 영향을 주지 않게 된다. 프로그래머는 가능한 많은 주석을 소스 코드 내에 사용하여야 나중에 프로그램을 수정하고자 할 때 빠른 시간 내에 프로그램을 이해하여 수정할 수가 있게 된다. 따라서 소스 코드를 작성할 때 번거롭더라도 주석을 많이 작성하는 습관을 가져야 바람직하다. Microsoft Visual C++ 2010 Express 버전에서는 주석인 경우에 녹색으로 표시된다.

(1) /*   */

/* 와 */ 사이에 포함된 문장은 주석으로 처리된다.

```
/* 한 줄 주석입니다. */
/* 두 줄 이상의
   주석입니다.
*/
```

다음은 잘못된 주석의 사용의 예이다.

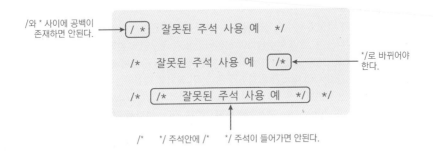

/와 * 사이에 공백이 존재하면 안된다. → / * 잘못된 주석 사용 예   */

/* 잘못된 주석 사용 예 /* ← */로 바뀌어야 한다.

/* /* 잘못된 주석 사용 예 */ */

/*   */ 주석안에 /*   */ 주석이 들어가면 안된다.

(2) //

// 이 속한 줄의 문장은 주석으로 처리된다.

```
// 한 줄 주석입니다.
```

**Tip** // ?

> //를 사용하는 주석은 모든 C 컴파일러에서 지원하지는 않으며, C99를 지원하는 C 컴파일러에서
> 만 사용가능하다.

2.2.2 선행 처리기

**선행 처리기는 컴파일을 수행하기 전에 작동하며 파일 포함, 매크로 치환, 조건부 포함 등의
기능을 수행한다.** #include는 프리프로세서에게 프로그래머가 지정한 파일을 소스 코드에
포함시키도록 한다. 이때 〈stdio.h〉는 프리프로세서가 stdio.h 파일을 컴파일러가 설치된
시스템 헤더 경로에서 찾도록 한다. stdio.h 헤더 파일은 **ST**andard **I**nput **O**utput 이라는
의미로 표준 입출력에 관련한 함수들(printf(), scanf() 등)에 관한 함수 원형 선언(function
prototype declaration)이 되어 있다. Microsoft Visual C++ 2010 Express 버전을 기본 경
로에 설치를 하였을 경우에 stdio.h 헤더 파일은 다음의 경로에 존재한다.

```
C:\Program Files\Microsoft Visual Studio 10.0\VC\include
```

Tip 함수원형선언(function prototype declaration)

> C 컴파일러는 함수가 나오면 함수의 원형을 검사한다. 함수의 원형은 함수의 반환형, 함수명, 함수
> 의 매개변수 형을 나타낸다. 만일 함수원형이 선언되어 있지 않으면 C 컴파일러는 함수의 반환형과
> 매개변수의 형을 int로 가정하고 진행하게 되는데 나중에 함수가 정의된 부분에서 함수의 반환형과
> 매개변수의 형이 int가 아니면 에러가 발생하게 된다. 이 에러를 해결하는 방법은 함수가 정의된 부
> 분을 함수를 호출하는 부분보다 앞서 나오게 하면 된다. 그러나 함수의 개수가 많은 경우에는 각 함
> 수의 호출 순서를 살펴보아야 하는 번거로움이 발생하게 된다. 따라서 가장 간편한 방법은 함수를
> 호출하기 전에 함수 원형 선언을 하여 C 컴파일러에게 함수의 반환형과 매개변수의 형을 미리 알려
> 주는 것이다. 한편, 라이브러리 함수는 시스템 헤더 파일에 함수원형선언이 포함되어 있으므로 선
> 행 처리기에게 소스 코드에 시스템 헤더 파일을 포함시키도록 하면 된다.

따라서 소스 코드의 #include 〈stdio.h〉 문장은 선행 처리기가 stdio.h 헤더 파일을 Microsoft
Visual C++ 2010 Express 버전의 컴파일러가 설치된 시스템 헤더 경로에서 찾아 소스 코드
에 포함시키도록 한다.

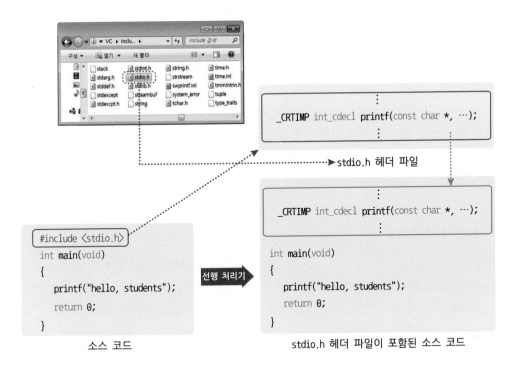

소스 코드   stdio.h 헤더 파일이 포함된 소스 코드

Tip #include 〈stdio.h〉 문장을 소스 코드에 포함시키지 않으면?

#include 〈stdio.h〉 문장을 소스 코드에 포함시키지 않으면 컴파일 과정에서 "'printf'(이(가) 정의되지 않았습니다. extern은 int형을 반환하는 것으로 간주합니다." 라는 경고 메시지가 나타나게 된다. 이는 라이브러리 함수인 printf() 함수에 대한 함수원형이 선언 되지 않았기 때문에 int형을 반환하는 함수로 가정한다는 의미이다. 따라서 이 경고 메시지를 없애려면 printf() 함수에 대한 함수 원형이 선언되어 있는 stdio.h 헤더 파일을 선행 처리기에게 소스 코드에 포함시키게 하면 된다.

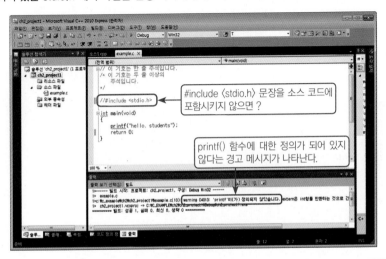

2.2.3 함수(function)

C 언어는 구조적 프로그래밍 기법을 사용하여 일련의 독립적인 작업단위로 분해된 모듈들로 구성하여 복잡한 문제를 아주 작은 수행단위로 분해하여 처리할 수 있기 때문에 효율적인 프로그래밍을 수행 할 수 가 있다. **이때 분해된 모듈은 함수가 된다. C 프로그램이 시작될 때 main() 함수가 가장 먼저 실행되기 때문에 모든 C 프로그램에는 main() 함수가 반드시 존재해야 한다.** C 언어에서는 사용자가 직접 작성하는 사용자 정의 함수와 printf()와 같이 Microsoft Visual C++ 2010 Express 버전에서 제공하는 라이브러리 함수가 있다.

(1) 사용자 정의 함수

함수는 일반적으로 기능을 수행하는데 입출력이 있어서 입력에 따라 출력을 내보내는 기능을 한다. 다음은 입력과 출력이 없이 단순히 호출되는 함수와 입력에 따른 출력을 결정하고 반환하는 함수의 기본 개념도이다. 첫 번째 함수의 경우에 입력과 출력은 없지만, 프로그램 내에서 호출되어 정해진 동작을 수행하고 그 기능을 마치게 된다. 두 번째 함수의 경우에는 입력을 함수로 전달하여 정해진 동작을 수행하고 그에 따른 출력을 다시 반환하고 그 기능을 마치게 된다.

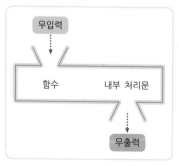

입력과 출력이 없이 단순히 호출되는 함수

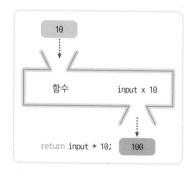

입력에 따른 출력을 결정하고 반환하는 함수

한편, 사용자 정의 함수에 대한 형식의 예는 다음과 같다.

```c
void function(void)
{

    printf("hello, students");

}
```

입력과 출력이 없이 단순히 호출되는 함수

```c
int function(int input)
{

    return input * 10;

}
```

입력에 따른 출력을 결정하고 반환하는 함수

(2) 라이브러리 함수

printf() 함수는 표준 출력 장치인 모니터에 출력하는 라이브러리 함수이다. printf() 라이브러리 함수는 이중 따옴표(" ")내의 내용을 모니터에 출력하는 라이브러리 함수이다. **printf() 라이브러리 함수에 대한 함수원형선언은 시스템 헤더 파일인 stdio.h 헤더 파일에 선언되어 있다.**

모니터에 출력될 내용은 " " 사이에 들어간다.

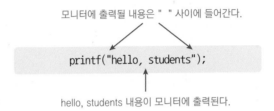

```
printf("hello, students");
```

hello, students 내용이 모니터에 출력된다.

2.2.4 세미콜론(;)

C 소스 코드에서 문장의 끝에는 반드시 세미콜론(;) 기호가 있어야 한다.

```
int main(void)
{
        printf("hello, students");    ← 문장의 끝에는 반드시
        return 0;                       세미콜론(;) 기호가
}                                       있어야 한다.
```

하나의 문장이 2개 이상의 줄에 있어도 세미콜론인 ;이 끝에 있어야 하나의 문장으로 인식된다.

```
int main(void)
{
        printf("hello,                ← 하나의 문장이
        students");                     2개 이상의 줄에
        return 0;                       존재 할 수 있다.
}
```

한편, 2개 이상의 문장이 하나의 줄에 존재 할 수도 있다.

```
int main(void)
{
    printf("hello,"); printf( students");
    return 0;
}
```

2개 이상의 문장이 하나의 줄에 존재 할 수 있다.

2.2.5 들여쓰기(indentation)

프로그래머가 코딩을 할 때 소스 코드의 들여 쓰기를 잘 해 놓으면 나중에 다른 프로그래머가 수정을 하기 위하여 해석을 할 때 읽기가 아주 편해지게 된다. 따라서 주석과 함께 들여 쓰기는 프로그램을 쉽게 이해할 수 있도록 하는 역할을 한다.

```
// 이 기호는 한 줄 주석입니다.
/* 이 기호는 두 줄 이상의
        주석입니다.
*/

#include <stdio.h>

int main(void)
{
    printf("hello,");
    printf("students");
    return 0;
}
```

들여쓰기 (indentation)

1. C 프로그래밍 개발 과정의 순서를 올바르게 짝지어진 것은?

① 소스 코드 작성 → 컴파일 → 디버깅 → 빌드 → 실행

② 소스 코드 작성 → 디버깅 → 빌드 → 컴파일 → 실행

② 소스 코드 작성 → 빌드 → 컴파일 → 실행 → 디버깅

④ 소스 코드 작성 → 컴파일 → 실행 → 빌드 → 디버깅

⑤ 소스 코드 작성 → 컴파일 → 빌드 → 실행 → 디버깅

2. Microsoft Visual Studio 에서 사용하는 프로젝트(project)에 대한 설명으로 틀린 것은?

① C 프로그램을 개발하기 위한 작업 공간으로 봐도 무방하다.

② C 프로그램을 작성하기 위해서 반드시 생성해야 한다.

② 기본적으로 1개의 프로젝트에는 1개의 소스 코드를 포함하는 것을 원칙으로 한다.

④ 프로젝트는 폴더 형태로 관리된다.

⑤ 프로젝트를 같은 버전의 Visual Studio가 설치되어 있는 다른 컴퓨터로 옮겨도 동작하는데 문제가 없다.

3. Microsoft Visual C++ 2010 Express 버전에서 기본 설정을 전문가 설정으로 바꾸는 방법에 대하여 기술하라.

4. 다음 C 소스 코드 중 잘못 된 부분을 찾아내라.

```c
// 이 기호는 한 줄 주석입니다.
/* 이 기호는 두 줄 이상의
   주석입니다.
*/

#include <stdio.h>

int main(void)
{
        printf("hello, students")
        return 0;
}
```

5. C프로그램을 작성할 때의 주의사항으로 올바르지 않은 것은?

① C 프로그램은 대/소문자를 구분한다.

② 모든 문장의 끝에는 반드시 세미콜론(;)이 붙어야 한다.

③ 함수나 블록은 { }로 구분한다.

④ 단어의 중간에 스페이스(공백)이 존재하면 2개의 단어로 구분한다.

⑤ 각 블록별 간의 구별을 쉽게 하기 위하여 탭을 사용한다.

6. Microsoft Visual C++ 2010 Express 버전을 이용하여 프로그래밍을 할 때의 설명 중 올바른 것은?

① 소스 코드를 작성할 때 파일명 뒤에 확장자를 기입하지 않으면, 자동적으로 C 언어로 작성된 파일로 인식한다.

② 컴파일 과정에서는 문법적인 에러와 동시에 잘못 표기된 C 언어 문법을 교정해준다.

③ 컴파일 단계에서 문법적인 에러가 있으면, 잘못된 실행 코드가 생성된다.

④ 소스 코드에서 사용된 각종 라이브러리 등은 빌드 단계에서 오브젝트 코드와 결합된다.

⑤ 실행 코드는 대개 .exe로 끝나며, 이 파일을 메모장으로 열어보면 소스 코드를 확인할 수 있다.

7. Microsoft Visual C++ 2010 Express 버전의 프로젝트에 대한 설명 중 올바른 것은?

① 하나의 프로젝트에는 단 하나의 소스 코드만 존재할 수 있다.

② Microsoft Visual C++ 2010 Express 버전에서 작성된 프로젝트는 다른 C 프로그램 에디터 혹은 작성기에서 호환되어 사용할 수 있다.

③ 프로젝트 내부에서 C 소스 코드, 컴파일된 오브젝트 코드, 실행 코드 등이 통합적으로 관리된다.

④ 프로젝트의 메뉴는 영어로만 되어있다.

⑤ 프로젝트를 작성하면, 암호화된 코드로 하드 드라이브에 저장되므로 타인이 열람 및 수정할 수 없다.

8. 다음은 Microsoft Visual C++ 2010 Express 버전에 대한 화면이다. 각 번호에 대한 설명 중 올바르지 않은 것은?

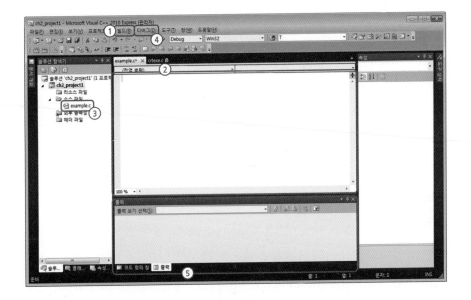

① 컴파일 과정을 수행할 때 이 메뉴로 진입한다.

② 소스 코드를 입력할 수 있는 편집기이다.

③ 현재 편집하고 있는 소스 코드의 파일을 나타낸다.

④ 프로그램의 오류를 수정할 때 사용하는 메뉴로써 문자단위의 디버깅도 지원한다.

⑤ 컴파일, 빌드 등 작업의 결과를 나타내는 창이다.

9. 다음은 소스 코드를 작성한 후의 화면이다. 각 번호에 대한 설명 중 틀린 것은?

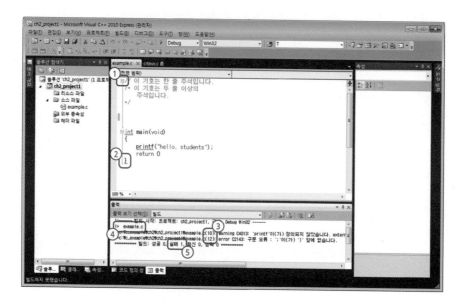

① 소스 코드에서 삭제해도 무방함을 의미하는 기호이다.

② 소스 코드가 잘못 되었을 때 표시되는 에러기호이다.

③ 오류가 발생한 줄번호를 나타낸다.

④ 현재 오류가 발생한 소스 코드를 나타낸다.

⑤ 2개의 오류가 발생했지만 하나의 오류는 경고이므로 숫자는 1을 가리킨다.

10. 디버깅에 대한 설명중 틀린 것은?

① 디버깅은 소스 코드 내에 에러를 발생시키는 요인을 찾아 없애는 과정을 말한다.

② 컴파일시 발생되는 에러에는 문법 에러, 논리 에러, 알고리즘 에러 등이 있다.

③ 디버깅 기법을 사용하면, 에러가 발생한 부분에 대한 발견과 오류수정이 편리하다.

④ Microsoft Visual C++ 2010 Express 버전에서는 소스 코드를 줄 단위로 디버깅 할 수 있도록 지원한다.

⑤ 디버깅을 하는 도중 실행하는 부분이 있으면, 실행 결과도 함께 확인할 수 있다.

11. C 언어를 이용하여, 소스 코드를 작성하고 실행할 때까지의 과정을 다음 순서에 맞도록 빈칸을 채우라.

> 소스 코드 작성 → (   ) → (   ) → 실행

12. C 프로그래밍 후 얻어낸 실행 코드의 속성에 대한 설명 중 올바른 것은?

① 실행 코드는 프로그램을 실행시키기 위한 파일이며, 파일을 실행시켰을 때 소스 코드에 링크가 걸려 있는 형태로 존재하며 마치 윈도우의 바로가기와 같다.

② 실행 코드를 메모장과 같은 프로그램으로 열면 소스 코드를 확인할 수 있다.

③ 소스 코드를 컴파일하여 얻은 실행 코드는 기계가 알아들을 수 있는 2진 코드로 이루어져 있다.

④ 실행 코드는 여러 가지 형태로 변형되어 얻어낸 결과물이며, 이는 소스 코드를 그대로 2진화 한 파일이다.

⑤ 대개 실행 코드는 소스 코드보다 그 크기가 작다.

13. C 소스 코드 구성 중 주석에 대한 설명 중 올바르지 않은 것은?

① 사용자가 소스 코드 내부에 임의의 코멘트를 작성할 때 사용한다.

② 소스 코드 내부에 주석이 많으면, 실행 코드의 크기가 커지므로, 가급적 적게 사용하는 것이 좋다.

③ 주석은 특수한 기호를 이용하여 만들며, C 언어에서는 총 2가지 기법이 있다.

④ 주석 내부에 또 다른 주석이 존재하면 안된다.

⑤ 2줄 이상의 주석을 사용할 때에는 /* ~ */ 기호를 사용한다.

14. 표준 입출력 함수에 대한 라이브러리가 포함되어 있는 헤더 파일은 무엇인가?

15. C 프로그램의 기본 구성 중 함수에 대한 설명 중 틀린 것은?

   ① 함수는 입력과 출력이 있어 입력에 대한 출력을 얻어낼 수 있도록 작성되어진 일종의 독립 모듈이다.

   ② 함수의 입력을 사용할 때 입력의 개수는 제한이 없다.

   ③ 함수의 출력을 사용할 때 출력의 개수는 제한이 없다.

   ④ main()도 일종의 함수이다.

   ⑤ printf()도 일종의 함수이다.

16. C 프로그램의 기본 구성 중 세미콜론(;)에 대한 설명 중 틀린 것은?

   ① C 프로그램 내부에 사용되는 모든 문장은 반드시 세미콜론으로 끝나야 한다.

   ② 2개의 문장을 하나의 줄에 표현하고자 할 때에는 세미콜론으로 구분할 수 있다.

   ③ 하나의 줄에는 1개 이상의 세미콜론을 사용할 수 있고, 이는 2개의 문장으로 구별한다.

   ④ 2개의 줄에 걸쳐 사용된 문장의 마지막에 세미콜론이 붙으면, 이는 1개 문장으로 간주한다.

   ⑤ 세미콜론으로 종료된 문장은 또 다른 문장의 시작을 의미한다.

17. C 프로그램의 문장 앞에 들여쓰기(indentation)을 함으로써 얻는 이점에 대해 기술하라.

18. 다음과 같은 C 프로그램을 컴파일 했을 때의 결과를 유추해보고 그 원인을 규명하라.

```
int main(void)
{
    printf("Hello");
    return 0;
}
```

19. C 프로그램을 작성하고 실행하기까지의 전 과정을 요약하라.

20. TEST라는 프로젝트를 생성하고, exam.c 파일을 생성한 후에 간단한 예제 파일을 작성하고, 빌드 과정에서 생성된 파일들인 프로젝트 파일, 오브젝트 코드, 실행 파일명들과 확장자를 명기하라.

CHAPTER 3

변수와 자료형

C • P r o g r a m m i n g

학 습 목 표

- C 프로그램에서 사용되는 변수와 상수에 대한 개념을 이해한다.
- C 프로그램에서 데이터를 저장하는 방법과 데이터의 형태에 대해서 학습한다.

3.1 변수

> **핵심포인트**　**변수란?**
>
> 변수는 C 언어의 가장 기본이 되는 개념이다. 1과 2를 더할 때 우리의 뇌 속에는 1값과 2값을 미리 기억하고, 기억된 2개의 값을 더한 값을 기억하고 있다. 마찬가지로 C 프로그램에서도 1과 2값을 저장할 변수라는 것이 필요하다. 이 때 변수가 저장되는 공간은 주기억장치이며, 프로그램이 종료되면 주기억장치에서의 공간이 소멸된다.

3.1.1 변수란 무엇인가?

C 프로그램에서 **변수는 프로그램 내부에서 프로그래머가 임의로 값을 바꾸고 변경할 수 있도록 정해 놓은 일종의 저장 공간이다. 그림 3.1.1과 같이 변수는 숫자, 문자, 정수, 소수, 실수 등을 저장할 수 있는 그릇과 같은 공간이며 각 변수들은 A나 B와 같은 일정한 형식을 가진 이름을 사용한다.**

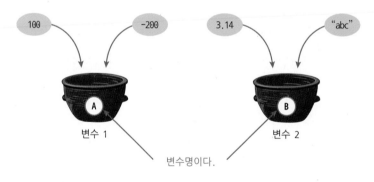

그림 3.1.1 변수의 개념

한편, 이름을 가지고 있는 각 변수들은 주기억장치(RAM)의 공간에 존재한다. 예를 들어 1과 2를 덧셈하는 프로그램이 있다고 가정해보자. 단순하게 1 + 2 = 3 이라고 하면 될 것 같지만, 실제 프로그램에서는 1과 2를 더한 결과값과 1, 2를 저장해 놓아야 할 공간이 필요하다. 이 때 사용하는 것이 변수이다. 그림 3.1.2와 같이 1과 2를 더하기 위하여 A라는 이름의 변수에 1을 저장하고 B라는 이름에 2를 저장한 후, 더한 결과값을 S라는 변수에 저장한다. S 변수에는 1과 2를 더하기 전에는 어떠한 값이 있는지 알 수 없다. 이때 우리가 수학시간에 배운 것과 같이 A + B = S라고 하지 않고 반대의 순서인 S = A + B라 해야 한다.

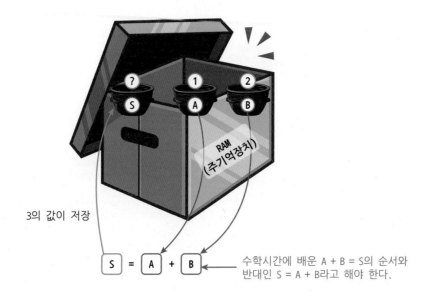

3의 값이 저장

수학시간에 배운 A + B = S의 순서와
반대인 S = A + B라고 해야 한다.

그림 3.1.2 변수와 주기억장치

Tip 주기억장치(RAM)가 무엇인가요?

컴퓨터의 기본 구성요소는 중앙처리장치(CPU), 주기억장치(RAM),
보조기억장치(HDD), 기본입출력장치(Keyboard, Monitor) 등으로
이뤄져 있다. C 프로그램이 동작되기 위해 필요한 공간이 주기억
장치이며, PC의 케이스를 열면 왼쪽의 그림과 같은 부품을 볼 수
있을 것이다. 이 부품이 바로 주기억장치이다.

3.1.2 변수명

프로그램 내부에서 사용할 각 변수들은 과연 어떻게 만들어지는 것일까? 주기억장치의 정
해진 공간에 미리 들어가 있는 것인지, 아니면 컴퓨터가 켜지면 자동으로 생성되는 것인지
의문이 갈 것이다. 변수는 그 종류에 따라 크기가 정해져 있다. 또한 프로그램이 시작되면
프로그래밍 한 내용에 따라 변수가 생성되고 소멸되고 값이 할당되고, 다시 제거되는 일련
의 과정이 반복된다. 즉, 변수는 프로그래머가 직접 생성하고 만드는 것이다. 그림 3.1.3과
같이 프로그램이 시작되면 1과 2를 저장할 변수와 합을 저장할 변수가 프로그램에 의해
생성되고 할당된다.

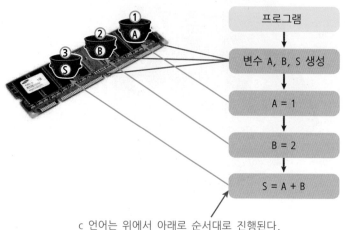

c 언어는 위에서 아래로 순서대로 진행된다.

그림 3.1.3 프로그램과 변수의 생성

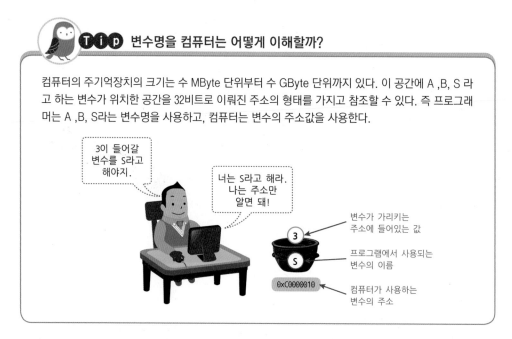

프로그래머는 변수명을 어떻게 만들까? 변수명은 프로그래머가 마음대로 만들 수 있지만, 몇 가지 규칙을 지켜야 한다. 프로그램 내부에서 사용하는 함수명도 마찬가지이다. 이들을 통칭하는 말이 식별자(identifier)이다. 프로그래머가 이 식별자명을 만들 때 다음과 같은 규칙이 있다.

규칙	예
영문자, 밑줄문자(_), 숫자를 사용해야 하며, 한글은 사용할 수 없다.	count2　　(○) 카운트　　(×)
첫 글자는 반드시 영문자와 밑줄문자(_)이어야 하며, 숫자이면 안 된다.	2var　　(×) var2　　(○) → 숫자가 뒤에 나오면 상관없다.
이름의 중간에 공백이 존재하면 안 된다.	varia ble (×)
C 언어의 키워드를 사용하면 안 된다.	int　　(×) char　　(×)
컴퓨터는 대문자와 소문자를 다른 문자로 인식한다.	variable, Variable → 2개를 다른 변수로 인식한다.
특수문자를 사용하면 안 된다.	#var　　(×) !var　　(×)

■ C 언어에서 사용하는 키워드(keyword)

auto	double	int	struct
break	else	long	switch
case	enum	register	typedef
char	extern	return	union
const	float	short	unsigned
continue	for	signed	void
default	goto	sizeof	volatile
do	if	static	while

 **키워드를 다 암기해야 하나?**

키워드를 쓰다보면 자연스럽게 암기할 수 있으니 일부러 암기할 필요는 없다. 한편, Microsoft Visual C++ 2010 Express 버전에서는 키워드는 색깔을 구분하여 표시하고 있다.

키워드는 파란색으로 표시된다. →

```
#include <stdio.h>

int main(void)
{
        int ival;
        double dval;

        return 0;
} // main()
```

3.1.3 변수의 선언과 사용 방법

변수를 선언하는 것은 주기억장치에 사용할 변수에 대한 공간을 만드는 것이고, 변수를 사용하는 것은 그 공간에서 변수를 꺼내오거나 값을 저장하는 것을 말한다. 변수를 사용하기 전에는 반드시 변수의 선언이 먼저 되어 있어야 하며, 변수 선언없이 사용하면 컴파일러는 에러를 발생시킨다. 그림 3.1.4와 같이 변수를 선언하는 방법은 왼쪽에 자료형, 오른쪽에 변수명을 위치시킨다. 변수를 사용하는 방법은 변수명이 왼쪽에 위치해야 하며, 변수에 값을 대입하는 경우 등호(=) 기호를 사용하여 오른쪽에 상수값을 기입한다. C 언어에서 문장의 끝에는 반드시 세미콜론(;) 기호가 있어야 한다.

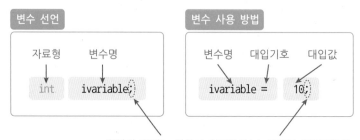

그림 3.1.4 변수 선언과 변수 사용 방법

> 🦉 **Tip** 자료형(data type)이란?
>
> 자료형이란 데이터가 저장될 형태와 크기를 결정짓는 키워드이다. 자료형에는 문자형, 정수형, 부동소수점형 등이 있다.

3.1.4 변수의 초기화

변수를 선언하면 주기억장치의 특정 번지에 공간이 생기게 되며 그 공간을 다른 프로그램이 사용했을 수도 있다. C 프로그램 내부에서 변수 선언을 했을 때 다른 프로그램이 사용했던 공간에 할당되면, 그 공간에는 그 전 프로그램이 사용했던 값이 남아 있을 수가 있다. 이 값은 C 프로그램이 사용하려는 값이 아니므로 이를 쓰레기 값(garbage value) 이라고 한다. 따라서 그림 3.1.5와 같이 변수를 선언함과 동시에 그 값을 지정하는 초기화를 수행하는 것이 좋다.

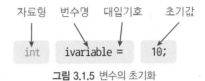

자료형   변수명   대입기호   초기값

int   ivariable =   10;

그림 3.1.5 변수의 초기화

예제 3-1   10과 100을 더하여 그 결과를 모니터로 출력하는 프로그램

3개의 변수 ival1, ival2, isum 변수를 선언하고, ival1 변수에 100을 ival2 변수에 10을 저장하고 더한 값을 isum 변수에 저장한다. 다음에 printf() 라이브러리 함수를 사용하여 더한 결과값을 모니터에 출력한다.

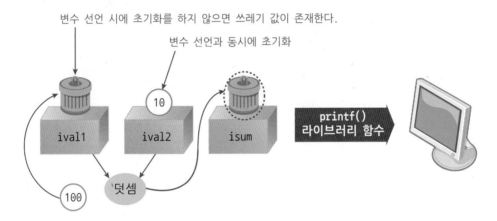

변수 선언 시에 초기화를 하지 않으면 쓰레기 값이 존재한다.

변수 선언과 동시에 초기화

printf() 라이브러리 함수

```
1    // C_EXAMPLE\ch3\ch3_project1\simpleadd.c
2
3    #include <stdio.h>
4
5    int main(void)                                       변수 선언하고 값을 초기화하
6    {                                                    지 않았다.
7        int ival1;              // 변수 1
8        int ival2 = 10;        // 변수 2                 변수 선언과 동시에 초기화를
9        int isum;              // 변수 3                 하였다.
10
11       ival1 = 100;           // 변수에 100을 저장
12       isum = ival1 + ival2;  // 덧셈 결과를 isum에 저장
13                                                        줄 바꿈 문자
14       printf("ival1 + ival2 = %d\n", isum);   // 모니터에 출력
15       return 0;
16   } // main()
```

[언어 소스 프로그램 설명

⊕ 핵심포인트

변수를 선언하고, 초기화하는 방법에 대하여 학습한다.

printf() 라이브러리 함수의 이중인용부호("") 안에 어떠한 내용들이 들어가며 인수는 어떻게 넘겨지는지 학습한다.

함수의 시작과 종료는 반드시 { } 기호, 각 문장의 마지막에는 ; 기호가 있음을 학습한다.

라인 1	// C_EXAMPLE\ch3\ch3_project1\simpleadd.c 한 줄 단위의 주석이며 C 소스 코드가 C_EXAMPLE\ch3\ch3_project1\simpleadd.c 임을 나타낸다.
라인 3	선행 처리기가 stdio.h 헤더 파일을 컴파일러가 설치된 시스템 헤더 경로에서 찾아 소스 코드에 포함시키도록 한다. #include <stdio.h> 문장을 소스 코드에 포함시키지 않으면 컴파일 과정에서 "'printf' undefined; assuming extern returning int"라는 경고 메시지가 나타난다. 이는 라이브러리 함수인 printf() 라이브러리 함수에 대한 함수원형이 선언되지 않았기 때문에 int 형을 반환하는 함수로 가정한다는 의미이다. 따라서 이 경고 메시지를 없애려면 printf() 라이브러리 함수에 대한 함수원형선언 되어있는 stdio.h 헤더 파일을 선행 처리기에게 소스 코드에 포함시킨다.
라인 5	simpleadd 프로그램의 시작점인 main() 함수이다. 함수의 반환형과 매개변수가 존재하지 않는다.
라인 6	main() 함수의 시작을 나타낸다.
라인 7	ival1 정수형 변수를 선언한다. int 형은 정수형 자료형을 의미한다. 청수형은 기본적으로 32비트의 공간을 가지고, -2^{31} ~ $2^{31}-1$ 자리까지 표현할 수 있다. 자세한 내용은 3.3 기본 자료형 부분에서 다루도록 하겠다. 변수를 선언하고 초기화를 하지 않았으므로, ival1 변수에는 쓰레기 값이 들어있다.
라인 8	ival2 정수형 변수를 선언함과 동시에 10 값을 대입하면서 초기화를 동시에 하였다.
라인 12	ival1의 값과 ival2 값을 더하여 isum 변수에 대입하였다.
라인 14	printf() 라이브러리 함수는 이중 이중인용부호(" ")내의 내용을 모니터로 출력한다. 이때 단순히 출력되는 문자열과 출력형식을 지정하는 기능을 가진 %와 특수문자인 ₩ 등을 포함하는 구분이 있다. %d는 출력형식을 지정하는 문자로써 뒤에 따라오는 변수의 값을 10진 정수 형태로 모니터에 출력하겠다는 의미이다. 즉, isum 변수를 10진 정수 형태인 110으로 모니터에 출력할 것이다. 한편, \n은 줄 바꿈 문자(newline character)로써 모니터 화면에서 커서를 한 줄 밑으로 내리는데 사용한다. 만약 이 문자를 프린터에 내보내면 프린터의 용지가 한 줄 위로 올라가는 효과를 볼 수 있다.

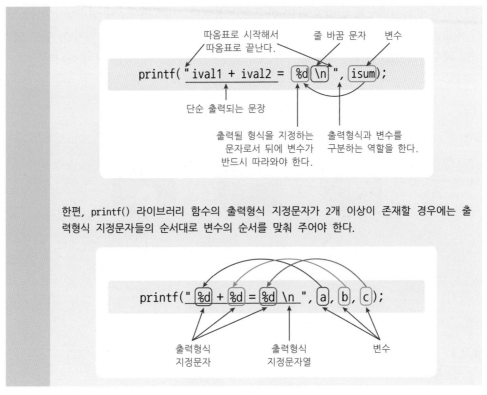

한편, printf() 라이브러리 함수의 출력형식 지정문자가 2개 이상이 존재할 경우에는 출력형식 지정문자들의 순서대로 변수의 순서를 맞춰 주어야 한다.

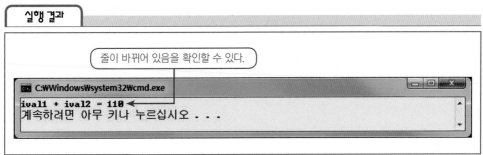

실행 결과

줄이 바뀌어 있음을 확인할 수 있다.

```
C:\Windows\system32\cmd.exe
ival1 + ival2 = 110
계속하려면 아무 키나 누르십시오 . . .
```

3.2 상수

상수란 변하지 않는 값을 의미한다. 이 값은 숫자만 의미하는 것이 아니고 변수에 대입할 수 있는 모든 값을 의미한다. 변수에 대입할 수 있는 값에는 정수, 소수, 문자, 문자열 등이 있다. 상수는 변수와 마찬가지로 메모리에 보관이 되고 값을 사용할 수는 있지만, 값을 변경할 수는 없다. 메모리 공간에 값을 저장하고 이를 참조하기 위해서는 프로그램 내부적으로 주소값을 사용한다. 그림 3.2.1에서와 같이 10과 5를 곱하여 50이라는 답을 얻기 위해 a라는 변수와 sum 이라는 변수를 사용했다. 이때 변수 a와 변수 sum은 별도의 메모리에 할당되어 저장된 값을 읽어 오며 그 값을 다시 변경할 수 있지만, 상수 5는 별도 메모리의 공간을 할당받고 있으나 프로그래머가 변경할 수 있는 값이 아니다.

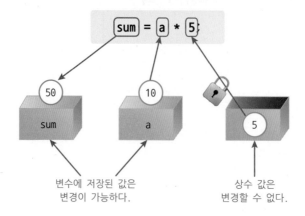

그림 3.2.1 상수

3.2.1 정수

① 8진수 표현, 10진수 표현, 16진수로 표현할 수 있으며 숫자 0으로 시작되는 정수는 8진수를 나타내며, 0x 또는 0X로 시작되는 정수는 16진수를 나타낸다.

② 정수를 표시할 때 중간에 컴마(,)를 사용할 수 없다.
　예 150,000 (×) ➔ 150000 (○)

3.2.2 부동소수점

① 4.25, 0.019 등과 같이 소수점을 포함하는 숫자이다.

② 4.08e6과 같이 과학기술 계산용 표기법으로 표기할 수 있다.

3.2.3 문자

① 'C'와 같이 문자는 단일인용부호(' ')로 묶여있다.

② 문자 값은 ASCII 코드 값이 된다. 예를 들면 문자 'C'의 ASCII 코드 값은 10진수로는 67, 16진수로는 43, 8진수로는 103이 된다.

③ 컴퓨터 키보드 상에 없는 문자들은 escape sequcnce(escape 문자)로 표현할 수 있으며 escape sequence는 \와 하나의 문자로 구성된다. 예를 들어 화면상에서 삑하는 beep 음을 내는 문자는 '\7'(8진수), '\07'(8진수), '\x7'(16진수) 또는 '\a'로 표시된다.

④ escape sequence의 종류와 기능들은 다음과 같다.

escape sequence	기능
\n	줄 바꿈 문자(newline character)
\a	beep 음을 내는 문자
\r	이전의 모든 문자들을 출력시키지 않는 문자
\b	이전의 한 문자를 출력시키지 않는 문자
\t	일정한 값(tab)만큼 빈 공간을 출력시키는 문자
\\	역슬레쉬 문자(\)를 출력시키는 문자
\"	이중인용부호(")를 출력시키는 문자
\0	8진수를 나타내는 문자
\x	16진수를 나타내는 문자
\0	널 문자(null character)를 나타내는 문자

3.2.4 문자열(string)

① "C Language"와 같이 공백을 포함한 한 개 이상의 문자들이 이중인용부호(" ")로 묶여 있다.

② C 컴파일러는 문자열 끝에 널 문자('\0')를 자동적으로 추가시킨다.

③ 문자열은 다음과 같이 메모리 공간에 저장된다.

char s[] = "C Language"; // 배열 s에 저장

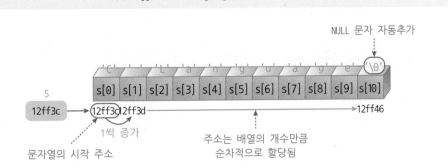

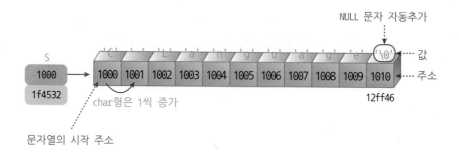

```
char *s = "C Language"; // 포인터 s가 가리키는 메모리 공간에 저장
```

3.2.5 열거 상수

① 열거 상수는 가질 수 있는 값들을 미리 열거한 자료들의 집합으로 **enum 키워드**를 사용하여 다음과 같은 형식으로 정의된다.

```
enum 태그명 {열거상수1, 열거상수2, 열거상수3 …};
```

② 열거 상수는 기본적으로 0부터 시작하여 1씩 증가한다.

```
enum fruit {apple, pear, grape, … };
                0      1      2
```

③ 열거 상수의 값을 프로그래머가 지정할 수도 있다.

```
enum fruit {apple = 5, pear, grape = 10, … };
                5         6      10
```

예제 3-2　　열거 상수의 값을 모니터에 출력하는 프로그램

열거 상수의 값을 printf() 라이브러리 함수를 사용하여 모니터에 출력하도록 하는 프로그램을 작성한다. 열거 상수를 초기화하지 않으면 기본적으로 0부터 시작하여 1씩 증가하여 할당되며, 프로그래머가 열거 상수값을 지정할 수도 있다.

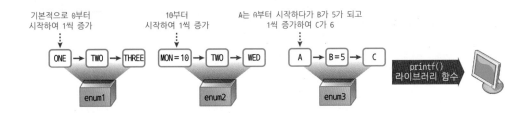

```
1    // C_EXAMPLE\ch3\ch3_project2\enum.c
2
3    #include <stdio.h>
4                                                                    ──── 열거 상수들을 정의하였다.
5    // 열거 상수들  정의
6    enum enum1 {ONE, TWO, THREE};        // ONE = 0,  TWO = 1,  THREE = 2
7    enum enum2 {MON = 10,  TUE,  WED};    // MON = 10,  TUE = 11,  WED = 12
8    enum enum3 {A, B = 5, C};             // A = 0,  B = 5,  C = 6
9
10   int main(void)
11   {
12       enum enum1 sum;                   ──── 열거 상수 변수를 선언하였다.
13
14       sum = ONE + TWO + THREE;
15
16       printf("ONE is %d\n", ONE);
17       printf("TWO is %d\n", TWO);
18       printf("THREE is %d\n", THREE);
19       printf("sum is %d\n\n", sum);
20                                         ──── 2줄이 연속적으로 줄 바꿈이 된다.
21       printf("MON is %d\n", MON);
22       printf("TUE is %d\n", TUE);
23       printf("WED is %d\n\n", WED);
24
25       printf("A is %d\n", A);
26       printf("B is %d\n", B);
27       printf("C is %d\n\n", C);
28       return 0;
29   } // main()
```

[언어 소스 프로그램 설명

⊕ 핵심포인트

열거 상수를 정의할 때 열거 상수의 값들이 어떻게 할당되는지 살펴보자.

라인 6   열거 상수의 값은 기본적으로 0부터 시작하므로 ONE은 0, TWO는 1, THREE는 3의 값이 차
         례대로 할당된다.

라인 7   MON에 10을 대입하였기 때문에 TUE는 11, WED는 12로 할당된다.

라인 8   A는 기본적으로 0이 할당되고, B에 5를 대입하였기 때문에 C는 1이 증가하여 6이 된다.

라인 12   열거 상수 변수 sum을 선언하였다.

라인 14   열거 상수 ONE, TWO, THREE들의 값을 합한 결과인 4를 열거 상수 변수 sum에 대입하였다.

라인 19   \n\n은 2줄이 연속적으로 줄 바꿈을 한다.

실행 결과

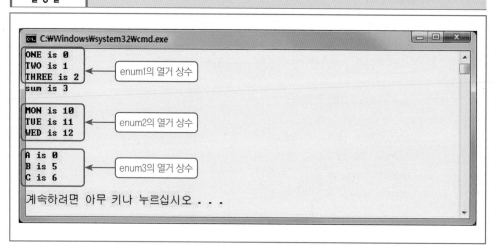

3.3 기본 자료형

핵심포인트

자료형은 자료의 형태를 일컫는다. C 언어에서는 자료형에 따라 메모리에 확보되는 그 공간이 다르고 연산의 방법도 다르게 된다. 1+1=2의 수식과 1+1.1=2.1의 수식은 수학적인 개념에서는 크게 다르지 않지만, C 언어에서는 2개의 연산 내부 메카니즘은 상당한 차이가 있다. 즉 메모리에 할당되는 공간의 크기가 다를뿐 아니라 상이한 2개의 자료형(정수와 실수)을 더한 결과를 어떠한 자료형으로 표현할 것인지 생각해야 한다.

3.3.1 자료형이란 무엇인가 ?

C 프로그래밍에서 사용하는 자료형은 변수를 선언할 때나 함수의 입/출력 등을 결정짓는데 사용하는 자료의 종류를 구분하는 역할을 한다. 따라서 프로그램의 동작을 결정하는 중요한 요소는 아니더라도 상황에 맞지 않은 자료형을 사용하는 것은 프로그램의 오류를 야기할 수도 있으며 예기치 않은 결과를 낼 수도 있다. 적절한 자료형의 사용과 자료의 크기에 맞는 자료형을 사용하는 것이 좋은 프로그래밍의 방법이라고 할 수 있다. 자료형을 이용하여 변수를 선언하는 것은 자료형에 맞는 자료의 크기를 메모리 공간에 요청하는 것을 의미한다. 그림 3.3.1에서 보는 바와 같이 1바이트의 자료형 크기를 갖는 변수에 그 이상의 크기를 갖는 상수를 대입하면 문제가 발생되어 ch 변수에는 분명 이상한 값이 존재할 것이다.

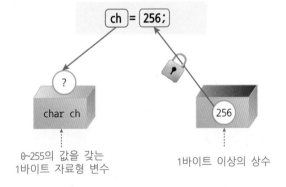

그림 3.3.1 자료형의 잘못된 사용

 바이트(byte)

컴퓨터가 처리하는 정보의 가장 기본이 되는 단위인 비트(bit)는 스위치처럼 1 혹은 0으로 CPU가 인식할 수 있으며, 이 비트 8개가 모여 하나의 바이트를 이룬다. 1바이트의 크기가 갖는 자료의 크기는 2진수를 0부터 차례대로 0, 01, 100 … 11111110, 11111111 까지 쭉 써 넣어 내려가다 보면 그 크기가 2^8-1임을 알 수 있다. 즉 256개의 값을 저장할 수 있는 공간이다.

자료형에는 각기 그 종류에 맞도록 사용되는 크기가 정해져 있다. 따라서 그림 3.3.2와 같이 적은 값을 넣기 위해서 군이 큰 공간을 할당하지 말아야 하며, 반대로 큰 값을 넣기 위해서 작은 공간을 할당하지 말아야 한다. 따라서 자료형의 크기에 알맞은 공간을 할당해야 좋은 프로그래밍이라고 할 수 있을 것이다.

자료형의 올바른 사용

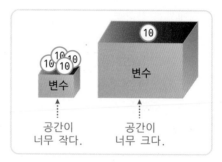
자료형의 올바르지 못한 사용

그림 3.3.2 자료형의 올바른 사용

3.3.2 기본 자료형의 종류

C 언어에서 제공하는 기본 자료형의 종류는 표 3.3.1과 같다.

표 3.3.1 기본 자료형의 종류

자료형	부호	키워드	크기 (바이트)	표현범위	비고
정수형	부호 있음	short	2	$-2^{15} \sim 2^{15}-1$	$2^{15} = 32768$
		int	4	$-2^{31} \sim 2^{31}-1$	$2^{31} = 2147483648$
		long	4	$-2^{31} \sim 2^{31}-1$	32비트 운영체제에서는 int형과 동일

자료형	부호	키워드	크기 (바이트)	표현범위	비고
정수형	부호 없음	unsigned short	2	$0 \sim 2^{16}-1$	$2^{16} = 65536$
		unsigned int	4	$0 \sim 2^{32}-1$	$2^{32} = 4294967296$
		unsigned long	4	$0 \sim 2^{32}-1$	32비트 운영체제에서는 int형과 동일
문자형	부호있음	char	1	$-2^7 \sim 2^7-1$	$2^7 = 128$
	부호없음	unsigned char	1	$0 \sim 2^8-1$	
부동 소수점 형	단일정 밀도	float	4	$\pm 1.17549 \times 10^{-38}$ $\sim \pm 3.40282 \times 10^{38}$	
	배정밀도	double	8	$\pm 2.22507 \times 10^{-308}$ $\sim \pm 1.79769 \times 10^{308}$	

예제 3-3   기본 자료형의 크기를 모니터에 출력하는 프로그램

표 3.3.1에 나온 각 자료형들의 크기를 sizeof 연산자와 printf() 라이브러리 함수를 사용하여 모니터에 출력하도록 하는 프로그램을 작성한다.

```
1    // C_EXAMPLE\ch3\ch3_project3\datatype.c
2
3    #include <stdio.h>
4
5    int main(void)
6    {
7        int  i = 0;                          ← 변수 선언 후에 초기화
8        char ch = 0;
9
10       // 일반 변수도 sizeof 연산자를 사용할 수 있다.    sizeof 연산자의 반환형이
11       printf("i의 크기는 %d\n", sizeof(i));         정수형이기 때문에 %d와
12       printf("ch의 크기는 %d\n\n", sizeof(ch));       결합된다.
13
```

```
14          // 기본 자료형도 sizeof 연산자를 사용할 수 있다.
15          printf("자료형 short의 크기는 %d\n", sizeof(short));
16          printf("자료형 int의 크기는 %d\n", sizeof(int));
17          printf("자료형 long의 크기는 %d\n", sizeof(long));
18          printf("자료형 char의 크기는 %d\n", sizeof(char));
19          printf("자료형 float의 크기는 %d\n", sizeof(float));
20          printf("자료형 double의 크기는 %d\n", sizeof(double));
21          return 0;
22    } // main()
```

[언어 소스 프로그램 설명

⊕ 핵심포인트

sizeof 연산자를 사용하여 기본 자료형의 크기가 실제로 어떻게 출력이 되는지 살펴보자.

라인 7~ 라인 8	i 변수를 int 자료형으로 선언하고 ch 변수를 char 자료형으로 선언한 후에, 각각 초기화 한다.
라인 11	sizeof 연산자는 메모리에 할당된 크기를 바이트 단위로 반환한다. 따라서 반환형이 바이 트 크기의 정수형이므로 %d와 결합된다.

실행 결과

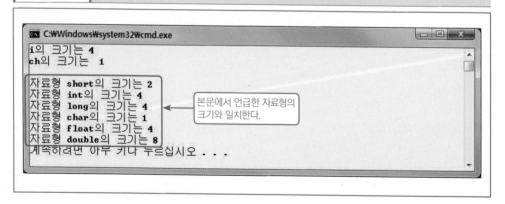

(1) char형

char형은 1개의 문자를 저장하기 위한 기본 자료형이다. 여기서 문자는 a, b, c 등과 같은 알파벳뿐만 아니라 #, $, % 등과 같은 특수문자도 포함되며, printf 문에서 사용하는 줄 바꿈 문자인 '\n' 도 하나의 문자로 인식한다. 일반적으로 사용하는 문자 이외에도 컴퓨터에서 삐삐 소리를 나게 하는 비프음 문자, 키보드의 tab, space, backspace 등도 포함된다. 컴퓨터에서는 이러한 문자를 어떻게 저장하고 표현할 것인가? unsigned char형인 경우에는 1바이트로 표현할 수 있는 숫자인 0부터 255까지를 문자에 대응시켜서 컴퓨터는 저장하고 표현한다. 예를 들어 그림 3.3.3과 같이 사용자가 키보드에서 A 자판을 눌렀을 때 키보드는 컴퓨터에게 65라는 1바이트 크기의 값을 2진수의 형태로 전송하지만, 컴퓨터 내부의 처리문에 따라 미리 정해진 약속에 의해 'A'라는 문자가 모니터에 출력이 되는 것이다.

66값이 2진수 형태로 전송됨

65값이 2진수 형태로 전송됨

그림 3.3.3 문자의 전송 원리

이처럼 1바이트의 char형을 표현하기 위해서 각 값에 대응되는 일정한 규칙 혹은 약속이 필요하다. 1바이트는 최대 256개의 문자를 표현할 수 있는 공간이 있으므로 각 256개에 대응되는 문자가 0부터 255까지의 값에 할당이 되어 있다. 이를 미국 ANSI에서 표준화로 지정해 놓은 것을 ASCII(American Standard Code for Information Interchange) 코드라고 한다. 즉, ASCII 코드는 정보교환을 위한 미국 표준 부호라는 의미를 가진 이 코드로서 0부터 127까지의 값에 문자를 하나씩 대응해 놓은 표준 코드이다. 표 3.3.2는 ASCII 코드를 나타내고 있으며, 128부터 255까지에는 이후에 추가된 코드들이므로 표준화되었다고 볼 수 없으므로 생략한다.

표 3.3.2 ASCII 코드

10진수	16진수	문자	10진수	16진수	문자	10진수	16진수	문자
0	00	NUL	43	2B	+	86	56	V
1	01	SOH	44	2C	,	87	57	W
2	02	STX	45	2D	−	88	58	X
3	03	ETX	46	2E	.	89	59	Y
4	04	EOT	47	2F	/	90	5A	Z
5	05	ENQ	48	30	0	91	5B	[
6	06	ACK	49	31	1	92	5C	\
7	07	BEL	50	32	2	93	5D	]
8	08	BS	51	33	3	94	5E	^
9	09	HT	52	34	4	95	5F	_
10	0A	LF	53	35	5	96	60	`
11	0B	VT	54	36	6	97	61	a
12	0C	FF	55	37	7	98	62	b
13	0D	CR	56	38	8	99	63	c
14	0E	SO	57	39	9	100	64	d
15	0F	SI	58	3A	:	101	65	e
16	10	DLE	59	3B	;	102	66	f
17	11	DCI	60	3C	〈	103	67	g
18	12	DC2	61	3D	=	104	68	h
19	13	DC3	62	3E	〉	105	69	i
20	14	DC4	63	3F	?	106	6A	j
21	15	NAK	64	40	@	107	6B	k
22	16	SYN	65	41	A	108	6C	l
23	17	ETB	66	42	B	109	6D	m
24	18	CAN	67	43	C	110	6E	n
25	19	EM	68	44	D	111	6F	o
26	1A	SUB	69	45	E	112	70	p
27	1B	ESC	70	46	F	113	71	q
28	1C	FS	71	47	G	114	72	r
29	1D	GS	72	48	H	115	73	s
30	1E	RS	73	49	I	116	74	t
31	1F	US	74	4A	J	117	75	u
32	20	Space	75	4B	K	118	76	v
33	21	!	76	4C	L	119	77	w
34	22	"	77	4D	M	120	78	x
35	23	#	78	4E	N	121	79	y
36	24	$	79	4F	O	122	7A	z
37	25	%	80	50	P	123	7B	{
38	26	&	81	51	Q	124	7C		
39	27	'	82	52	R	125	7D	}
40	28	(	83	53	S	126	7E	~
41	29	)	84	54	T	127	7F	DEL
42	2A	*	85	55	U			

Tip 진법을 변환하는 방법을 알고 싶어요!

10진수를 2진수로 변환하는 방법(18 → 10010)

10진수 18을 2로 차례대로 나누어 오른쪽에 나머지를 적고 아래에는 몫을 적는다. 몫이 2보다 작을 때 까지 계속 진행한다. 최종 발생된 몫부터 나머지를 역순으로 차례대로 읽어낸다.

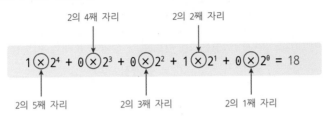

위 공식은 다음의 식을 대변한다.

$$1 \times 2^4 + 0 \times 2^3 + 0 \times 2^2 + 1 \times 2^1 + 0 \times 2^0 = 18$$

2진수를 16진수, 16진수를 2진수로 변환하는 방법

2진수와 16진수의 변환은 대단히 쉽다. 왜냐하면 2진수 4자리가 뭉쳐서 16진수를 만들어 내기 때문이다. 18은 16과 2가 모여서 18을 만들어 낸다. 16을 2진수로 표현하면 10000이고 2는 10이다. 이 둘을 합치면 된다. 반대의 경우로 마찬가지이다.

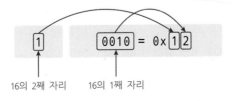

한편 그림 3.3.4와 같이 unsigned char의 경우 최대 8개의 비트를 활용하여 숫자를 표현하므로 최대 표현할 수 있는 수의 범위는 $0 \sim 2^8 - 1$ 까지 이다.

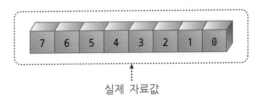

그림 3.3.4 unsigned char형의 실제 자료값

또한 char형은 최상위 비트(부호비트) 7번 비트의 값에 따라 음수인지 양수인지를 구별한다. 이때 **최상위 비트(부호비트)가 0이면 양수를, 1이면 음수를 표현한다.** 그림 3.3.5와 같이 char형의 경우 부호비트를 사용하기 때문에 실제 표현할 수 있는 숫자의 범위는 7개의 비트가 된다. 최대 표현할 수 있는 수의 범위는 $-2^7 \sim 2^7 - 1$ 까지 이다.

그림 3.3.5 char형의 부호비트와 실제 자료값

(2) short형

그림 3.3.6과 같이 unsigned short형은 2바이트로 구성되어 16개의 비트를 사용한다. 따라서 최대 표현할 수 있는 수의 범위는 $0 \sim 2^{16} - 1$ 까지 이다.

그림 3.3.6 unsigned short형의 실제 자료값

그림 3.3.7과 같이 short형은 부호비트가 존재하기 때문에 데이터를 위해 총 15개의 비트밖에 사용하지 못한다. 따라서 **최대 표현할 수 있는 수의 범위는 $-2^{15} \sim 2^{15} - 1$ 까지 이다.**

그림 3.3.7 short형의 부호비트와 실제 자료값

(3) int형

int형은 4바이트로 구성된 자료형으로 최대 표현할 수 있는 수의 범위는 -2^{31}(2147483648) ~ $2^{31}-1$(2147483647)까지 이다.

unsigned int형은 4바이트로 구성된 부호가 없는 자료형으로 최대 표현할 수 있는 수의 범위는 0 ~ $2^{32}-1$(4294967295) 까지 이다.

(4) long형

long형은 32비트 운영체제에서는 int형과 동일하다. 그러나 64비트 운영체제를 사용하는 컴퓨터에서는 크기가 8바이트이기 때문에 최대 표현할 수 있는 수의 범위는 $2^{-63} \sim 2^{63}-1$ 까지이며, unsigned long인 경우에 최대 표현할 수 있는 수의 범위는 0 ~ $2^{64}-1$ 까지 이다.

(5) float형, double형

float형과 double형은 부동소수점을 표현하기 위한 자료형이다. 부동소수점이란 일반적으로 표현하는 소수점의 위치를 고정하지 않고, 소수점의 위치를 표현하는 숫자를 따로 표현하는 방식으로 컴퓨터와 같은 과학기술 계산 분야에서 많이 이용되는 방법이다.

float형은 4바이트로 구성된 자료형으로 최대 표현할 수 있는 수의 범위는 $\pm 1.17549 \times 10^{-38}$ ~ $\pm 3.40282 \times 10^{38}$ 까지 이며, 대략적으로 전체 7자리까지 유효한 값을 나타낸다.

double형은 8바이트로 구성된 자료형으로 최대 표현할 수 있는 수의 범위는 $\pm 2.22507 \times 10^{-308}$ ~ $\pm 1.79769 \times 10^{308}$ 까지 이며, 대략적으로 전체 16자리까지 유효한 값을 나타낸다.

예제 3-4   float형과 double형의 유효한 값을 출력하는 프로그램

float형과 double형의 유효한 값을 printf() 라이브러리 함수를 사용하여 모니터에 출력하도록 하는 프로그램을 작성한다.

```
1    // C:\C_EXAMPLE\ch3\ch3_project4\efficiency.c
2
3    #include <stdio.h>
4
5    int main(void)
6    {
7        float x1;
8        double x2;
9
10       // 대략적으로 전체 7자리까지 유효한 값을 나타냄
11       x1 = 123456.567235;
12       // 대략적으로 전체 16자리까지 유효한 값을 나타냄
13       x2 = 1234.56723512345472912;
14
15       printf("x1 = %f\n", x1);
16       printf("x2 = %20.15f\n", x2);
17       return 0;
18   } // main()
```

float형은 대략적으로 전체 7자리
까지 유효한 값을 나타낸다.

double형은 대략적으로 전체 16자리
까지 유효한 값을 나타낸다.

소수점 이하
6자리까지만 출력됨

전체 20자리, 소수점
이하 15자리 출력됨

[언어 소스 프로그램 설명]

⊕ 핵심포인트

float 자료형과 double 자료형이 저장될 때 유효한 자리가 어느 정도가 되는지 파악한다.

printf() 라이브러리 함수에서 float형이나 double형을 출력할 경우에 사용되는 %f의 출력형식 지정문자열을 파악한다.

라인 7	x1 변수를 float 자료형으로 선언하고 x2 변수를 double 자료형으로 선언한 후에, 각각 초기화 한다.
라인 11	x1의 변수에 123456.567235라고 하는 소수 형식의 상수가 대입될 때 C 언어는 소수 형식을 갖는 상수를 일반적으로 double로 인식한다. 따라서 다음과 같이 float에 double형 상수를 대입하여 자료 잘림 현상이 발생된다는 warning 메시지가 발생한다.

```
1>------ 빌드 시작: 프로젝트: ch3_project4, 구성: Debug Win32 ------
1>  efficiency.c
1>C:\C_EXAMPLE\ch3\ch3_project4\efficiency.c(11): warning C4305: '=' : 'double'에서 'float'(으)
로 잘립니다.
1>  ch3_project4.vcxproj -> C:\C_EXAMPLE\ch3\ch3_project4\Debug\ch3_project4.exe
========== 빌드: 성공 1, 실패 0, 최신 0, 생략 0 ==========
```

float형인 경우에는 대략적으로 전체 7자리까지 유효한 값을 나타낸다.

라인 13	double형인 경우에는 대략적으로 전체 16자리까지 유효한 값을 나타낸다.

라인 16	printf() 라이브러리 함수에서 float형이나 double형을 출력할 경우에는 %f의 출력형식 지정문자를 사용한다. %f는 소수점 이하 6자리까지만 출력한다. %f 앞의 20.15라는 의미는 소수점을 포함하여 전체 20자리를 출력하고, 소수점 이후의 자리는 15자리로 채우라는 의미이다. 이때 유효숫자에서 벗어난 범위는 쓰레기 값이 된다.

실행 결과

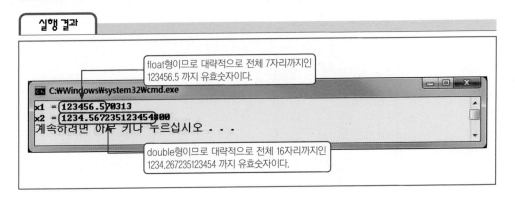

3.3.3 오버플로우와 언더플로우

오버플로우(overflow)는 자료형이 가질 수 있는 최댓값의 범위를 초과하는 것을, 언더플로우 (underflow)는 자료형이 가질 수 있는 최솟값의 범위를 초과하는 것을 의미한다. 변수가 가지는 공간이 일정하기 때문에 값의 최댓값보다 초과하게 되면 최솟값으로 내려가고 값의 최솟값보다 작아지게 되면 최댓값으로 증가하는 현상을 의미한다. 그림 3.3.8과 같이 −128 ~ 127까지의 값을 갖는 char 형에서 −128보다 작아지면 127이 되고, 127보다 커지면 −128이 된다.

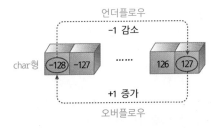

그림 3.3.8 char형의 오버플로우와 언더플로우

예제 3-5 char형의 오버플로우와 언더플로우 값을 출력하는 프로그램

char형의 오버플로우와 언더플로우 값을 출력하는 프로그램을 작성한다. char형의 최댓값에서 하나 증가시키고 char형의 최솟값에서 하나 감소시킨 뒤에 printf() 라이브러리 함수를 사용하여 그 값을 모니터에 출력하도록 하는 프로그램을 작성한다.

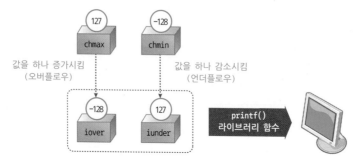

```
1    // C_EXAMPLE\ch3\ch3_project5\charflow.c
2
3    #include <stdio.h>
4
5    int main(void)
6    {                                                          오버플로우
7        char chmax = 127;          // char형의 최댓값
8        char chmin = -128;         // char형의 최솟값
9        int iover = ++chmax;       // chmax을 하나 증가시킴
10       int iunder = --chmin;      // chmin을 하나 감소시킴
11                                                             언더플로우
12       printf("chmax의 오버플로우는 %d\n", iover);
13       printf("chmin의 언더플로우는 %d\n", iunder);
14       return 0;
15   } // main()
```

[언어 소스 프로그램 설명]

🔍⊕ 핵심포인트

char형은 최댓값이 127이고, 최솟값은 −128 이다. 최댓값을 하나 증가시킨 값과, 하나 감소시킨 값이 어떻게 저장되는지 유심히 살펴본다.

라인 9 char형의 최댓값인 127 값을 하나 증가시켜 char형 보다 큰 자료형 int형 변수에 값을 대입하면 오버플로우가 되어 −128이 된다.

라인 10	char형의 최솟값인 -128 값을 하나 감소시켜 char형 보다 큰 자료형 int형 변수에 값을 대입하면 언더플로우가 되어 127이 된다.

실행 결과

```
C:\Windows\system32\cmd.exe
chmax의 오버플로우는 -128
chmin의 언더플로우는 127
계속하려면 아무 키나 누르십시오 . . .
```

예제 3-6   int형의 오버플로우와 언더플로우 값을 출력하는 프로그램

int형의 오버플로우와 언더플로우 값을 출력하는 프로그램을 작성한다. int형의 최댓값에서 하나 증가시키고 int형의 최솟값에서 하나 감소시킨 뒤에 printf() 라이브러리 함수를 사용하여 그 값을 모니터에 출력하도록 하는 프로그램을 작성한다.

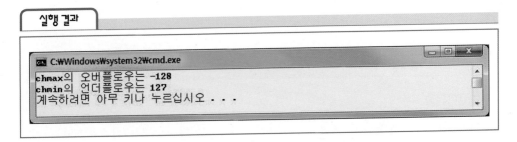

```
1    // C_EXAMPLE\ch3\ch3_project6\intflow.c
2
3    #include <stdio.h>
4
5    int main(void)
6    {
7        int intmax = 2147483647;        // int형의 최댓값
8        int intmin = -2147483648;       // int형의 최솟값
9        int iover = ++intmax;           // intmax을 하나 증가시킴
10       int iunder = --intmin;          // intmin을 하나 감소시킴
11
```

2147483648이 unsigned int형으로 인식된다.

오버플로우

언더플로우

```
12          printf("intmax의 오버플로우는 %d\n", iover);
13          printf("intmin의 언더플로우는 %d\n", iunder);
14          return 0;
    } // main()
```

[언어 소스 프로그램 설명]

핵심포인트

int형은 최댓값이 2147483647이고, 최솟값은 –2147483648 이다. 최댓값을 하나 증가시킨 값과, 하나 감소시킨 값이 어떻게 저장되는지 유심히 살펴본다.

라인 8   int형 변수인 intmin에 –2147483648의 값을 대입하면 다음과 같이 단항의 마이너스 연산자가 부호없는 자료형에 사용되어, 결과적으로 여전히 unsigned를 유지하겠다는 warning 메시지가 나타난다. 라인 8의 코드에서 우선 2147483648 상수 값을 메모리에 저장한다. 이때 2147483648은 int형이 표현할 수 있는 최대 범위보다 1 증가한 값이므로 unsigned int형으로 인식하고 여기에 – 부호를 붙인 뒤에 int형 변수에 저장하기 때문에 자료형이 맞지 않는다는 warning이 발생하는 것이다.

```
1>------ 빌드 시작: 프로젝트: ch3_project6, 구성: Debug Win32 ------
1>  inflow.c
1>C:\C_example\ch3\ch3_project6\inflow.c(8): warning C4146: 단항 빼기 연산자가 부호 없는 형식에 적용되었습니다. 결과는 역시 unsigned입니다.
1>  ch3_project6.vcxproj -> C:\C_EXAMPLE\ch3\ch3_project6\Debug\ch3_project6.exe
========= 빌드: 성공 1, 실패 0, 최신 0, 생략 0 =========
```

라인 9   int형의 최댓값인 2147483647 값을 하나 증가시켜 int형 변수에 값을 대입하면 오버플로우가 되어 –2147483648이 된다.

라인 10   int형의 최솟값인 –2147483648 값을 하나 감소시켜 int형 변수에 값을 대입하면 언더플로우가 되어 2147483647이 된다.

실행 결과

예제 3-7   float형의 오버플로우와 언더플로우 값을 출력하는 프로그램

float형의 오버플로우와 언더플로우 값을 출력하는 프로그램을 작성한다. float형의 최댓값보다 큰 값을 float형의 최솟값보다 작은 값을 printf() 라이브러리 함수를 사용하여 그 값을 모니터에 출력하도록 하는 프로그램을 작성한다.

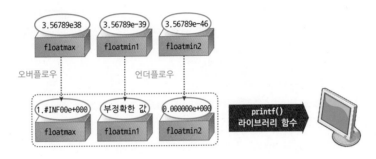

```
1    // C_EXAMPLE\ch3\ch3_project7\floatflow.c
2
3    #include <stdio.h>
4
5    int main(void)
6    {
7        float floatmax = 3.56789e38;     // float형의 최댓값인 3.40282e38 보다 큰 값
8        float floatmin1 = 3.56789e-39;   // float형의 최솟값인 1.17549e-38보다 작은 값
9        float floatmin2 = 3.56789e-46;   // float형의 최솟값인 1.17549e-38보다 매우 작은 값
10
11       printf("floatmax의 오버플로우는 %e\n", floatmax);    과학기술 계산용 표기
12       printf("floatmin1의 값은 %e\n", floatmin1);         출력형식 지정문자
13       printf("floatmin2의 언더플로우는 %e\n", floatmin2);}
14       return 0;
15   // main()
```

[C 언어 소스 프로그램 설명]

핵심포인트

float형이 최대 표현할 수 있는 수의 범위는 1.17549e-38 ~ 3.40282e38 까지 이다. float형의 최댓값보다 큰 값과, float형의 최솟값보다 작은 값이 어떻게 저장되는지 유심히 살펴본다.

| 라인 11 | float형의 최댓값인 3.40282e38보다 큰 값인 3.56789e38 값은 오버플로우가 되어 1.#INF00e+000이 출력된다. %e는 과학기술 계산용 표기 출력형식 지정문자로서, 예를 들어 90은 9.000000e+001로 표시된다. |

| 라인 12 | float형의 최솟값인 1.17549e-38보다 작은 값인 3.56789e-39 값은 언더플로우가 되어 부정확한 값 (3.567889e-039)이 출력된다. |
| 라인 13 | float형의 최솟값인 1.17549e-38보다 매우 작은 값인 3.56789e-46 값은 언더플로우가 되어 0.000000e+000이 출력된다. |

실행 결과

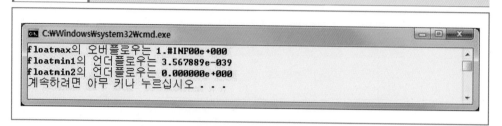

```
C:\Windows\system32\cmd.exe
floatmax의 오버플로우는 1.#INF00e+000
floatmin1의 언더플로우는 3.567889e-039
floatmin2의 언더플로우는 0.000000e+000
계속하려면 아무 키나 누르십시오 . . .
```

예제 3-8   double형 부동 소수점의 산술결과를 출력하는 프로그램

double형 부동소수점의 산술결과를 출력하는 프로그램을 작성한다. double형의 유효한 값 범위내에 있는 산술결과와 double형의 유효한 값 범위밖에 있는 산술결과를 printf() 라이브러리 함수를 사용하여 그 값을 모니터에 출력하도록 하는 프로그램을 작성한다.

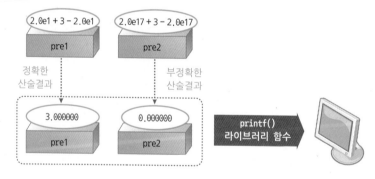

```
1    // C_EXAMPLE\ch3\ch3_project8\doubleflow.c
2
3    #include <stdio.h>
4
5    int main(void)                              doble형은 대략적으로 16자리까지
                                                 유효한 값을 나타냄
6    {
7        double pre1, pre2;  // double형은 대략적으로 16자리까지 유효한 값을 나타냄
8
9        pre1 = 2.0e1 + 3.0 - 2.0e1;      200000000000000003 - 200000000000000000
10       pre2 = 2.0e17 + 3.0 - 2.0e17; // 200000000000000003 - 200000000000000000
```

```
11
12          printf("pre2의 값은 %f\n", pre1);  // 정확한 산술결과가 나타남
13          printf("pre1의 값은 %f\n", pre2);  // 부정확한 산술결과가 나타남
14          return 0;                           정확한 산술결과인 3.000000
15      } // main()                             부정확한 산술결과인 0.000000
```

[언어 소스 프로그램 설명]

핵심포인트

double형은 대략적으로 16자리까지 유효한 값을 나타낸다. double형의 부동소수점의 산술결과에 대하여 유심히 살펴본다.

라인 12	double형은 대략적으로 16자리까지 유효한 값을 나타낸다. 2.0e1 + 3.0 - 2.0e1의 부동소수점의 산술결과는 double형의 유효한 값 범위내에 있으므로 정확한 산술결과인 2.000000이 출력된다.
라인 13	2.0e17 + 3.0의 부동소수점의 산술결과는 200000000000000003이 된다. 그러나 double형은 대략적으로 16자리까지 유효한 값을 나타내므로, double형의 유효한 값 범위밖에 있다. 따라서 2.0e1 + 3.0 - 2.0e1의 부동소수점의 산술결과는 부정확한 산술결과인 0.000000이 출력된다.

실행결과

```
C:\Windows\system32\cmd.exe
pre1의 값은 3.000000
pre2의 값은 0.000000
계속하려면 아무 키나 누르십시오 . . .
```

3.4 const 변수

const 변수는 일반 변수를 상수로 만들 때 사용한다. 상수로 만든다는 것은 프로그램 내부에서 값을 변경할 수 없음을 의미한다. 코드가 짧으면 효용성이 없겠지만, 코드가 길어져 혹시나 프로그래머가 값을 임의로 변경하면 안 되는 정해진 값을 사용할 때 const 변수를 사용한다. 그림 3.4.1과 같이 const 변수를 선언 및 초기화 후에 const 변수에 새로운 값을 대입하면 컴파일시 에러가 발생하게 된다.

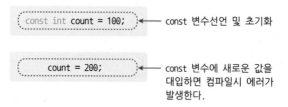

그림 3.4.1 const 변수

예제 3-9 const 변수를 활용한 프로그램

const 변수를 사용하여 일반 변수명을 상수로 활용하는 프로그램을 작성한다. const 변수를 활용했을 때의 장점은 원주율 pi=3.141592나 단위변환에 쓰이는 inch를 meter로 표시할 때의 값 2.54 등과 같이 변하지 않는 숫자를 값 대신 특정 단어로 사용할 때 유용하다.

const double pi = 3.141592

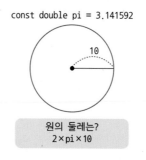

원의 둘레는?
2×pi×10

```c
1   // C_EXAMPLE\ch3\ch3_project9\const.c
2
3   #include <stdio.h>
4
5   int main(void)
6   {
7       // const 변수 선언
8       const double pi = 3.141592;
9       double const tocm = 2.54;            ─── 자료형을 const 앞에 써도 된다.
10      const dollar = 1200;                 ─── 자료형을 명시하지 않으면 기본적으로 int형이다.
11
12      printf("반지름 3인 원의 둘레는 %f\n", 2 * pi * 3);    // 원의 둘레 2*pi*r
13      printf("1인치는 %f cm이다.\n", 1 * tocm);            // 1인치는 2.54 cm
14      printf("1달러는 %d 원이다.\n", 1 * dollar);          // 1달러는 1200 원
15      return 0;
16  } // main()
```

[언어 소스 프로그램 설명]

⊕ 핵심포인트

const 변수를 사용하는 방법이 여러 가지가 있다. 어떠한 방법들이 있는지를 살펴보고, const 변수를 사용했을 때의 이점이 무엇인지 생각해 보자.

라인 8	pi와 같은 값이 변하지 않는 상수를 쓰고자 할 때 3.141592 대신에 pi라는 const 변수를 사용하면 편리하다.
라인 9	double 자료형이 const 키워드의 앞에 존재해도 된다.
라인 10	자료형을 명시하지 않았을 때에는 기본적으로 int형으로 된다.

실행 결과

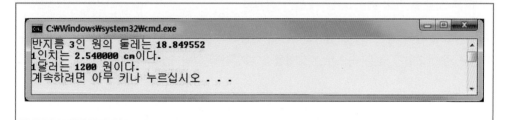

```
C:\Windows\system32\cmd.exe
반지름 3인 원의 둘레는 18.849552
1인치는 2.540000 cm이다.
1달러는 1200 원이다.
계속하려면 아무 키나 누르십시오 . . .
```

3.5 자료형 변환

자료형 변환이란 자료형을 서로 교환하는 것을 의미한다. 자료형을 교환한다는 것은 데이터가 저장되는 공간을 변경해준다는 것을 의미하기도 한다. 이는 어떠한 상수값 자체를 변경한다거나 변수가 존재하는 공간 자체의 크기를 줄이기 위해서 사용되는 것은 아니고, 필요에 따라 프로그래머가 그 자료형을 부득이하게 바꿔야만 할 때 사용하는 것이므로 불필요하게 자료형 변환을 사용하는 것은 좋은 프로그래밍 기법이라고 할 수 없다. 그림 3.5.1에서 보는 것과 같이 자료형 변환이 이뤄질 때는 자료는 동일하지만 자료를 저장하고 있는 공간의 변환이 이뤄진다. 만일 기존의 공간에서 큰 공간으로 형변환이 이뤄질 때는 상관없지만 그 반대의 경우에는 자료가 손상될 수 있으므로 문제가 될 수 있다. 예를 들어 unsigned char형은 0 ~ 255까지의 값을 저장할 수 있으나 unsigned short형은 0 ~ 65535까지 표현할 수 있다. 이때 unsigned short형에서 unsigned char형으로 변환할 때 255보다 큰 값이 저장되어 있다면 자료의 손실이 발생할 것이다.

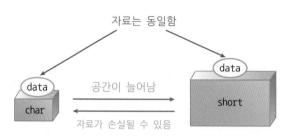

그림 3.5.1 형변환

3.5.1 자동적인 형변환

(1) 다른 자료형 간의 연산 시 자동적인 형변환

다른 자료형 간의 연산시에 C 컴파일러는 우선순위가 높은 순으로 자동적으로 형변환을 수행한다. 우선순위가 높은 순으로 자료형들을 나열하면 그림 3.5.2와 같다.

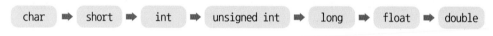

그림 3.5.2 형변환시 우선순위가 높은 순으로 나열된 자료형들

예제 3-10 **자동적인 형변환의 예1**

다음과 같이 int형과 double형이 혼합되어 더하기 연산이 수행될 때, int형이 우선순위가 높은 double형으로 자동적으로 형변환이 이뤄진다.

```
1    // C_EXAMPLE\ch3\ch3_project10\auto_conversion1.c
2
3    #include <stdio.h>
4
5    int main(void)
```

```
6   {
7           int a = 5;
8           double pi = 3.141592;
9                                        ┌── %f를 사용하여 부동소수점으로 출력
10          printf("a + pi = %f\n", a+pi);                // double형으로 출력
11          printf("a + pi = %d\n", a+pi);                // int형으로 출력
12                        %d를 사용하여 정수형으로 출력
13          printf("sizeof(a+pi) = %d\n", sizeof(a+pi));  // a+pi의 크기 출력
14          return 0;
15  } // main()                           5 + 3.141592의 크기를 출력하면 double형의
                                          크기인 8이 출력됨
```

[언어 소스 프로그램 설명]

핵심포인트

int형과 double형이 혼합되어 덧셈 연산을 수행할 때, 결과가 double형인지, int 형인지 유심히 살펴본다. double 형일 경우에는 %f를 했을 때 값이 제대로 나오겠지만 %d를 했을 때는 쓰레기 값이 나올 것이다.

라인 10	a+pi 값을 %f를 이용하여 출력한다. 그 결과가 double형 이면 값이 제대로 출력이 된다.
라인 11	double형이나 float형을 %d를 이용하여 출력을 하게 되면 그 값이 이상하게 출력이 된다. 그 이유는 double형과 float형를 저장하는 방식이 일반 int형, short형, char형 등과 달리 부동소수점의 한 형태로서 저장하기 때문이다.
라인 13	a와 pi의 덧셈 연산이 저장되는 공간의 크기를 sizeof 연산자를 사용하여 파악할 수 있다. 5 + 3.141592는 8바이트의 크기를 갖는 double형이다.

실행 결과

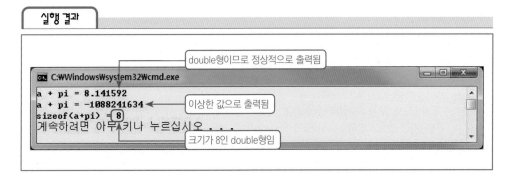

(2) 대입문에서는 C 컴파일러는 오른쪽의 자료형을 왼쪽의 자료형으로 자동적으로 형변환을 수행한다.

예제 3-11 **자동적인 형변환의 예2**

다음과 같이 오른쪽 double형 상수는 왼쪽의 int형 변수에 int형으로 변환되어 3값이 대입된다.

int [ival] = [3.141592];

     ↑   ↑
   int형   double형

```
1   // C_EXAMPLE\ch3\ch3_project11\auto_conversion2.c
2
3   #include <stdio.h>
4
5   int main(void)                    double형이 int형으로 자동 변환되면서 warning 메시지 발생
6   {
7       int ival = 3.141592;                              3.141592는 크기가 8인 double형
8
9       printf("sizeof(3.141592) = %d\n", sizeof(3.141592)); // double형 크기인 8을 출력
10      printf("sizeof(ival) = %d\n", sizeof(ival));         // int형 크기인 4를 출력
11      printf("ival = %d\n", ival);
12      return 0;                     ival은 크기가 4인 int형
13
14  } // main()
        3.141592의 소수점 부분이 소실되어 3이 됨
```

[언어 소스 프로그램 설명]

핵심포인트

int형 변수에 정수형이 아닌 다른 자료형의 값을 대입했을 때 형변환이 어떻게 이루어지는지 살펴본다.
이때 출력되는 warning 메시지도 눈여겨 볼 필요가 있다.

라인 7 3.141592는 부동소수점형 상수이다. 이를 int형에 강제로 대입하면 다음과 같이 warning
        메시지가 출력되면서 double형에서 int형으로 자동 형변환이 이루어지고 자료의 일부분이
        소실된다.

```
1)------ 빌드 시작: 프로젝트: ch3_project11, 구성: Debug Win32 ------
1>  auto_conversion2.c
1>C:\C_example\ch3\ch3_project11\auto_conversion2.c(7): warning C4244: '초기화 중' : 'double'에
서 'int'(으)로 변환하면서 데이터가 손실될 수 있습니다.
1>  ch3_project11.vcxproj -> C:\C_EXAMPLE\ch3\ch3_project11\Debug\ch3_project11.exe
========== 빌드: 성공 1, 실패 0, 최신 0, 생략 0 ==========
```

라인 9	double형 상수인 3.141592를 sizeof 연산자를 사용하여 크기가 8바이트임을 확인 할 수 있도록 크기를 출력하는 문장이다.
라인 10	double형 상수인 3.141592가 int형으로 변환되어 ival 변수에 저장되므로 sizeof 연산자를 사용하여 크기가 4바이트임을 확인 할 수 있도록 크기를 출력하는 문장이다.
라인 11	3.141592의 소수점 부분이 소실되어 3의 값이 출력된다.

실행 결과

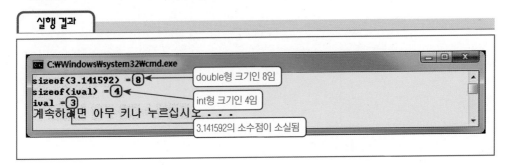

3.5.2 강제적인 형변환(명시적인 형변환)

강제적인 형변환은 C 컴파일러 의해 자동으로 형변환이 되는 것이 아닌 프로그래머에 의해 필요에 따라 변환시키는 것을 의미한다. 이는 반드시 필요한 상황에서만 사용하지 않으면 잘못된 연산을 야기할 수 있으므로 주의해야 한다.

강제적인 형변환을 사용하는 방법은 그림 3.5.3과 같으며 **cast 연산자라고 한다.** 그림 3.5.4 는 강제적인 형변환의 예로서 소수점 3.0을 강제적으로 정수값인 3으로 형변환한다.

(강제로 형변환하고자 하는 자료형)식 또는 변수

그림 3.5.3 강제적인 형변환

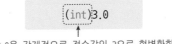

소수점 3.0을 강제적으로 정수값인 3으로 형변환한다.

그림 3.5.4 강제적인 형변환의 예

예제 3-12 강제적인 형변환의 예

다음과 같이 강제적인 형변환이 어떻게 수행되는지 살펴보자.

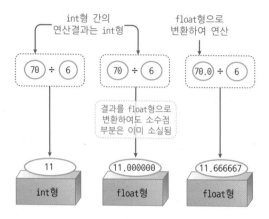

```
1    // C_EXAMPLE\ch3\ch3_project12\cast_conversion.c
2
3    #include <stdio.h>
4
5    int main(void)
6    {
7        int a = 70, b = 6;          ─────── 한 줄에 2개 이상의 변수를 초기화할 수 있다.
8
9        printf("a / b = %d\n", (a / b));                        int ÷ int
10       printf("(float)(a / b) = %f\n", (float)(a / b));        (float)(int ÷ int)
11       printf("(float)a / (float)b = %f\n", ((float)a / (float)b));   float ÷ float
12       return 0;
13   } // main()
```

[언어 소스 프로그램 설명]

핵심포인트

강제적인 형변환을 할 때의 결과를 유심히 살펴본다. 형변환 연산자를 어떻게 사용하느냐에 따라 결과값에 영향을 미칠 수 있음을 이해한다.

| 라인 7 | 한 줄에 2개 이상의 변수를 초기화할 수 있다. |
| 라인 9 | 기본적으로 int형 간의 연산은 그 결과도 int형 이다. 따라서 나눈 결과값의 소수점 부분은 소실된다. |

| 라인 10 | int형 간의 연산을 한 결과를 얻은 뒤에 float형으로 형변환을 하였지만 이미 소수점 부분을 소실된 상태이므로 소수점 부분에 0만 첨가된다. |
| 라인 11 | int형 a와 int형 b를 강제적으로 float형으로 형변환 했으므로 float형 간의 연산이 수행되어 그 결과가 float형으로 된다. |

실행 결과

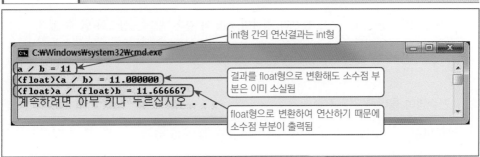

int형 간의 연산결과는 int형

결과를 float형으로 변환해도 소수점 부분은 이미 소실됨

float형으로 변환하여 연산하기 때문에 소수점 부분이 출력됨

```
C:\Windows\system32\cmd.exe
a / b = 11
(float)(a / b) = 11.000000
(float)a / (float)b = 11.666667
계속하려면 아무 키나 누르십시오 . . .
```

1. 다음 중 변수와 상수의 개념에 대한 설명 중 맞는 것은?

① 변수는 값을 변경할 수 있으며, 상수는 값을 변경할 수 없다.

② 변수는 사용자가 임의로 생성할 수 있으며, 상수는 생성할 수 없다.

③ 변수는 주기억장치에, 상수는 보조기억장치에 생성된다.

④ a,b 등을 변수, 1,2 등을 상수라 칭하며, A,B 와 같은 변수는 상수화 할 수 없다.

⑤ 프로그램에서 사용된 변수와 상수는 프로그램이 종료되면 사라진다.

2. 변수명이 올바른 것은?

① 변수

② VARI ABLE

③ 2char

④ var#

⑤ _money

3. 다음 중 키워드가 아닌 것은?

① volatile

② return

③ continue

④ while

⑤ variable

4. 다음 중 변수의 선언 및 초기화 방법이 잘못된 것은?

① int j = 5;

② int j=0;

③ int j; k=0;

④ int j, k=0;

⑤ int j, int j=0;

5. 변수의 키워드 중 변수의 값을 읽기만 가능하도록 만드는 키워드는 무엇인가?

6. 다음 중 8바이트의 값을 저장하기 위해 필요한 공간으로 적합한 변수를 선택하라.

   ① char   ② short

   ③ int   ④ float

   ⑤ double

7. 데이터의 크기를 알아낼 때 사용하는 키워드는 무엇인가?

8. 다음 중 컴파일 에러가 발생되는 곳을 찾아라.

```
#include <stdio.h>

int main(void)              //----- ①
{
    int a = 10;             //----- ②
    const b = 20;           //----- ③

    a = a + 10;             //----- ④
    b = b + 10;             //----- ⑤
    return 0;
} // main()
```

9. 다음 중 올바른 자료형을 사용했다고 볼 수 있는 것은?

   ① int a = 'A';   ② char a = 150;

   ③ unsigned char a = -10;   ④ int a = 1.12345;

   ⑤ char a[] = "hello";

10. "1−1"과 "1+(−1)"의 차이점에 대하여 기술하라.

11. 형변환에 대한 설명 중 바른 것은?

① 형변환은 자료형을 서로 바꾸는 것을 의미하며 상수에는 적용할 수 없다.

② 자료형 변환을 올바르게 사용하면 데이터의 값이 그대로 유지된다.

③ 프로그램에서는 자료가 다른 변수의 연산에서 자동으로 형변환이 이뤄지지 않는다.

④ 자료형 변환은 () 내부에 변수명을 기입하여 사용할 수 있다.

⑤ int a = 3.141592; 라고 선언하면 a에는 소수점이 사라진다.

12. 오버플로우와 언더플로우가 발생되는 이유는 무엇인지 기술하라.

13. 다음과 같은 실행결과를 얻기 위한 프로그램을 완성하라.

```c
#include <stdio.h>

int main(void)
{
    int a = 10;
    int b = 20;

    printf("%d \n", _____);
    return 0;
} // main()
```

[실행결과]

```
C:\Windows\system32\cmd.exe
30
계속하려면 아무 키나 누르십시오 . . .
```

14. 다음과 같은 실행결과를 얻기 위한 프로그램을 완성하라.

```c
#include <stdio.h>

int main(void)
{
    int a = 10;
    ___ b = 20;

    printf("%f \n", a + b);
    return 0;
} // main()
```

[실행결과]

```
C:\Windows\system32\cmd.exe
30.000000
계속하려면 아무 키나 누르십시오 . . .
```

15. 다음과 같은 실행결과를 얻기 위한 프로그램을 완성하라.

```c
#include <stdio.h>

int main(void)
{
    int a = 25;
    int b = 10;

    printf("%d \n", a / b);
    printf("%f \n", a / b);
    printf("%f \n", (double)(a / b));
    printf("%f \n", _____);
    return 0;
} // main()
```

[실행결과]

```
C:\Windows\system32\cmd.exe
2
0.000000
2.000000
2.500000
계속하려면 아무 키나 누르십시오 . . .
```

16. 다음의 동작조건, 요구사항, 실행결과를 만족시키는 프로그램을 작성하라.

동작조건

- 자료형에 따른 변수의 크기를 확인하는 프로그램을 작성한다.

- char형, int형의 변수 2개를 선언하고, 각각 25, 10의 값을 대입한 후 자료형의 크기와 변수의 크기가 일치하는지의 여부를 검사하는 프로그램을 작성한다.

- 자료형의 크기를 출력할 때 사용하는 명령어를 사용해야 한다.

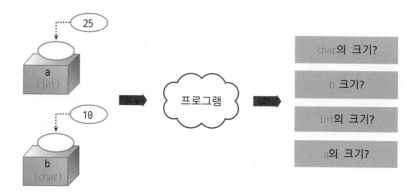

요구사항

- printf() 라이브러리 함수는 4개를 사용한다.

- 자료형과 변수를 혼용하여 크기를 계산한다.

- 주어진 실행결과와 일치하도록 프로그래밍 한다.

실행결과

```
C:\Windows\system32\cmd.exe
char의 크기 : 1
a의 크기 : 4
int의 크기 : 4
b의 크기 : 1
계속하려면 아무 키나 누르십시오 . . .
```

17. 다음의 동작조건, 요구사항, 실행결과를 만족시키는 프로그램을 작성하라.

> **동작조건**

- 오버플로우와 언더플로우에 대한 프로그램을 작성한다.

- char형 변수와 unsigned char형 변수 2개를 선언하고, char형 변수에는 char형이 표현할 수 있는 최솟값을 대입하고, unsigned char형 변수에는 unsigned char형이 표현할 수 있는 최댓값을 대입한다.

- char형 변수는 1을 감소시키고, unsigned char형 변수는 1을 증가시켜 오버플로우와 언더플로우가 발생되는지 확인하는 프로그램을 작성한다.

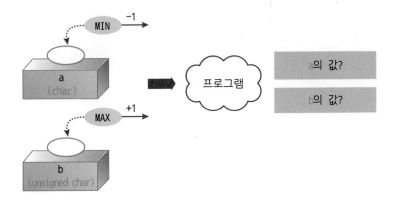

> **요구사항**

- MIN과 MAX값은 직접 계산하여 대입한다.

- --a, ++b는 차례대로 1감소, 1증가를 의미하므로 --a; ++b; 문장을 프로그램에 삽입한다.

- 실행결과와 일치하도록 프로그래밍 한다.

> **실행결과**

```
C:\Windows\system32\cmd.exe
--a : 127
++b : 0
계속하려면 아무 키나 누르십시오 . . .
```

18. 다음의 동작조건, 요구사항, 실행결과를 만족시키는 프로그램을 작성하라.

- ACII 문자를 사용하여 그 합을 99로 출력하는 프로그램을 작성한다.

- 2개의 변수를 char형으로 선언하고 2개의 값을 조합하여 그 결과가 99로 출력되도록 프로그래밍한다.

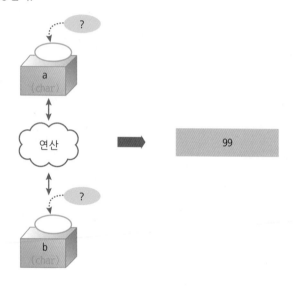

- ASCII 테이블은 본문에 수록된 표 3.3.2를 참고한다.

- 반드시 2개의 변수를 사용한다.

19. 다음의 동작조건, 요구사항, 실행결과를 만족시키는 프로그램을 작성하라.

동작조건

- 자료형의 크기를 출력하는 프로그램을 작성한다.

- char, short, int, float, double, long의 크기를 순서대로 화면에 출력한다.

- 자료형의 크기를 출력할 때 사용하는 명령어를 사용한다.

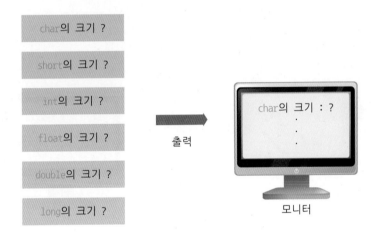

요구조건

- 화면에 "char의 크기 : " 이라고 출력하고 그 뒤에 값을 기록한다.

- 각 라인별로 줄 바꿈이 이뤄져야 한다.

실행결과

```
C:\Windows\system32\cmd.exe
char의 크기 : 1
short의 크기 : 2
int의 크기 : 4
float의 크기 : 4
double의 크기 : 8
long의 크기 : 4
계속하려면 아무 키나 누르십시오 . . .
```

20. 다음의 동작조건, 요구사항, 실행결과를 만족시키는 프로그램을 작성하라.

동작조건

- int형 변수 a와 int형 변수 b를 선언한다.
- a 값에는 10을, b 값에는 8을 각각 대입한다.
- a에서 b를 나눈 결과를 소수점을 포함하여 6자리까지 표현하도록 출력한다.
- 반드시 int형 변수를 선언해야 함에 유의한다.

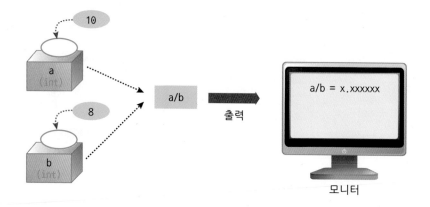

요구사항

- main() 함수 내의 프로그램 코드는 3줄을 넘기지 말아야 한다.
- 프로그램의 결과를 출력한 후 한 줄을 띄우도록 한다.

실행결과

표준 입출력
라이브러리 함수

학 습 목 표

- 표준 입출력이라는 의미가 무엇인지 이해한다.
- 표준 출력 라이브러리 함수와 표준 입력 라이브러리함수를 어떻게 사용하는지 이해한다.
- 표준 입출력 라이브러리 함수의 기능에는 어떠한 것들이 있는지 살펴본다.

4.1 printf() 라이브러리 함수

4.1.1 printf() 라이브러리 함수란 무엇인가?

printf() 라이브러리 함수는 표준 출력 장치(모니터)에 정해진 형식에 맞도록 출력을 내보내는 함수이다. 그림 4.1.1과 같이 C 프로그램 내부에서 printf() 라이브러리 함수를 사용하여 어떠한 형식에 맞춰 출력을 내보내도록 사용했다면, 그 형식에 맞춰 모니터에 출력이 되도록 정의되어 있는 라이브러리 함수이다. printf() 라이브러리 함수에 대한 함수원형선언은 시스템 헤더 파일인 stdio.h에 선언되어 있다.

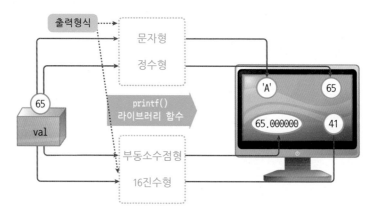

그림 4.1.1 printf() 라이브러리 함수의 역할

4.1.2 printf() 라이브러리 함수의 형식

printf() 라이브러리 함수는 그림 4.1.2와 같다.

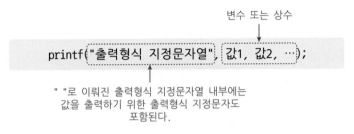

그림 4.1.2 printf() 라이브러리 함수의 형식

printf() 라이브러리 함수는 이중인용부호(" ")내의 내용을 모니터로 출력한다. 이때 이중인용부호내의 내용이 그림 4.1.3과 같이 단순히 출력되는 출력형식 지정문자열이 존재한다.

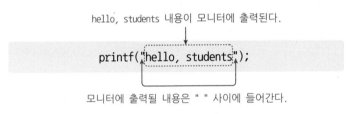

그림 4.1.3 단순히 출력되는 출력형식 지정문자열

또한 그림 4.1.4와 같이 출력형식을 지정하는 기능을 가진 %와 특수문자인 ₩ 등을 포함하는 출력형식 지정문자열이 있다. %d는 출력형식을 지정하는 문자로써 뒤에 따라오는 변수의 값을 10진 정수 형태로 모니터에 출력하겠다는 의미이다. 한편 ₩n은 줄 바꿈 문자(newline character)로써 모니터 화면에서 커서를 한 줄 밑으로 내리는데 사용한다. 만약이 문자를 프린터에 내보내면 프린터의 용지가 한 줄 위로 올라가는 효과도 볼 수 있다.

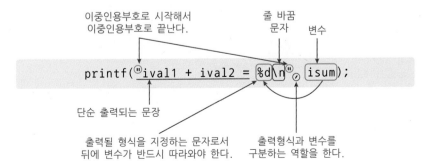

그림 4.1.4 %와 ₩ 등을 포함하는 출력형식 지정문자열

그림 4.1.5와 같이 printf() 라이브러리 함수의 출력형식 지정문자가 2개 이상이 존재할 경우 출력형식 지정문자들의 순서대로 변수의 순서를 맞춰 주어야 한다.

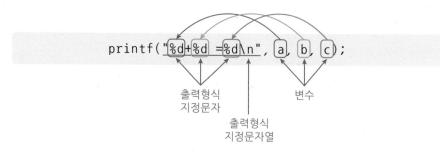

그림 4.1.5 출력형식 지정문자가 2개 이상이 존재할 경우

4.1.3 escacpe sequence

컴퓨터 키보드 상에 없는 문자들은 표 4.1.1과 같이 escape sequence로 표현할 수 있으며 escape sequence는 \와 하나의 문자로 구성된다. 예를 들어 화면상에서 삑하는 beep 음을 내는 문자는 '\7'(8진수), '\07'(8진수), '\x7'(16진수) 또는 '\a'로 표시된다.

표 4.1.1 escape sequence

escape sequence	기능
\n	줄 바꿈 문자(newline character)
\a	beep 음을 내는 문자
\r	이전의 모든 문자들을 출력시키지 않는 문자
\b	이전의 한 문자를 출력시키지 않는 문자
\t	일정한 값(tab)만큼 빈 공간을 출력시키는 문자
\\	역슬레쉬 문자(\)를 출력시키는 문자
\"	이중인용부호(")를 출력시키는 문자
\0	8진수를 나타내는 문자
\x	16진수를 나타내는 문자
\0	널 문자(null character)를 나타내는 문자

예제 4-1 escape sequence를 출력하는 프로그램

printf() 라이브러리 함수를 사용하여 표 4.1.1의 escape sequence를 출력해 본다.

```
1    // C_EXAMPLE\ch4\ch4_project1\escape_sequence.c
2
3    #include <stdio.h>
4
5    int main(void)                              ─── \ 문자가 1번 출력됨
6    {                                           ─── 줄 바꿈 문자로 모니터 상에 커서가 두 줄 내려감
7        printf("\\ \n\n");
8                                                ─── \ 문자가 2번 출력됨
9        printf("\\\\ \n\n");                    ─── 벨소리가 남
10       printf("\\a => \a \n\n");               ─── \r 이전의 문자들은 모두 출력되지 않음
11       printf("hello\rstudents \n\n");         ➡  students만 출력됨
12       printf("hello\bstudents \n\n");         ─── \b 이전의 한 문자는 출력되지 않음
13       printf("hello\tstudents \n\n");         ─── 일정한 값(tab) 만큼의 빈 공간이 출력됨
14       printf("\0 hello students \n\n");       ─── \0 문자는 문자열의 끝으로 인식되기 때문에 이
15       printf("\\x41 = '\x41' \n");                후의 문자들은 출력되지 않음
16       return 0;                               ─── \x 이후에 16진수 값을 기입하면 해당되는 ASCII
17   } // main()                                     문자가 출력됨
```

[언어 소스 프로그램 설명]

핵심포인트

컴퓨터 키보드 상에 없는 문자들을 표현하는 escape sequence 들이 출력되는 것을 라인별로 결과를 따라가면서 이해하도록 한다. \n, \0, \b 같은 문자들은 모니터에 표시되지 않기 때문에 소스 코드를 이해하는 데 어려움이 있을 것이다.

라인 7	\\은 \ 문자가 1번 출력된다. 이때 출력되는 개수는 \의 개수가 2의 배수일 때 1개씩 증가되기 때문에, \\\ 일 때는 \ 문자가 한 번 출력된다. \n\n 모니터 상에 커서가 2줄 내려간다.
라인 9	\\\\은 \ 문자가 2번 출력된다.

라인 10	\a는 beep 음을 출력한다. PC의 메인보드에 소형 스피커가 연결되어 있지 않으면 소리가 나지 않는다.
라인 11	\r 이전의 문자들은 모두 출력되지 않으므로 students 문자열만 출력된다.
라인 12	\b 이전의 한 문자가 출력되지 않으므로 hellstudents 문자열이 출력된다.
라인 13	\t는 일정한 값(tab) 만큼의 빈 공간이 출력된다.
라인 14	\0(NULL) 문자는 문자열의 끝으로 인식되기 때문에 이후의 문자들은 출력되지 않는다.
라인 15	\x 이후에 16진수 값을 기입하면, 16진수 값에 해당하는 ASCII 문자가 출력된다.

실행 결과

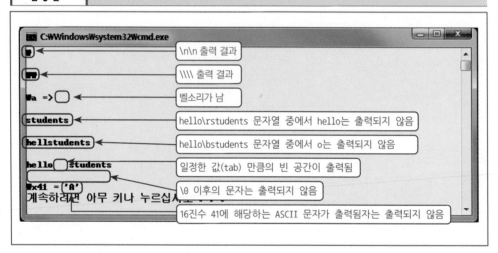

Tip 소스 코드가 복잡하고 난해한 경우

소스 코드가 복잡한 경우, 소스 코드를 문법의 이해와 맞물려 분석하는데 한계가 있다. 이럴 때에는 소스 코드와 실행 결과를 같이 보면서 분석하면 편하다. 따라서 printf() 라이브러리 함수의 출력과 실행 결과의 화면을 서로 비교하며 한 줄 한 줄 분석해 나가면 전체 소스 코드를 이해하는데 더욱 효과적일 수 있다.

4.1.4 출력형식 지정문자

출력형식 지정문자는 변수에 저장되어 있는 변수값이나 상수값 등을 정해진 형식에 맞도록 출력을 하는 일종의 옵션이다. 이는 printf() 라이브러리 함수 안의 문자열 상수내의 %뒤에 나오는 문자에 따라 결정된다. 일반적인 출력형식 지정문자의 형식은 그림 4.1.6과 같다.

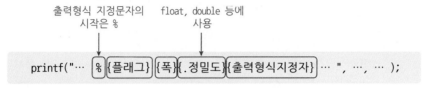

그림 4.1.6 출력형식 지정문자의 형식

(1) 플래그

printf() 라이브러리 함수에서 가장 먼저 사용하는 출력 형식 지정문자로써 표 4.1.2와 같이 출력될 형식의 부수적인 옵션을 제공한다. 플래그는 생략할 수 있다.

표 4.1.2 플래그

플래그	내용
–	좌측부터 정렬하여 출력한다. – 플래그를 사용하지 않으면, 기본적으로 우측 정렬하여 출력한다. **예** printf("%–5d", 10); // 5만큼의 공간을 확보하고, 좌측부터 정렬 ➡ 10 [space] [space] [space]
+	양수인 경우에도 + 부호를 출력한다. + 플래그를 사용하지 않으면 기본적으로 음수인 경우에 –를 출력하고 양수인 경우에는 +를 출력하지 않는다. **예** printf("%+d", 10); ➡ +10

0	전체 출력될 공간이 주어진 경우 빈 공간을 0으로 채운다.
	예 printf("%05d", 10); // 전체 출력될 공간 5중에서 우측 정렬한 후에 3개의 빈공간을 0으로 채운다.
	➡ 00010

#	%o, %x, %X 등과 함께 사용되며, 16진수의 경우 앞에 0x가 붙여 출력되며, 8진수의 경우에는 앞에 0을 붙여 출력된다. **예** printf("%#x", 15);　　printf("%#X", 15);　　printf("%#o", 8); ➡ 0xf　　　　　　➡ 0XF　　　　➡ 010

(2) 폭

표 4.1.3과 같이 전체 출력될 공간을 지정하며 보통 플래그와 같이 사용된다. 만일 생략되었을 때에는 기본적으로 출력될 데이터의 크기만큼 공간이 자동적으로 할당된다.

표 4.1.3 폭

길이	내용

n	n 만큼의 공간을 확보한 후 출력한다. 출력될 데이터의 길이가 n보다 크면 무시되 고 데이터가 그대로 출력된다.
	예 printf("%5d", 10); // 10을 출력하는데 5자리의 공간 확보하고 우측 정렬
	➡ [space] [space] [space] 10
	
	printf("%2d", 100); // 100을 출력하는데 2자리 공간이 부족하므로 그대로 100 출력
	➡ 100

*	뒤에 나오는 인수에 따라 공간을 지정하는데 사용된다. **예** printf("%*d", 5, 10); // 10을 출력하는데 5자리의 공간 확보 ➡ [space] [space] [space] 10

(3) 정밀도

표 4.1.4의 정밀도는 폭과 같은 개념이며 보통 float와 double 데이터를 출력하기 위해 사용된다. 폭과 함께 사용될 수 있으며 마침표(.)와 함께 사용된다.

표 4.1.4 정밀도

정밀도	내용

m.n	m만큼의 전체 공간을 확보한 후 n만큼의 소수점 이하의 유효숫자를 출력한다. 이때 반올림이 적용된다.
	예 printf("%5.3f", 3.141592); // 전체 5자리 공간을 확보한 후 소수점 이하는 유효숫자 3개로 한정하여 출력한다. 이때 소수점 4째 자리에서 반올림이 된다.
	➡ 3.142

(4) 출력형식 지정자

표 4.1.5의 출력형식 지정자는 가장 중요한 개념으로써 출력형식을 결정짓고, 인수에 해당하는 값을 해석하는데 사용된다.

표 4.1.5 출력형식 지정자

출력형식 지정자	출력	예
d 또는 i	부호가 있는 10진 정수형을 출력	567
f	부동소수점을 출력	567.89
e	과학기술 계산용 표기법(소문자 e를 사용)을 출력	5.000000e+002

출력형식 지정자	출력	예
E	과학기술 계산용 표기법(대문자 E를 사용)을 출력	5.000000E+002
g	%f 나 %e 중에서 더 축소형인 것으로 출력	567.89
G	%f 나 %E 중에서 더 축소형이 것으로 출력	567.89
u	부호없는 10진 정수형 출력	567
o	부호없는 8진수 출력	173
x	부호없는 16진 정수형 소문자 출력	7b
X	부호없는 16진 정수형 대문자 출력	7B
c	문자(character) 출력	a
s	문자열(string) 출력	sample
p	주소 출력	0012FF78
%	%가 출력된다. %의 개수가 2의 배수일 때 1개씩 증가되기 때문에 %% ➡ % %%% ➡ % %%%% ➡ %%	%

이 많은 옵션들을 다 외워야 하나요?
자연스럽게 외워질 때까지 연습한다. 사실 필자도 위의 몇 개만 사용할 뿐 모든 옵션은 사용하지
않는다.

예제 4-2 **출력형식 지정문자 %d, %i 등을 사용하여 출력하는 프로그램**

printf() 라이브러리 함수를 사용하여 출력형식 지정문자 %d, %i 등을 사용하여 출력하는 프로그램
을 작성한다.

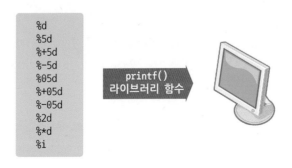

```
1    // C_EXAMPLE\ch4\ch4_project2\printf_di.c
2
3    #include <stdio.h>
4
5    int main(void)              ┌─── 폭을 알기 위하여 양단에 | 기호를 사용
6    {
7        printf("%%d = |%d|\n", 123);        // 기본적인 출력인 123
8        printf("%%5d = |%5d|\n", 123);       // 5자리 공간을 확보하고 우측 정렬
9        printf("%%+5d = |%+5d|\n", 123);     // 5자리 공간을 확보하고 우측 정렬 후에
10                                            // + 기호를 추가
11       printf("%%-5d = |%-5d|\n", 123);     // 5자리 공간을 확보하고 좌측 정렬
12       printf("%%05d = |%05d|\n", 123);     // 5자리 공간을 확보하고 우측 정렬 후에
13                                            // 빈 공간에 0을 채움
14       printf("%%+05d = |%+05d|\n", 123);   // 5자리 공간을 확보하고 우측 정렬 후에
15                                            // + 기호를 추가하고 빈 공간에 0을 채움
16       printf("%%-05d = |%-05d|\n", 123);   // 5자리 공간을 확보하고 좌측 정렬
17       printf("%%2d = |%2d|\n", 123);       // 공간이 부족하므로 무시하고 123을 출력
18       printf("%%*d = |%*d|\n", 5, 123);    // 첫 번째 인수값인 5자리 공간을 확보
19       printf("%%i = |%i|\n", 123);         // %i는 %d와 같으므로 기본적인 출력인 123
20       return 0;
21   } // main()    %를 출력하기 위해 2개를 사용
```

[C언어 소스 프로그램 설명]

핵심포인트

+, -, 0 등의 플래그를 붙였을 때의 차이점을 파악하고, 자리를 확보했을 때의 이점에 대해서 생각해 보자.

라인 7	기본적인 출력인 123을 출력한다. %의 개수가 2의 배수일 때 1개씩 증가되기 때문에 %%는 %가 출력된다.
라인 8	5자리 공간을 확보하고 123을 우측으로 정렬한다.
라인 9	5자리 공간을 확보하고 123을 우측으로 정렬한 후 + 기호를 추가한다.
라인 11	5자리 공간을 확보하고 123을 좌측으로 정렬한다.
라인 12	5자리 공간을 확보하고 123을 우측으로 정렬한 후 빈 공간에 0을 채운다.
라인 14	5자리 공간을 확보하고 123을 우측으로 정렬한 후 + 기호를 추가하고 빈 공간에 0을 채운다.
라인 16	5자리 공간을 확보하고 123을 좌측으로 정렬한다.
라인 17	2자리 공간을 확보하면 123을 출력할 공간이 부족하므로 무시하고 123을 출력한다.

라인 18	*는 뒤에 나오는 인수에 따라 공간을 지정하므로 첫 번째 인수값인 5자리 공간 확보
라인 19	%i는 %d와 같으므로 라인 7과 같은 결과가 출력된다.

실행 결과

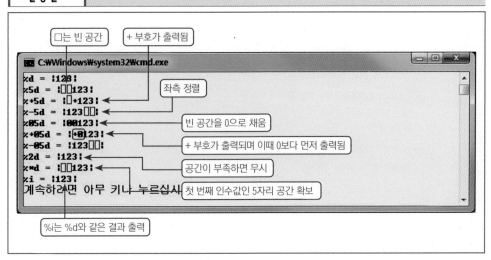

%d = |128|
□는 빈 공간   + 부호가 출력됨

C:\Windows\system32\cmd.exe
%d = |128|
%5d = |□□123| 좌측 정렬
%+5d = |□+123|
%-5d = |123□□|
%05d = |00123| 빈 공간을 0으로 채움
%+05d = |+0123|
%-05d = |123□□| + 부호가 출력되며 이때 0보다 먼저 출력됨
%2d = |123| 공간이 부족하면 무시
%*d = |□□123|
%i = |123| 첫 번째 인수값인 5자리 공간 확보
계속하려면 아무 키나 누르십시

%i는 %d와 같은 결과 출력

예제 4-3 출력형식 지정문자 %f, %e, %g 등을 사용하여 출력하는 프로그램

printf() 라이브러리 함수를 사용하여 출력형식 지정문자 %f, %e, %g 등을 사용하여 출력하는 프로그램을 작성한다.

%f
%4.2f
%e
%E
%.1e
%g
%G
%.4g

printf()
라이브러리 함수

```
1    // C_EXAMPLE\ch4\ch4_project3\printf_feg.c
2
3    #include <stdio.h>
4
5    int main(void)
6    {
```

```
7        printf("%%f = |%f|\n", 1.3456789);        // 소수점 이하 6번째 자리까지
8                                                    // 출력 => 소수점 7번째
9                                                    //        자리에서 반올림
10       printf("%%4.2f = |%4.2f|\n", 1.3456789);   // 전체 4자리 공간 확보 후에
11                                                   // 소수점 이하는 2번째 자리까지
12                                                   // 출력=> 소수점 3번째
13                                                   //        자리에서 반올림
14       printf("%%e = |%e|\n", 12.3456789);        // 정수부분이 1자리이고
15                                                   // 소수점 이하는 6번째 자리까지
16                                                   // 출력=> 소수점 7번째
17                                                   //        자리에서 반올림
18       printf("%%E = |%E|\n", 12.3456789);        // %e와 동일하고 e부분이 E로 출력
19       printf("%%.1e = |%.1e|\n", 12.3456789);    // 정수부분이 1자리이고
20                                                   // 소수점 이하는 1번째 자리까지
21                                                   // 출력=> 소수점 2번째
22                                                   //        자리에서 반올림
23       printf("%%g = |%g|\n", 12.3456789);        // 기본적으로 6개의 유효숫자
24       printf("%%G = |%G|\n", 1234567.123456789); // 정수부분이 유효숫자 6개를
25                                                   // 초과하면 %e 형식과 같이 표현
26       printf("%%.4g = |%.4g|\n", 12.3456789);    // 4개의 유효숫자
27       return 0;
28  } // main()
```

[언어 소스 프로그램 설명]

⊕ 핵심포인트

정수형 %d, %i 와는 달리 유효숫자가 존재하는 부동소수점의 경우에는 자릿수와 유효숫자를 어떠한 방식으로 확보하고 출력되는지 유심히 살펴보자.

라인 7   %f는 기본적으로 소수점 이하 7번째 자리에서 반올림되어 소수점 이하 6번째 자리까지 출력이 된다.

라인 10   %4.2f는 전체 4자리 공간을 확보한 후에 소수점 이하 3번째 자리에서 반올림되어 소수점 이하 2번째 자리까지 출력된다.

라인 14   %e는 과학기술 계산용 표기 출력형식 지정문자로써 기본적으로 정수부분이 1자리이고 소수점 이하 7번째 자리에서 반올림되어 소수점 이하 6번째 자리까지 출력이 된다. 예를 들어 90은 9.000000e+001로 표시된다.

라인 18   %E는 %e와 같은 형식으로 출력되며 e부분이 E로 출력된다.

라인 19   %.1e는 소수점 이하 2번째 자리에서 반올림되어 소수점 이하 1번째 자리까지 출력이 된다.

라인 23   %G나 %g는 기본적으로 정수부분을 포함하여 6개가 유효숫자이다.

라인 24	%G나 %g는 정수부분이 유효숫자인 6개를 초과하는 경우에 %e 형식과 같이 표현된다.
라인 26	%g는 기본적으로 정수부분을 포함하여 유효숫자를 계산하므로 %.4g는 정수부분 2자리 소수부분 2자리까지 표현한다. 이때 소수점 이하 3번째 자리에서 반올림된다.

실행 결과

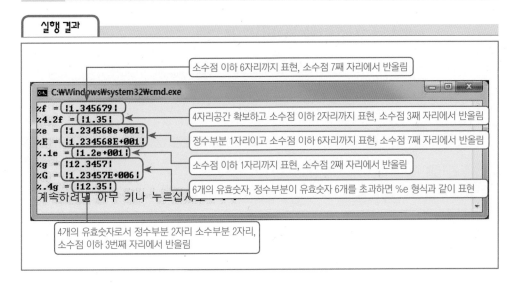

예제 4-4   출력형식 지정문자 %u, %o, %x 등을 사용하여 출력하는 프로그램

printf() 라이브러리 함수를 사용하여 출력형식 지정문자 %u와 %x, %o 등을 사용하여 출력하는 프로그램을 작성한다.

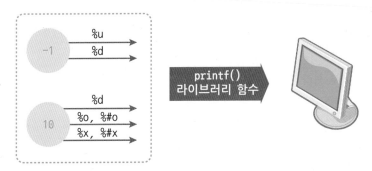

```
1    // C_EXAMPLE\ch4\ch4_project4\printf_uxo.c
2
3    #include <stdio.h>
4
5    int main(void)
6    {
```

```
7      printf("%%u = %u , %%d = %d\n", -1, -1);
8      printf("10 to 10진수 = %d\n",10);
9      printf("10 to 8진수 = %o , %#o \n", 10, 10);
10     printf("10 to 16진수 = %x , %#x \n", 10, 10);
11     return 0;
12 } // main()
```

%u는 unsigned int의 형태로 출력하므로 범위가 0 ~ 4294967295

8진수로 출력

#이 붙으면 0과 함께 8진수 출력

#이 붙으면 0x과 함께 16진수 출력

16진수로 출력

[C 언어 소스 프로그램 설명]

핵심포인트

%u, %x, %o의 차이점을 알아보고, %o, %x의 경우 #이 붙으면, 그 결과가 어떻게 달라지는지 살펴보자.

라인 7   %u는 범위가 0 ~ 4294967295 값을 가지는 unsigned int 형식으로 출력하므로 -1의 값은 언더플로우가 되어 4294967295가 된다.

라인 9   %o는 8진수로 출력하고, #이 붙으면 8진수로 출력되는 숫자 앞에 0이 붙는다. 10진수 10 은 8진수로 12가 된다.

라인 10 %x는 16진수로 출력하고, #이 붙으면 16진수로 출력되는 숫자 앞에 0x가 붙는다. 10진수 10은 16진수로 a가 된다.

실행 결과

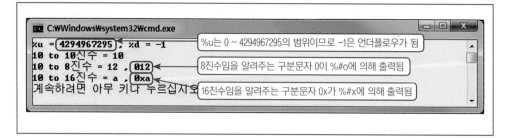

```
C:\Windows\system32\cmd.exe
%u = 4294967295 , %d = -1
10 to 10진수 = 10
10 to 8진수 = 12 , 012
10 to 16진수 = a , 0xa
계속하려면 아무 키나 누르십시오
```

%u는 0 ~ 4294967295의 범위이므로 -1은 언더플로우가 됨

8진수임을 알려주는 구분문자 0이 %#o에 의해 출력됨

16진수임을 알려주는 구분문자 0x가 %#x에 의해 출력됨

Tip 8진수, 16진수

컴퓨터는 0과 1의 2진수 밖에 인식하지 못한다. 0과 1을 일목요연하게 표현하기 위해서는 8진수보다는 16진수를 많이 사용한다. 왜냐하면 11100101과 같은 1바이트 값을 16진수로 바로 변경이 가능하다. 4자리씩 끊어 앞의 1110은 0xe이고, 0101은 0x5이므로, 11100101은 16진수로 0xe5이다.

예제 4-5   출력형식 지정문자 %c, %s, %p 등을 사용하여 출력하는 프로그램

printf() 라이브러리 함수를 사용하여 출력형식 지정문자 %c, %s, %p 등을 사용하여 출력하는 프로그램을 작성한다.

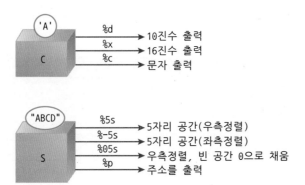

```
1    // C_EXAMPLE\ch4\ch4_project5\printf_csp.c
2
3    #include <stdio.h>
4
5    int main(void)
6    {
7        char c = 'A';                       문자 1개인 경우에 단일인용부호(' ')를 사용
8        char *s = "ABCD";                   문자열인 경우에 이중인용부호(" ")를 사용
                                             포인터 s가 가리키는 메모리 공간에 문자열 저장
9
10       printf("c=(int)%d, (hex)%x, (char)%c\n", c, c, c);
11       printf("s=|%5s|, |%-5s|, |%05s|\n", s, s, s);
12       printf("s=|%p| \n", s);            주소를 출력
13       return 0;
     } // main()
```

[언어 소스 프로그램 설명]

➕ 핵심포인트

%c, %s, %p 등에 대하여 살펴보자. 문자열 변수를 선언하는 방법에 대해서 확인한다.

라인 7	1개의 문자를 선언할 때에는 단일인용부호(' ')를 사용한다.
라인 8	1개 이상의 문자들을 문자열이라고 하며 이중인용부호(" ")를 사용한다. 포인터 s가 가리키는 메모리 공간에 문자열을 저장한다.
라인 10	문자 'A'는 정수형으로 ASCII 코드 값 65, 16진수로 41이다.

| 라인 11 | %5s는 5자리 공간을 확보하고 우측으로 정렬을 한다. –를 사용하면 좌측으로 정렬을 하며, 숫자 앞에 0이 있을 때 빈 공간은 숫자 0으로 채워지게 된다. |
| 라인 12 | %p는 s의 주소값을 출력한다. |

실행 결과

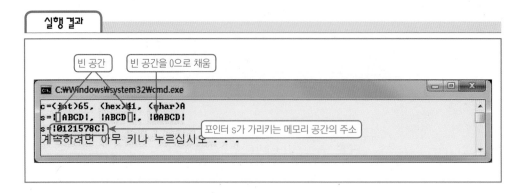

4.2 scanf() 라이브러리 함수

4.2.1 scanf() 라이브러리 함수란 무엇인가 ?

scanf() 라이브러리 함수는 그림 4.2.1과 같이 표준 입력 장치(키보드)로 부터 정해진 형식에 맞도록 입력값을 받아 정해진 주소값에 값을 저장하는 함수이다. printf() 라이브러리 함수와 마찬가지로 scanf() 라이브러리 함수에 대한 함수원형선언은 시스템 헤더 파일인 stdio.h에 선언되어 있다.

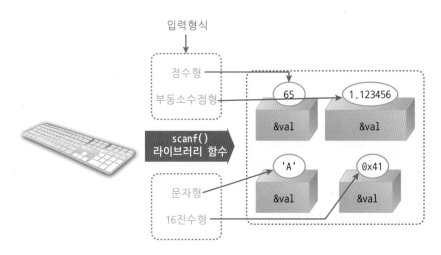

그림 4.2.1 scanf() 라이브러리 함수의 역할

4.2.2 scanf() 라이브러리 함수의 형식

scanf() 라이브러리 함수는 그림 4.2.2와 같은 형식으로 되어 있다.

그림 4.2.2 scanf() 라이브러리 함수의 형식

scanf() 라이브러리 함수를 사용할 때에는 다음과 같은 규칙을 따른다.

① 입력형식 지정문자열은 빈 공간(" "), 줄 바꿈 문자('\n'), 탭 지정문자('\t') 들을 무시한다.

② 입력형식 지정문자열 내부의 입력형식 지정문자의 개수만큼 입력될 값의 개수를 의미한다.

③ scanf() 라이브러리 함수가 수행될 때 키보드로부터 입력할 값을 구분하는 방법은 공백 키(Space Bar), 탭 키(Tab), 엔터 키(Enter) 등이다.

④ scanf() 라이브러리 함수가 수행될 때 키보드로부터 입력할 값을 구분할 때 특수문자를 사용할 수가 있다. 단 %, \ 등은 제외한다.

⑤ **입력 값을 저장할 변수에는 반드시 주소를 나타내는 식별자인 &를 붙여야 한다.**

  예 &val1, &val2

⑥ scanf() 라이브러리 함수는 키보드로부터 읽어온 값을 변수에 저장한 후에 사용한 변수의 개수를 반환한다.

  예 int n = scanf("%d, %c", &d, &c); // n = 2

4.2.3 입력형식 지정문자

입력형식 지정문자는 정해진 형식에 맞도록 키보드로부터 입력을 하는 일종의 옵션이다. 입력형식 지정문자는 scanf() 라이브러리 함수 안의 문자열 상수 내의 %뒤에 나오는 문자에 따라 결정된다. 일반적인 입력형식 지정문자의 형식은 그림 4.2.3과 같다.

그림 4.2.3 입력형식 지정문자의 형식

(1) 폭

scanf() 라이브러리 함수를 사용할 때 읽어올 값의 최대 길이를 지정한다.

예 scanf("%5d", &d); // 123456 이라고 입력하더라도, 12345 밖에 저장되지 않는다.

(2) 입력형식 지정자

표 4.2.1의 입력형식 지정자는 가장 중요한 개념으로써 입력형식을 결정하고, 인수에 해당하는 값을 해석하는데 사용된다.

표 4.2.1 입력형식 지정자

입력형식 지정자	입력	예
c	문자 1개를 키보드로부터 읽어온다. 만일 폭이 지정되었다면 지정된 개수만큼 문자열로 지정하지만, 문자열의 끝에 NULL을 붙이지 않는다.	입력 : a 출력 : a
s	문자열을 키보드로부터 읽어온다.	입력 : abc 출력 : abc
d, i	10진 정수형, +부호와 −부호를 키보드로부터 읽어온다.	입력 : −123, +123, 123 출력 : −123, 123, 123
f, lf	f : 키보드로부터 float형의 부동소수점으로 읽어온다. lf : 키보드로부터 double형의 부동소수점으로 읽어온다.	입력 : 1.1234567 출력 : 1.123457
o	8진 정수형을 키보드로부터 읽어온다.	입력 : 10 출력 : 8

입력형식 지정자	입력	예
x, X	16진 정수형을 키보드로부터 읽어온다.	입력 : 10 출력 : 16
[student]	[ ]안에 들어있는 문자가 아닌 경우에 키보드로부터의 입력을 중단한다.	입력 : strong 출력 : st
[r−z]	[ ]안에 들어있는 문자의 범위가 아닌 경우에 키보드로 부터의 입력을 중단한다.	입력 : strong 출력 : str
[^ng]	[ ]안에 들어있는 문자인 경우에 키보드로부터의 입력 을 중단한다.	입력 : strong 출력 : stro

예제 4-6 입력형식 지정문자 %d, %i, %f, %lf 등을 사용하여 입력하는 프로그램

scanf() 라이브러리 함수를 사용하여 입력형식 지정문자 %d, %i, %f, %lf 등을 사용하여 입력하는
프로그램을 작성한다.

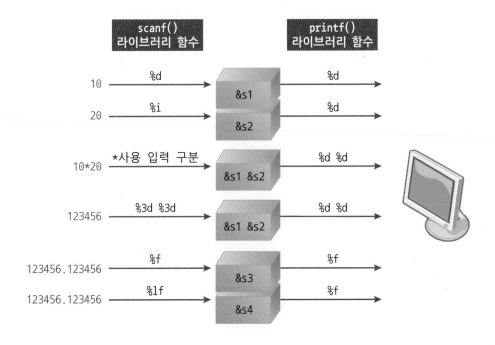

```
1    // C_EXAMPLE\ch4\ch4_project6\scanf_dif.c
2
3    #include <stdio.h>
4
5    int main(void)
6    {
7            int s1, s2;
8            float s3;
9            double s4;
10
11                    10진 정수형을 입력      반드시 주소를 나타내는 식별자 사용
12           // 10진 정수형 형태로 입력받아 s1, s2에 저장(공백활용)
13           scanf("%d    %i", &s1, &s2);
14           printf("s1=%d, s2=%d\n", s1, s2);
15                       공백이 없어도 됨
16           // 10진 정수형 형태로 입력받아 s1, s2에 저장(* 기호활용)
17           scanf("%d*%d", &s1, &s2);                     특수문자 사용하여 입력 구분
18           printf("s1=%d, s2=%d\n", s1, s2);
19
20           // 3자리의 10진 정수형 형태로 입력받음
21           scanf("%3d%3d", &s1, &s2);                    3자리의 10진 정수형을 입력
22           printf("s1=%d, s2=%d\n", s1, s2);
23                                                         float형의 부동소수점을 입력
24           // float형과 double형으로 입력 받아 s3, s4에 저장
25           scanf("%f %lf", &s3, &s4);
26           printf("s3=%f, s4=%f\n", s3, s4);
27           return 0;                                     double형의 부동소수점을 입력
28    } // main()
```

[언어 소스 프로그램 설명]

핵심포인트

입력형식 지정문자 %d, %i, %f, %lf 등을 사용하여 입력할 때 어떻게 입력되는지 유심히 살펴보자.

라인 13   %d, %i는 10진 정수형을 입력한다. 이중인용부호 안에 존재하는 2개의 입력형식 지정문자 사이는 공백으로 구분했지만, 사용하지 않아도 된다. 값을 저장할 변수 앞에는 반드시 주소를 나타내는 식별자를 사용해야 한다. 이때 키보드로부터 입력될 값을 구분하는 방법은 공백 키(Space Bar), 탭 키(Tab), 엔터 키(Enter) 등이다.

라인 17   이중인용부호 안에 존재하는 2개의 입력형식 지정문자 사이를 특수문자인 *으로 구분하였다. 따라서 키보드로 입력할 때 2개의 10진 정수가 * 특수문자로 구분된다.

라인 21	키보드로 10진 정수형을 입력할 때 한번에 3자리의 10진 정수만 입력한다. 이때 3자리가 초과되면 그 다음 입력으로 간주한다.
라인 25	%f는 float형의 부동소수점을, %lf는 double형의 부동소수점을 입력한다.

실행 결과

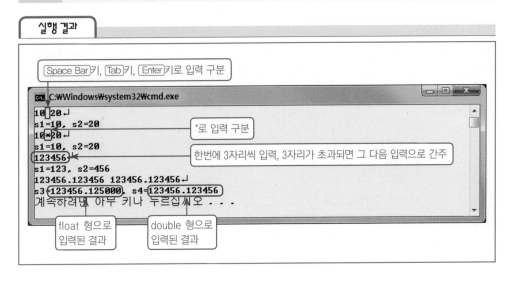

예제 4-7   입력형식 지정문자 %o, %x, %c, %s 등을 사용하여 입력하는 프로그램

scanf() 라이브러리 함수를 사용하여 입력형식 지정문자 %o, %x, %c, %s 등을 사용하여 입력하는
프로그램을 작성한다.

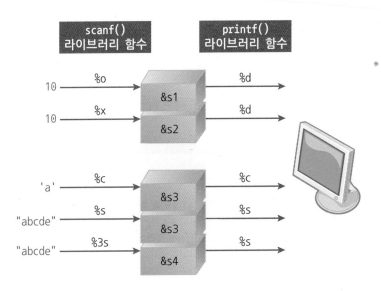

```
1    // C_EXAMPLE\ch4\ch4_project7\scanf_oxcs.c
2
3    #include <stdio.h>
4
5    int main(void)
6    {
7          int  d;
8          char ch, s[6];
9
10         printf("문자 입력 : ");
11         scanf("%c", &ch);                          ──── 문자 입력
12         printf("문자 출력 : %c\n\n", ch);
13
14         printf("문자열 입력 : ");
15         scanf("%s", s);                            ──── 문자열 입력
16         printf("문자열 출력 : %s\n\n", s);          ──── 변수명 자체가 주소
17
18         printf("8진수 입력 : ");
19         scanf("%o", &d);                           ──── 8진수 입력
20         printf("10진수 값 : %d\n\n", d);
21
22         printf("16진수 입력 : ");
23         scanf("%x", &d);                           ──── 16진수 입력
24         printf("10진수 값 : %d\n\n", d);
25
26         printf("문자열 입력 : ");
27         scanf("%3s", s);                           ──── 3개를 초과한 입력문자는 s에 저장이 안됨
28         printf("%%3s = %s\n\n", s);
29         return 0;
30   } // main()
```

[언어 소스 프로그램 설명]

핵심포인트

입력형식 지정문자 %o, %x, %c, %s 등을 사용하여 입력할 때 어떻게 입력되는지 유심히 살펴보자. 문자의 경우에는 %c 입력형식 지정문자를 사용한다. 문자열의 경우에는 %s 입력형식 지정문자를 사용하며 문자열을 저장하는 변수자체가 주소값이 되므로 & 기호를 붙이지 않아도 된다. 한편 입력되는 문자의 길이 폭을 미리 지정했다면, 폭을 초과하는 값은 결코 변수에 저장될 수 없다.

라인 11	%c는 문자 1개를 입력한다.
라인 15	%s는 문자열을 입력한다. s가 배열로 선언되었을 때에는 배열 변수 이름 자체가 주소값이 되므로, 변수에 주소를 나타내는 식별자인 & 기호를 사용할 필요가 없다.
라인 19	%o는 8진수를 입력한다.
라인 23	%x는 16진수를 입력한다.
라인 27	%3s는 최대로 3개까지만 입력받을 수 있다. 이를 초과한 입력문자는 s에 저장되지 않는다.

실행 결과

```
C:\Windows\system32\cmd.exe

문자 입력 : a          ← 1개의 문자를 입력함
문자 출력 : a

문자열 입력 : abcde↵
문자열 출력 : abcde

8진수 입력 : 12        ← 8진수로 입력함
10진수 값 : 10

16진수 입력 : a        ← 16진수로 입력함
10진수 값 : 10
                         최대로 3개 까지만 입력 받을 수 있으므로 s에는
문자열 입력 : abcde↵     3개의 문자밖에 저장되지 않았음
%3s  abc    ←

계속하려면 아무 키나 누르십시오 . . .
```

예제 4-8　　입력형식 지정문자 %[ ]를 사용하여 입력하는 프로그램

scanf() 라이브러리 함수를 사용하여 입력형식 지정문자 %[ ]를 사용하여 입력하는 프로그램을 작성한다.

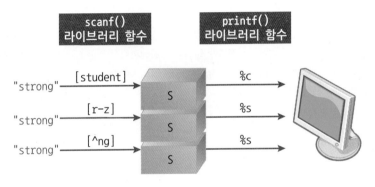

```
1    // C_EXAMPLE\ch4\ch4_project8\scanf_brackets.c
2
3    #include <stdio.h>
4
5    int main(void)
6    {
7           char s[5];
8
9           // strong 입력함 => st까지만 입력되고 중단
10          printf("문자열 입력 : ");
11          scanf("%[student]", s);
12          printf("문자열 출력 : %s\n", s);
13
14          // r만 입력되고 중단
15          scanf("%[r-z]", s);
16          printf("문자열 출력 : %s\n", s);
17
18          // o만 입력되고 중단
19          scanf("%[^ng]", s);
20          printf("문자열 출력 : %s\n", s);
21          return 0;
22   } // main()
```

// [ ] 안의 문자가 아닌 경우에 입력 중단,
// strong 입력함 => st까지만 입력되고 중단

// [ ] 안의 문자의 범위가 아닌 경우에 입력 중단,
r만 입력되고 중단

// [ ] 안의 문자인 경우에 입력 중단,
o만 입력되고 중단

[언어 소스 프로그램 설명]

핵심포인트

입력형식 지정문자 %[ ]를 사용하여 입력할 때 어떻게 입력되는지 유심히 살펴보자.

라인 11	%[student]는 입력문자가 s, t, u, d, e, n, t 중의 문자가 아닌 경우에 입력을 중단한다. 따라서 strong을 입력하면 st까지만 입력되고 중단한다.
라인 15	%[r-z]는 입력문자가 r에서 z 범위의 문자가 아닌 경우에 입력을 중단한다. 따라서 r만 입력되고 중단한다.
라인 20	%[^ng]는 입력문자가 n이나 g인 경우에 입력을 중단한다. 따라서 o만 입력되고 중단한다.

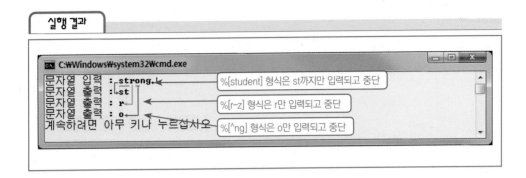

실행 결과

C:\Windows\system32\cmd.exe

문자열 입력 :·strong↓　　%[student] 형식은 st까지만 입력되고 중단
문자열 출력 :·st
문자열 출력 : r　　　　　%[r-z] 형식은 r만 입력되고 중단
문자열 출력 : o
계속하려면 아무 키나 누르십시오　　%[^ng] 형식은 o만 입력되고 중단

4.3 getchar()/putchar() 라이브러리 함수

getchar() 라이브러리 함수는 표준 입력 장치로부터 문자 1개를 읽어올 때 사용하며, putchar() 라이브러리 함수는 표준 출력 장치로부터 문자 1개를 출력할 때 사용한다. scanf() 라이브러리와 printf() 라이브러리 함수는 정해진 형식에 맞도록 데이터를 입력받거나 출력하는 기능을 위주로 한다면, getchar() 라이브러리 함수와 putchar() 라이브러리 함수는 1바이트의 문자만 취급하는데 있다.

4.3.1 getchar() 라이브러리 함수

① getchar() 라이브러리 함수는 표준 입력 장치인 키보드로부터 입력받은 문자 1개를 반환한다. getchar() 라이브러리 함수의 형식은 그림 4.3.1과 같다.

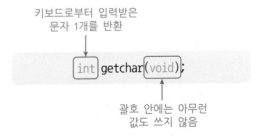

키보드로부터 입력받은
문자 1개를 반환

int getchar(void);

괄호 안에는 아무런
값도 쓰지 않음

그림 4.3.1 getchar() 라이브러리 함수의 형식

② getchar() 라이브러리 함수를 사용하여 연속적으로 키보드로부터 문자를 받아들일 때 끝을 알리는 EOF(End OF File)는 윈도우 시스템에서는 Ctrl+Z 키를 사용한다. 한편, 유닉스 시스템에서는 Ctrl+D 키를 눌러야 한다. 이때 연속적으로 입력한 문자들은 일

시적으로 데이터를 보관하는 메모리 영역인 버퍼(buffer)에 버퍼링(buffering) 되어 Enter 키를 누르면 1개씩 입력된다.

③ EOF(End OF File)는 시스템 헤더 파일인 stdio.h에 -1 값으로 정의되어 있다.

4.3.2 putchar() 라이브러리 함수

putchar() 라이브러리 함수는 표준 출력 장치인 모니터에 문자 1개를 출력한다. putchar() 라이브러리 함수의 형식은 그림 4.3.2와 같다.

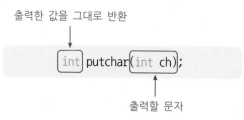

그림 4.3.2 putchar() 라이브러리 함수의 형식

예제 4-9   getchar() 라이브러리 함수와 putchar() 라이브러리 함수 프로그램 1

getchar() 라이브러리 함수와 putchar() 라이브러리 함수를 사용하는 프로그램 1을 작성한다.

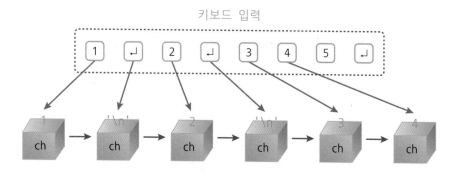

```
1   // C_EXAMPLE\ch4\ch4_project9\getputchar1.c
2
3   #include <stdio.h>
4
```

```
5    int main(void)
6    {
7        char ch;
8
9        printf("1 입력 후 Enter, 2 입력 후 Enter : ");
10   '1' →  ch = getchar();
11   '\n' → ch = getchar();
12   '2' →  ch = getchar();
13       putchar(ch); putchar('\n');   // 2줄을 연속으로 써도 된다.
14
15       printf("345를 연속으로 입력 후 Enter : ");
16   '\n' → ch = getchar();
17   '3' →  ch = getchar();
18   '4' →  ch = getchar();
19       putchar(ch);
20
21       putchar('\n'); putchar('\n');
22       return 0;
23   } // main()
```

라인 10~12 옆 주석: 키보드로부터 문자 3개를 연속으로 입력받음 / 이때 ch 에는 계속해서 입력받은 문자가 갱신되어 저장됨 / 입력한 Enter 값도 ch에 저장됨

라인 13 옆 주석: '\n' 문자 1개를 모니터에 출력하므로 1줄을 띄움

[언어 소스 프로그램 설명]

핵심포인트

getchar() 라이브러리 함수는 1바이트의 문자를 키보드로부터 입력한다. 이 함수가 호출되면, 키보드로부터 입력받은 값을 프로그램에 전달하게 되고 전달받은 문자 값을 ch 변수에 저장할 때 Enter 키 값도 저장됨에 유의한다. 한편, Enter 키 '\n'문자에 대응되는 1바이트의 ASCII 코드 값을 가지고 있으므로, getchar() 라이브러리 함수가 그 값을 반환할 것이다.

라인 10 ~ 라인 12	프로그램을 실행하면, 키보드로부터 값이 입력될 때까지 이 부분에서 커서는 멈춰 있다. '1' → Enter → '2' → Enter 순으로 입력했다면, ch에는 '1' → '\n' → '2' 순으로 갱신되어 저장된다.
라인 13	ch에 저장되어 있는 '2' 문자가 모니터 상에 출력된다.
라인 16 ~ 라인 18	'3' → Enter → '4' → Enter → '5' → Enter 순으로 입력했다면, ch에는 '\n'(라인 10에서 마지막에 입력했던 문자) '3' '4' 순으로 갱신되어 저장된다.
라인 19	ch에 저장되어 있는 '4' 문자가 모니터 상에 출력된다.
라인 21	'\n' 문자 2개를 모니터에 출력하므로 2줄이 띄어진다.

실행 결과

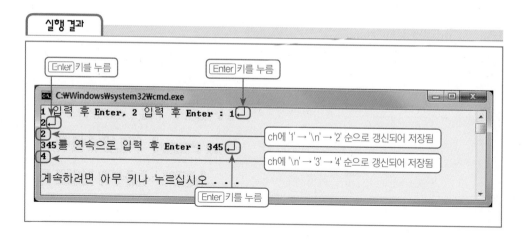

예제 4-10　getchar() 라이브러리 함수와 putchar() 라이브러리 함수 프로그램 2

getchar() 라이브러리 함수와 putchar() 라이브러리 함수를 사용하는 프로그램 2를 작성한다. 이 프로그램에서는 getchar() 라이브러리 함수를 사용하여 마지막에 입력한 '\n' 문자를 없앤다.

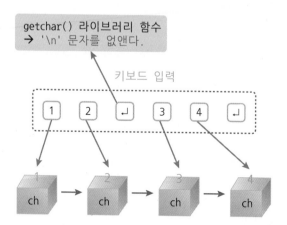

```
1    // C_EXAMPLE\ch4\ch4_project10\getputchar2.c
2
3    #include <stdio.h>
4
5    int main(void)
6    {
7            char ch;
8
9            // 1과 2가 정상적으로 ch에 저장됨
```

```
10          printf("12를 입력 후 Enter : ");
11    '1' → ch = getchar();
12    '2' → ch = getchar();
13          putchar(ch); putchar('\n');
14
15          // 마지막에 입력했던 Enter를 없앤다.
16          getchar();  ←──────── 마지막에 입력했던 '\n' 문자를 ch에 저장못하도록 없앤다.
17
18          printf("34를 입력 후 Enter : ");
19          ch = getchar();
20    '3' → ch = getchar();
21    '4' → putchar(ch); putchar('\n');
22
23          putchar('\n');
24          return 0;
25    } // main()
```

[언어 소스 프로그램 설명]

핵심포인트

키보드로부터 문자를 입력받아 ch 변수에 저장할 때 이 변수는 최종적인 값을 기억함을 알았다. getchar() 라이브러리 함수를 사용하여 마지막에 입력했던 '\n' 문자를 없애는 방법에 대해 살펴보자.

라인 11 ~ 라인 12	프로그램을 실행하면, 키보드로부터 값이 입력될 때까지 이 부분에서 커서는 멈춰 있다. '1' → '2' → Enter 순으로 입력했다면, ch에는 '1' → '2' → '\n' 순으로 갱신되어 저장된다.
라인 13	ch에 저장되어 있는 '2' 문자가 모니터 상에 출력된다.
라인 16	라인 11에서 마지막에 입력했던 '\n' 문자를 getchar() 라이브러리 함수를 사용하여 ch에 저장못하도록 없앤다
라인 19 ~ 라인 20	'3' → '4' → Enter 순으로 입력했다면, ch에는 '3' → '4' 순으로 갱신되어 저장된다.
라인 21	ch에 저장되어 있는 '4' 문자가 모니터 상에 출력된다..

실행 결과

```
C:\Windows\system32\cmd.exe
12를 입력 후 Enter : 12↵  ← Enter 키를 누름
2
34를 입력 후 Enter : 34↵  ← Enter 키를 누름
4

계속하려면 아무 키나 누르십시오 . . .
```

| 예제 4-11 | getchar() 라이브러리 함수와 putchar() 라이브러리 함수 프로그램 3 |

getchar() 라이브러리 함수와 putchar() 라이브러리 함수를 사용하는 프로그램 3을 작성한다. 이 프로그램에서는 while 문의 반복 수행을 사용하여 getchar() 라이브러리 함수와 putchar() 라이브러리 함수를 반복적으로 수행하게 한다. 이때 Ctrl+Z 키를 입력하고 Enter 키를 누르면 while 문의 반복 수행이 멈추게 된다.

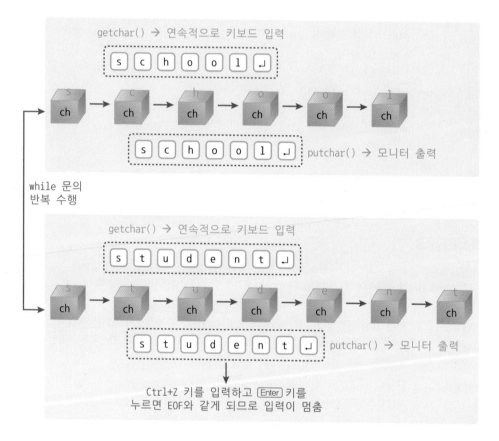

```
1    // C_EXAMPLE\ch4\ch4_project11\getputchar3.c
2
3    #include <stdio.h>
4
5    int main(void)
6    {
7            char ch;
8
```

```
9        ch = getchar();
10       while(ch != EOF)
11       {
12            putchar(ch);
13            ch = getchar();
14       } // while
15       putchar('\n');
16       return 0;
17  } // main()
```

10 ──── 윈도우 시스템에서 EOF 값은 Ctrl+Z 키

12 ──── ch에 저장된 문자가 EOF와 같지 않으면 { } 블록을 반복 수행

[언어 소스 프로그램 설명]

핵심포인트

윈도우 시스템에서는 Ctrl+Z 키 값이 EOF 값과 같으므로 Ctrl+Z 키를 입력하고 Enter 키를 누르면 while 문 반복 수행이 멈추게 된다.

라인 10 while 문은 변수 ch에 저장된 값이 EOF 값과 같지 않으면 참이 되어 { } 블록을 반복 수행하게 된다. 따라서 putchar() 라이브러리 함수와 getchar() 라이브러리 함수를 반복 수행하게 된다. 윈도우 시스템에서는 Ctrl+Z 키 값이 EOF 값과 같으므로 Ctrl+Z 키를 입력하고 Enter 키를 누르면 while 문의 반복 수행이 멈추게 된다.

실행 결과

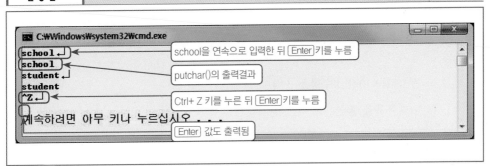

1. printf() 라이브러리 함수에 대한 설명 중 맞는 것은?

① printf() 라이브러리 함수는 stdio.h에 선언되어 있으며 정해진 형식에 맞게 모니터에 출력을 내보내고, 사용자가 원하는 대로 출력 형식을 지정할 수 있다.

② 문자열을 제외하고 이중인용부호(" ")를 생략할 수 있다.

③ printf() 함수의 끝에 세미콜론(;)을 생략할 수 있다.

④ 형식 지정문자에 대응되는 출력 변수자리에는 변수 이외의 값은 사용할 수 없다.

⑤ printf() 함수는 화면에 출력을 내보낼 수 있는 유일한 라이브러리 함수이다.

2. 다음의 escape sequence 문자들의 명칭과 기능이 바르게 짝지어진 것은?

① \n : 줄 바꿈 문자

② \r : 이전의 한 문자를 지우는 문자

③ \b : 이전의 모든 문자를 지우는 문자

④ \x : 비프음을 내는 문자

⑤ \t : 텍스트를 출력하는 문자

3. 3. 다음 형식 지정문자의 의미가 올바르게 짝지어진 것은 ?

① s : 문자를 출력

② c : 문자열을 출력

③ u : 부호없는 10진 정수형을 출력

④ f : % 백분율을 출력

⑤ x : 부호 있는 16진 정수형을 출력

4. 다음 형식 지정문자와 그 의미가 올바르게 연결된 것은?

① %-5d : 5만큼의 공간을 확보하고, 좌측부터 정렬한다.

② %#x : 8진수를 출력하고 수 앞에 X 문자를 삽입한다.

③ %*d : 정수형으로 출력하고, 수 앞에 *문자를 삽입한다.

④ %5.3f : 전체 8만큼의 공간을 확보하고 정수형은 5개, 소수점 이하는 3개로 한정한다.

⑤ %05d : 5개의 공간을 확보하고, 좌측 정렬한 후에 빈 공간은 0으로 채운다.

5. scanf() 라이브러리 함수에 대한 설명 중 올바른 것은?

① 특정 문자를 키보드로 보내는 함수이다.

② scanf() 함수 내의 형식 지정문자 열간의 구분은 쉼표(,)로 한다.

③ 입력값을 저장할 변수에는 주소값으로 표현하되 & 기호를 사용한다.

④ scanf() 함수를 통하여 입력받는 개수는 최대 5개로 제한된다.

⑤ 입력받을 변수는 탭, 엔터키 등으로 구분한다.

6. 다음의 scanf()의 입력형식 지정자들에 대한 설명 중 올바른 것은?

① c : 문자 1개를 키보드로부터 입력받는다.

② i : 16진 정수형을 읽어온다.

③ x : 10진 정수형을 읽어온다.

④ [a-c] : a부터 c까지의 범위 문자를 제외한 문자열을 읽어온다.

⑤ lf : float 형의 부동소수점으로 읽어온다.

7. getchar() 라이브러리 함수에 대한 설명 중 올바른 것은?

① 표준 입력 장치로부터 문자열을 입력받을 때 사용한다.

② 반환형이 존재하는 함수이며, 키보드로부터 입력받은 문자의 개수를 반환한다.

③ 문자 1개의 입력만을 처리하기 위해 사용하는 함수이다.

④ EOF의 값은 -9999의 값을 가지고 있는 ASCII 코드이다.

⑤ getchar(char ch); 의 형식을 가지고 있으며, 입력받은 문자는 ch에 저장된다.

8. putchar() 라이브러리 함수에 대한 설명 중 올바른 것은?

① 표준 출력 장치에 문자열을 출력할 때 사용한다.

② 반환형이 존재하는 함수이며, 모니터에 출력한 문자를 반환한다.

③ 반환형과 인수의 자료형은 char 형이다.

④ printf("\n"); 과 putchar('\n'); 은 서로 다른 문장이다.

⑤ putchar() 함수를 사용하기 위해서 stdio.h 헤더 파일을 군이 포함하지 않아도 된다.

9. 다음 문장에서 올바르지 못한 부분을 지적하고 그 이유를 기술하라.

```
int i = 10;
printf("%f+%c =%#x\n", i, 'a', i+'a');
```

10. 다음 문장에서 올바르지 못한 부분을 지적하고, 그 이유를 기술하라.

```
printf("Mom said", "Come on" \m");
```

11. 다음과 같은 실행결과를 얻기 위한 프로그램을 완성하라.

```
#include <stdio.h>

int main(void)
{
        printf("_____\n ");
        return 0;
} // main()
```

[실행결과]

```
C:\Windows\system32\cmd.exe
\\ 이것은 주석이다.
계속하려면 아무 키나 누르십시오 . . .
```

12. 다음과 같은 실행결과를 얻기 위한 프로그램을 완성하라.

```
#include <stdio.h>

int main(void)
{
        printf("_____\n ");
        return 0;
} // main()
```

[실행결과]

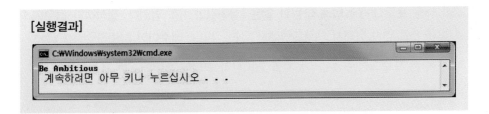

13. 다음과 같은 실행결과를 얻기 위한 프로그램을 완성하라.

```
#include <stdio.h>

int main(void)
{
        printf("_____\n", 'a', 'a', 'a', 'a');
        return 0;
} // main()
```

[실행결과]

```
C:\Windows\system32\cmd.exe
61, 0X61, 97, a
계속하려면 아무 키나 누르십시오 . . .
```

14. 다음 프로그램에서 주어진 실행결과가 나오려면, 어떻게 입력해야 하는가?

```
#include <stdio.h>

int main(void)
{
        int a, b;

        scanf("%d * %d", &a, &b);
        printf("%d \n", a*b );
        return 0;
} // main()
```

[실행결과]

```
C:\Windows\system32\cmd.exe
  ?
600
계속하려면 아무 키나 누르십시오 . . .
```

15. 다음 프로그램에 의해 다음과 같은 [실행결과 1]을 얻었다. 정상적인 경우에 [실행결과 2]를 얻기 위해서 프로그램에서 무슨 작업을 해주어야 하는가?

※ 본 프로그램은 2개의 문자를 입력받아 화면에 출력해주는 프로그램이다.

```c
#include <stdio.h>

int main(void)
{
        char a, b;

        a = getchar();
        b = getchar();

        printf("입력한 문자 = %c, %c \n", a, b);
        return 0;
} // main()
```

[실행결과 1]

```
C:\Windows\system32\cmd.exe
a↵
입력한 문자 = a,

계속하려면 아무 키나 누르십시오 . . .
```

[실행결과 2]

```
C:\Windows\system32\cmd.exe
a↵
b↵
입력한 문자 = a, b
계속하려면 아무 키나 누르십시오 . . .
```

16. 다음의 동작조건, 요구사항, 실행결과를 만족시키는 프로그램을 작성하라.

동작조건

- 문자 'A'의 ASCII 값과 10진수, 16진수, 8진수의 값을 출력하는 프로그램을 작성한다.
- 문자 'A'는 1바이트의 크기를 갖는 문자임을 인지하고, 이를 각각 변환하는 것이 아니고, 화면에 출력되는 형식에 따라 달리 표현될 수 있음을 이해하는 프로그램을 작성한다.
- 하나의 문자가 printf() 라이브러리 함수에 의해 각각 달리 표현되도록 프로그램을 작성한다.

요구사항

- 변수는 하나만 사용한다.
- main() 함수 내의 코드 줄이 두 줄을 초과해서는 안된다.

실행결과

17. 다음의 동작조건, 요구사항, 실행결과를 만족시키는 프로그램을 작성하라.

동작조건

- 모니터에 "hello, guy" 라는 문자열을 출력하되 hello와 guy 사이에서 비프음을 울리고, guy 뒤에 비프음을 울리는 프로그램을 작성한다.

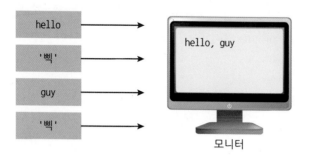

모니터

요구사항

- 문자열을 모두 출력하고 난 뒤 결과를 알리는 메시지 "Press any key to continue" 문장이 다음 줄에 표시되어야 한다.

실행결과

18. 다음의 동작조건, 요구사항, 실행결과를 만족시키는 프로그램을 작성하라.

동작조건

- 키보드로부터 10진수의 값을 입력받아 이를 16진수와 8진수로 각각 변환하는 프로그램을 작성한다.
- 사용자로부터 10진의 숫자를 입력하도록 요구하는 문장을 출력하고 사용자가 숫자를 입력하면 다음으로 진행되는 프로그램을 작성한다.
- 사용자가 입력한 값을 다시 확인시킬 수 있도록 출력하고, 이후 변환된 값들을 출력한다.

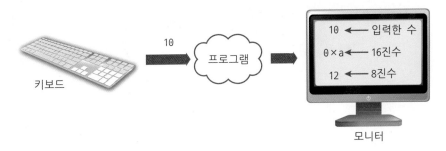

요구사항

- int형 변수를 선언하고, 이 변수에 사용자가 입력한 값을 저장한다.
- scanf() 라이브러리함수를 사용하여 값을 입력받는다.

실행결과

```
C:\Windows\system32\cmd.exe
10진수 값을 입력하시오 : 10↵
입력한 수 : 10
16진수 : 0xa
8진수 : 12
계속하려면 아무 키나 누르십시오 . . .
```

19. 다음의 동작조건, 요구사항, 실행결과를 만족시키는 프로그램을 작성하라.

- 키보드로부터 입력받은 문자를 그대로 출력하는 프로그램을 작성한다.
- getchar() 라이브러리 함수와 putchar() 라이브러리 함수를 사용하여 입력받은 문자를 출력한다.

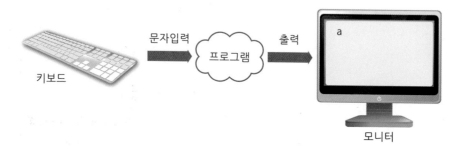

요구사항

- getchar() 라이브러리 함수와 putchar() 라이브러리 함수를 사용한다.
- main() 함수 내의 프로그램 코드는 3줄을 넘지 않는다.

실행결과

20. 다음의 동작조건, 요구사항, 실행결과를 만족시키는 프로그램을 작성하라.

동작조건

- "hello"라는 문자열을 화면에 출력하는데 좌 또는 우로 정렬하는 프로그램을 작성한다.
- 이때 5의 길이를 갖는 "hello" 문자열에 7개의 공간을 주어 좌로 정렬, 우로 정렬되도록 하는 프로그램을 작성한다.
- 좌/우의 여백을 알 수 있도록 콜론(:)문자를 출력될 문자의 앞뒤에 두어 함께 출력하고, "hello" 문자열을 두 번 출력할 때 두 줄에 걸쳐 출력한다.

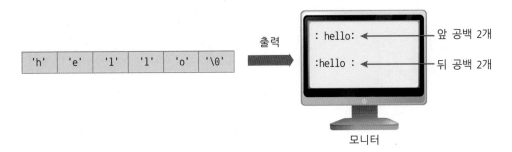

요구사항

- 문자열을 저장하기 위한 변수를 선언하고 선언과 동시에 초기화한다.
- main() 함수 내의 프로그램 코드는 두 줄을 넘지 않는다.

실행결과

연산자

학습목표

- C 언어에서 사용하는 연산자(+, −, …) 들이 어떠한 기능이 있는지 살펴본다.
- C 언어의 연산자는 산수, 디지털 논리 등과 어떠한 차이가 있는지 주의 깊게 살펴본다.
- 각종 연산자들은 실제 소스 코드에서 어떻게 활용되는지 주의 깊게 살펴본다.

핵심포인트

C 언어에서 사용하는 연산자는 일반적인 산수, 수학, 통계, 디지털 논리 등에서 사용하는 연산자와는 다소 차이가 있다. C 언어의 연산자는 덧셈, 뺄셈, 나눗셈, 곱셈에만 국한되지 않고 다양하게 존재하므로, 이 장에서는 각 연산자들이 어떠한 기능을 수행하고, 소스 코드는 어떻게 활용되는지 주의 깊게 살펴볼 필요가 있다. 연산자는 기본적으로 상수 혹은 변수의 연산을 수행하며 상수는 일반적인 숫자 뿐만 아니라 문자, 문자열 등도 포함하고 있음을 유의하자.

5.1 산술 연산자

5.1.1 산술 연산자란 ?

산술 연산자는 표 5.1.1과 같이 덧셈, 뺄셈, 곱셈, 나눗셈과 같이 4개의 기본 산술에 쓰이는 연산자 이외에 나머지 연산자를 포함하여 총 5가지로 이뤄져 있다.

표 5.1.1 산술 연산자

※ a=10, b=3 인 경우

기호	의미	형식	결과(result)	비 고
+	덧셈	result = a + b;	13	
−	뺄셈	result = a − b;	7	
*	곱셈	result = a * b;	30	
/	나눗셈	result = a / b;	3	나머지는 버리고 몫을 정수형으로 산술 결과값으로 한다.
%	나머지	result = a % b;	1	몫은 버리고 나머지를 정수형으로 산술 결과값으로 한다.

5.1.2 산술 연산자 간의 우선순위

산술 연산자 간의 우선순위는 일반 산술 과정과 동일하여 나눗셈, 곱셈, 나머지 연산이 덧셈, 뺄셈에 우선한다. 그림 5.1.1과 같이 곱셈이 먼저 수행되고, 덧셈이 나중에 수행된다. 이때 **괄호**는 그림 5.1.2에서와 같이 모든 연산순위에 가장 우선이다.

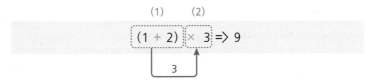

그림 5.1.1 산술 연산자 간의 우선순위

그림 5.1.2 괄호는 모든 연산순위에 가장 우선

예제 5-1   산술 연산자를 사용하는 프로그램

산술 연산자들을 사용하는 프로그램을 작성한다.

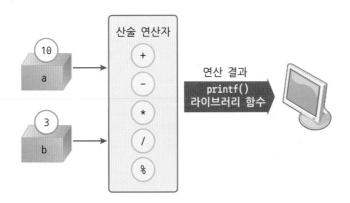

```
1    // C_EXAMPLE\ch5\ch5_project1\arithmetic_operator.c
2
3    #include <stdio.h>
4
5    int main(void)
6    {
7        int a = 10;
8        int b = 3;
9
```

나머지는 버리고, 몫을   몫은 버리고, 나머지를
정수형으로 출력   정수형으로 출력

```
10          printf("a = %d, b= %d \n", a, b);
11          printf("a + b = %d \n", a + b);
12          printf("a - b = %d \n", a - b);
13          printf("a * b = %d \n", a * b);
14          printf("a / b의 몫 = %d, 나머지 = %d \n", a / b, a % b);
15          printf("a / b의 몫 = %f \n", (float)a / b);
16          printf("1 + 2 * 3 = %d  (1 + 2) * 3 = %d \n", 1 + 2 * 3, (1 + 2) * 3);
17          return 0;
18      } // main()
```

a를 float 형으로 강제적인 형변환한 뒤 b로   괄호 안의 연산이
나누면 그 결과가 float로 자동 형변환 됨   먼저 수행됨

[언어 소스 프로그램 설명]

핵심포인트

각 연산자는 연산 결과가 어떤 자료형을 갖는지를 유의한다. 즉 int / int = int 이고 float / int = float 인 것이다. 이와 관련된 내용은 3.5.1절에서 설명한 바 있다.

라인 10	a와 b의 값을 표현하기 위해 사용하였다.
라인 11	a + b의 산술 결과값을 출력한다.
라인 12	a - b의 산술 결과값을 출력한다.
라인 13	a * b의 산술 결과값을 출력한다.
라인 14	a / b의 산술 결과값은 나머지는 버리고 몫을 정수형으로 출력한다. a % b의 산술 결과값은 몫은 버리고 나머지를 정수형으로 출력한다.
라인 15	(float)a/b는 정수 a를 float형인 10.000000으로 강제적으로 형변환한 뒤에 b로 나누면, 그 결과는 자동으로 float형이 된다. 이 결과는 (float)a/(float)b와 동일하며, (float)(a/b)와는 다르다. (float)(a/b)는 int간의 연산 결과를 float로 바꾸는 것뿐이므로 그 결과는 3.000000이 된다.
라인 16	괄호안의 연산이 먼저 수행된다. 따라서 1 + 2 * 3은 7이 되고, (1 + 2) * 3은 9가 된다.

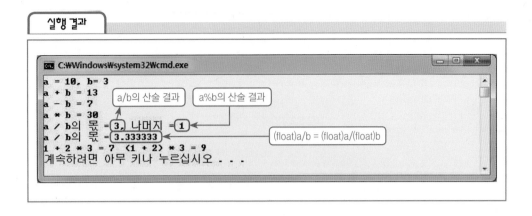

5.2 관계 연산자

5.2.1 관계 연산자란 ?

관계 연산자는 2개의 변수 혹은 상수를 대상으로 크기를 비교하거나, 일치 여부(같거나 다름)를 비교하는데 사용된다. 이때 관계 연산자는 그 결과를 참 혹은 거짓으로 계산하는데 참인 경우에는 1, 거짓인 경우에는 0을 반환한다. 그림 5.2.1과 같이 수식이 참인 경우에는 1을 반환한다.

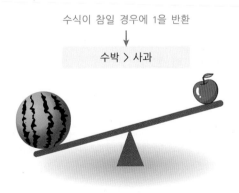

그림 5.2.1 수식이 참일 경우에 1을 반환

그림 5.2.2와 같은 C 언어 프로그램 문장에서 거짓은 0, 참은 1로 출력된다.

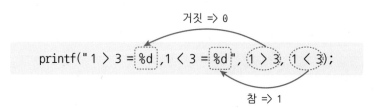

그림 5.2.2 참과 거짓의 출력

5.2.2 관계 연산자의 종류

관계 연산자는 표 5.2.1과 같이 6개의 종류가 존재한다.

표 5.2.1 관계연산자

기호	형식	의미	예	결과	비 고
〈	a 〈 b	a는 b 보다 작다	1 〈 3	참	
〉	a 〉 b	a는 b 보다 크다	1 〉 1	거짓	
〈=	a 〈= b	a는 b보다 작거나 같다	2 〈= 2	참	등호(=)는 반드시 부등호 (〈〉)의 오른편에 위치
〉=	a 〉= b	a는 b보다 크거나 같다	1 〉= 3	거짓	
==	a == b	a와 b는 같다	'a' == 97	참	'a' 문자는 ASCII 코드 값인 10진수로 97
!=	a != b	a와 b는 같지 않다	1 != 3	참	

5.2.3 관계 연산자 간의 우선순위

〈, 〈=, 〉, 〉= 은 ==, != 에 비해 우선순위가 높다. 또한 같은 순위의 관계 연산자는 좌에서 우로 연산이 진행되며, 괄호는 모든 연산순위에서 수행되어 가장 우선이다. 그림 5.2.3에서 먼저 1 〈 3 수식은 참이므로 1이 되고 다음 1 〈 2 수식이 되어 1 〈 3 〈 2 수식의 최종 결과 는 1이 된다.

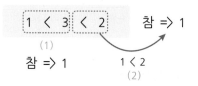

그림 5.2.3 1 〈 3 〈 2 수식의 최종 결과는 1

예제 5-2	관계 연산자를 사용하는 프로그램

관계 연산자들을 사용하는 프로그램을 작성한다.

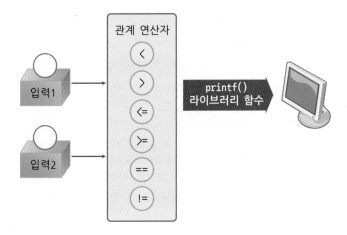

```
1    // C_EXAMPLE\ch5\ch5_project2\relational_operator.c
2
3    #include <stdio.h>
4
5    int main(void)
6    {
7         printf(" 1 < 3 ==> %d \n", 1 < 3);
8         printf(" 1 > 1 ==> %d \n", 1 > 1);
9         printf(" 2 <= (4 / 2) ==> %d \n", 2 <= (4 / 2));      ← 괄호안의 연산이 먼저 수행됨
10        printf(" 1 >= 3 ==> %d \n", 1 >= 3);
11        printf(" 'a' == 97 ==> %d \n", 'a' == 97);            ← 'a' 문자는 ASCII 코드 값
                                                                    인 10진수로 97
12        printf(" 1 != 3 ==> %d \n", 1 != 3);
13        printf(" 1 < 3 < 2 ==> %d \n", 1 < 3 < 2);            ← 1 < 3 수식을 먼저 수행하고 그
                                                                    결과인 1과 2를 가지고 1 < 2 수
                                                                    식을 수행함
14        return 0;
15   } // main()
```

[언어 소스 프로그램 설명]

핵심포인트

관계 연산자는 크거나 작음, 같음과 다름을 비교하는 연산자로써 그 결과를 참 혹은 거짓 값으로 반환한다.
이 때 참인 경우는 1, 거짓인 경우는 0이다.

라인 7	1 < 3 수식은 참이므로 그 결과는 1이다.
라인 8	1 > 1 수식은 거짓이므로 그 결과는 0이다.
라인 9	괄호안의 연산이 먼저 수행된다. 4/2 수식은 2이고, 2 <= 2 수식은 참이므로 그 결과는 1이다.
라인 10	1 >= 3 수식은 거짓이므로 그 결과는 0이다. 이때 등호(=)는 반드시 부등호(>, <)보다 오른쪽에 위치해야 한다.
라인 11	'a' 문자는 ASCII 코드 값인 10진수로 97이다.
라인 11	1과 3은 같지 않으므로 그 결과는 0이다.
라인 12	1 < 3 수식이 먼저 수행되고 그 결과인 참값 1과 2의 수식인 1 < 2의 연산이 수행되므로 그 결과는 1이다. 같은 순위의 관계 연산자는 좌에서 우로 연산이 진행된다.

실행 결과

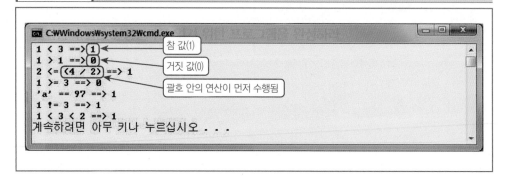

Tip

== 는 같음을 의미하는 관계 연산자이다. ==를 두 개 사용하는 이유는 = 연산자가 이미 존재하기 때문이다. = 연산자는 a = 1 과 같이 변수에 상수를 대입할 때 사용하는 대입 연산자이므로, 2개의 연산자를 혼동하지 않도록 주의하자.

5.3 논리 연산자

5.3.1 논리 연산자란 ?

논리 연산자란 관계 연산자와 마찬가지로 그 결과를 참 혹은 거짓으로 반환하는 연산자이다. 따라서 그 결과값은 1 또는 0이다. 관계 연산자가 보통 2개의 변수 혹은 상수의 크기, 같음과 같지 않음을 비교하는 연산자인데 반해 논리 연산자는 2개의 수식을 비교하는데 주로 사용된다. 물론 변수와 상수도 사용할 수 있다. 그림 5.3.1에 논리 연산자의 예를 나타내고 있다. AND 연산자인 경우 2개의 피연산자가 모두 참이어야 그 결과가 참이며, OR 연산자인 경우는 2개의 피연산자 중 하나만 참이어도 결과는 참이다. 또한, NOT 연산자의 경우에는 참을 거짓으로, 거짓을 참으로 바꾸는 역할을 한다.

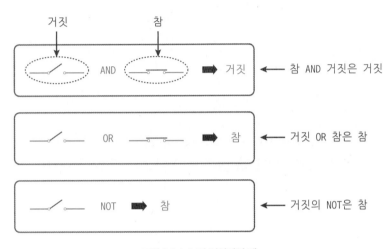

그림 5.3.1 논리 연산자의 예

논리 연산자의 참과 거짓은 수식 이외에도 변수와 상수를 사용할 수 있으며, 그림 5.3.2에서와 같이 변수와 상수인 경우 0이 아닌 경우에는 참이고, 0인 경우에는 거짓이다.

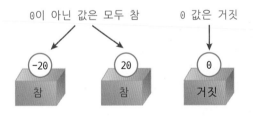

그림 5.3.2 상수 및 변수의 참과 거짓

5.3.2 논리 연산자의 종류

논리 연산자에는 ||, &&, ! 등의 3가지가 존재한다. || 연산자는 표 5.3.1과 같이 하나만 참이면 참이 된다. && 연산자는 표 5.3.2와 같이 모두 참인 경우에만 참이 된다. ! 연산자는 표 5.3.3과 같이 참이면 거짓이 되고 거짓이면 참이 된다.

표 5.3.1 || 연산자

a	b	a || b
참	참	참
참	거짓	참
거짓	참	참
거짓	거짓	거짓

표 5.3.2 && 연산자

a	b	a && b
참	참	참
참	거짓	거짓
거짓	참	거짓
거짓	거짓	거짓

표 5.3.3 ! 연산자

a	!a
참	거짓
거짓	참

5.3.3 논리 연산자 간의 우선순위

논리 연산자 간의 우선순위는 !가 가장 높고 다음이 && 마지막이 ||이다. 그림 5.3.3에서 와 같이 !의 연산자가 먼저 수행되므로 !0은 1이 된다. 다음에 && 연산자가 수행되므로 1 && 0은 0이 된다. 마지막으로 || 연산자가 수행되어 1 || 1은 1이 된다.

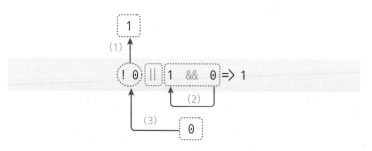

그림 5.3.3 논리 연산자 간의 우선순위

예제 5-3 논리 연산자를 사용하는 프로그램

논리 연산자들을 사용하는 프로그램을 작성한다.

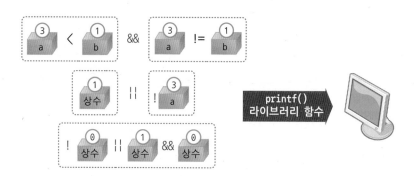

```
1   // C_EXAMPLE\ch5\ch5_project3\logical_operator.c
2
3   #include <stdio.h>
4
5   int main(void)
6   {
7       int a = 3, b = 1;
8
9       // 연산자 간의 우선순위(<, !=, &&)
10      printf(" a < b && a != b => %d \n", a < b && a != b);   ← 거짓 && 참 = 거짓
11
12      // 상수, 변수 간의 논리 연산
13      printf(" 1 || !a => %d \n", 1 || !a);   ← 참 || 거짓 = 참(!a = 0)
14
15      // 논리 연산자 간의 우선순위(!, &&, ||)
16      printf(" !0 || 1 && 0 => %d \n", !0 || 1 && 0);   ← 참 || 참 && 거짓
17      return 0;
18  } // main()
```

[언어 소스 프로그램 설명]

핵심포인트

논리 연산자는 참과 거짓을 판별하는 연산자이다. 논리 연산자는 모두 참일 때만 참인 AND(&&) 연산자, 모두 거짓일 때만 거짓인 OR(||) 연산자가 있다. 또한, 연산자간의 우선순위에 유의하되 연산자의 우선순위를 정확히 모르는 경우 괄호를 활용한다.

라인 10	연산자 간의 우선순위는 <, !=, &&이다. 이때 우선순위를 모를 경우에 우선적으로 처리해야 할 문장에 괄호를 사용하면 육안으로도 구별이 쉽다. 따라서 이 문장은, a < b은 거짓, a != b는 a와 b는 같지 않으므로 참이다. 따라서 결과는 거짓 && 참 이므로 거짓이 된다.
라인 13	1은 0이 아니므로 참, !a는 a가 0이 아닌 참이므로 그 반대의 거짓이 된다. 따라서 결과는 참 || 거짓이므로 참이 된다.
라인 16	논리 연산자간의 우선순위는 !, &&, ||이다. !0은 참, &&가 ||보다 우선순위가 높으므로 1 && 0이 먼저 수행되어 거짓이 된다. 따라서 결과는 참 || 거짓이므로 참이 된다.

실행 결과

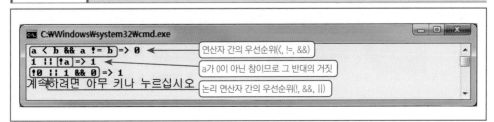

5.4 증가 연산자/감소 연산자

5.4.1 증가 연산자란 ?

그림 5.4.1과 같이 **변수의 값을 1만큼 증가시킬 때 사용되며, 산술 연산자인 +와 구별하기 위하여 ++ 기호를 사용한다.**

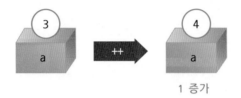

그림 5.4.1 증가 연산자

++a는 우선적으로 a의 값을 1 증가시킨다. 따라서 b = ++a는 그림 5.4.2와 같이 a의 값을 1 증가시키고 증가된 a 값을 b에 대입한다.

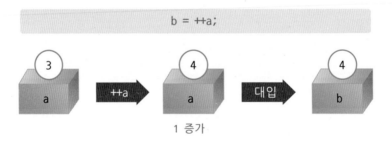

그림 5.4.2 ++a 수행절차

그러나 a++는 마지막으로 a의 값을 1 증가시킨다. 따라서 b = a++는 그림 5.4.3과 같이 먼저 a의 값을 b에 대입하고 다음에 a의 값을 1 증가시킨다.

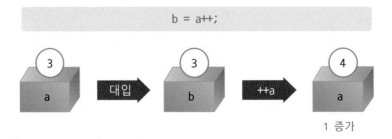

그림 5.4.3 a++ 수행절차

5.4.2 감소 연산자란?

그림 5.4.4와 같이 **변수의 값을 1만큼 감소시킬 때 사용되며, 산술 연산자인 --와 구별하기 위하여 -- 기호를 사용한다.**

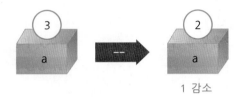

그림 5.4.4 감소 연산자

한편. --a는 우선적으로 a의 값을 1 감소시킨다. 따라서 b = --a는 그림 5.4.5와 같이 a의 값을 1 감소시키고 감소된 a 값을 b에 대입한다.

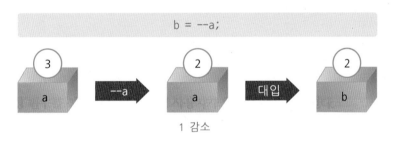

그림 5.4.5 --a 수행절차

그러나 a--는 마지막으로 a의 값을 1 감소시킨다. 따라서 b = a--는 그림 5.4.6과 같이 먼저 a의 값을 b에 대입한 다음 a의 값을 1 감소시킨다.

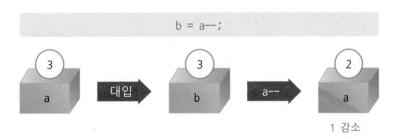

그림 5.4.6 a--수행절차

예제 5-4 증가 연산자와 감소 연산자를 사용하는 프로그램

증가 연산자와 감소 연산자를 사용하는 프로그램을 작성한다.

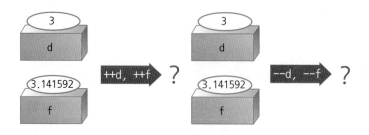

```c
1   // C_EXAMPLE\ch5\ch5_project4\incdec_operator.c
2
3   #include <stdio.h>
4
5   int main(void)
6   {
7           int d = 3;
8           double f = 3.141592;
9
10          // 증가 연산자
11          printf(" d = %d, f = %f \n", d, f);
12          printf(" ++d = %d, ++f = %f \n", ++d, ++f);
13          printf(" d++ = %d, f++ = %f \n", d++, f++);
14          printf(" d = %d, f = %f \n\n", d, f);
15
16          // 감소 연산자
17          printf(" --d = %d, --f = %f \n", --d, --f);
18          printf(" d-- = %d, f-- = %f \n", d--, f--);
19          printf(" d = %d, f = %f \n", d, f);
20          return 0;
21  } // main()
```

(라인 12) ++d와 ++f는 d와 f의 값이 1 증가된 후 printf() 라이브러리 함수가 수행됨

(라인 13) d++와 f++는 printf() 라이브러리 함수가 수행된 후 d와 f의 값이 1 증가됨

(라인 17) --d와 --f는 d와 f의 값이 1 감소된 후 printf() 라이브러리 함수가 수행됨

(라인 18) d--와 f--는 printf() 라이브러리 함수가 수행된 후 d와 f의 값이 1 감소됨

[언어 소스 프로그램 설명]

핵심포인트

++와 -- 연산자는 산술 연산자의 +. - 와 구분하기 위하여 같은 기호를 2번 중복하여 사용한다. 이 때 연산자의 위치가 변수의 앞 또는 뒤에 있는가에 따라 그 기능이 달라진다.

라인 12	++d와 ++f는 d와 f의 값이 1 증가된 후 printf() 라이브러리 함수가 수행된다.
라인 13	d++와 f++는 printf() 라이브러리 함수가 수행된 후 d와 f의 값이 1 증가된다.
라인 14	--d와 --f는 d와 f의 값이 1 감소된 후 printf() 라이브러리 함수가 수행된다.
라인 17	d--와 f--는 printf() 라이브러리 함수가 수행된 후 d와 f의 값이 1 감소된다.

실행 결과

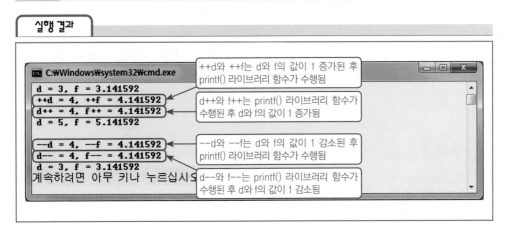

5.5 비트 연산자

5.5.1 비트 연산자란 ?

비트 연산자는 변수를 처리하는데 있어 비트의 연산을 하거나, 비트의 논리곱, 논리합, exclusive OR, 비트의 이동 등을 처리할 때 사용한다. 컴퓨터는 기본적으로 0과 1로 이뤄진 비트의 단위로 연산을 수행하는데 이 때 사용되는 비트 연산자가 보다 빠른 동작처리를 위해서나 하드웨어의 각 핀들을 제어할 때 보다 유용하게 사용될 수 있다. 따라서 비트 연산자를 사용할 경우에는 비트 단위의 0과 1로 이뤄진 2진수로 변환해야 한다. 그림 5.5.1과 같이 비트 연산은 숫자의 전체 값이 아닌 일부의 비트들만 제어하거나, 일괄적으로 비트간의 연산시 유용하다.

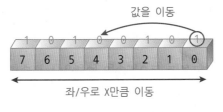

그림 5.5.1 비트 연산의 예

비트 연산자를 사용할 경우 **음의 정수는 2진수의 2의 보수 형태로 변환된다. 2의 보수를 구하는 공식은 그림 5.5.2와 같이 정의된다.**

1의 보수를 구한 후 1을 더한다.
(1의 보수는 0을 1로, 1을 0으로 바꿈)

예 101100의 1의 보수 : 010011
010011 + 1 = 010100

그림 5.5.2 2의 보수를 구하는 공식

예를 들어 음의 정수 -1은 컴퓨터 내부에서 2의 보수로 표현된다. 따라서 먼저 정수 1에 대하여 32비트 단위의 2진수인 00000000 00000000 00000000 00000001로 변환한다. 다음에 00000000 00000000 00000000 00000001의 1의 보수를 구하면 11111111 11111111 11111111 11111110 이 된다. 구해진 1의 보수에 1을 더하면 11111111 11111111 11111111 11111111 이 된다. 따라서 음의 정수 -1은 컴퓨터 내부에서 11111111 1111111 1111111 1111111로 변환된다. **이때 최상위 비트(부호비트)가 0이면 양수를, 1이면 음수를 표현한다.**

5.5.2 비트 연산자의 종류

(1) | 비트 연산자

| 비트 연산자는 표 5.5.1과 같이 하나만 1이면 1이 된다.

정수 5와 -1을 | 비트 연산자를 사용하려면 먼저 각각 32비트 단위의 2진수로 변환해야 한다. 따라서 5를 32비트 단위의 2진수로 변환하면 00000000 00000000 00000000 00000101이 된다. 정수 -1은 1의 2의 보수로 변환되므로 그림 5.5.2의 2의 보수

표 5.5.1 | 비트 연산자

a	b	a | b
0	0	0
0	1	1
1	0	1
1	1	1

를 구하는 공식에 따라 11111111 11111111 11111111 11111111로 변환된다. 그림 5.5.3은 정수 5와 -1을 | 비트 연산자를 사용한 계산 결과를 나타내고 있다. 이때 result가 11111111 11111111 11111111 11111111이 되어 최상위 비트가 1이므로 음수를 표현하는 것을 알 수 있다. 2진수 11111111 11111111 11111111 11111111은 -1이 된다.

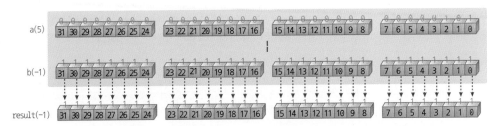

그림 5.5.3 정수 5와 정수 −1을 | 비트 연산자를 사용한 계산 결과

(2) & 비트 연산자

& 비트 연산자는 표 5.5.2와 같이 모두 1인 경우에만 1이 된다.

표 5.5.2 & 비트 연산자

a	b	a & b
0	0	0
0	1	0
1	0	0
1	1	1

정수 5와 -1을 & 비트 연산자를 사용하려면 먼저 각각 32비트 단위의 2진수로 변환해야 한다. 따라서 정수 5를 32비트 단위의 2진수로 변환하면 00000000 00000000 00000000 00000101이 된다. 정수 -1은 1의 2의 보수로 변환되므로 그림 5.5.2의 2의 보수를 구하는 공식에 따라 11111111 11111111 11111111 11111111로 변환된다. 그림 5.5.4는 정수 5와 -1을 & 비트 연산자를 사용한 계산 결과이다.

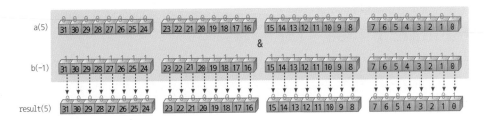

그림 5.5.4 정수 5와 −1을 & 비트 연산자를 사용한 계산 결과

(3) ^ 비트 연산자

^ 비트 연산자는 표 5.5.3과 같이 1의 개수가 홀수인 경우에 1이 된다.

표 5.5.3 ^ 비트 연산자

a	b	a ^ b
0	0	0
0	1	1
1	0	1
1	1	0

정수 5와 7을 ^ 비트 연산자를 사용하려면 먼저 각각 32비트 단위의 2진수로 변환해야 한다. 따라서 정수 5를 32비트 단위의 2진수로 변환하면 00000000

00000000 00000000 00000101이 되고, 정수 7은 00000000 00000000 00000000 00000111
이 된다. 그림 5.5.5는 정수 5와 7을 ^ 비트 연산자를 사용한 계산 결과이다.

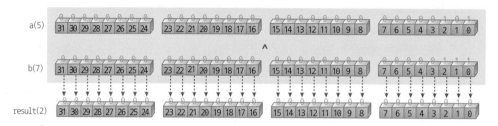

그림 5.5.5 정수 5와 정수 7을 ^ 비트 연산자를 사용한 계산 결과

(4) ~ 비트 연산자

~ 비트 연산자는 표 5.5.4와 같이 현재의 값과 반대가 된다.

정수 5를 ~ 비트 연산자를 사용하려면 먼저 32비트 단위의 2
진수로 변환해야 한다. 따라서 정수 5를 32비트 단위의 2진수
로 변환하면 00000000 00000000 00000000 00000101이 된다.
그림 5.5.6은 정수 5를 ~ 비트 연산자를 사용한 계산 결과이다.

표 5.5.4 ^ 비트 연산자

a	~a
0	1
1	0

이때 result가 11111111 11111111 11111111 11111010이 되어 최상위 비트가 1이므로 음수를
표현하는 것을 알 수 있다. 2진수 11111111 11111111 11111111 11111010은 먼저 1의 보수를
구하면 00000000 00000000 00000000 00000101 이 되고 이 결과에 1을 더하면 00000000
00000000 00000000 00000110이 되어 -6이 된다.

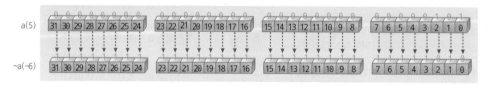

그림 5.5.6 정수 5를 ~ 비트 연산자를 사용한 계산 결과

(5) 《 비트 연산자

《 비트 연산자는 왼쪽으로 비트를 이동시킨다.

정수 5를 《 비트 연산자를 사용하려면 먼저 32비트 단위의 2진수로 변환해야 한다. 따라
서 정수 5를 32비트 단위의 2진수로 변환하면 00000000 00000000 00000000 00000101이
된다. 그림 5.5.7에서와 같이 정수 5를 《 비트 연산자를 사용하여 오른쪽으로 3비트 이동

시키면 그 결과가 00000000 00000000 00000000 00101000이 되이 40이 된다.

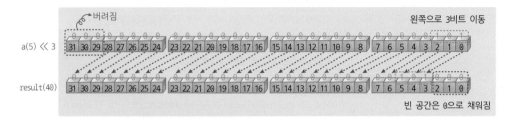

그림 5.5.7 정수 5를 《 비트 연산자를 사용하여 왼쪽으로 3비트 이동

(6) 》 비트 연산자

》 비트 연산자는 오른쪽으로 비트를 이동시킨다.

정수 15를 》 비트 연산자를 사용하려면 먼저 32비트 단위의 2진수로 변환해야 한다. 따라서 정수 5를 32비트 단위의 2진수로 변환하면 00000000 00000000 00000000 00001111이 된다. 그림 5.5.8에서와 같이 정수 15를 》 비트 연산자를 사용하여 오른쪽으로 3비트 이동시키면 그 결과가 00000000 00000000 00000000 00000001이 되어 1이 된다. 이때 이동 후의 빈 공간은 부호비트인 0으로 채워진다.

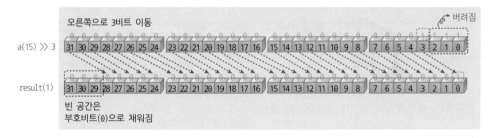

그림 5.5.8 정수 15를 》 비트 연산자를 사용하여 오른쪽으로 3비트 이동

정수 -6을 》 비트 연산자를 사용하려면 먼저 32비트 단위의 2진수로 변환하여야 한다. 따라서 정수 -6을 32비트 단위의 2진수로 변환하면 11111111 11111111 11111111 11111010이 된다. 그림 5.5.9에서와 같이 정수 -6을 》 비트 연산자를 사용하여 오른쪽으로 3비트 이동시키면 그 결과가 11111111 11111111 11111111 11111111이 되어 -1이 된다. 이때 빈 공간은 부호비트인 1로 채워진다.

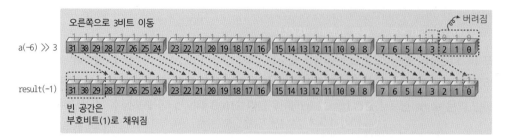

그림 5.5.9 정수 −6을 >> 비트 연산자를 사용하여 오른쪽으로 3비트 이동

비트 연산자를 사용하는 프로그램

비트 연산자들을 사용하여 unsigned char로 강제적인 형변환을 하여 결과를 출력하는 프로그램을 작성한다.

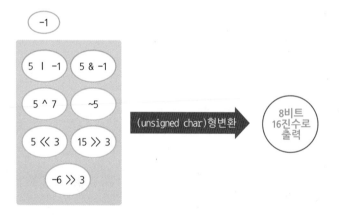

```
1    // C_EXAMPLE\ch5\ch5_project5\bitwise_operator.c
2
3    #include <stdio.h>
4
5    int main(void)
6    {      0x로 출력하면 32비트로 표현되므로 (unsigned char)로 형변환을 하면 8비트로 표현됨 => 11111111(0xff)
7        printf(" -1 = %#x \n", (unsigned char)-1);
8
9        // | 연산자                                          8비트 16진수 값으로 표현되므로 0xff
10       printf(" 5 | -1 = %d (%#x) \n", 5 | -1, (unsigned char)(5 | -1));
11           00000000 00000000 00000000 00000101 | 11111111 11111111 11111111 11111111 = 11111111 11111111 11111111 11111111(-1)
```

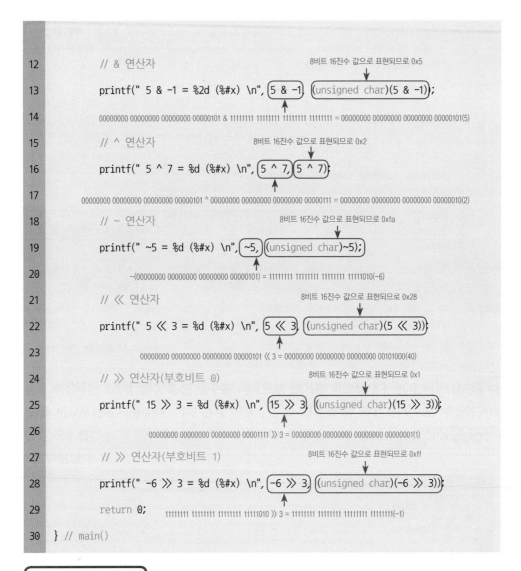

```
12          // & 연산자
                                                      8비트 16진수 값으로 표현되므로 0x5
13          printf(" 5 & -1 = %2d (%#x) \n", 5 & -1, (unsigned char)(5 & -1));

14          00000000 00000000 00000000 00000101 & 11111111 11111111 11111111 11111111 = 00000000 00000000 00000000 00000101(5)

15          // ^ 연산자
                                                8비트 16진수 값으로 표현되므로 0x2
16          printf(" 5 ^ 7 = %d (%#x) \n", 5 ^ 7, 5 ^ 7);

17          00000000 00000000 00000000 00000101 ^ 00000000 00000000 00000000 00000111 = 00000000 00000000 00000000 00000010(2)

18          // ~ 연산자
                                                8비트 16진수 값으로 표현되므로 0xfa
19          printf(" ~5 = %d (%#x) \n", ~5, (unsigned char)~5);

20          ~(00000000 00000000 00000000 00000101) = 11111111 11111111 11111111 11111010(-6)

21          // ≪ 연산자
                                                8비트 16진수 값으로 표현되므로 0x28
22          printf(" 5 ≪ 3 = %d (%#x) \n", 5 ≪ 3, (unsigned char)(5 ≪ 3));

23          00000000 00000000 00000000 00000101 ≪ 3 = 00000000 00000000 00000000 00101000(40)

24          // ≫ 연산자(부호비트 0)
                                                8비트 16진수 값으로 표현되므로 0x1
25          printf(" 15 ≫ 3 = %d (%#x) \n", 15 ≫ 3, (unsigned char)(15 ≫ 3));

26          00000000 00000000 00000000 00001111 ≫ 3 = 00000000 00000000 00000000 00000001(1)

27          // ≫ 연산자(부호비트 1)
                                                8비트 16진수 값으로 표현되므로 0xff
28          printf(" -6 ≫ 3 = %d (%#x) \n", -6 ≫ 3, (unsigned char)(-6 ≫ 3));

29          return 0;       11111111 11111111 11111111 11111010 ≫ 3 = 11111111 11111111 11111111 11111111(-1)

30      } // main()
```

[언어 소스 프로그램 설명]

핵심포인트

비트 연산자는 프로세서를 다룰 때나 암호화 코드를 생성할 때, 그리고 여러 가지 알고리즘을 설계할 때 대단히 많이 사용되는 연산자이다. 또한 디지털 논리에서도 자주 등장하는 개념을 C 프로그래밍에서 그대로 접목하여 연산자로 만들어 놓은 것이기 때문에 반드시 숙지해야 할 분야이다.

정수형 상수들이 모두 32비트의 크기를 갖기 때문에 간단히 8비트만 표시하기 위해 본 소스 코드에서는 정수형 상수를 부호없는 char 형으로 변환하여 출력한다.

라인 7	printf() 라이브러리 함수의 %x는 32비트까지 출력할 수 있으므로 1의 경우에 0x00000001, −1 같은 경우에는 0xffffffff가 출력된다. 따라서 (unsigned char)로 강제 형변환하여 8비트의 16진수로 출력되게 한다.
라인 10	00000000 00000000 00000000 00000101 ┃ 11111111 11111111 11111111 11111111의 결과인 11111111 11111111 11111111 11111111을 10진 정수값인 −1과 8비트 16진값인 0xff로 출력한다. 한편, (unsigned char)(5 ┃−1)과 (unsigned char)5 ┃−1은 다른 문장이다. 전자의 경우에는 5┃−1의 연산을 수행후 그 결과를 (unsigned char)로 형변환하는 것이고, 후자의 경우에는 5를 (unsigned char)로 형변환한 후 −1과 ┃ 연산한다.
라인 13	00000000 00000000 00000000 00000101 & 11111111 11111111 11111111 11111111의 결과인 00000000 00000000 00000000 00000101을 10진 정수값인 5와 8비트 16진값인 0x5로 출력한다.
라인 16	00000000 00000000 00000000 00000101 ^ 00000000 00000000 00000000 00000111의 결과인 00000000 00000000 00000000 00000010을 10진 정수값인 2와 8비트 16진값인 0x2로 출력한다.
라인 19	~(00000000 00000000 00000000 00000101)의 결과인 11111111 11111111 11111111 11111010을 10진 정수값인 −6과 8비트 16진값인 0xfa로 출력한다.
라인 22	00000000 00000000 00000000 00000101 ≪ 3의 결과인 00000000 00000000 00000000 00101000을 10진 정수값인 40과 8비트 16진값인 0x28로 출력한다.
라인 25	00000000 00000000 00000000 00000101 ≫ 3의 결과인 00000000 00000000 00000000 00000001을 10진 정수값인 1과 8비트 16진값인 0x1로 출력한다.
라인 28	11111111 11111111 11111111 00001111 ≫ 3의 결과인 11111111 11111111 11111111 11111111을 10진 정수값인 −1과 8비트 16진값인 0xff로 출력한다.

실행 결과

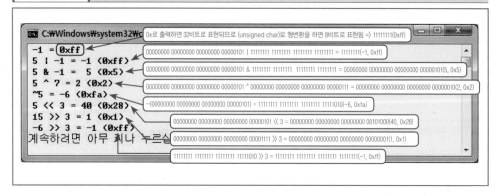

5.6 대입 연산자

5.6.1 대입 연산자란?

대입 연산자는 오른쪽의 연산된 결과를 왼쪽의 변수에 대입한다. 그림 5.6.1에서 오른쪽의 10 + 2의 계산결과인 12가 왼쪽의 변수 a에 대입된다.

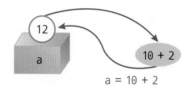

$$a = 10 + 2$$

그림 5.6.1 대입 연산자의 사용 예

5.6.2 복합 대입 연산자란?

복합 대입 연산자는 대입 연산자(=), 산술 연산자, 비트 연산자를 함께 사용하는 연산자이다. 예를 들어 그림 5.6.2와 같이 a 값에 2를 더하여 다시 a에 저장하고자 할 때 사용한다. 즉 피연산자와 연산한 뒤 다시 피연산자로 사용된 변수에 값을 저장하고자 할 때 사용된다.

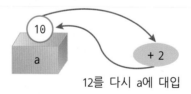

12를 다시 a에 대입

그림 5.6.2 a+2의 결과를 a에 다시 대입

한편 그림 5.6.2의 대입 연산은 그림 5.6.3과 같이 3개의 문법으로 표현이 가능하며, 복합 대입 연산을 사용하면 간결하게 표현할 수 있다.

```
a = 10;
b = a + 2;
a = b;
```
별도의 변수를 사용한 경우

```
a = 10;
a = a + 2;
```
대입 연산

```
a = 10;
a += 2;
```
복합 대입 연산

그림 5.6.3 대입 연산의 3가지 예

5.6.3 복합 대입 연산자의 종류

표 5.6.1은 복합 대입 연산자의 종류이다.

표 5.6.1 복합 대입 연산자의 종류

형식	의미	형식	의미
a += b	a = a + b	a >>= b	a = a >> b
a -= b	a = a - b	a <<= b	a = a << b
a *= b	a = a * b	a &= b	a = a & b
a /= b	a = a / b	a ^= b	a = a ^ b
a %= b	a = a % b	a |= b	a = a | b

| 예제 5-6 | 복합 대입 연산자를 사용하는 프로그램 |

복합 대입 연산자를 사용하는 프로그램을 작성한다.

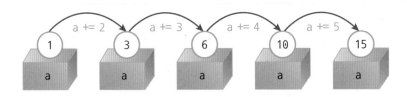

```
1    // C_EXAMPLE\ch5\ch5_project6\compoundassignment_operator.c
2
3    #include <stdio.h>
4
5    int main(void)
6    {
7        int a = 1;
8
9        printf(" 1 + 2 = %d \n", a += 2);      // a = 3     a = a + 2와 같음
10       printf(" 1 + 2 + 3 = %d \n", a += 3);  // a = 6     a = a + 3과 같음
11       printf(" 1 + 2 + 3 + 4 = %d \n", a += 4);   // a = 10    a = a + 4와 같음
12       printf(" 1 + 2 + 3 + 4 + 5 = %d \n", a += 5);   // a = 15    a = a + 5와 같음
13       return 0;
14   } // main()
```

[언어 소스 프로그램 설명]

핵심포인트

1부터 5까지 합을 구하는 과정을 나타내는 프로그램이다. 반복문을 사용하면 더욱 간단하지만 아직 배우지 않았으므로, 단순히 코드별로 수행되는 문장으로 1부터 5까지의 합을 도출해 낼 것이다.

a = a + 1; 이라는 문장과 a += 1; 이라는 문장은 차이가 없다. 단지 코드의 간결함을 위해서 사용할 뿐이다.

라인 7	a를 1로 초기화함으로써 a += 1; 이라는 문장을 사용하지 않는다.
라인 9	a += 2의 복합 대입 연산자는 a = a + 2의 대입 연산자와 같다.
라인 10	a += 3의 복합 대입 연산자는 a = a + 3의 대입 연산자와 같다.
라인 11	a += 4의 복합 대입 연산자는 a = a + 4의 대입 연산자와 같다.
라인 12	a += 5의 복합 대입 연산자는 a = a + 5의 대입 연산자와 같다.

실행 결과

```
C:\Windows\system32\cmd.exe
1 + 2 = 3
1 + 2 + 3 = 6
1 + 2 + 3 + 4 = 10
1 + 2 + 3 + 4 + 5 = 15    ← 1부터 5까지의 합에 대한 원하는 결과를 얻었다.
계속하려면 아무 키나 누르십시오 . . .
```

5.7 조건 연산자

조건 연산자란 어떠한 조건에 대하여 참과 거짓을 판별한 뒤 그 결과에 따라 문장이 수행되는 연산자이다. 즉 참인 경우 해당되는 문장과 거짓인 경우 해당되는 문장의 연산자에 한하여, 조건문에 해당되는 결과에 따라 연산된다. 그림 5.7.1과 같이 조건문의 결과가 참인지 거짓인지를 판단하고, 그 결과에 따라 문장이 수행된다.

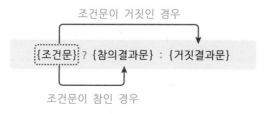

그림 5.7.1 조건 연산자의 형식

예제 5-7 조건 연산자를 사용하는 프로그램

조건 연산자를 사용하는 프로그램을 작성한다.

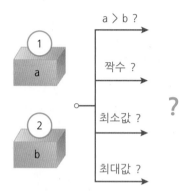

```
1    // C_EXAMPLE\ch5\ch5_project7\conditional_operator.c
2
3    #include <stdio.h>
4
5    int main(void)
6    {
7            int a = 1;
8            int b = 2;
9
10           printf("a = %d, b = %d \n", a, b);
11                                           a가 크면 참, a가 작으면 거짓
12           // 참, 거짓의 판단
13           printf("a > b = %s 이다. \n", a > b ? "참" : "거짓");
14
15           //홀수, 짝수의 비교                    문자열도 반환할 수 있음
16           printf("b는 %s 이다. \n", b % 2 ? "홀수" : "짝수");
17
18           // 최솟값 계산              2로 나누어 나머지가 0이면 짝수, 1이면 홀수
19           printf("a와 b중 최솟값은 %d 이다. \n", a < b ? a : b);
20
21           // 최댓값 계산              a가 작으면 참, a가 크면 거짓
22           printf("a와 b중 최댓값은 %d 이다. \n", a > b ? a : b);
23           return 0;
24    } // main()                    a가 크면 참, a가 작으면 거짓
```

[언어 소스 프로그램 설명]

핵심포인트

if문이라는 키워드를 활용하여 조건문을 만들 수 있다. 조건문이란 조건에 따라 참인 경우 수행되는 문장과 거짓인 경우 수행되는 문장을 구별하여 어떠한 조건에 대하여 특정한 동작을 하기 위해 사용되는 대표적인 C 프로그래밍 언어의 문법이다. 조건 연산자는 하나의 조건에 하나의 문장을 수행할 때 탁월하게 사용되어 보다 간결한 프로그래밍을 작성할 때 자주 사용되므로, 반드시 숙지하도록 하자.

라인 13	a가 b보다 작으므로 "FALSE"가 반환되어 %s 출력형식 지정문자와 연결될 것이다.
라인 16	b % 2는 b를 2로 나누었을 때의 나머지를 반환한다. b는 2이므로 2로 나누었을 때 나머지가 0이다. 따라서 0은 조건문에서는 거짓을 의미하므로, "짝수"라는 문자열이 %s 출력형식 지정문자와 연결될 것이다.
라인 19	a < b는 참이므로 a값인 1이 출력되어 a와 b중에서 최솟값이 출력된다.
라인 22	a > b는 거짓이므로 b값인 2가 출력되어 a와 b중에서 최댓값이 출력된다.

실행 결과

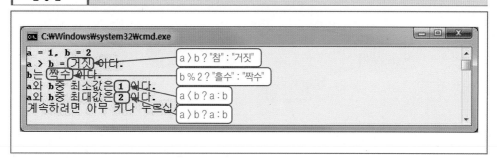

5.8 콤마 연산자

콤마 연산자는 콤마(,)를 사용하여 2개 이상의 문장을 하나로 표현할 때 사용한다. 그림 5.8.1에서 콤마 연산자를 사용하여 a는 1이 초기화되고 b는 3이 되고 3+2의 값인 5가 최종적으로 a에 대입된다. 이때 연산의 순서는 왼쪽에서 오른쪽이다.

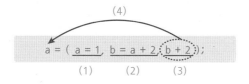

그림 5.8.1 콤마 연산자의 사용 예

콤마 연산자는 위와 같이 수식을 사용하기도 하지만, 여러 개의 변수를 한 번에 초기화할 때 사용하기도 한다. 그림 5.8.2의 2개의 문장은 같은 의미이다.

```
int a, b, c = 0;

int a;
int b;
int c = 0;
```
2개의 문장은
같은 의미이다.

그림 5.8.2 변수 선언을 위한 콤마 연산자의 활용

예제 5-8　콤마 연산자를 사용하는 프로그램

콤마 연산자를 사용하는 프로그램을 작성한다.

```c
1    // C_EXAMPLE\ch5\ch5_project8\comma_operator.c
2
3    #include <stdio.h>
4
5    int main(void)
6    {
7        int a, b = 1;                                       변수 a는 초기화가 되지 않았음
8
9        // 1부터 5까지의 합
10       a = (a = 1, a += 2, a += 3, a += 4, a += 5);        콤마 연산자를 사용하여 1부터
11       printf("1부터 5까지의 합 = %d \n", a);                 5까지의 합을 계산
12
13       // 1부터 5까지의 곱
14       b = (b *= 2, b *= 3, b *= 4, b *= 5);               b는 초기화 되었으므로
15       printf("1부터 5까지의 곱 = %d \n", b);                 초기화 불필요
16       return 0;
     } // main()
```

[언어 소스 프로그램 설명]

핵심포인트

콤마 연산자는 연산자의 어떠한 새로운 개념보다는 여러 줄에 걸쳐 수행될 문장을 하나의 문장으로 표현할 때 주로 사용된다. 이는 코드의 간결함을 가져올 수 있지만, 변수의 초기화 구문을 제외하고는 많이 사용하지는 않는 연산자임을 유의한다.

라인 7	이 문장은 int a; int b=1; 과 같은 의미이다.
라인 10	콤마 연산자로 인해 a에는 차례대로 1, 3, 6, 10, 15 값이 대입된다.
라인 14	콤마 연산자로 인해 b에는 차례대로 2, 6, 24, 120 값이 대입된다.

실행 결과

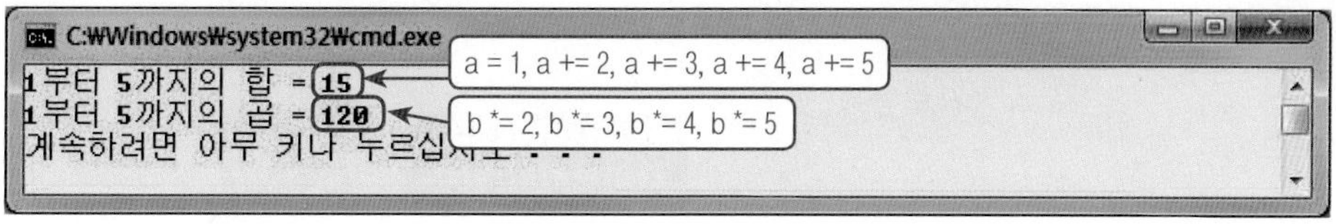

```
C:\Windows\system32\cmd.exe
1부터 5까지의 합 = 15         a = 1, a += 2, a += 3, a += 4, a += 5
1부터 5까지의 곱 = 120        b *= 2, b *= 3, b *= 4, b *= 5
계속하려면 아무 키나 누르십시오 . . .
```

5.9 cast 연산자

cast 연산자는 강제적으로 자료형을 변환할 때 사용한다. cast 연산자는 cast 라는 키워드를 사용하지 않고, 변수의 앞에 괄호와 자료형을 삽입하여 형변환을 한다. 그림 5.9.1과 같이 강제로 자료형을 변환하고자 하는 자료형을 괄호안에 기입하고, 그 뒤에는 식 또한 변수 사용한다. 자세한 사항은 3.5.2절을 참조하도록 한다.

> (강제로 형변환하고자 하는 자료형)식 또는 변수

그림 5.9.1 cast 연산자

5.10 sizeof 연산자

sizeof 연산자는 그림 5.10.1과 같이 하나의 인수를 필요로 하는 연산자이며, 인수안에는 자료형, 변수, 상수, 수식 등이 들어갈 수 있다. sizeof는 연산자라기 보다는 함수에 가까우며, 키워드이므로 일반 변수로 사용할 수 없다. **한편, sizeof 연산자는 메모리에 저장되는 배열의 크기, 자료형의 크기를 바이트 단위로 얻기 위해 활용된다.**

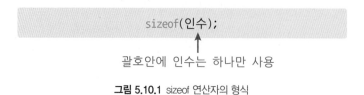

괄호안에 인수는 하나만 사용

그림 5.10.1 sizeof 연산자의 형식

예제 5-9   sizeof 연산자를 사용하는 프로그램

sizeof 연산자를 사용하는 프로그램을 작성한다.

```
1    // C_EXAMPLE\ch5\ch5_project9\sizeof_operator.c
2
3    #include <stdio.h>
4
5    int main(void)
6    {
7        int a = 10;
8
9        // char형의 크기
10       printf("sizeof(char) = %d \n", sizeof(char));
11       //  int형의 크기
12       printf("sizeof(a) = %d \n", sizeof(a));
13       // double형의 크기
14       printf("sizeof(double(a)) = %d \n", sizeof((double)a));
15       // a+10도 int형의 크기
16       printf("sizeof(a+10) = %d \n", sizeof(a+10));
17       return 0;
18   } // main()
```

char형의 크기인 1바이트를 반환

int형의 크기인 4바이트를 반환

int 변수 a를 double로 cast 연산자를 사용하여 형변환한 뒤 sizeof 연산자 사용

변수값이 변경되도 크기는 일정함

[언어 소스 프로그램 설명]

핵심포인트

변수의 크기는 자료형에 의해 결정된다. 변수 내의 값을 아무리 크게 바꿔도, 자료형의 크기는 일정하게 유지된다. sizeof 연산자의 인수는 하나밖에 사용할 수 없으며 수식 자체가 인수로 사용될 수 있지만, 수식의 반환하는 자료형에 따라 sizeof 연산자의 반환값이 결정된다.

라인 10	sizeof(char)는 char형의 크기인 1바이트를 반환한다.
라인 12	sizeof(a)는 a가 int형으로 선언된 변수이므로 int형의 크기인 4바이트를 반환한다.
라인 14	int형 a 변수를 double 형으로 강제적으로 형변환하였으므로 그 크기는 8바이트가 된다.
라인 16	수식 자체도 sizeof 연산자의 인수로 사용될 수 있으며 그 크기는 수식에서 최종적으로 반환되는 값의 자료형이다. 따라서 sizeof(a+10)은 int형의 크기인 4바이트를 반환한다.

실행 결과

```
C:\Windows\system32\cmd.exe
sizeof(char) = 1      ← char형의 크기
sizeof(a) = 4         ← int형의 크기
sizeof(double(a)) = 8
sizeof(a+10) = 4      ← double로 형변환 된 크기
계속하려면 아무 키나 누르십시오
                      ← 변수의 값과 크기는 무관
```

5.11 연산자 우선순위

만일 그림 5.11.1 같이 연산자가 여러 개 있을 때 가장 먼저 수행될 연산자는 무엇인가? 나머지 연산자가 덧셈 연산자보다 우선적으로 연산을 수행한다. 따라서 7 % 2의 결과 1이 5와 더해져 변수 a에 6이 대입된다.

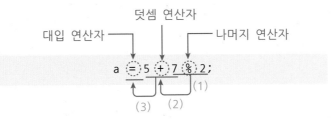

그림 5.11.1 연산자의 우선순위

이처럼 2개 이상의 연산자가 C 프로그래밍에서 한 줄 단위로 열거되어 있는 경우 각 연산자별로 어떠한 연산자가 먼저 수행되고, 나중에 수행될 지의 여부를 미리 알고 있어야 원하는 프로그래밍 결과를 얻을 수 있다. 연산자의 우선순위는 표 5.11.1과 같다.

표 5.11.1 연산자의 우선순위

우선순위	연산자	같은 순위에서의 결합규칙
1	( ) [ ] → .	왼쪽에서 오른쪽으로
2	! ~ ++ — + – * & (자료형) sizeof	오른쪽에서 왼쪽으로
3	* / %	왼쪽에서 오른쪽으로
4	+ –	왼쪽에서 오른쪽으로
5	《 》	왼쪽에서 오른쪽으로
6	〈 〈= 〉 〉=	왼쪽에서 오른쪽으로
7	== !=	왼쪽에서 오른쪽으로
8	&	왼쪽에서 오른쪽으로
9	^	왼쪽에서 오른쪽으로
10	|	왼쪽에서 오른쪽으로
11	&&	왼쪽에서 오른쪽으로
12	||	왼쪽에서 오른쪽으로
13	?:	오른쪽에서 왼쪽으로
14	= += –= *= /= %= &= ^= |= 《= 》=	오른쪽에서 왼쪽으로
15	,	왼쪽에서 오른쪽으로

1. C 언어에서 사용하는 연산자에 대한 설명 중 바른 것은?

① C 언어에서 사용하는 연산자는 사칙연산 4가지가 있다.

② 일반적인 수학 연산식과 같이 "10 + 20 = 30"은 맞는 식이다.

③ 일반적으로 괄호는 모든 연산자의 우선순위중 가장 높다.

④ 10 〉20, 10 == 10 과 같은 관계연산자는 그 결과가 참이면 1을, 거짓이면 -1을 반환한다.

⑤ 연산자는 일반적으로 상수에 적용을 하며, 그 외에는 적용될 수 없다.

2. 산술 연산자에 대한 설명으로 바른 것은?

① 산술 연산자의 종류에는 덧셈, 곱셈, 나눗셈, 뺄셈이 있다.

② 나눗셈 연산자의 기호는 \ 이다.

③ 나눗셈 연산자의 경우 몫과 나머지를 구하는데 쓰인다.

④ 8/3의 경우 몫은 반올림하여 3이다.

⑤ 일반적으로 곱셈과 나눗셈의 우선순위가 덧셈, 뺄셈보다 앞선다.

3. 관계 연산자에 대한 설명으로 바른 것은?

① 관계 연산자는 두 개의 변수 혹은 상수를 비교할 때 사용되는 연산자이다.

② 일반적으로 연산의 결과가 참인 경우 0이 아닌 값을, 거짓인 경우 0을 반환한다.

③ a와 b가 같음을 비교하는 경우 '=' 연산자를 사용한다.

④ 1〈2〈3의 결과는 3이다.

⑤ 같지 않음을 연산하는 관계 연산자는 〈〉이다.

4. 다음과 같은 실행결과를 얻기 위한 프로그램을 완성하라(단, 관계 연산자를 사용하라.)

```c
#include <stdio.h>

int main(void)
{
        printf("%d \n", 1_____2);
        return 0;
} // main()
```

[실행결과]

```
C:\Windows\system32\cmd.exe
1
계속하려면 아무 키나 누르십시오 . . .
```

5. 다음 논리 연산 중 그 실행결과를 바르게 나타낸 것은?

① (1<3) && (2>3) => 1

② !1 && !0 => 1

③ 1 || 0 => 1

④ !(100 > 10) => 1

⑤ !!!1 => 1

6. 다음 논리 연산자의 우선순위 중 바르게 짝지은 것은?

① ! > && > ||

② || < && < !

③ && > || > !

④ || > ! > &&

⑤ ! = && > ||

7. 증가 연산자에 설명 중 바른 것은 ?

① 증가 연산자는 변수 혹은 상수에 사용할 수 있다.

② ++ 연산자는 값을 하나 증가시키는 연산자로 값을 두 개 증가시키려면 ++(++a) 와 같이 사용하면 된다.

③ ++1 의 실행결과는 간단히 2이다.

④ a = ++a; 문장은 a +=1; 과 같다.

⑤ a = a++; 와 a = ++a; 은 서로 다른 문장이다.

8. 다음 표를 참고하여 빈칸을 완성하라.

10진수	16진수	2진수
15	f	1111
( )	fe	( )
127	( )	( )
( )	( )	10101010
64	( )	( )

9. 다음 연산자의 실행결과 중 올바른 것은 ?

① 0xff | 3   ⇒ 255

② 0xf0 & 0x1f   ⇒ 0x11

③ 0xaa ^ 0x55   ⇒ 0xa5

④ 0x11 | ~0   ⇒ 0x77

⑤ (0x80 ≫ 1) ≫ 3   ⇒ 0x04

10. 다음 프로그램의 실행결과를 작성하고, 실행결과가 나온 이유를 설명하라.

```c
#include <stdio.h>

int main(void)
{
    printf("%d %d \n", 1+2*3, 0x2 | 0x3 & 0x4);
    return 0;
} // main()
```

11. 다음과 같은 실행결과를 얻기 위한 프로그램을 완성하라.

```
#include <stdio.h>

int main(void)
{
    int a = 10;
    int b = 20;
    int c = 30;

    _____  // 대입 연산자 2개 이상을 사용할 것

        printf("%d \n", c);
        return 0;
} // main()
```

[실행결과]

```
C:\Windows\system32\cmd.exe
10
계속하려면 아무 키나 누르십시오 . . .
```

12. 다음과 같은 실행결과를 얻기 위한 프로그램을 완성하라.

```
#include <stdio.h>

int main(void)
{
        float a = 1.23;
        int b = 123;

        printf("%d %f \n", (_____)a, (int)a);
        printf("%d %f \n", (float)b, (_____)b);
        return 0;
} // main()
```

[실행결과]

```
C:\Windows\system32\cmd.exe
1 0.000000
0 0.000000
계속하려면 아무 키나 누르십시오 . . .
```

13. 다음과 같은 실행결과를 얻기 위한 프로그램을 완성하라.

```c
#include <stdio.h>

int main(void)
{
        int a = 1;

        printf("%d \n",_____);        // 상수를 사용하지 말 것
        printf("%d \n",_____);        // 상수를 사용하지 말 것
        return 0;
} // main()
```

[실행결과]

```
C:\Windows\system32\cmd.exe
2
2
계속하려면 아무 키나 누르십시오 . . .
```

14. 다음 프로그램은 에러가 발생한다. 에러없이 주어진 실행결과를 만족하도록 프로그램을 수정하라.

```c
#include <stdio.h>

int main(void)
{
        int a = 10, b = 3;

        printf("%f \n", a/b);
        return 0;
} // main()
```

[실행결과]

```
C:\Windows\system32\cmd.exe
3.333333
계속하려면 아무 키나 누르십시오 . . .
```

15. 다음의 동작조건, 요구사항, 실행결과를 만족시키는 프로그램을 작성하라.

동작조건

- 입력한 정수가 홀수인지, 짝수인지를 구별하는 프로그램을 작성한다.
- 입력한 정수를 2로 나눠 나머지가 있을시 홀수이고, 없으면 짝수임에 착안한다.
- input이란 변수를 사용하여 값을 입력받고, 조건 연산자를 사용한다.

요구사항

- scanf() 라이브러리 함수를 사용한다.
- scanf() 라이브러리 함수를 사용하기 전, 실행결과와 같이 수를 입력하라는 메시지를 먼저 출력한다.
- 프로그램의 코드는 메인함수를 제외하고 4줄을 초과하지 않는다.

실행결과

16. 다음의 동작조건, 요구사항, 실행결과를 만족시키는 프로그램을 작성하라.

동작조건

- 2개의 정수를 입력받아 먼저 입력한 수를 뒤에 입력한 수로 나눠 그 몫과 나머지를 출력하는 프로그램을 작성한다.
- 2개의 입력 정수는 공백 키로 구분하며, 부동소수점을 입력하지 않도록 한다.
- 프로그램이 시작되면 두 수를 입력하라는 메시지를 출력한다.

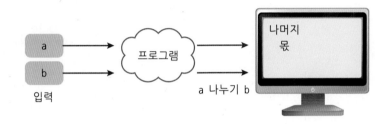

요구사항

- scanf() 라이브러리 함수를 사용한다.
- scanf() 라이브러리 함수를 사용하기 전, 실행결과와 같이 수를 입력하라는 메시지를 먼저 출력한다.

실행결과

17. 다음의 동작조건, 요구사항, 실행결과를 만족시키는 프로그램을 작성하라.

동작조건

- 0~15사이의 10진 정수를 입력받아, 그 수를 2진수로 변환하는 프로그램을 작성한다.

- 예를 들어 15인 경우 1111로 출력되어야 한다.

- 다음 그림과 같이 10진수를 2진수로 변환하는 알고리즘을 사용한다.

- 주의사항으로 처음 2로 나누었을 때의 나머지가 1이며, 그 수는 가장 뒤에 들어감에 착안한다.

요구사항

- scanf() 라이브러리 함수를 사용한다.

- scanf() 라이브러리 함수를 사용하기 전 0~15사이의 수를 입력하는 메시지를 먼저 출력한다.

- 산술 연산자와 복합 대입 연산자를 사용한다.

- 출력은 항상 4자리로 출력한다. ex) 2진수로 11인 경우 출력은 "0011"

실행결과

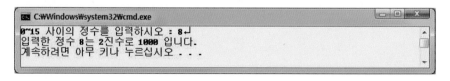

18. 다음의 동작조건, 요구사항, 실행결과를 만족시키는 프로그램을 작성하라.

동작조건

- 1바이트의 정수를 16진수로 입력받는다.

- 이때 최상위비트부터 차례대로 최하위비트까지 값을 뒤집는 프로그램을 작성한다.

- 예를 들어 2진수로 11001010이란 수가 있을 때, 이 수를 01010011로 뒤집는 프로그램
  이다.

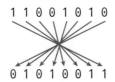

요구사항

- 〉〉, 〈〈 비트 연산자를 사용한다.

- & 비트 연산자를 사용한다.

- | 비트 연산자를 사용한다.

- 출력은 16진수로 한다.

실행결과

19. 다음의 동작조건, 요구사항, 실행결과를 만족시키는 프로그램을 작성하라.

동작조건

- 0~15사이의 10진 정수를 입력받는다.

- 입력한 10진 정수를 2진수로 변환하여 화면에 출력한다.

- 사용자가 직접 10진 정수를 입력하더라도 컴퓨터는 이를 2진수로 받아들여 처리함에 착안한다.

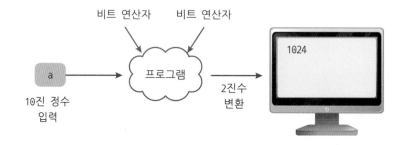

요구사항

- scanf() 라이브러리 함수를 사용하여 10진 정수를 입력받는다.

- 조건 연산자를 사용하여 프로그램을 구현한다.

- 시프트 연산자를 반드시 사용한다.

실행결과

20. 다음의 동작조건, 요구사항, 실행결과를 만족시키는 프로그램을 작성하라.

동작조건

- 0이 아닌 양의 정수를 입력하도록 메시지를 출력한다.

- 입력한 수(x)에 맞도록 2의 x 승수를 구하는 프로그램을 작성한다.

- 예를 들어 3을 입력하면 2의 3승수인 8이 계산된다.

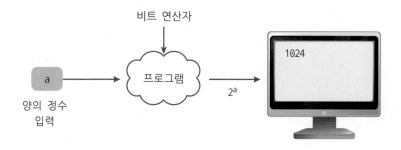

요구사항

- scanf() 라이브러리 함수를 사용하여 양의 정수를 입력받는다.

- 산술 연산자는 사용하지 않는다. (**예** *, + 등)

실행결과

```
C:\Windows\system32\cmd.exe
2의 x제곱을 구합니다.
0이 아닌 수를 입력하시오  : 10↵
2의 10제곱은 1024 입니다.
계속하려면 아무 키나 누르십시오 . . .
```

CHAPTER

6

제어문

학 습 목 표

- 제어문이란 무엇인지 살펴보자.
- 참, 거짓을 판별하여 제어되는 코드는 어떻게 구성되는지 살펴본다.
- 참과 거짓을 판별할 때의 기준은 무엇인지 주의 깊게 살펴본다.
- 조건문과 반복문을 어떻게 사용하는지 주의 깊게 살펴본다.

핵심포인트

C 프로그래밍 언어에서 가장 많이 사용된다고 할 수 있는 제어문이다. 제어문은 어떠한 조건이 있을 때, 즉 참과 거짓의 결과에 따라 특정한 기능을 수행하도록 제어되는 문장이 바로 제어문이다. 이 제어문은 단순히 참과 거짓을 구별하여 참에 해당하는 문장을 수행하고, 거짓에 해당하는 문장을 수행하는 조건 문과 조건에 부합할 때 까지 계속 반복적으로 수행하는 반복문 등으로 구분할 수 있다.

6.1 제어문이란?

6.1.1 제어문이란?

프로그램에는 동작할 여러 가지 조건들이 존재한다. 그 조건에는 프로그램이 탑재된 기기의 동작을 결정짓는 중요한 요건이 있다. 이 요건에 따라 동작이 행해지게 되는데 이때 이 조건을 비교하고 그 조건에 맞도록 동작을 결정짓는 것이 바로 제어문이다. 그림 6.1.1에서 A는 대형버스인가를 판단하는 제어문으로서 왼쪽의 승용차는 거짓이 되고 오른쪽의 대형 버스는 참이 된다.

그림 6.1.1 제어문의 예

6.1.2 제어문의 종류

제어문의 종류에는 조건문과 반복문 등이 있다. 그림 6.1.2와 같이 **조건문은 일반적인 조건이 제시되었을 때 그 조건이 참인지 거짓인지를 구별하여 각각의 경우에 해당하는 문장을 실행해 나간다.** 한편 그림 6.1.3과 같이 **반복문은 조건이 참인 동안에 반복해서 문장을 수행해 나간다.**

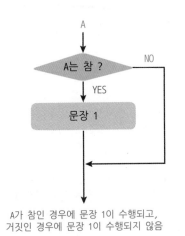

A가 참인 경우에 문장 1이 수행되고,
거짓인 경우에 문장 1이 수행되지 않음

그림 6.1.2 조건문

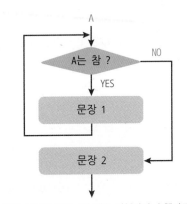

A가 참인 경우에 문장 1이 계속 반복하여 수행되고,
거짓인 경우에 반복이 중지되고 문장 2가 수행됨

그림 6.1.3 반복문

6.2 if 문

6.2.1 if 문이란 ?

if 문은 그림 6.2.1과 같이 조건식이 참인 경우에는 if 문에 속해 있는 문장 1이 수행되고,
조건식이 거짓인 경우에는 문장 1이 수행되지 않는다.

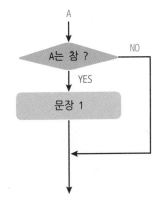

A가 참인 경우에 문장 1이 수행되고,
거짓인 경우에 문장 1이 수행되지 않음

그림 6.2.1 if 문의 구조

if 문의 형식은 그림 6.2.2와 같이 if 문의 괄호안의 조건식이 참인 경우 if 문에 속해 있는 문장 1이 수행되고, 조건식이 거짓인 경우 문장 1이 수행되지 않는다.

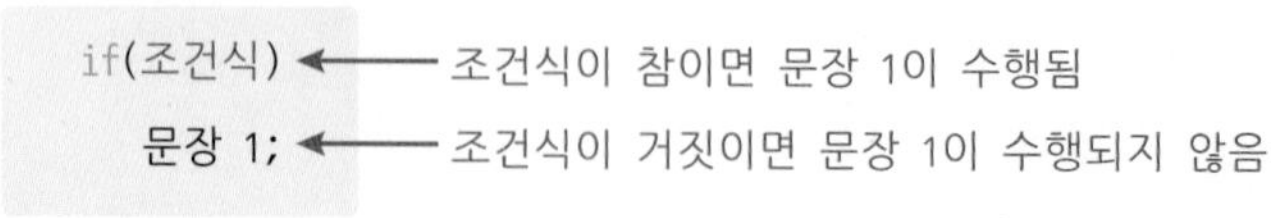

if(조건식) ◄──── 조건식이 참이면 문장 1이 수행됨
문장 1; ◄──── 조건식이 거짓이면 문장 1이 수행되지 않음

그림 6.2.1 if 문의 형식

if 조건식이 참인 경우에 2개 이상의 문장을 수행하고자 하면 그림 6.2.2와 같이 중괄호({ })를 사용하여 블록화 해야 한다. 만일 그림 6.2.1과 같이 if 조건식이 참인 경우에 1개의 문장만을 수행하고자 하면 중괄호를 생략할 수 있다.

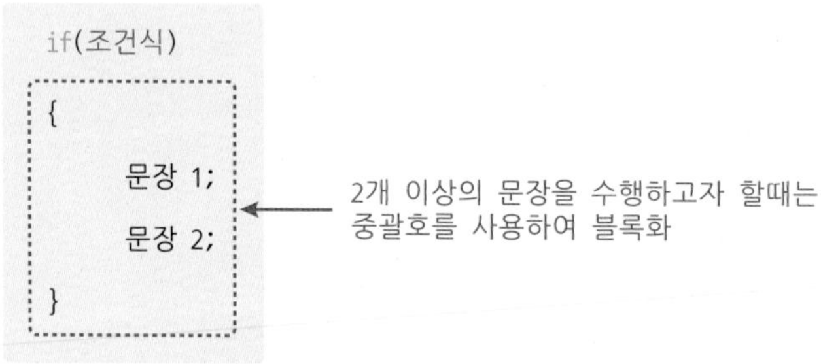

if(조건식)
{
　　　　문장 1;　◄──── 2개 이상의 문장을 수행하고자 할때는
　　　　문장 2;　　　　중괄호를 사용하여 블록화
}

그림 6.2.2 복문인 경우의 if 문의 형식

예제 6-1　키보드로 입력한 숫자가 홀수인지 짝수인지를 구별하는 프로그램

scanf() 라이브러리 함수를 사용하여 사용자로부터 정수를 키보드로부터 입력받아 홀수인지, 짝수인지를 if 문을 사용하여 구별하는 프로그램을 작성한다.

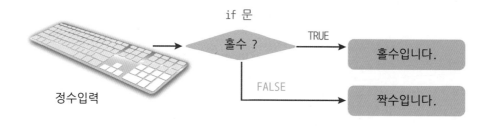

```
1    // C_EXAMPLE\ch6\ch6_project1\simple_if.c
2
3    #include <stdio.h>
4
5    int main(void)
6    {
7            int a;
8
9            printf("정수를 입력하시오 : ");
10           scanf("%d", &a);
11
12           // 단문
13           if(a % 2 == 1)  ◄──────────────── 2로 나눠 나머지가 있는 경우
14                   printf("%d는 홀수입니다.\n", a);
15
16           // 복문
17           if(a % 2 == 0)  ◄──────────────── 2로 나눠 나머지가 없는 경우
18           {  ◄
19                   printf("%d는 ", a);                    2개 이상의 문장을 수행하고자 할때는
20                   printf("짝수입니다. \n");                중괄호를 사용하여 블록화
21           } // if  ◄
22           return 0;
23   } // main()
```

[언어 소스 프로그램 설명]

핵심포인트

if 문 안에 들어가는 조건식은 그 결과가 참인지 거짓인지만 판별하면 된다. 즉 결과가 0인지 혹은 0이 아닌지를 파악하는 것이다. 0이 아니면 무조건 참이고, 0이면 무조건 거짓이다. 한편 조건문 안에 2개 이상의 문장이 있을시 반드시 중괄호를 사용하여 블록화해야 한다.

라인 13	if 문의 조건식이 2로 나누어 나머지가 1이면 참이 되어 "홀수입니다."를 출력하는 printf() 라이브러리 문장을 수행한다.
라인 17 ~ 라인 21	if 문의 조건식이 2로 나누어 나머지가 0이면 참이 되어 "짝수입니다."를 출력하는 printf() 라이브러리 문장을 수행한다. 이때 2개의 printf() 라이브러리 문장을 수행하기 위해서는 if 문 안을 반드시 중괄호를 사용하여 블록화해야 한다.

실행 결과

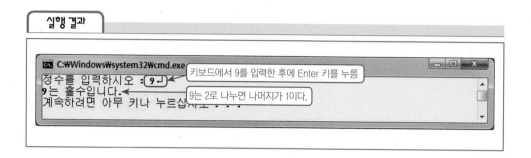

6.2.2 if-else 문이란?

단순한 if 문인 경우 if 문 내부의 조건식이 참인 경우 문장이 수행되었으나 거짓인 경우 수행되지 않고 바로 다음 문장으로 넘어 갔었다. 이때 그림 6.2.3과 같이 참인 경우에는 문장 1을, 거짓인 경우에는 문장 2를 수행하도록 하는 문법이 바로 if-else 문이다.

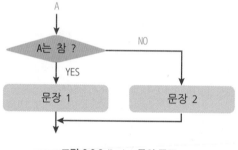

그림 6.2.3 if-else 문의 구조

if-else 문의 형식은 그림 6.2.4와 같이 if 문의 괄호안의 조건식이 참인 경우 if 문에 속해 있는 문장 1이 수행되고, 조건식이 거짓인 경우에는 else 문에 속해 있는 문장 2가 수행된다.

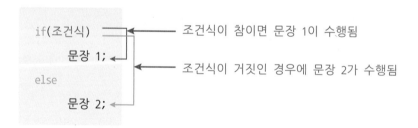

그림 6.2.4 if-else 문의 형식

if-else 문에서 2개 이상의 문장을 수행시 그림 6.2.5와 같이 중괄호를 사용하여 블록화해야 한다. 만일 그림 6.2.4와 같이 if-else 문에서 1개의 문장만을 수행하고자 하면 중괄호를 생략할 수 있다.

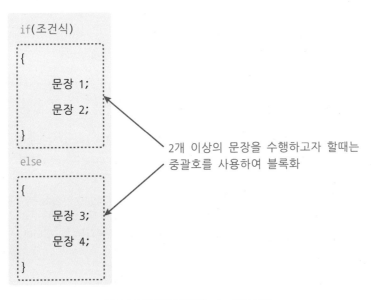

그림 6.2.5 복문인 경우의 if-else 문의 형식

예제 6-2   키보드로부터 입력한 문자가 소문자이면 대문자로, 대문자는 소문자로 바꾸는 프로그램

getchar() 라이브러리 함수를 사용하여 키보드로부터 알파벳을 입력하고, 입력한 문자가 소문자이면 대문자로, 대문자는 소문자로 바꾸어 출력하는 프로그램을 if-else 문을 이용하여 작성한다. 입력받은 문자가 알파벳이 아닌 경우에 대한 예외처리는 되어 있지 않음에 유의한다.

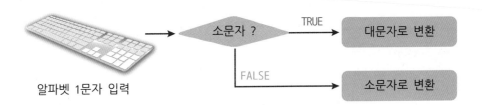

```
1   // C_EXAMPLE\ch6\ch6_project2\if_else.c
2
3   #include <stdio.h>
4
5   int main(void)
6   {
7       char ch;
8
```

```
9          printf("알파벳을 입력하시오 : ");
10         ch = getchar();
11                                            ─── 조건문 안에 여러 조건식이 들어갈 수 있다.
12         if(ch >= 'a' && ch <= 'z')          'a'는 ASCII 코드 값이 97이고, 'A'는 65이므로 소
13         {                                   문자를 대문자로 바꾸려면 32만큼 빼주면 됨
14             ch -= 32;   // 'a' = 97, 'A' = 65
15             printf("입력한 알파벳은 소문자이며 대문자는 %c 입니다. \n", ch);
16         } // if
17         else
18         {                                   'a'는 ASCII 코드 값이 97이고, 'A'는 65이므로 소문자를
19             ch += 32;                        대문자로 바꾸려면 32만큼 더하면 됨
20             printf("입력한 알파벳은 대문자이며 소문자는 %c 입니다. \n", ch);
21         } // else
22         return 0;
23 } // main()
```

[언어 소스 프로그램 설명]

⊕ 핵심포인트

키보드로부터 입력받은 모든 문자와 그 외의 특수 문자들은 unsigned char형의 ASCII 코드 값을 갖는다. 소문자 'a'의 경우에는 97값을 가지며 'z'까지 차례대로 1씩 증가한다. 대문자 A의 경우에는 65값을 갖고 Z까지 차례대로 1씩 증가한다.

라인 12   'a'는 ASCII 코드 값으로 97, 'z'는 122가 된다. && 연산자를 사용하여 앞의 조건식과 뒤의 조건식이 모두 참이어야만 전체 조건문이 참이 되므로 'a'에서 'z' 까지의 문자를 입력했다면, 본 조건문은 참이 된다.

라인 14   'a'에서 'z' 까지의 알파벳은 ASCII 코드 값으로 97에서 122로 대응된다. 'A'에서 'Z'까지의 ASCII 코드 값이 65에서 90까지 이므로 소문자에서 32를 빼주면 대문자가 됨을 알 수 있다.

라인 19   라인 14와는 반대로 대문자에서 소문자로 되기 위해서는 32만큼 더해주면 된다.

실행 결과

6.2.3 중첩된 if-else 문이란 ?

중첩된 if-else 문은 그림 6.2.6과 같이 하나의 if-else 문 내부에 또 다른 if-else 문이 존재하는 경우이다. 그림 6.2.6에서 조건식 1이 참인 경우에는 다시 조건식 2를 검사하게 된다. 이때 조건식 2가 참이면 문장 1이 수행되지만 거짓이라면 문장 2가 수행된다.

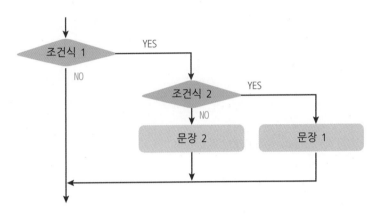

그림 6.2.6 중첩된 if-else 구문의 구조

중첩된 if-else 문의 형식 1은 그림 6.2.7과 같이 조건 1이 참인 경우에는 다시 조건식 2를 검사하게 된다. 이때 조건식 2가 참이면 문장 1이 수행되지만 거짓이라면 문장 2가 수행된다. **중첩된 if-else 문의 형식 1은 else가 가장 가까운 if와 짝을 형성한다. 따라서 프로그램을 작성할 때 탭(Tab)키를 사용하여 들여쓰기를 하여 소스 코드가 눈에 잘 들어오도록 작성한다.**

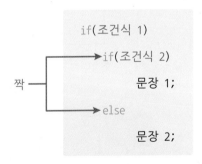

그림 6.2.7 중첩된 if-else 문의 형식 1

중첩된 if-else 문의 형식 2는 중괄호를 사용하여 if와 else 짝을 형성한다. 따라서 그림 6.2.8에서는 조건식 1이 참인 경우에는 문장 2가 수행되고, 거짓인 경우 다시 조건식 2를 검사하게 된다. 이때 조건식 2가 참이면 문장 1이 수행된다.

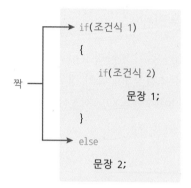

그림 6.2.8 중첩된 if-else 문의 형식 2

예제 6-3   **중첩된 if-else 문의 예제 프로그램**

중첩된 if-else 문의 예제 프로그램을 작성한다.

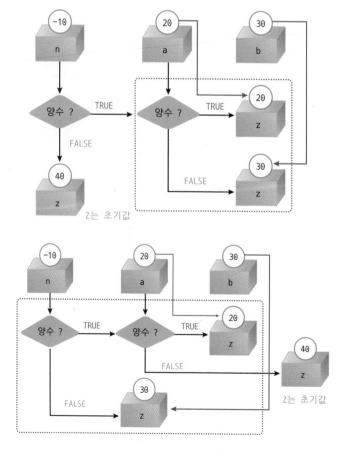

```
1    // C_EXAMPLE\ch6\ch6_project3\nested_if.c
2
3    #include <stdio.h>
4
5    int main(void)
6    {
7            int n = -10, a = 20, b = 30, z = 40;
8
9            if(n > 0)
10               if(a > 0)
11                   z = a;
12               else
13                   z = b;
14           printf("z = %d\n", z);
15
16           if(n > 0)
17           {
18               if(a > 0)
19                   z = a;
20           } // if
21           else
22               z = b;
23           printf("z = %d\n", z);
24           return 0;
25   } // main()
```

(라인 10~12: 짝)
(라인 16~21: 짝)

[언어 소스 프로그램 설명]

🔍 핵심포인트

중첩된 if-else 문은 조건이 여러 개 중복되거나 조건이 많을 때 사용하면 유용하다. 여러 개의 if-else 문을 사용할 때는 중괄호를 사용하는 것이 소스 코드를 분석할 때 편하며, 그렇지 않은 경우에는 탭(Tab)키를 사용하여 들여쓰기를 하여 if-else 블록의 짝을 구분해 준다.

라인 9 ~ 라인 13	중첩된 if-else 문의 형식 1은 else가 가장 가까운 if와 짝을 형성한다. 따라서 프로그램을 작성할 때 탭(Tab)키를 사용하여 들여쓰기를 하여 소스 코드가 눈에 잘 들어오도록 작성한다. n값이 -10이므로 조건식이 거짓이 되어 z값이 초기값인 40이 된다.
라인 16 ~ 라인 22	중첩된 if-else 문에서 중괄호를 사용하여 if와 else 짝을 형성한 경우이다. n값이 -10이므로 조건식이 거짓이 되어 짝인 else문을 수행하므로 z값에 b값이 대입되어 30이 된다.

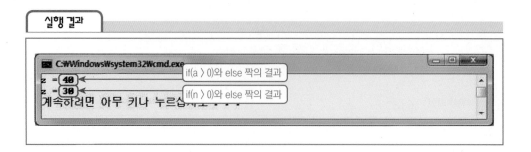

실행 결과

```
C:\Windows\system32\cmd.exe
z = 40     ←——— if(a > 0)와 else 짝의 결과
z = 30     ←——— if(n > 0)와 else 짝의 결과
계속하려면 아무 키나 누르십시오 . . .
```

6.2.4 else-if 문이란 ?

else-if 문은 그림 6.2.9와 같이 조건식 1이 참인 경우에는 if 문 내부의 문장 1이 수행되지만, 거짓인 경우 또 다른 if 문을 만나 다시 한 번 조건식을 검사하게 된다. 이때 조건식 2가 참이면 문장 2가 수행되지만, 거짓이라면 다시 다음 조건식을 검사하게 된다. 모든 조건식이 거짓이면 else 문의 문장 n이 수행된다.

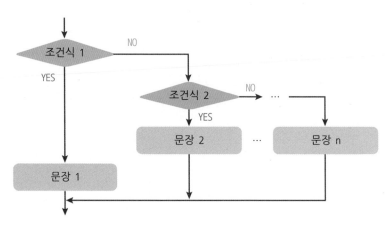

그림 6.2.9 else-if 문의 구조

else-if 문의 형식은 그림 6.2.10과 같이 조건식 1이 참인 경우 문장 1이 수행되고, 거짓인 경우 다시 조건식 2를 검사하게 된다. 이때 조건식 2가 참이면 문장 2가 수행되고, 거짓이면 다시 다음 조건식을 검사하게 된다. 모든 조건식이 거짓이면 else 문의 문장 n이 수행된다.

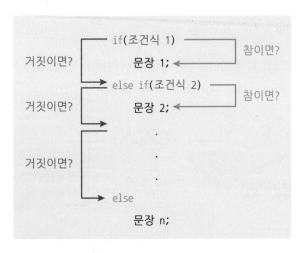

그림 6.2.10 else-if 문의 형식

else-if 문에서 2개 이상의 문장을 수행하고자 하면 그림 6.2.11과 같이 중괄호를 사용하여 블록화한다. 만일 그림 6.2.10과 같이 else-if 문에서 1개의 문장만을 수행하고자 하면 중괄호를 생략할 수 있다.

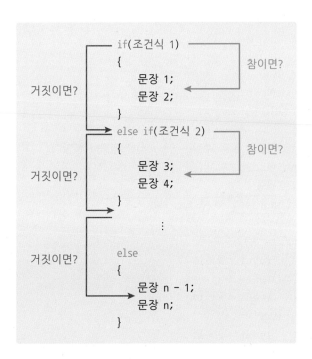

그림 6.2.11 복문인 경우의 else-if 문의 형식

예제 6-4 　간단한 계산기 프로그램

2개의 숫자와 1개의 기호를 입력받아 여러 가지 수식을 계산하는 프로그램을 작성한다. 이때 사용되는 계산은 덧셈(+), 뺄셈(-), 곱셈(*), 나눗셈(/), 나머지(%) 이다.

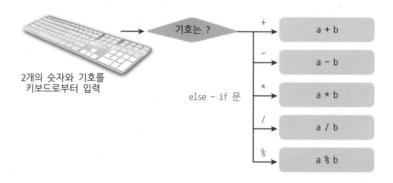

```
1    // C_EXAMPLE\ch6\ch6_project4\elseif.c
2
3    #include <stdio.h>
4
5    int main(void)
6    {
7          int a, b;
8          char sign;
9          int result;
10
11         printf("다음과 같이 수식(+ - * / %)을 입력하시오\n");
12         printf("예) 10+20 \n");
13         printf("입력 : ");
14         scanf("%d %c %d", &a, &sign, &b);          ──── 입력 순서를 반드시 지켜야 함
15
16         if(sign == '+')                    // 더하기
17               result = a + b;
18         else if(sign == '-')               // 빼기
19               result = a - b;
20         else if(sign == '*')               // 곱하기
21               result = a * b;
22         else if(sign == '/')               // 나누기
23               result = a / b;              ──── int 간의 연산이므로 a / b 결과는 정수
24         else                               // 나머지
25               result = a % b;              ──── 나머지 연산
```

```
26
27          printf("%d %c %d = %d\n", a, sign, b, result);
28          return 0;
29  } // main()
```

[언어 소스 프로그램 설명]

🔍 핵심포인트

else-if 문은 하나의 소스 코드에 여러 개의 조건식이 필요할 때 주로 사용된다. 수행되는 문장이 1개인 경우에는 중괄호가 필요없지만, 2개 이상의 문장인 경우에는 중괄호를 사용한다.

라인 14	scanf() 라이브러리 함수를 사용했기 때문에 저장되는 위치는 이중인용부호(" ")안의 입력형식 지정문자의 순서에 따라 달라지므로, 키보드로부터의 입력 순서에 유의한다. 한편 scanf() 라이브러리 함수에서 사용하는 변수에 주소를 나타내는 식별자인 & 기호를 사용한다.
라인 16 ~ 라인 25	else-if 문이 수행된다. 먼저 변수 sign에 저장된 문자가 '+'인지를 검사하여 참인 경우 a+b를 수행하고, 거짓인 경우 다시 변수 sign에 저장된 문자가 '-'인지를 검사하여 참인 경우에 a - b를 수행한다. 같은 방법으로 변수 sign에 저장된 문자가 '*', '/', '%'인지를 검사하여 해당되는 산술식을 수행하게 된다.
라인 27	printf() 라이브러리 함수를 사용하여 라인 16~25까지의 else-if 문에서 수행된 산술결과가 저장된 변수 result의 값을 모니터로 출력한다.

실행 결과

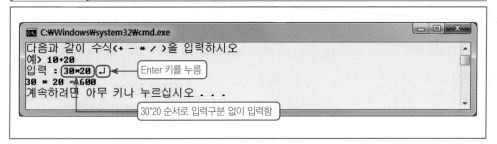

6.3 for 문

6.3.1 for 문이란?

for 문을 사용하는 목적은 어떠한 문장을 반복적으로 수행하기 위해서 사용한다. 1~100까지의 숫자를 더한다고 가정했을 때 1~100까지 일일이 대입 연산자와 덧셈 연산자를 프로그램 내부에 사용해도 되지만, 프로그래밍 하기가 여간 귀찮은 일이 아닐 것이다. 1과 1을 더하고, 그 결과에 다시 2를 더하고, 그 결과에 다시 3을 더하는 방식으로 100까지 100번 반복하면 원하는 결과를 얻을 수 있을 것이다. for 문은 그림 6.3.1과 같이 조건식이 참이면 계속적으로 반복하는 기능을 구현하고자 할 때 사용한다.

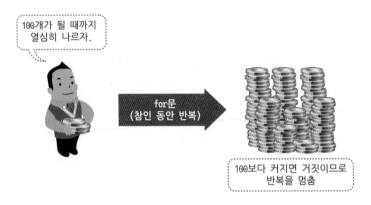

그림 6.3.1 for 문의 사용 예

for 문 내부에는 for 문 블록 내부에서 사용하고자 하는 변수의 초기화, 조건식, 증감식을 비교할 때마다 수행될 어떤 문장들이 포함되어 있다. 이 문장에는 보통 변수의 증가식 또는 감소식이 포함되어 있다. 그림 6.3.2와 같이 for 문이 한번 호출되면 제일 먼저 for 문 블록 내부에 있는 초기화 문장이 수행되고, 다음에 조건식을 비교하여 참인 경우 for 문에 포함되어 있는 문장들이 수행된다. for 문 블록 내부의 문장이 모두 수행되면 다시 조건식을 비교하기 전에 증감식이 실행된다.

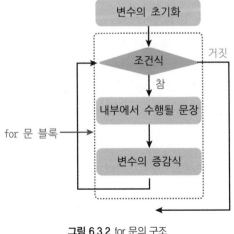

그림 6.3.2 for 문의 구조

6.3.2 for 문의 형식

for 문은 그림 6.3.3과 같은 형식으로 이루어져 있다. 제일 먼저 for 문 내부에 있는 초기화 문장이 수행되고, 다음에 조건식을 비교하여 참인 경우 문장 1이 수행된다. for문 내부의 문장이 모두 수행되면 다시 조건을 비교하기 전에 증감식이 실행된다. 초기화, 조건식, 증감식의 구분은 세미콜론(;)으로 한다. 초기화, 증감식은 생략이 될 수 있으며, **조건식이 생략된 경우 for 문의 조건식이 무조건 참이라고 인지하여 무한으로 반복되게 됨을 유의한다.** for 문도 if 문과 마찬가지로 그 블록을 중괄호로 구분할 수 있으며 중괄호가 생략된 경우에는 바로 아래 한 줄이 for 문과 한 쌍이라고 생각하면 된다.

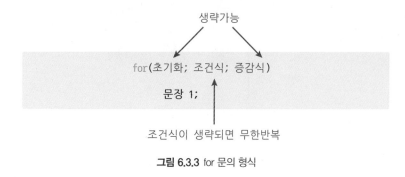

그림 6.3.3 for 문의 형식

for 문에서 2개 이상의 문장을 수행하고자 하면 그림 6.3.4와 같이 중괄호를 사용하여 블록화한다. 만일 그림 6.3.3과 같이 for 문에서 1개의 문장만을 수행하고자 하면 중괄호를 생략할 수 있다.

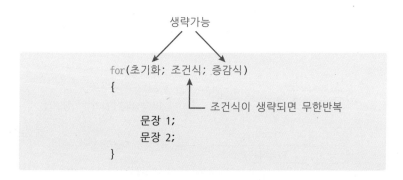

그림 6.3.4 복문인 경우의 for 문의 형식

예제 6-5 | 1부터 100까지의 합을 구하는 프로그램

for 문을 사용하여 1~100까지의 합을 구하는 프로그램을 작성한다. 1과 2를 더하고 그 결과와 3을 다시 더하고 또 그 결과를 4와 더하는 과정을 반복하여 100까지 더하는 반복과정을 for 문을 사용하여 수행한다.

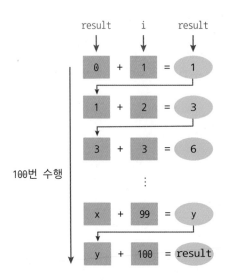

```
1    // C_EXAMPLE\ch6\ch6_project5\for1.c
2
3    #include <stdio.h>
4
5    int main(void)
6    {
7        int i;
8        int result = 0;          ← 초기화를 하지 않으면, result는 쓰레기
9                                   값이 대입되어 결과가 이상해짐
10       // 1부터 100까지의 합
11       for(i = 1; i < 101; i++)  ← 초기화는 처음 한 번만 수행됨
12            (1)      (3)         ← 1, 2, 3의 순서로 100번 수행됨
13            result += i;   // result = result + i
14                (2)
15       printf("1부터 100까지의 합은 %d \n", result);
16       return 0;
17   } // main()
```

[언어 소스 프로그램 설명]

핵심포인트

for 문의 수행 순서를 반드시 숙지해야 한다. 라인 11에서 만일 i < 101 대신에 i < 0 이라는 문장이 존재하면 어떻게 될까? for 문에 진입하고 i가 1로 초기화되면서 조건을 비교하고 거짓으로 판별하고 for 문은 동작하지 않고 빠져나온다. 또한, 종료되는 시점에서 생각해보자. for 문이 반복적으로 수행되고 나서 i가 101이 되었을 때 for 문 내부의 라인 13이 수행되지 않을 것이다. 1부터 100까지의 합을 계산하기 위하여 i가 1부터 100까지만 사용되었지만 실제로 for 문을 빠져나올 때는 i가 101이 되어서야 빠져나오는 것이다. 프로그래밍을 하다보면 for 문이 종료되는 순간에 조건문에 사용되는 변수의 값이 어떻게 저장되고 for 문을 빠져나오는지 제대로 계산하지 못하여 오류를 범하는 경우가 많으므로 주의하자.

라인 7	for 문에서 초기화하므로 변수 선언시에 초기화할 필요는 없다.
라인 8	변수 result 값을 초기화하지 않으면 쓰레기 값이 저장된 상태에서 i 값이 차곡차곡 쌓이게 되므로 예기치 못한 값을 얻을 수 있다.
라인 11 ~ 라인 13	우선 i가 1로 초기화 된 후에 조건을 비교한다. 조건이 참이면 라인 13을 수행하게 될 것이고 라인 13을 수행한 뒤에 i++ 문장을 수행하고 조건을 비교한다. 따라서 변수 i가 1부터 100까지 증가하면서 변수 result에 더해진 값이 쌓이게 된다. 변수 i 값이 101이 될때 조건이 거짓이 되어 for 문을 빠져 나오게 된다.
라인 15	printf() 라이브러리 함수를 사용하여 라인 11에서 라인 13까지의 for 문에서 수행된 1부터 100까지의 더해진 산술결과가 저장된 변수 result의 값을 모니터로 출력한다.

실행 결과

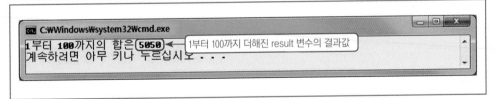

```
C:\Windows\system32\cmd.exe
1부터 100까지의 합은 5050    ← 1부터 100까지 더해진 result 변수의 결과값
계속하려면 아무 키나 두르십시오 . . .
```

예제 6-6 2의 10 제곱을 구하는 프로그램

for 문을 사용하여 2의 10 제곱을 구하는 프로그램을 작성한다. 본 프로그램에서는 for 문 내부에 사용하는 조건문안의 변수를 for 문에서 초기화하지 않도록 하며, 증감식 대신에 대입문을 사용하여 작성한다.

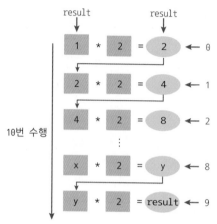

```
1    // C_EXAMPLE\ch6\ch6_project6\for2.c
2
3    #include <stdio.h>
4
5    int main(void)
6    {
7            int i = 0;
8            int result = 1;          ← 0으로 초기화 되면 곱셈결과는 항상
9                                        0이 되므로 유의해야 함
10           // i는 0부터 9까지, for 문은 10번 수행되어 2가 10번 곱해짐
11           for( ); i < 10; result *= 2 )    // result = result * 2
12    초기화는            i++;                   ─── 증감식 대신에 다른 산술식이 사용됨
13    생략해도 됨                                ─── i를 이곳에서 증가시킴
14           printf("2의 10제곱은 %d \n", result);
15           return 0;
16   } // main()
```

[언어 소스 프로그램 설명]

핵심포인트

for 문안에는 조건식을 제외하고 초기화 구문과 증감식 구문은 생략해도 상관이 없다. 하지만 조건식은 반드시 기입해야 한다. 조건식을 생략하게 되면, 프로그램은 무한반복이 되어 절대로 for 문을 빠져나올 수 없다.

라인 8	곱셈된 결과를 저장하는 변수 result를 1로 초기화하였다. 만일 0으로 초기화할 경우 곱셈결과가 항상 0이 되므로 유의한다.
라인 11 ~ 라인 12	변수 i가 0부터 9까지 증가하면서 for 문이 10번 반복되므로 2가 10번 곱해진 결과가 변수 result에 저장된다. 여기서 라인 7에서 i 값을 초기화하였으므로 초기화 구문은 생략되었고, 증감식 대신에 다른 산술식이 사용되었다.
라인 14	printf() 라이브러리 함수를 사용하여 라인 11~12까지의 for 문에서 수행된 2가 10번 곱해진 산술결과가 저장된 변수 result의 값을 모니터로 출력한다.

실행 결과

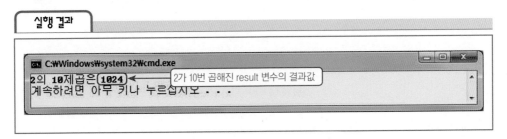

6.4 while 문

6.4.1 while 문이란 ?

while 문은 for 문과 마찬가지로, 조건식이 참인 경우에 while 문 내부를 반복적으로 수행한다. for 문과의 차이점은 while 문은 조건문만 포함하고 for 문의 초기화 구문과 증감 구문은 생략된 경우이다. while 문의 구조는 그림 6.4.1과 같다.

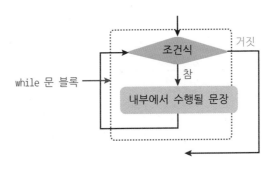

그림 6.4.1 while 문의 구조

6.4.2 while 문의 형식

while 문은 그림 6.4.2와 같은 형식으로 이루어져 있으며, 조건식이 참인 경우에 while 문 내부의 문장 1을 반복적으로 수행한다. while 문도 if 문과 마찬가지로 그 블록을 중괄호로 구분할 수 있으며 중괄호가 생략된 경우에는 바로 아래 한 줄이 while 문과 한 쌍이라고 생각하면 된다.

```
while(조건식)
    문장 1;
```

그림 6.4.2 while 문의 형식

while 문에서 2개 이상의 문장을 수행하고자 하면 그림 6.4.3과 같이 중괄호를 사용하여 블록화한다. 만일 그림 6.4.2와 같이 while 문에서 1개의 문장만을 수행하고자 하면 중괄호를 생략할 수 있다.

```
while(조건식)
{
    문장 1;
    문장 2;
}
```

그림 6.4.3 복문인 경우의 while 문의 형식

예제 6-7   사용자가 입력한 정수에 해당하는 구구단 출력 예제 프로그램 1

while 문을 사용하여 간단한 구구단 출력 프로그램을 작성한다. 사용자로부터 원하는 단수값을 입력받아 1부터 9까지의 곱을 하는 프로그램이다.

```
1    // C_EXAMPLE\ch6\ch6_project7\while.c
2
3    #include <stdio.h>
4
5    int main(void)
6    {
7            int dan;  // 사용자로부터 입력받은 단수값을 저장하는 변수
8            int i = 1;  // 1부터 9까지 사용되는 변수
9
10           printf("원하는 단을 입력하시오 : ");
11           scanf("%d", &dan);  ◄── 사용자로부터 입력받은 단수값을 저장하는 변수
12
13           // 1부터 9까지 계산
14           while (i < 10)  ◄──── i가 하나씩 증가되어 10과 같거나 커지면 거짓이 되어 반복을 멈춤
15           {
16                   printf("%3d x %2d = %3d \n", dan, i, dan*i);
17                   i++;                    ▲
18           } // while          출력 자리를 확보하여 정렬
19           return 0;
20   } // main()
```

[언어 소스 프로그램 설명]

핵심포인트

while 문은 for 문과 마찬가지로 반복적인 작업을 수행할 때 사용하는 문법이다. for 문이나 while 문의 핵심은 조건이 언제 변하는지를 잘 생각하여 프로그래밍한다. 또한 조건이 참인 순간이 아니라 거짓으로 되는 순간 블록을 빠져나감을 유의한다.

라인 7	변수 dan는 사용자로부터 입력받은 단수값을 저장할 것이므로 초기화가 필요 없다.
라인 8	1부터 9까지 곱할 것이므로 1로 초기화한다.
라인 14 ~ 라인 18	i가 1로 초기화 되었으므로 최초 조건은 참이 되므로 while 문 내부로 진입하게 된다. for문과 같이 별도의 증감식이 존재하는 부분이 없으므로, 내부에 증가문을 기입해야 한다. 따라서 i는 최초 1부터 9까지 증가하고 10으로 증가될 때 while 문 내부의 조건문에 비교되면서 거짓이 되므로 printf() 라이브러리 함수는 총 9번 실행된다. 출력될 때 자릿수를 미리 지정하여 라인을 맞춰 준다.

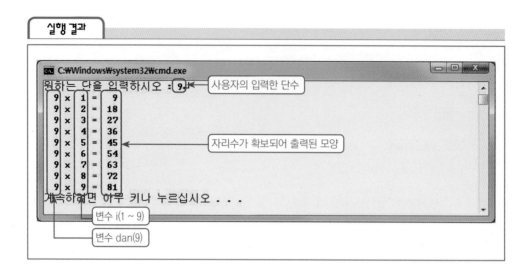

6.5 do-while 문

6.5.1 do-while 문이란 ?

do-while 문은 while 문과 마찬가지로 반복문을 수행하는데 사용되는 문법이다. while 문은 조건식이 참인지 우선 검사하고 while 문 내부를 반복하지만 do-while 문은 우선 최초한 번은 do-while 문 내부를 수행한 후 while 문을 만나 조건식을 검사하고 참이면 while 문 내부를 반복한다. 그림 6.5.1의 while 문의 경우에 우선 조건식이 참인지를 결정하고 참인 경우 반복문이 수행되는 반면에, 그림 6.5.2의 do-while 문은 일단 문장을 최초 1번 수행하고 조건식을 검사하는 것이 가장 커다란 차이이다.

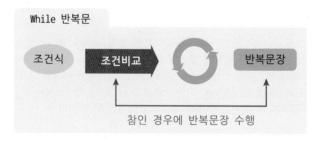

그림 6.5.1 while 문

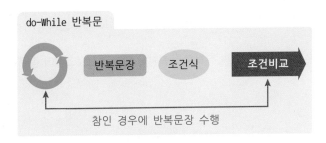

그림 6.5.2 do-while 문

do-while 문은 우선 최초 한 번은 do-while 문 내부를 수행한 후에 while 문을 만나 조건식을 검사하고 참이면 while 문 내부를 반복한다. do-while 문의 구조는 그림 6.5.3과 같다.

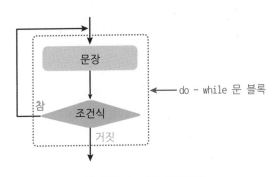

그림 6.5.3 do-while 문의 구조

6.5.2 do-while 문의 형식

do-while 문은 그림 6.5.4와 같은 형식으로 이뤄져 있으며, 우선 최초 한 번은 do-while 문 내부의 문장 1을 수행한 후에 while 문을 만나 조건식을 검사하고 참이면 do-while 문 내부의 문장 1을 반복한다. do-while 문도 if 문과 마찬가지로 그 블록을 중괄호로 구분할 수 있으며 중괄호가 생략된 경우에는 바로 아래 한 줄이 while 문과 한 쌍이라고 생각하면 된다.

do-while 문에서 2개 이상의 문장을 수행하고자 하면 그림 6.4.5와 같이 중괄호를 사용하여 블록화한다. 만일 그림 6.5.4와 같이 do-while 문에서 1개의 문장만을 수행하고자 하면 중괄호를 생략할 수 있다.

```
do
    문장 1;
while(조건식)
```

그림 6.5.4 do-while 문의 형식

```
do
{
    문장 1;
    문장 2;
}while(조건식);
```

그림 6.5.5 복문인 경우의 do-while 문의 형식

예제 6-8 키보드로부터 'y' 또는 'Y' 문자를 입력받을 때까지 반복하는 프로그램

사용자로부터 키보드로 종료하기 위한 문자를 입력받을 때까지 프로그램이 종료되지 않는 프로그램을 작성하도록 한다.

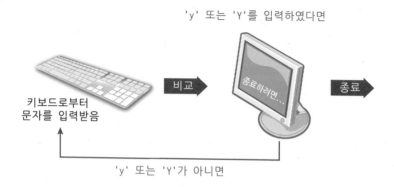

'y' 또는 'Y'를 입력하였다면

비교 → 종료하려면... → 종료

키보드로부터
문자를 입력받음

'y' 또는 'Y'가 아니면

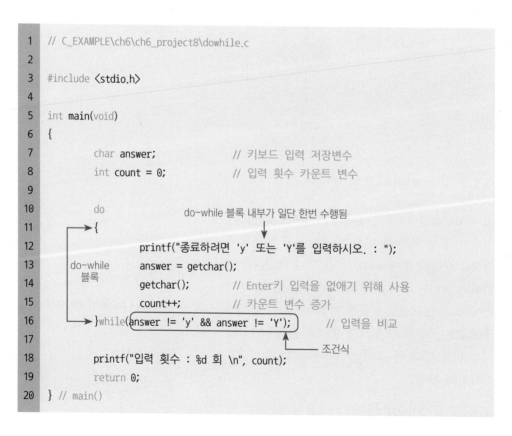

```c
1    // C_EXAMPLE\ch6\ch6_project8\dowhile.c
2
3    #include <stdio.h>
4
5    int main(void)
6    {
7         char answer;              // 키보드 입력 저장변수
8         int count = 0;            // 입력 횟수 카운트 변수
9
10        do                        do-while 블록 내부가 일단 한번 수행됨
11        {
12             printf("종료하려면 'y' 또는 'Y'를 입력하시오. : ");
13             answer = getchar();
14             getchar();           // Enter키 입력을 없애기 위해 사용
15             count++;             // 카운트 변수 증가
16        }while(answer != 'y' && answer != 'Y');   // 입력을 비교
17
18        printf("입력 횟수 : %d 회 \n", count);
19        return 0;
20    } // main()
```

do-while
블록

조건식

[언어 소스 프로그램 설명]

🔍⊕ 핵심포인트

do-while 문의 경우에는 보통 입력값에 대하여 비교를 한 뒤 처리할 때 주로 사용한다. 이때 입력값을 계속 모니터링 하여 그 값을 비교할 때 사용하기 때문에 우선 한 번은 입력문을 실행하기 위하여 do-while 문을 사용한다.

라인 10 ~ 라인 16	do-while 블록에 2줄 이상의 문장이 존재하면 반드시 중괄호로 묶어주어야 한다. getchar() 라이브러리 함수는 입력된 문자를 변수로 저장하기 위하여 Enter 키를 필요로 하며 Enter 키의 값도 버퍼에 저장되기 때문에 버퍼에서 꺼내주기 위하여 getchar() 라이브러리 함수를 한 번 더 사용하였다. 사용자가 키보드로부터 입력한 횟수를 저장하기 위하여 변수 count를 사용하였다. do-while 내부가 우선 수행되고, 라인 16이 수행되면 비로소 while 문 내부의 조건식이 비교된다. 이때 사용자가 'y' 또는 'Y'를 입력하면 조건식이 거짓이 되므로 do-while 반복문 밖으로 빠져나올 수 있다.
라인 18	printf() 라이브러리 함수를 사용하여 라인 10에서 라인 16까지의 do-while 블록에서 수행된 변수 count의 값을 모니터로 출력한다.

실행 결과

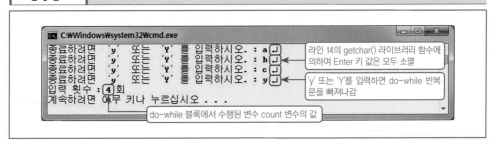

6.6 중첩된 for 문/while 문

6.6.1 중첩된 for 문/while 문이란?

중첩된 for/while 문이란 for 문, while 문 등이 2개 이상 사용되는 문장을 말한다. 즉 반복문이 2개 이상으로 사용되는 경우에 for 문 내부에 또 다른 for 문이 있거나, while 문 내부에 또 다른 while 문이 있는 경우, 혹은 for 문과 while 문이 혼용되어 있을 때를 의미한다. 이러한 경우에는 2가지 이상의 반복문이 필요할 때 사용된다. 중첩된 반복문은 그림 6.6.1과 같이 바깥쪽의 반복문 1은 반복을 하는데 반복문 1안에 또 다른 반복문 2가 반복하는 것이다.

중첩된 반복문을 3개 이상 사용하면 소스 코드를 분석하기가 대단히 힘들다. 따라서 가급적이면 중첩된 반복문을 3개 이상 사용하는 것이 좋은 방법은 아님을 명심한다.

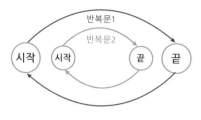

그림 6.6.1 중첩된 반복문

6.6.2 중첩된 반복문의 예

(1) 중첩된 for 문

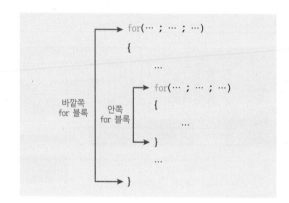

(2) 중첩된 while 문

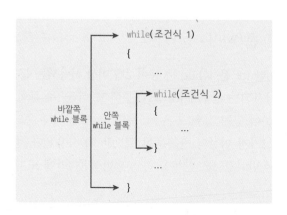

(3) for 문과 while 문을 중첩하여 사용하는 경우

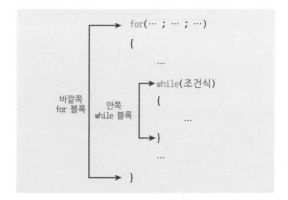

예제 6-9   모니터에 '*'를 사각형으로 출력하는 프로그램

사용자로부터 2개의 수를 입력받아 '*'를 모니터에 출력하는데, 입력받은 행과 열의 개수대로 출력하도록 한다. 이때 for 문과 while 문을 중첩하여 사용한다.

키보드로부터 행과
열의 개수를 입력받음

```
1   // C_EXAMPLE\ch6\ch6_project9\nested_forwhile.c
2
3   #include <stdio.h>
4
5   int main(void)
6   {
7       int column, row = 0;      // 행과 열의 개수를 입력받기 위해 사용하는 변수
8       int i;                    // 열단위의 *를 출력하기 위해 사용
9
10      printf("행과 열수를 입력하시오 : ");
11      scanf("%d %d", &row, &column);
12
```

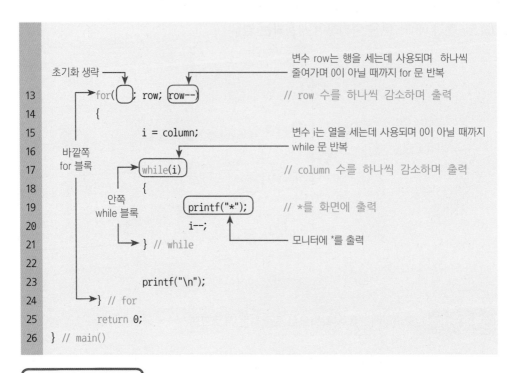

```
          초기화 생략                         변수 row는 행을 세는데 사용되며  하나씩
                                            줄여가며 0이 아닐 때까지 for 문 반복
13          for(  ; row; row-- )            // row 수를 하나씩 감소하며 출력
14            {
15                   i = column;            변수 i는 열을 세는데 사용되며 0이 아닐 때까지
16          바깥쪽                            while 문 반복
17          for 블록    while(i)             // column 수를 하나씩 감소하며 출력
18                      {
19          안쪽            printf("*");     // *를 화면에 출력
20          while 블록        i--;
21                      } // while           모니터에 *를 출력
22
23                  printf("\n");
24            } // for
25            return 0;
26        } // main()
```

[언어 소스 프로그램 설명]

핵심포인트

for 문과 while 문을 중첩하여 사용할 경우 해당 반복문의 참, 거짓을 결정짓는 변수 혹은 조건식을 잘 생각한다. 또한 중첩된 반복문을 3개 이상 사용하는 것은 소스 코드를 분석하고 이해하는데 어려움을 가져올 수도 있으니 유의한다.

라인 11	scanf() 라이브러리 함수를 사용하여 사용자로부터 2개의 정수를 입력받아 각각 변수 column과 변수 row에 저장한다.
라인 13 ~ 라인 24	변수 row는 행을 세는데 사용되며 하나씩 줄여가며 나가며 0이 아닐 때까지 for 문을 반복한다.
라인 17 ~ 라인 21	변수 i는 열을 세는데 사용되며 하나씩 줄여가며 나가며 0이 아닐 때까지 while 문을 반복한다. '*'를 모니터에 출력하는데 사용자로부터 입력받은 변수 row의 값은 행의 개수, 변수 column의 값은 열의 개수만큼 출력하기 위하여 사용된다.

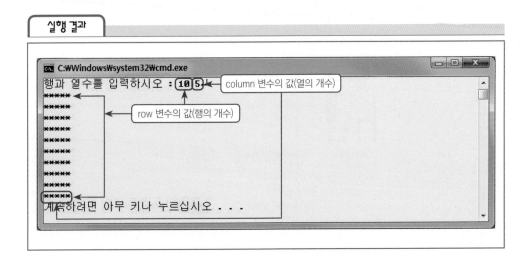

실행 결과

6.7 switch-case 문

6.7.1 switch-case 문이란 ?

if-else 문의 경우 if 문 내부에 있는 조건식이 참인지 거짓인지에 따라 수행해야 할 구문이 양분화되어 있다. 각각 참과 거짓인 경우 수행할 문장이 구분되어 있는 반면에 **switch-case 문은 조건식에 따라 수행해야 할 문장이 여러 개인 경우 유용하게 사용할 수 있다.** 즉 조건식의 결과가 참, 거짓이 아닌 일반적인 상수에 의해 그 수행문이 구분이 되는 경우이다. 예를 들어 x가 1부터 5까지 존재할 때 그 x 값이 1부터 5인 경우에 수행해야 할 구문이 구분되어 있다면 if-else 문을 사용하는 것보다 switch-case 문을 사용하는 것이 더욱 효과적이다. 따라서 switch-case 문은 그림 6.7.1과 같이 조건식에 따라 수행해야 할 문장이 여러 개인 경우에 매우 효과적이다.

switch-case 문의 구조는 그림 6.7.2와 같이 x의 값에 따라 수행될 문장을 case 라는 키워드를 사용하여 구분한다. x의 값을 case x1부터 차례대로 비교하면서 일치하는 경우 각 해당 문장을 수행하고 break 문을 만나면 switch 문을 빠져나가게 된다. 만약에 해당되는 값이 존재하지 않는다면 default 문으로 분기하여 해당 문장을 수행하고 switch 문을 종료하게 된다.

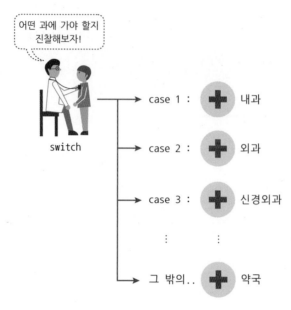

그림 6.7.1 switch–case 문의 사용 예

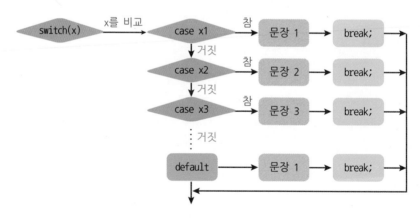

그림 6.7.2 switch–case 문의 구조

6.7.2 switch-case 문의 형식

switch-case 문은 그림 6.7.3과 같은 형식으로 이루어져 있으며 사용하는 키워드는 switch, case, break, default 등과 같이 총 4가지이다. switch-case 문은 x의 값에 따라 수행될 문장을 case 라는 키워드를 사용하여 구분한다. x의 값을 case x1부터 차례대로 비교하면서 일치하는 경우에 각 해당 문장을 수행하고 break 문을 만나면 switch 문을 빠져나가게 된

다. 만약 해당되는 값이 존재하지 않는다면 default 문으로 분기하여 해당 문장을 수행하고 switch 문을 종료한다. **여기서 x, x1, x2 등은 반드시 상수이어야 한다.**

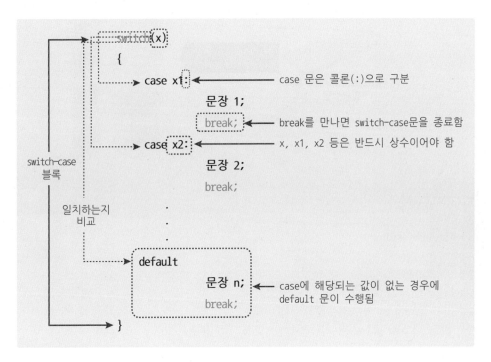

그림 6.7.3 switch-case 문의 형식

case 문에 break 문을 포함하지 않아도 되지만, 만일 해당 case 문에서 일치하는 경우 break 문이 포함되지 않았다면 다음의 case 문으로 계속 비교를 수행하게 될 것이다. 또한 default 문도 생략될 수 있지만 모든 case 문에서 일치되는 경우가 없을 경우에 예기치 못한 상황이 발생할 수가 있게 된다. 따라서 break 문과 default 문은 가능하면 사용하는 것이 좋다.

예제 6-10 사용자가 입력한 점수의 학점을 계산하는 프로그램

사용자로부터 100점 만점의 점수를 입력 받아 점수에 해당하는 학점을 계산하는 프로그램을 작성한다. 이때 100을 10으로 나눠 그 몫을 계산한 몫이 10, 9, 8, 7, 6에 해당되는 학점과 그 이외에 해당되는 학점은 F 학점임을 숙지하고 프로그램을 작성하되 100을 초과하는 값과 0보다 작은 값을 입력했을 때의 값은 무시하도록 한다.

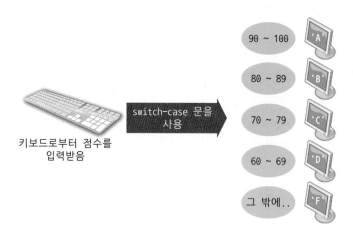

```
1    // C_EXAMPLE\ch6\ch6_project10\switch_case.c
2
3    #include <stdio.h>
4
5    int main(void)
6    {
7        int s;      // 점수를 저장하는 변수          ← 점수는 int형, 학점은 char형
8        char g;     // 점수에 해당하는 문자 저장 변수
9
10       printf("점수를 입력하시오 : ");
11       scanf("%d", &s);
12
13       // s = s / 10 ⇒ 10으로 나눈 몫을 s에 대입
14       s /= 10;    ← s = s / 10과 같음, / 연산자는 몫을 정수값으로 하고 나머지는 버림
15
16       switch(s)   ← 점수를 10으로 나눈 몫인 정수값
17       {
18           case 10 :                       ← break를 만나면 switch-case 문을 종료함
19           case 9 :  g = 'A'; break;        // 몫이 10 또는 9인 경우에 'A'
20           case 8 :  g = 'B'; break;        // 몫이 8인 경우에 'B'
21           case 7 :  g = 'C'; break;        // 몫이 7인 경우에 'C'
22           case 6 :  g = 'D'; break;        // 몫이 6인 경우에 'D'    case 문은 반드시 상수를 써야함
23           default : g = 'F'; break;        // 몫이 그 외의 경우에 'F'
24       } // switch        ← 10 ~ 6이 아닌 경우에 해당
25
26       printf("당신의 학점은 %c 입니다. \n", g); // 학점 출력
27       return 0;
28   } // main()
```

[언어 소스 프로그램 설명]

핵심포인트

switch-case 문은 switch 문 내부의 값과 일치하는 값을 찾아내어 그에 해당되는 문장을 수행할 때 유용하게 사용되는 문법이다. switch 문을 사용할 때 break 문이 사용하지 않는 경우가 없도록 주의하자. break 문이 없으면 switch 문이 오동작을 일으킬 것이다.

라인 11	사용자로부터 점수를 입력받아 변수 s에 저장한다.
라인 14	s = s/10 문장과 동일하며 의미는 s를 10으로 나눈 뒤에 나머지는 버리고 그 몫을 정수값으로 다시 s에 저장하는 것이다.
라인 16 ~ 라인 24	s 값에 해당하는 case 문장을 찾는다. 이때 case는 int형과 char형의 상수만 사용할 수 사용할 수 있다. s 값이 사용자의 점수를 10으로 나눈 정수값의 몫이므로 10 또는 9인 경우 'A', 8인 경우 'B', 7인 경우 'C', 6인 경우 'D', 그외의 경우에는 'F' 등이 각각 변수 g에 저장된다. 한편, case의 뒤에 break 문장이 나오지 않으면 바로 다음에 나오는 break 문 앞의 문장을 수행한다. 열거된 case 문장에 해당되는 값이 없으면 default 문장이 수행된다.
라인 26	printf() 라이브러리 함수를 사용하여 라인 16~24까지의 switch-case 블록에서 수행된 변수 g의 값을 모니터로 출력한다.

실행 결과

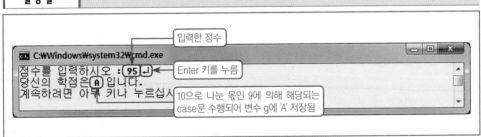

6.8 break 문

6.8.1 break 문이란?

break 문이란 주어진 반복문의 조건이 참인 경우에도 강제로 반복문을 빠져나갈 수 있도록 지원해 주는 문법이다. break 문을 사용하는 경우에는 해당 반복문만을 빠져나오기 때문에 2개 이상의 반복문이 중첩으로 이뤄진 경우에는 상위 반복문에는 해당사항이 없다. 그림 6.8.1에서 나타난 바와 같이 반복문 2가 수행되다가 break 문을 만나면 반복문 2만을 빠져나가게 되어 다시 반복문 1을 반복하게 된다.

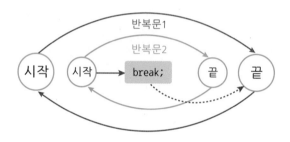

그림 6.8.1 break 문의 사용 예

6.8.2 break 문의 사용

break 문은 while 문, do-while 문, for 문, switch 문 등과 함께 사용되며 그 형식은 그림 6.8.2와 같다. 그림 6.8.2에서 for 반복문 2가 수행되다가 break 문을 만나면 for 반복문 2만을 빠져나가게 되어 다시 while 반복문 1을 반복하게 된다.

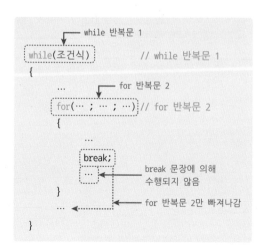

그림 6.8.2 break 문의 형식

예제 6-11　사용자가 입력한 정수에 해당하는 구구단 출력 예제 프로그램 2

사용자로부터 0보다 큰 양의 정수로 원하는 단수를 입력받아 1~9까지 곱셈을 하는 구구단 프로그램을 작성하되 0보다 작은 음수의 값을 입력할 때에는 프로그램을 중지시키는 프로그램을 작성한다. 이때 입력이 무한으로 반복되도록 while 문을 사용하고, 1부터 9까지의 곱셈을 연산하는 데에는 for 문을 사용한다.

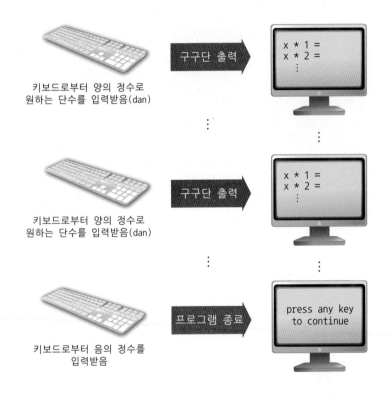

```
1    // C_EXAMPLE\ch6\ch6_project11\break.c
2
3    #include <stdio.h>
4
5    int main(void)
6    {
7            int dan, i;
8
```

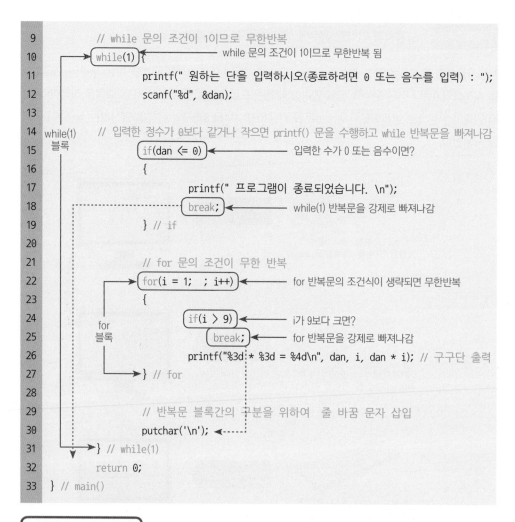

```
9          // while 문의 조건이 1이므로 무한반복
10         while(1) {                          ──── while 문의 조건이 1이므로 무한반복 됨
11                 printf(" 원하는 단을 입력하시오(종료하려면 0 또는 음수를 입력) : ");
12                 scanf("%d", &dan);
13
14  while(1)   // 입력한 정수가 0보다 같거나 작으면 printf() 문을 수행하고 while 반복문을 빠져나감
15  블록          if(dan <= 0)  ────────────── 입력한 수가 0 또는 음수이면?
16              {
17                     printf(" 프로그램이 종료되었습니다. \n");
18                     break;  ──────────────── while(1) 반복문을 강제로 빠져나감
19              } // if
20
21             // for 문의 조건이 무한 반복
22             for(i = 1;  ; i++)  ──────────── for 반복문의 조건식이 생략되면 무한반복
23             {
24  for               if(i > 9)  ─────────────── i가 9보다 크면?
25  블록                 break;  ──────────────── for 반복문을 강제로 빠져나감
26                    printf("%3d * %3d = %4d\n", dan, i, dan * i); // 구구단 출력
27             } // for
28
29             // 반복문 블록간의 구분을 위하여  줄 바꿈 문자 삽입
30             putchar('\n');  ◄----
31         } // while(1)
32         return 0;
33  } // main()
```

[**언어 소스 프로그램 설명**]

🔍 **핵심포인트**

break 문은 주어진 반복문을 빠져나가도록 하는 구문이다. break 문은 바로 해당 반복문에만 적용이 되므로 2개 이상의 반복문을 사용할 때에는 각각의 반복문에 맞도록 break 문을 사용해야 함을 잊지 말자.

라인 10 ~ 라인 31	while 문 안의 조건문에 0이 아닌 상수값이 존재하므로 항상 참이다. 따라서 무한반복하는 while 문이 된다.
라인 15 ~ 라인 19	사용자가 키보드로부터 입력한 값이 0보다 작은 경우에는 printf() 라이브러리 함수를 수행하고 바로 break 문을 만나 while(1) 반복문을 빠져나가게 되어 프로그램이 종료된다.
라인 22 ~ 라인 27	본 문장은 i가 1부터 10까지 하나씩 증가되어 변수 dan과 곱셈을 하여 그 결과를 9번 화면에 출력하는 문장이며, 변수 i가 9보다 크면 break 문을 만나 for 반복문을 빠져나가게된다. 한편, for 반복문의 조건식이 생략되면 무한반복된다.

| 라인 30 | 반복문 블록간의 구별을 위해 줄 바꿈 문자를 삽입하였다. |

실행 결과

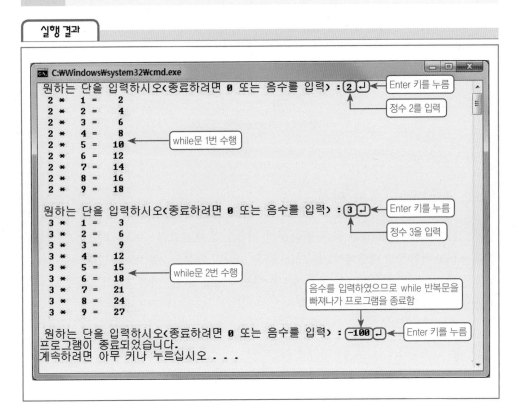

6.9 continue문

6.9.1 continue 문이란?

continue 문은 break 문과 상반된 개념으로 break 문이 반복문을 빠져나가는 데에 반해, continue 문은 반복문의 처음으로 돌아가도록 하는 문장이다. 그림 6.9.1과 같이 반복문 2 내부에서 continue 문을 만나면 반복문 2의 다음의 문장들은 수행하지 않고 반복문 2의 처음으로 다시 되돌아가서 다음 반복을 수행하게 된다.

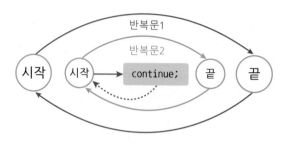

그림 6.9.1 continue 문의 사용 예

6.9.2 continue 문의 형식

그림 6.9.2와 같이 continue 문은 반복문의 처음으로 프로그램 순서를 되돌리는 역할을 한다. while 반복문 2 내부에서 continue 문을 만나면 반복문 2를 벗어나도록 하는 break 문과는 달리 while 반복문 2의 문장 3은 수행하지 않고 while 반복문 2의 처음으로 다시 되돌아가서 다음 반복을 수행하게 된다.

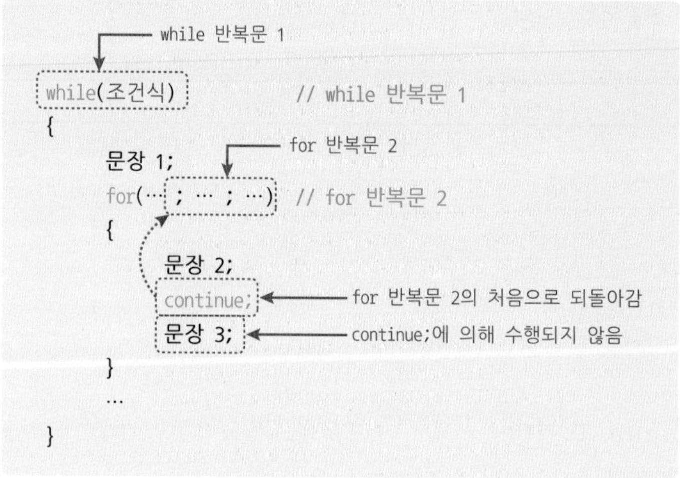

```
                    ─── while 반복문 1
while(조건식)              // while 반복문 1
{
    문장 1;        ─── for 반복문 2
    for(… ; … ; …)  // for 반복문 2
    {
        문장 2;
        continue;  ◄─── for 반복문 2의 처음으로 되돌아감
        문장 3;    ◄─── continue;에 의해 수행되지 않음
    }
    …
}
```

그림 6.9.2 continue 문의 형식

예제 6-12   1부터 20까지 3의 배수를 모니터에 출력하는 프로그램 예제

1부터 20까지 반복문을 수행하여 3으로 나누었을 때 나머지가 0이 아니면 continue 문을 사용하여 다시 반복문의 처음으로 돌아가고, 3으로 나누었을 때 나머지가 0이면 printf() 라이브러리 함수를 사용하여 모니터에 출력하도록 한다.

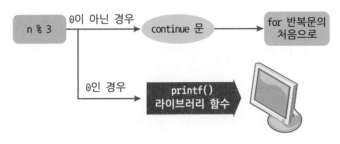

```
1     // C_EXAMPLE\ch6\ch6_project12\continue.c
2
3     #include <stdio.h>
4
5     int main(void)
6     {
7          int i;
8
9          printf("1부터 20까지 3의 배수는 \n");
10
11         // 1부터 20까지 반복 수행
12         for(i = 1; i < 21; i++)
13         {
14              if(i % 3 != 0)
15                   continue;
16
17              printf("%d ", i);
18         } // for
19
20         printf("입니다. \n");
21         return 0;
22    } // main()
```

3으로 나누어 나머지가 0이 아닌 경우가 참

// 3으로 나누어 떨어지지 않는 경우
// for 반복문의 처음으로 되돌아감

변수 i의 값이 3의 배수가 아닌 경우에 continue 문에 의하여 for 반복문의 처음으로 되돌아가서 i 값을 증가시킨 후에 조건식을 비교하여 for 반복문을 수행함

3의 배수 출력

i가 1부터 20이 될 때까지 for 문 반복 수행

[언어 소스 프로그램 설명]

핵심포인트

continue 문은 break 문과 반대되는 개념으로 반복문의 처음으로 프로그램 순서를 되돌리는 역할을 하며,
break 문 보다는 사용빈도가 적다.

라인 12 ~ 라인 18	변수 i가 1부터 20이 될 때까지 for 반복문을 수행하며 변수 i의 값이 21이 되면 for 반복문이 종료된다. 나머지 연산자를 이용하여 3의 배수임을 구별한다. 변수 i의 값이 3의 배수인 경우 모니터에 출력하게 된다. 변수 i의 값이 3의 배수가 아닌 경우에 continue 문에 의하여 for 반복문의 처음으로 되돌아가서 i 값을 증가시킨 후에 조건식을 비교하여 for 반복문을 수행한다. 이때는 continue 문 다음에 있는 printf() 라이브러리 함수를 수행하지 않는다.
라인 20	숫자를 구별하기 위하여 이중인용부호(" ") 내에 빈칸이 존재한다.

실행 결과

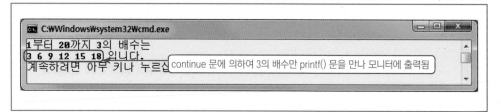

```
C:\Windows\system32\cmd.exe
1부터 20까지 3의 배수는
3 6 9 12 15 18 입니다.
계속하려면 아무 키나 누르십
```
continue 문에 의하여 3의 배수만 printf() 문을 만나 모니터에 출력됨

1. if 문에 대한 설명 중 바른 것은?

① if 문 내부의 조건이 참일 경우 문장을 수행하며, 수행 후 프로그램이 종료된다.

② if 문도 일반 함수와 마찬가지로 블록으로 이루어져 있으며, 블록에 중괄호를 사용해야 한다.

③ if 문은 else와 같이 사용할 수 있으며, if 문의 문장이 거짓인 경우 else 문이 수행된다.

④ 여러 개의 if~else 문이 사용될 수 있으며, 두 개 이상의 if~else 문이 사용되는 경우 반드시 if~else 문은 한 쌍이 되어야 한다.

⑤ 여러 개의 if~else 문이 사용될 때, else와 if의 순서를 서로 바꿀 수 있다.

2. for 문에 대한 설명 중 바른 것은?

① for 문은 조건식과 증감문, 그리고 초기화 문장을 포함한다.

② for 문의 증감문은 생략해선 안된다.

③ 증감식에는 ++ 연산자만 사용할 수 있다.

④ for 문도 블록이므로, 중괄호를 사용해야 한다.

⑤ for 문은 10번 반복하려면, 초기화 문장에 i=0, 조건문에는 i<11을 사용해야 한다.

3. while 문에 대한 설명 중 바른 것은?

① while 문이 종료되기 위해서는 while 문의 조건식이 거짓인 경우 밖에 없다.

② while 문도 블록이므로, 중괄호를 사용해야 한다.

③ for 문에서 구현한 반복문을 그대로 while 문으로 구현할 수 있다.

④ while 문을 처음 만날 때, 조건식을 비교하며 조건식이 거짓인 경우 최초 1회는 수행된다.

⑤ while 문을 사용하는 경우 for 문보다 코드가 간결해질 수 있다.

4. switch~case 문에 대한 설명 중 바른 것은?

   ① switch에는 조건문을 사용한다.

   ② case 문의 마지막에는 반드시 break 문장을 사용해야 한다.

   ③ case 문에는 상수 이외에 변수를 사용할 수 있다.

   ④ switch 문장 내부에 다른 조건식도 포함할 수 있다.

   ⑤ switch 블록에 default문을 반드시 포함해야 한다.

5. break 문에 대한 설명 중 틀린 것은?

   ① for 문과 함께 사용될 수 있다.

   ② while 문과 함께 사용될 수 있다.

   ③ 무한루프인 경우 루프를 벗어나기 위해 사용되곤 한다.

   ④ 2개 이상의 루프가 사용될 때 한 단계 상위 루프로 이동하게 된다.

   ⑤ main() 함수 내부 반복문이 아닌 경우에도 break 문을 사용할 수 있다.

6. 다음과 같은 실행결과를 얻기 위한 프로그램을 완성하라.

```c
#include <stdio.h>

int main(void)
{
    int i;

    for(i = 0; i < 10; i++)
    {
        if(i % 2)
            (_____)
        printf("%d ", i);
    } // for
    return 0;
} // main()
```

[실행결과]

```
C:\Windows\system32\cmd.exe
0 2 4 6 8 계속하려면 아무 키나 누르십시오 . . .
```

7. 다음과 같은 실행결과를 얻기 위한 프로그램을 완성하라.

```c
#include <stdio.h>

int main(void)
{
    int i = 3;

    while(_____)
        printf("%d, ", i);
    printf("FIRE !");
    return 0;
} // main()
```

[실행결과]

```
C:₩Windows₩system32₩cmd.exe

2, 1, 0, FIRE !계속하려면 아무 키나 누르십시오 . . .
```

8. 다음 프로그램의 실행결과를 작성하고, 실행결과가 나온 이유를 설명하라.

```c
#include <stdio.h>

int main(void)
{
    int a = -5, b = 10, r = 20;

    if(a > 0)
        if(b > 0)
            r = a;
    else
        r = b;

        printf("%d\n", r);
        return 0;
} // main()
```

9. 다음과 같은 실행결과를 얻기 위한 프로그램을 완성하라.

```c
#include <stdio.h>

int main(void)
{
    int s = 0, i;

    for(i = 0; i < 5; i++)
        _____;

    printf("%d\n", s);
    return 0;
} // main()
```

[실행결과]

```
C:\Windows\system32\cmd.exe
10
계속하려면 아무 키나 누르십시오 . . .
```

10. 다음과 같은 실행결과를 얻기 위한 프로그램을 완성하라.

```c
#include <stdio.h>

int main(void)
{
    int i;

    for(i = 0; ; i++)
    {
        if(i > 10)
            _____;
        printf("%d ", i);
    } // for
    return 0;
} // main()
```

[실행결과]

```
C:\Windows\system32\cmd.exe
0 1 2 3 4 5 6 7 8 9 10 계속하려면 아무 키나 누르십시오 . . .
```

11. 다음과 같은 실행결과를 얻기 위한 프로그램을 완성하라.

```c
#include <stdio.h>

int main(void)
{
    int i;

    for(i = 0; i < 100; _____)
        printf("%d ", i);
        return 0;
} // main()
```

[실행결과]

```
C:\Windows\system32\cmd.exe
0 20 40 60 80 계속하려면 아무 키나 누르십시오 . . .
```

12. 다음 프로그램의 실행결과를 예측하고, 그 이유를 설명하라.

```c
#include <stdio.h>

int main(void)
{
    int i = 0;

    for( ; ; i++)
        printf("%d ", i);
    return 0;
} // main()
```

13. 다음과 같은 실행결과를 얻기 위한 프로그램을 완성하라.

```c
#include <stdio.h>

int main(void)
{
    int i, j;

    for(i = 0; i < 3; i++)
        for(j = 0; _____; j++)
            printf("* ");

        printf("\n");
        return 0;
} // main()
```

[실행결과]

```
C:\Windows\system32\cmd.exe                              [ _ ][ □ ][ X ]
* * * * * * * * *
계속하려면 아무 키나 누르십시오 . . .
```

14. 다음과 같은 실행결과를 얻기 위한 프로그램을 완성하라.

```c
#include <stdio.h>

int main(void)
{
    int i = 0, s = 0;

    while(_____)
        s += i;

    printf("1부터 10의 합 : %d ", s);
    return 0;
} // main()
```

[실행결과]

```
C:\Windows\system32\cmd.exe                              [ _ ][ □ ][ X ]
1부터 10의 합 : 55 계속하려면 아무 키나 누르십시오 . . .
```

15. 다음과 같은 실행결과를 얻기 위한 프로그램을 완성하라(답 2개).

```c
#include <stdio.h>

int main(void)
{
    char i = 4;

    switch(i % 2)
    {
            case 1: printf("홀수 "); break;
            _____: printf("짝수 "); break;
    } // switch
    return 0;
} // main()
```

[실행결과]

```
C:\Windows\system32\cmd.exe
짝수 계속하려면 아무 키나 누르십시오 . . .
```

16. 다음의 동작조건, 요구사항, 실행결과를 만족시키는 프로그램을 작성하라.

동작조건

- 1~7 사이의 숫자를 입력받아, 요일을 한글로 출력하는 프로그램을 작성한다.
- 예를 들어 3을 입력하면 "수요일", 4를 입력하면 "목요일"을 출력하는 프로그램을 작성한다.
- "1, 2, 3, 4, 5, 6, 7" 은 "월, 화, 수, 목, 금, 토, 일"에 해당된다.
- 반복적으로 키보드의 입력을 받도록 프로그램하고, 음수를 입력받으면 종료하도록 한다.
- 1~7사이 이외의 수를 입력하면, 잘못 입력했다는 메시지를 출력한다.

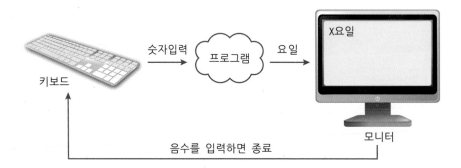

요구사항

- switch 문을 사용한다.
- while 문을 사용한다.
- if 문은 사용하지 않도록 한다.

실행결과

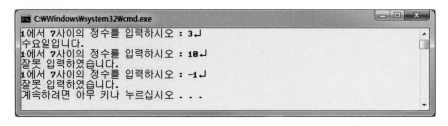

17. 다음의 동작조건, 요구사항, 실행결과를 만족시키는 프로그램을 작성하라.

동작조건

- 1단부터 9단까지 출력하는 프로그램을 작성한다.

- 각 단별로 줄 바꿈 문자를 삽입하여 단을 구분하도록 한다.

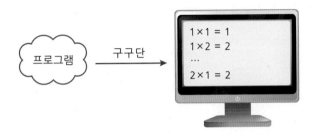

요구사항

- for 문을 사용한다.

- if 문을 사용하지 않는다.

실행결과

```
C:\Windows\system32\cmd.exe
7 x 9 = 63

8 x 1 = 8
8 x 2 = 16
8 x 3 = 24
8 x 4 = 32
8 x 5 = 40
8 x 6 = 48
8 x 7 = 56
8 x 8 = 64
8 x 9 = 72

9 x 1 = 9
9 x 2 = 18
9 x 3 = 27
9 x 4 = 36
9 x 5 = 45
9 x 6 = 54
9 x 7 = 63
9 x 8 = 72
9 x 9 = 81

계속하려면 아무 키나 누르십시오 . . .
```

18. 다음의 동작조건, 요구사항, 실행결과를 만족시키는 프로그램을 작성하라.

동작조건

- 1단부터 9단까지 출력하는 프로그램을 작성한다.
- 그림과 같이 한 행에 3단씩 출력되도록 프로그램을 작성한다.
- 한 단이 끝나면 라인을 한 줄 띄워 단별 구분을 하도록 작성한다.

요구사항

- 중첩된 for 문을 사용한다.
- if 문을 사용하지 않는다.

실행결과

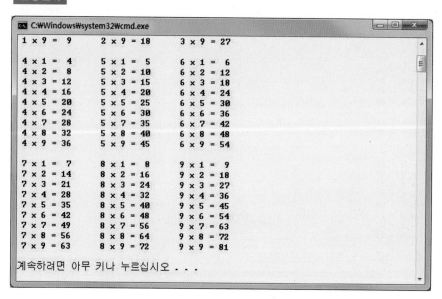

19. 다음의 동작조건, 요구사항, 실행결과를 만족시키는 프로그램을 작성하라.

동작조건

• 문제 18번의 예제를 while 문을 사용하여 작성한다.

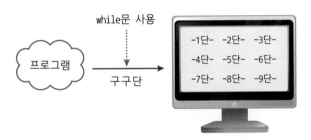

요구사항

• for 문을 사용하지 않는다.

• if 문을 사용하지 않는다.

실행결과

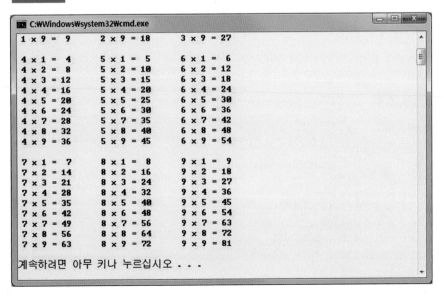

20. 다음의 동작조건, 요구사항, 실행결과를 만족시키는 프로그램을 작성하라.

동작조건

- 4자리의 정수형 비밀번호를 등록하고 비밀번호를 검사하는 프로그램을 작성한다.

- 프로그램을 시작하면 비밀번호를 등록할 것을 요구하고, 등록하려고 하는 비밀번호가 4자리의 정수인지를 먼저 검사하고 틀리면, 다시 등록할 것을 요구하는 프로그램을 작성한다.

- 비밀번호가 정상적으로 등록되면 다시 비밀번호를 묻고 등록된 비밀번호와 일치하는지의 여부를 검사한다. 이때 비밀번호가 맞으면 프로그램을 종료시키고, 비밀번호가 불일치하다면 입력한 수와 비밀번호와의 차를 계산하여 알려주는 프로그램을 작성한다.

요구사항

- while 문을 사용한다.
- 변수는 3개를 초과하지 않는다.

실행결과

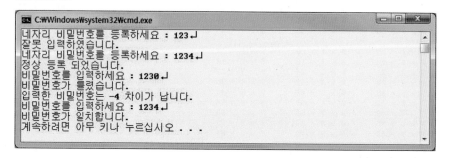

CHAPTER

7

함수

학 습 목 표

- C 언어에서 사용하는 함수의 역할은 무엇인지 살펴보자.
- 함수를 정의하고 선언하는 방법과, 함수를 활용하는 방법에 대해서 학습한다.
- 함수 내에서 사용하는 변수와 함수를 호출하고 반환하는 방법을 학습한다.
- 되부름, 기억 클래스, 선행 처리기 등을 학습한다.

핵심포인트

C 언어의 프로그래밍 방식 중 구조적 방식에 대하여 학습한 바 있다. 구조적 프로그래밍 기법 중 가장 많이 사용되는 것이 바로 함수의 호출과 사용이다. 함수란 프로그램을 제품 공정 과정에 비유한다면, 함수는 각각의 공정이라고 할 수 있다. 제품을 기획에서 생산까지 여러 단계의 공정을 거치는데 이 때의 공정을 함수라 볼 수 있다.

7.1 함수의 기본개념

7.1.1 함수란 ?

C 프로그램 입장에서 **함수란 전체 프로그래밍 과정 중 일정의 작업을 독립적으로 수행하는 역할을 하는 모듈(module)이라고 할 수 있다.** 그림 7.1에서는 자동차가 진행하는데 있어서 차가 움직이기 위해 필요한 개별적인 요소들이 모두 모여 하나의 자동차를 이루듯이 C 언어에서도 각 요소마다 함수로 만들어 전체 하나의 커다란 프로그래밍을 만들 수 있다.

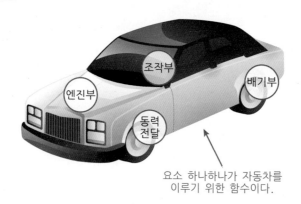

요소 하나하나가 자동차를
이루기 위한 함수이다.

그림 7.1.1 자동차에서의 함수

핵심포인트   **함수란?**

C 언어는 구조적 프로그래밍 기법을 사용하여 일련의 독립적인 작업단위로 분해된 모듈들로 구성하여 복잡한 문제를 아주 작은 수행단위로 처리할 수 있기 때문에 효율적으로 수행할 수 있다. 이때 분해된 모듈은 함수가 된다. C 프로그램이 시작될 때 main() 함수가 가장 먼저 실행되기 때문에 모든 C 프로그램에는 main() 함수가 반드시 1개만 존재해야 한다. C 언어에서는 사용자가 직접 작성하는 사용자 정의 함수와 printf()와 같이 Microsoft Visual C++ 2010 Express 버전에서 제공하는 라이브러리 함수가 있다. 함수는 일반적으로 기능을 수행하는 입출력이 있어서 입력에 따라 출력을 내보내는 기능을 한다. 다음은 입출력이 없이 단순히 호출되는 함수와 입력에 따른 출력을 결정하고 반환하는 함수의 기본 개념도이다. 첫 번째 함수의 경우에 입출력은 없지만, 프로그램 내에서 호출되어 정해진 동작을 수행하고 그 기능을 마치게 된다. 두 번째 함수의 경우에는 입력을 함수로 전달하여 정해진 동작을 수행하고 그에 따른 출력을 다시 반환하고 그 기능을 마치게 된다.

C 프로그램에서의 함수는 그림 7.1.2에서와 같이 독립적으로 존재하며, 프로그램 1이나 프로그램 2에서 서로 사용할 수 있다. 이때 서로 공유가 된다는 의미보다는 독립적인 개체로써 복사해서 쓴다는 의미가 더 가깝다고 할 수 있다.

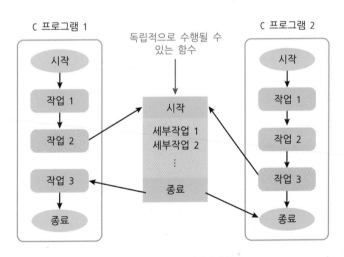

그림 7.1.2 C 프로그램에서의 함수

그림 7.1.3은 C 프로그램에서의 함수활용의 예를 나타내고 있다. 어떠한 수에 3을 곱한 결과를 계산하는 작업을 함수로 만들고, 그림 7.1.3에서와 같이 C 프로그램에서 함수를 호출하게 되면 a=2값을 함수에 전달하고 여기에 3의 곱을 연산한 결과인 6값을 반환하게 된다.

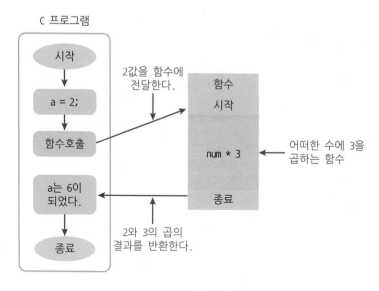

그림 7.1.3 C 프로그램에서의 함수활용의 예

7.1.2 함수를 사용하는 이유

(1) 반복적으로 수행되는 문장이 있는 경우

그림 7.1.4와 같이 C 프로그램에서 반복적으로 수행되는 문장이 있는 경우 함수를 사용하지 않을시 문장이 반복되지만, 함수 사용시 그 문장을 굳이 반복해서 기재할 필요가 없다.

(2) 자주 사용하는 문장이 있는 경우

C 프로그램에서는 반복적으로 사용하는 알고리즘이나 특정 구문이 존재한다. 이 때 그림 7.1.5와 같이 자주 사용하는 문장을 함수로 만들어 놓으면 여러 C 프로그램에서 이 함수를 복사만 하여 바로 사용할 수가 있다.

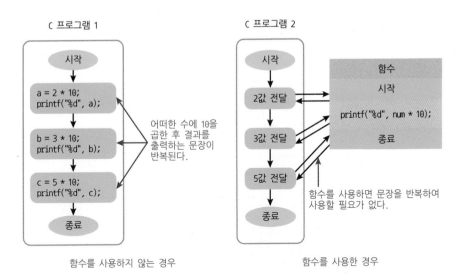

그림 7.1.4 반복적으로 수행되는 문장이 있는 경우

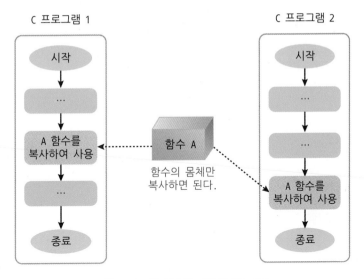

그림 7.1.5 자주 사용하는 문장이 있는 경우

(3) 프로그램을 구조적으로 만들고자 하는 경우

1장에서 구조적 프로그래밍 기법에 대하여 학습한 바 있다. 구조적 프로그래밍은 일련의 독립적인 작업단위로 분해된 모듈들로 구성되며, 복잡한 문제를 아주 작은 수행단위로 분해하여 처리하기 때문에 효율적인 프로그래밍을 수행할 수 있다. 일련의 독립적인 작업단위로 분해된 모듈은 C 프로그램 내부에서 함수로 작성되며, 각 함수들이 하나의 구조적인 요소로 되어 함수 A가 함수 B에 영향을 미치지 않게 된다. 따라서 그림 7.1.6과 같이 C 프

로그램의 문제가 발생할 경우에 해당되는 함수만 수정하면 되므로 프로그램의 디버깅이 한결 쉬워진다.

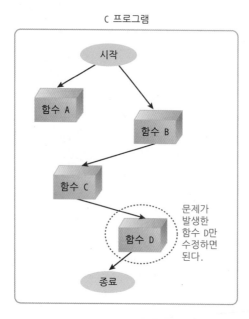

그림 7.1.6 프로그램을 구조적으로 만들고자 하는 경우

7.1.3 함수정의

(1) 함수정의 규칙

함수정의 규칙은 그림 7.1.7과 같은 규칙에 의거하여 작성한다. 이때 전달하고자 하는 변수의 개수는 제한이 없지만 함수를 호출할 때의 개수와 자료형이 일치해야 한다.

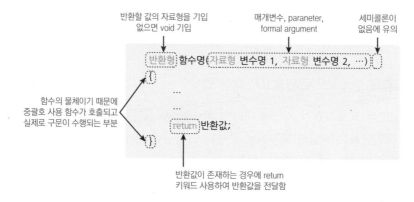

그림 7.1.7 함수정의 규칙

(2) 함수명

함수명을 작성할 때는 변수명을 작성하는 것과 크게 다르지 않으며 다음의 규칙을 반드시 따라야 한다.

- 함수명은 대문자와 소문자를 구별한다.
  예 function 과 Function은 서로 다른 함수이다.

- 함수명에는 한글을 사용할 수 없다.

- 함수명의 시작은 숫자가 될 수 없다.
  예 2function(x), 2NE1(x)

- 함수명은 키워드를 사용할 수 없다.
  예 void include(void)(x)

함수명을 작성할 때는 그 함수의 역할을 내포한 의미를 갖는 이름으로 작성하는 것이 좋다. 다음은 의미를 내포하여 함수명을 작성한 예이다.

- sum() : 덧셈 함수

- multiply() : 곱셈 함수

- insertSpace() : 공백 함수 등

 **함수의 종류?**

함수는 사용자가 직접 만드는 사용자 정의함수와 미리 컴파일되어 오브젝트 코드로 존재하는 라이브러리 함수가 있다.

(3) 함수정의 예

■ 매개변수는 있고, 반환형이 없는 함수를 정의하는 경우

```c
void function(float)
{
        ...

}
```

■ 매개변수는 없고, 반환형이 있는 함수를 정의하는 경우

```c
float function(void)
{
        ...

}
```

■ 매개변수는 없고, 반환형도 없는 함수를 정의하는 경우

```c
void function(void)
{
        ...

}
```

7.1.4 함수호출 및 함수값 반환

함수정의를 했다면 실제 함수를 사용해 보자. 함수를 사용하기 위해서는 main() 함수 내에서 함수를 호출하고, 호출된 함수는 함수 몸체의 문장을 수행한 뒤 값을 반환한다. 이때 함수를 호출할 때 값을 넘겨주는 경우도 있지만 그렇지 않은 경우도 있다. 반환할 때도 마찬가지로 값을 반환하는 경우가 있고 그렇지 않은 경우도 있다.

(1) 함수호출

함수를 호출할 때는 그림 7.1.8과 같은 규칙에 의거하여 작성한다. 이때 전달하고자 하는 변수의 개수는 제한이 없지만 함수를 정의할 때의 개수와 자료형이 일치해야 한다.

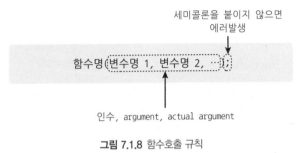

그림 7.1.8 함수호출 규칙

그림 7.1.9는 함수호출의 예를 나타내고 있다.

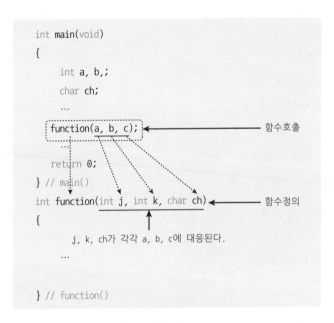

그림 7.1.9 함수호출의 예

(2) 함수값 반환

함수가 호출된 뒤에 함수 몸체에서 어떠한 연산이 수행되고 난 후에 함수가 종료되기 직전 특정한 값이나 변수를 반환하는 경우가 있다. 이때에도 선언된 함수의 반환형 자료형에 유의해야 하며 값을 반환할 이를 저장하기 위한 변수의 자료형도 일치시켜야 함을 유의한다. 그림 7.1.10은 함수값 반환의 예를 나타내고 있다.

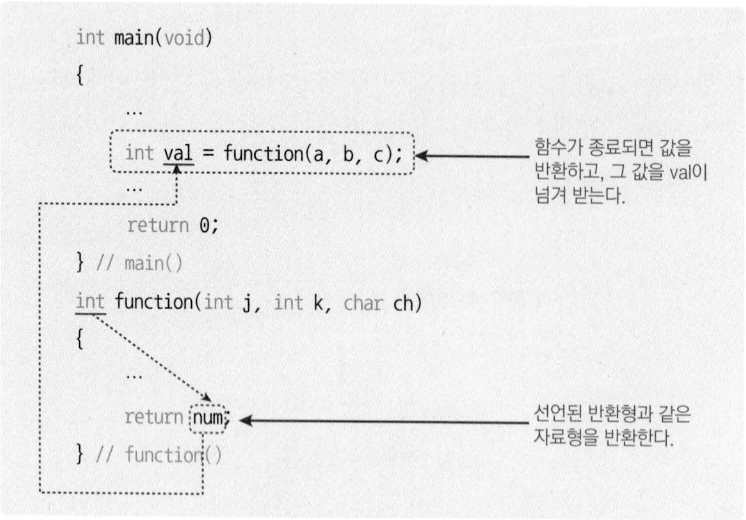

```
        int main(void)
        {
            ...
            int val = function(a, b, c);     ←── 함수가 종료되면 값을
            ...                                    반환하고, 그 값을 val이
                                                   넘겨 받는다.
            return 0;
        } // main()
        int function(int j, int k, char ch)
        {
            ...
            return num;                      ←── 선언된 반환형과 같은
        } // function()                          자료형을 반환한다.
```

그림 7.1.10 함수값 반환의 예

(3) 함수의 호출 예

■ 인수가 없는 함수를 호출하는 경우

```
    function();     ←────── 인수가 없는 경우에 괄호만 사용한다.
```

■ 인수가 있는 함수를 호출하는 경우

```
    function(k);
```

7.1.5 함수원형선언

함수를 사용하고자 할 때에는 **함수원형선언**(function prototype declaration)을 하여 어떠한 이름으로 함수를 사용할 것이며, 함수가 호출될 때, 함수명, 전달하고자 하는 값(함수의 인수)의 자료형 및 개수, 반환형 등을 컴파일러에게 미리 알려주어야 한다.

 핵심포인트 **함수원형선언(function prototype declaration)?**

C 컴파일러는 함수가 나오면 함수의 원형을 검사한다. 함수의 원형은 함수의 반환형, 함수명, 함수의 매개변수형을 나타낸다. 만일 함수원형이 선언되어 있지 않으면 C 컴파일러는 함수의 반환형과 매개변수형을 int로 가정하고 진행되며 나중에 함수가 정의된 부분에서 int가 아니면 에러가 발생하게 된다. 이 에러를 해결하는 방법은 함수가 정의된 부분을 함수를 호출하는 부분보다 앞서 나오게 하면 된다. 그러나 함수의 개수가 많은 경우에는 각 함수의 호출 순서를 살펴보아야 하는 번거로움이 발생하게 된다. 따라서 가장 간편한 방법은 함수를 호출하기 전에 함수원형선언을 하여 C 컴파일러에게 함수의 반환형과 매개변수의 형을 미리 알려주는 것이다. 한편, 라이브러리 함수는 시스템 헤더 파일에 함수원형선언이 포함되어 있으므로 선행 처리기에게 소스 코드에 시스템 헤더 파일을 포함시키도록 하면 된다.

(1) 함수원형선언 규칙

함수원형선언은 그림 7.1.11과 같은 규칙에 의거하여 작성하며, 반드시 함수호출과 함수정의보다 앞서 선언되어야 한다.

반환받고자 하는 값의 자료형을 기입
반환이 없는 경우에는 void 기입

변수명은 생략가능

세미콜론을 붙이지
않으면 에러발생

그림 7.1.11 함수원형선언 규칙

(2) 함수원형선언, 함수호출, 함수정의의 예

그림 7.1.12는 함수원형선언, 함수호출, 함수정의의 예를 나타내고 있다.

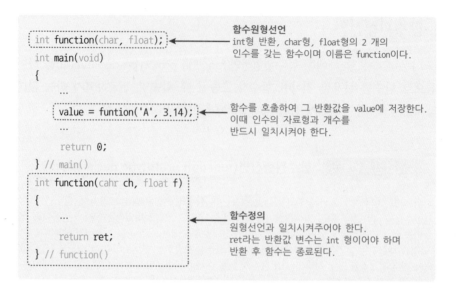

그림 7.1.12 함수원형선언, 함수호출, 함수정의의 예

Tip 함수원형선언을 하지 않으면?

함수원형선언을 하지 않으면 컴파일러가 함수에 대한 반환형과 인수의 자료형을 int형으로 처리하기 때문에 실제 함수정의시 반환형과 인수의 자료형이 int형이 아니면 "정의되지 않았습니다. extern은 int형을 반환하는 것으로 간주합니다." 라는 경고 메시지와 "재정의. 기본 형식이 다릅니다." 라는 에러 메시지가 나타나게 된다.

예제 7-1   모니터 화면에 *를 특정 개수만큼 가로로 출력하는 프로그램

drawStar() 함수를 사용하여 모니터 화면에 *를 row(행) 개수와 col(열) 개수만큼 출력하는 프로그램을 작성한다.

함수호출

```
1    // C_EXAMPLE\ch7\ch7_project1\simplefuntion.c
2
3    #include <stdio.h>
4
5    // 함수원형선언
6    void drawStar(int, int);          ←────── 반환형이 없고, int형 인수가 2개인 경우
7
8    // main() 함수
9    int main(void)
10   {
11           drawStar(3, 2);      ┐───── 함수의 호출
12           putchar('\n');       │              // 라인을 한 줄 띄운다.
13           drawStar(2, 5);      ┘
14           return 0;
15   } // main()
16
17   // drawStar() 함수정의
18   void drawStar(int row, int col)
19   {
20           int i;
21
22           while(row --)                          // 행의 개수를 하나씩 줄여 나간다.
23           {
24                   for(i = 0; i < col; i++)       // 열의 수 만큼
25                           printf("*");
26                   printf("\n");
27           } // while
28   } // drawStar()
```

[언어 소스 프로그램 설명]

핵심포인트

함수를 선언하는 경우에는 그 이름을 작성할 때 어떠한 기능을 가지고 있는지의 의미를 가진 이름을 짓는 것이 좋다. 함수가 여러 개인 경우 함수명을 A, B, C 등으로 정하면 나중에 프로그램을 수정하거나 추가할 때 곤란한 경우가 생길 수 있기 때문이다. 또한, 필자는 프로그램을 할 때 함수를 가급적 많이 사용하여 main() 함수 내부는 가급적 짧게 작성하는 것을 권고한다. 보다 구조적인 프로그래밍에 가까워지기 위한 발걸음이라고 생각하고, 지금부터라도 연습하도록 하자.

라인 6   함수명은 drawStart이며, 반환형은 void로 반환할 값이 없음을, 함수를 호출할 때 int 형인 인수를 2개를 사용함을 의미하는 함수원형선언을 한다.

라인 11	drawStar 함수를 호출하는데, 라인 17의 함수정의시 row에는 3을, col에는 2를 각각 전달하여 drawStar 함수의 몸체를 수행한다.
라인 12	줄 바꿈 문자를 삽입하여 한 줄을 띄운다.
라인 13	drawStar() 함수를 호출하는데, 라인 17의 함수정의시 row에는 2를, col에는 5를 각각 전달하여 drawStar() 함수의 몸체를 수행한다.
라인 18	함수정의 부분이다. drawStar() 함수가 호출될 때 어떠한 기능을 수행하는지를 나타내는 부분이다. 이 때 함수가 호출될 때의 자료형과 개수가 함수정의된 부분과 일치하지 않으면 컴파일러는 에러 메시지를 나타난다.
라인 22	row 값은 함수가 호출될 때 전달받은 값을 저장하고 있는 변수로써 함수가 종료되면 메모리에서 사라진다. 한편 row 변수는 행을 의미하는 변수이고, col 변수는 열을 의미하는 변수이다.
라인 24	실제 커서를 우측으로 이동시키면서 '*' 문자를 모니터 화면에 출력하는 부분이다. i 값이 0부터 시작하여 col 값과 같아지면 for 문을 빠져나가므로 만일 10개의 '*' 문자를 찍고 싶으면 col에 10을 대입하면 된다.
라인 26	for 문이 종료되고 다음 줄에 다시 '*' 문자열을 출력하기 위하여 줄 바꿈 문자를 삽입한다.

실행 결과

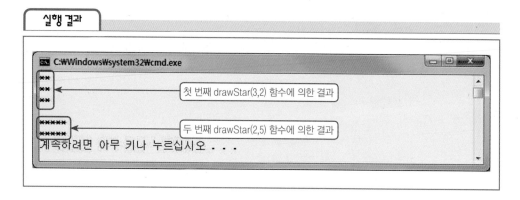

7.2 되부름

되부름(recursion)이란 함수의 몸체 내부에서 자신이 속해 있는 함수를 다시 호출하는 것을 말하며, 재귀함수라고도 한다. 함수가 호출되어 함수 내부에서 또 자신의 함수를 호출하다가 함수가 종료되는 시점을 만나면 함수를 최초로 호출한 부분으로 다시 돌아가는 의미를 갖는다. 그림 7.2.1과 같이 되부름은 함수의 자기 자신을 호출하는데 종료조건인 k가 5보다 클 때 까지 계속적으로 자기 자신을 호출하는 구문이다. 이처럼 되부름은 함수가 자기 자신의 호출을 종료하는 부분이 반드시 존재해야 무한 루프에서 벗어날 수 있다.

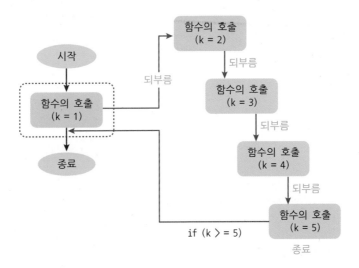

그림 7.2.1 되부름의 개념

예제 7-2   함수의 되부름을 사용하여 2의 4제곱을 구하는 프로그램

함수의 되부름을 사용하여 2의 4제곱의 값을 구하는 프로그램을 작성한다. 이때 square() 함수는 총 4번 되부름 된다.

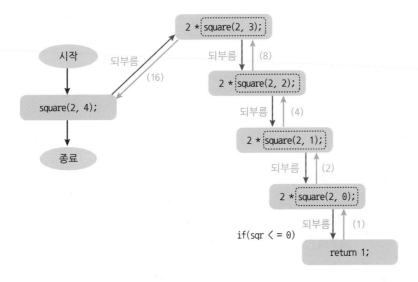

```
1    // C_EXAMPLE\ch7\ch7_project2\recursion.c
2
3    #include <stdio.h>
4
5    // square() 함수원형선언
6    int square(int, int);          ← int형 인수가 2개, 반환형이 int형인 함수원형선언
7
8    int main(void)
9    {
10           printf("2의 4제곱은 = %d\n", square(2, 4));   ← square() 함수를 호출
11           return 0;
12   } // main()
13
14   // square() 함수정의              ← sqr 변수를 하나씩 줄여가며 square() 함수를 계속 호출한다.
15   int square(int num, int sqr)
16   {
                                       sqr가 0보다 같거나 작아지면 1을 반환하고,
17           if(sqr <= 0)              되부름을 중단한다.
18                   return 1;
19           else                                        ← 되부름을 하는 부분
20                   return num * square(num, sqr - 1);
21   } // square()
```

[언어 소스 프로그램 설명]

⊕ 핵심포인트

함수의 되부름은 위의 예제와 같이 어떤 수학적인 개념을 C 프로그램으로 표현할 때나 피보나치 수열, 팩토리얼과 같이 반복적이고 규칙적인 개념의 연산을 수행할 때 대단히 효과적이지만 다소 어려운 점이 없지 않다. 되부름의 알고리즘을 이해할 때는 우선 함수가 더 이상 자기 자신을 호출하지 않는 조건 및 시점을 파악하고 이를 거꾸로 거슬러 올라가면 분석하기가 쉬울 것이다.

라인 6	square() 함수원형선언
라인 10	square 함수에 2와 4의 int형 인수를 넘겨주어 int형 자료를 반환받아 printf() 라이브러리 함수의 출력용으로 사용한다.
라인 15	square() 함수의 정의
라인 17	sqr 변수를 하나씩 줄여나가면서 최종적으로 0이 되거나 음수가 될 때 되부름을 더 이상 사용하지 않고, 1을 반환한다.
라인 20	square() 함수를 함수 몸체 내부에서 다시 호출한다. 이렇게 되면 num 값과 square 값의 결과와 곱셈을 수행하게 되는데, 또 다른 square() 함수를 호출하였으므로 이 호출이 중지 될 때까지의 결과가 최초로 호출된 함수까지 거슬러 올라가면서 곱셈을 수행하게 된다. 즉 본 함수가 호출될 때의 과정을 풀어보면 다음과 같다.

① square(2, 4) 문장 수행

② 2 * square(2, 3) 되부름

③ 2 * square(2, 2) 되부름

④ 2 * square(2, 1) 되부름

⑤ 2 * square(2, 0) 되부름

위와 같이 ①번부터 ⑤번의 과정에 걸쳐 함수의 되부름이 발생하는데, 최종적으로 ⑤번에서 square(2, 0) 되부름이 1이 반환되면서 전체적인 결과는 2*2*2*2*1과 같게 된다.

실행 결과

```
C:\Windows\system32\cmd.exe
2의 4제곱은 = 16 ◄─── 2 * 2 * 2 * 2 * 1
계속하려면 아무 키나 누르십시오 . . .
```

7.3 함수와 변수

7.3.1 변수의 일반적인 속성

프로그램 내부에 선언되어 활용되는 변수는 일반적으로 프로그램이 종료되면 메모리에서 자동으로 삭제된다. 따라서 초기화를 하지 않은 변수들의 경우에 프로그램을 실행시키면 쓰레기 값으로 저장되거나, 그 이전의 값을 그대로 유지하지 못하게 된다.

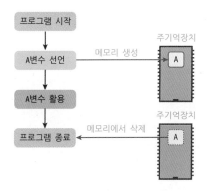

그림 7.3.1 변수의 속성과 생명주기

7.3.2 일반적인 변수의 생명주기

그림 7.2.2와 같은 프로그램이 있다고 가정하고 변수 inner와 local 그리고 arg의 생명주기는 어떠할지 살펴본다.

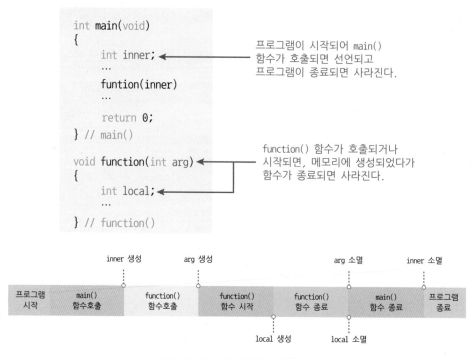

그림 7.3.2 함수에서의 변수의 생성주기

이처럼, 함수가 호출되고 종료되는 순간 메모리에서 삭제되는 변수를 일반적으로 지역 변수라고 부르며, 프로그램이 시작되고 메모리에 생성되었다가 프로그램이 종료되기 전까지 메모리에서 소멸되지 않는 변수를 전역 변수라고 부른다.

7.3.3 지역 변수와 전역 변수

지역 변수와 전역 변수의 가장 큰 차이점은 프로그래머 입장에서 보면 메모리의 생성·소멸 시점보다는 프로그램 내부에서 어떠한 범위를 가지고 사용될 수 있는가를 의미한다. 즉 지역 변수의 경우 함수 내부에서만 사용될 수 있는데 반해, 전역 변수의 경우에는 프로그램의 시작부터 종료될 때까지 어떤 함수에서도 사용이 가능하다는 차이가 있다. 따라서 중복하여 사용되고 각 함수별로 공유해야 할 변수가 있는 경우에는 전역 변수로 선언하면 좋다.

전역 변수는 별도로 초기화하지 않으면 자동으로 0으로 초기화되는 반면 지역 변수는 초기화를 하지 않으면 쓰레기 값이 저장된다. 또한 전역 변수는 프로그램이 실행중인 경우에는 계속 메모리에 상주되어 있으므로, 마이크로프로세서와 같은 임베디드 장치에 프로그래밍 할 때에는 메모리를 잘 고려하여 프로그래밍 해야 한다.

(1) 지역 변수의 선언 및 범위

지역 변수는 반드시 함수 내부에 있을 필요는 없으며 중괄호로 둘려 쌓여진 블록 내에서도 변수를 선언할 수 있다. 그림 7.3.3에서와 같이 변수 b와 c를 블록 내에서 새로이 선언할 수 있다. 그러나 블록이 시작된 후에 변수 선언을 제외한 다른 구문이 존재할 때에 다시 int d와 같이 변수를 선언하면 에러가 발생된다. 이는 변수 선언시 반드시 블록이 시작되는 시점에서 해야 됨을 의미한다. 또한, int c가 포함된 블록과 같이 while, if, for 등의 제어 연산자가 아니더라도 블록을 구현할 수 있다. 지역 변수의 범위는 지역 변수가 속한 블록 안에서 유효하다.

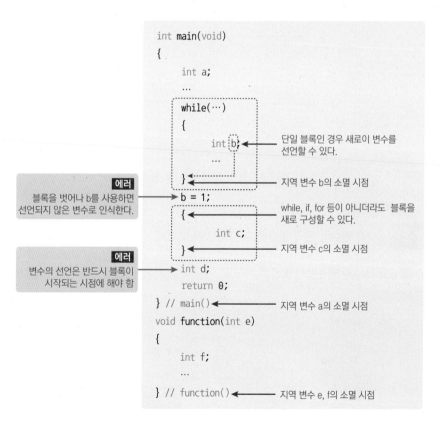

그림 7.3.3 지역 변수의 선언과 범위

(2) 전역 변수의 선언 및 범위

전역 변수의 경우 보통 블록으로 이루어져 있지 않은 곳에 선언한다. 전역 변수는 일반적으로 main() 함수의 위, 선행 처리기 아래, 헤더 파일 내부 등에 선언한다. 전역 변수를 사용하는 것은 어느 곳에서나 변수를 활용할 수 있다는 장점이 있지만, 코드가 길어져 분석하기 힘든 상황을 야기할 수 있다. 변수를 사용하는 경우 크게 문제가 되지 않지만, 변수의 값을 변경하는 부분이 많이 존재하면, 일일이 변경부분을 살펴야 하므로 프로그램의 디버깅이나 분석과정에서 문제의 소지가 많다. 그림 7.3.4는 전역 변수를 사용하는 방법을 나타낸다. 전역 변수의 범위는 전역 변수가 선언된 지점부터 프로그램의 끝까지 유효하다.

```
int a; ◀──────────── 전역 변수를 선언한다.
int main(void)
{
    int b;
    int a = 100; ◀──────── 지역 변수와 동일한 이름이 존재하면
    ...                     블록내에서 전역 변수는 의미가 없어진다.
    return 0;
} // main() ◀──────────── 지역 변수 a의 소멸 시점
void function(int e)
{
    int f;
    f = a; ◀──────────── 전역 변수 a를 사용한다.
    ...
} // function()
```

그림 7.3.4 전역 변수를 사용하는 예

예제 7-3 지역 변수와 전역 변수를 사용하는 프로그램

전역 변수의 값을 main() 함수에서 90으로 바꾸고, 사용자 함수 add()에서 10을 더하여 출력하는 프로그램을 작성한다.

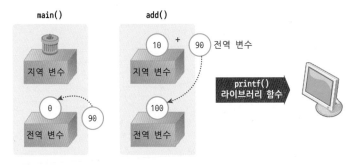

```
1    // C_EXAMPLE\ch7\ch7_project3\variables.c
2
3    #include <stdio.h>
4
5    void add(void);              // 함수의 원형선언  ←—— 함수명() => 인수가 없는 함수
6    int global;                  // 전역 변수 선언  ←—— 자동으로 0으로 초기화
7
8    int main(void)
9    {
10        int [local];             // 지역 변수 선언  ←—— 자동으로 0으로 초기화 안됨
11
12        printf("global = %d,    local = %d \n", global, local); ←——  local은 초기화되지
                                                                        않아 쓰레기 값
13
14        global = 90; ←—— 전역 변수를 main() 함수에서 사용
15        add(); ←——————— add() 함수를 호출, 반환형이 없으므로, 값을 전달받을 변수가 불필요
16        printf("global = %d, local = %d \n", global, local);
17        return 0;
18   } // main()
19
20   // add() 함수의 정의
21   void add(void)      지역 변수이기 때문에 이름은 같으나 서로 다른 변수로 인식한다.
22   {
23        int [local] = 10;   // 함수 내에서 또 다른 지역 변수 선언
24        global += local; // 함수 내에서 전역 변수를 사용
25   } // add()          ↑ ——— global 전역 변수에 90이 대입되어 함수가 호출되었으므로
                              global(100) = global(90) + local(10)
```

[C 언어 소스 프로그램 설명]

핵심포인트

전역 변수를 사용하는 경우에 어느 곳에서나 변수를 자유자재로 쓸 수 있다는 장점이 있으나, 이는 곧 어느 곳에서도 변수의 값을 변경할 수 있다는 의미가 된다. 따라서 프로그램의 여러 군데에서 전역 변수의 값을 변경하면, 디버깅하거나 프로그램을 수정하기가 만만치 않으므로 전역 변수는 가급적 사용하지 않기를 바란다. 또한 지역 변수는 블록이 다른 경우에는 동일한 이름을 계속하여 사용할 수 있다. 어차피 블록에서 벗어나면 소멸되기 때문이다. 한편, 변수를 선언할 때 초기화를 해주지 않으면 Microsoft Visual C++ 2010 Express 버전 실행시 에러창이 발생하게 된다. 이때 무시를 클릭하면 실행 결과가 나타나게 된다.

라인 5	인수와 반환형이 없는 형태의 add() 함수원형선언이다.
라인 6	int형 global 이라고 하는 정수형 전역 변수를 선언하였다. 별도로 초기화 하지 않았기 때문에 자동으로 0의 값이 대입된다.

라인 12	전역 변수와 지역 변수의 초기화를 비교하는 printf() 문이다. int형 local 이라고 하는 정수형 지역 변수를 선언하고, 별도로 초기화 하지 않았기 때문에 자동으로 초기화 되지 않고 쓰레기 값이 대입된다. 이때 컴파일러는 경고 메시지를 나타낸다.

> 1>------ 빌드 시작: 프로젝트: ch7_project3, 구성: Debug Win32 ------
> 1> variables.c
> 1>C:\C_example\ch7\ch7_project3\variables.c(12): warning C4700: 초기화되지 않은 'local' 지역 변수를 사용했습니다.
> 1> ch7_project3.vcxproj -> C:\C_EXAMPLE\ch7\ch7_project3\Debug\ch7_project3.exe
> ========= 빌드: 성공 1, 실패 0, 최신 0, 생략 0 =========

라인 14	전역 변수에 90 값을 대입한다.
라인 15	add() 함수를 호출한다.
라인 16	add() 함수가 수행되고 난 뒤의 지역 변수와 전역 변수의 차이를 확인한다.
라인 23	main() 함수의 local 변수와 이름은 동일하지만, 서로 다른 변수이다. local에 10이 대입되었으나 라인 16의 printf() 문에서는 라인 10에서 선언된 local 변수이다.
라인 24	전역 변수 global에 90의 값이 이미 대입되어 있으므로, 90과 10의 결과를 다시 전역 변수 global에 대입하는 수식이다.

실행 결과

```
자동으로 0으로 초기화 되었다.

C:\Windows\system32\cmd.exe

global = 0,   local = -858993460     ← 쓰레기 값
global = 100, local = -858993460
계속하려면 아무 키나 누르십시오 . . .
                                      add() 함수 내의 지역 변수가 아니다.
```

7.4 기억 클래스

7.4.1 기억 클래스란?

기억 클래스(storage class)는 변수나 함수를 선언하는데 있어 저장될 위치나 범위를 결정하는 키워드이다. 기억 클래스는 4가지가 존재하며 각각 auto, static, extern, register 등의 키워드를 붙여 사용한다. 이때 auto는 기본적으로 메모리의 스택이라고 불리는 공간에 저장되며, static과 extern은 메인 메모리(RAM)에 저장된다. 한편 register는 일반적인 변수가 저장되는 메인 메모리(RAM)에 저장되지 않고 CPU의 register에 저장된다.

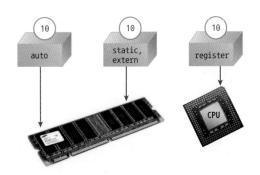

그림 7.4.1 기억 클래스

7.4.2 기억 클래스의 종류

기억 클래스는 4가지가 존재하며, 각각 auto, static, extern, register 이라는 키워드를 붙여 사용한다.

(1) auto 변수

auto는 모든 지역 변수에 대한 기본적인 기억 클래스이며 함수나 블록 내에 선언되는 자동 변수이다. 기본적으로 메모리의 스택이라고 불리는 공간에 저장이 되며 스택에 할당되어 있다가 함수나 블록이 종료되면 메모리에서 소멸된다. **auto 키워드는 생략이 가능하며 초기화를 하지 않았을 경우에 쓰레기 값이 저장된다.**

> **예제 7-4**   auto 변수를 사용하는 프로그램

함수나 블록 내에 선언되는 auto 변수를 사용하는 프로그램을 작성한다.

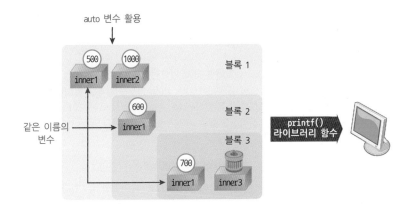

```c
1    // C_EXAMPLE\ch7\ch7_project4\auto_variables.c
2
3    #include <stdio.h>
4
5    int main(void)
6    {
7        int inner1 = 500;                          첫 번째 블록의 변수
8        int inner2 = 1000;
9        int inner3;                                초기화되지 않은 변수
10       {
11           int inner1 = 600;                      두 번째 블록의 변수
12           {
13               int inner1 = 700;                  세 번째 블록의 변수
14
15               printf("세 번째 블록 inner1의 값 : %d\n", inner1);
16               printf("세 번째 블록 inner2의 값 : %d\n", inner2);
17
18           } // 세 번째 블록
19
20           printf("두 번째 블록 inner1의 값 : %d\n", inner1);
21       } // 두 번째 블록
22
23       printf("첫 번째 블록 inner1의 값 : %d\n", inner1);
24
25       // 초기값을 지정하지 않으면 쓰레기 값이 지정됨
26       printf("첫 번째 블록 inner3의 값 : %d\n\n", inner3);
27       return 0;
28
29   } // 첫 번째 블록
```

가장 가까운 블록내의
변수값이 참조된다.

[언어 소스 프로그램 설명]

🔍 핵심포인트

auto 변수는 블록 내부에서만 효과가 있다. 초기화를 하지 않으면 임의대로 쓰레기 값이 저장되기 때문에 auto 변수를 선언하고자 할 때는 이 점에 항상 유의해야 한다. auto 변수는 블록을 벗어나게 되면 ,스택에서 사라진다. 한편, 변수를 선언할 때 초기화를 해주지 않으면 Microsoft Visual C++ 2010 Express 버전 실행 시 에러창이 발생하게 된다. 이때 무시를 클릭하면 실행 결과가 나타나게 된다.

| 라인 7 | auto 키워드를 붙이지 않으면 기본적으로 auto 변수로 인식한다. |
| 라인 10 | 함수 또는 특정 기능을 하는 문장이 아니더라도 블록을 지정할 수 있다. |

라인 11	라인 7과 동일한 이름의 변수가 한 프로그램내에서 선언되었지만, 에러가 발생하지 않는다. 이유는 블록이 다르기 때문이다. 동일한 이름의 변수이지만, 변수가 저장되는 스택의 주소는 다르다.
라인 13	inner1의 변수는 3개의 블록에 다 선언되어 있지만 가장 가까운 블록내의 inner1 변수 값이 참조된다.
라인 26	auto 변수를 선언하고, 별도로 초기화 하지 않았기 때문에 자동으로 초기화 되지 않고 쓰레기 값이 대입된다.

실행 결과

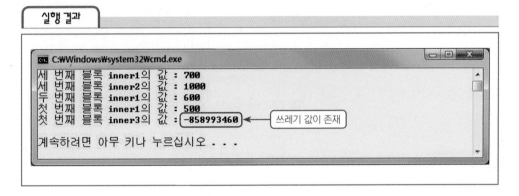

```
C:\Windows\system32\cmd.exe

세 번째 블록 inner1의 값 : 700
세 번째 블록 inner2의 값 : 1000
두 번째 블록 inner1의 값 : 600
첫 번째 블록 inner1의 값 : 500
첫 번째 블록 inner3의 값 : -858993460    ◀── 쓰레기 값이 존재

계속하려면 아무 키나 누르십시오 . . .
```

(2) extern 변수

extern 변수는 복잡한 C 프로그램의 경우에 단 하나의 소스 파일만 존재하지 않는 경우가 있다. 이때 각 소스 파일들이 하나의 프로젝트를 이뤄 결과적으로 한 개의 오브젝트 파일 및 실행 코드를 추출해 내게 되는데 이 프로젝트 안에서 변수를 extern으로 선언하면, 여러 개의 파일에서 변수를 공유하게 된다. 일반적인 auto 변수, static 변수 등은 그 범주가 해당 블록 및 파일에 국한되어 있으나 extern 변수는 여러 개의 파일에서 공유되는 점에 주의한다. 물론 extern 변수로 활용하고자 하는 경우에는 최초 선언된 변수가 전역 변수 이어야 한다. extern 변수는 여러 함수에서 공통으로 사용할 필요가 있을 경우에 함수 바깥에 선언한다. **함수 바깥에 선언된 전역 변수를 함수 내부에서 사용하고자 하는 경우에는 extern 키워드를 사용하여야 한다. 그러나 전역 변수가 선언된 이후의 함수 내에서 전역 변수 를 사용하고자 할 때는 생략 가능하다.** 그림 7.4.2에서 보면 global이란 변수는 source1.c 파일에 최초로 전역 변수로 선언되었으나, source2.c 파일에서 이 변수를 extern 키워드를 사용하여 선언하면 source1.c 파일의 전역 변수 그대로 source2.c 파일 내부에서 사용한다는 의미이다.

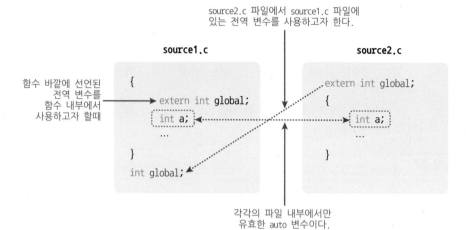

source2.c 파일에서 source1.c 파일에
있는 전역 변수를 사용하고자 한다.

그림 7.4.2 extern 변수

예제 7-5   extern 변수를 사용하는 프로그램

extern 변수를 사용하는 프로그램을 작성한다.

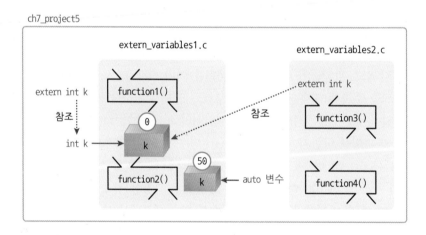

```
1   // C_EXAMPLE\ch7\ch7_project5\extern_variables1.c
2   #include <stdio.h>
3
4   void function1(void);
5   void function2(void);
6   void function3(void);
7   void function4(void);
8
```

```
 9   int main(void)
10   {
11           function1();
12           function2();
13           function3();
14           function4();
15           return 0;
16   } // main()
17
18   void function1(void)
19   {
20           extern int k;                          ──────── 전역 변수 k를 참조
21
22           k--;
23           printf("function1() : k = %d\n", k);
24
25   } // function1()
26
27   int k;  // 전역 변수(k 값은 자동적으로 0)
28   void function2(void)
29   {
30       /*
31
32           전역 변수명과 auto 변수명이 같은 경우에
33           auto 변수 참조
34       */
35           int k = 50;                            ──────── auto 변수
36           k--;
37
38           printf("function2() : k = %d\n", k);
39
40   } // function2()
```

[언어 소스 프로그램 설명]

핵심포인트

extern 변수를 사용하면, 다른 소스 파일에 존재하는 변수를 참조할 수 있다는 점에서 장점이 있다. 특정한 기능을 하는 변수가 여러 개의 소스에 걸쳐 사용될 때 이용하면 편리하다.

라인	
4 ~ 7	함수들을 선언하였다. extern_variables2.c에서 정의할 함수들을 다른 소스 파일에서 선언해도 무방하다. 이유는 동일한 프로젝트 내에 존재하기 때문이다.

라인 20	라인 27에 선언된 전역 변수를 extern 키워드를 사용하여 참조하고 있다. 이때 자료형이 다르게 되면 데이터의 손실을 가져올 수 있으므로 참조할 전역 변수와 데이터 타입을 맞춰 준다.
라인 27	외부에서 참조할 수 있는 전역 변수 k를 선언하였다.
라인 35	전역 변수와 auto 변수의 이름이 같은 경우에는 auto 변수가 참조된다.

```
1    // C_EXAMPLE\ch7\ch7_project5\extern_variables2.c
2    #include <stdio.h>
3
4    // 다른 소스 파일에서 선언된 전역 변수를 참조하기 위한 선언
5    extern int k;   ◄────────── extern_variables1.c의 전역 변수 k를 참조
6
7    void function3(void)
8    {
9        k--;
10       printf("function3() : k = %d\n", k);
11
12   } // function3()
13
14   void function4(void)
15   {
16       k--;
17       printf("function4() : k = %d\n\n", k);
18
19   } // function4()
```

[언어 소스 프로그램 설명]

핵심포인트

동일한 프로젝트 내에서는 여러 개의 소스 파일을 만들 수 있으며, 프로젝트 내부에 소스 파일을 추가하기 위해 다음과 같이 솔루션 탐색기에서 [소스 파일]의 팝업 메뉴 중 [추가] → [새 항목] 서브 메뉴를 통하여 소스 파일들을 추가할 수 있다.

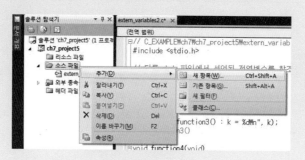

한편, Microsoft Visual C++ 6.0 버전의 경우에는 파일을 생성할 때 그림과 같이 Add to project 항목을 체크하면 project 내부에 소스 파일들을 추가할 수가 있다.

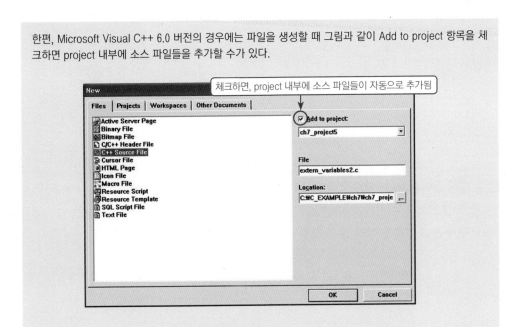

라인 5	extern_variables1.c에 존재하는 전역 변수 k를 참조한다.
라인 9	extern_variables1.c에서 전역 변수 k를 한번 감소시켰기 때문에 현재 -1이 되고, 본 문장에서 또한번 감소시키면 -2가 된다.

실행 결과

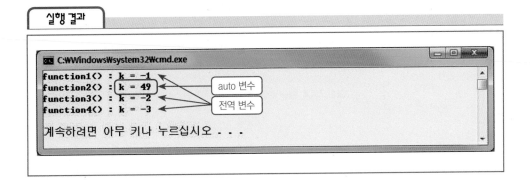

(3) static 변수

함수 내에 선언된 static 변수는 auto 변수와는 달리 함수를 벗어나도 소멸되지 않는 특성이 있다. 따라서 static 키워드를 활용하여 함수 내에 static 변수로 선언한 경우 함수가 호출되고 난 뒤 종료되어도 변수가 메모리에 존재하여 값을 기억하고 있다. **static 변수는 초기화를 하지 않을 경우 자동적으로 0이 된다.**

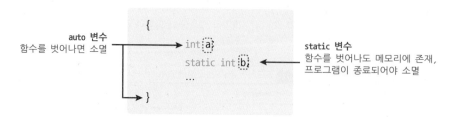

그림 7.4.3 함수 내에 선언된 static 변수

함수 밖에 선언된 static 변수의 통용 범위는 static 변수가 선언된 지점부터 static 변수가 속한 소스 코드의 끝까지이며, 다른 소스 코드에서는 static 변수를 절대로 참조할 수 없다. **static 변수는 초기화를 하지 않을 경우 자동적으로 0이 된다.**

source2.c

```
static int a          초기화 하지 않으면 0
void function1(void)
{
...
} // function1()
void function2(void)      변수 참조,
{                         다른 소스 코드에서는
...                       참조 불가능
b = a
...
} // function2()
```

그림 7.4.4 함수 밖에 선언된 static 변수

예제 7-6   static 변수를 사용하는 프로그램

static 변수를 사용하는 프로그램을 작성한다.

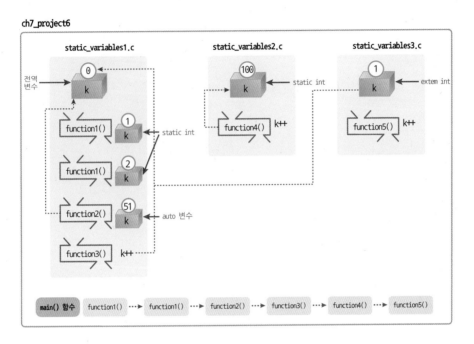

```
1    // C_EXAMPLE\ch7\ch7_project6\static_variables1.c
2
3    #include <stdio.h>
4
5    void function1(void);
6    void function2(void);
7    void function3(void);
8    void function4(void);
9    void function5(void);
10   int k; // 전역변수(k값은 자동적으로 0)          ← 전역 변수 k
11
12   int main(void)
13   {
14           function1();
15           function1();
16           function2();
17           function3();
18           function4();
```

```
19          function5();
20          return 0;
21    } // main()
22
23    void function1(void)
24    {                        ┌──────── 블록을 벗어나도 값을 기억함
25          static int k; // 함수 안에 static 변수 선언(k값은 자동적으로 0)
26          k++;
27          printf("function1 : k = %d\n", k);
28
29    } //  function1()
30
31    void function2(void)
32    {
33          //  전역 변수명과 auto 변수명이 같은 경우에 auto 변수 참조
34          int k = 50; ◄─────────────────── auto 변수
35
36          k++;
37          printf("function2 : k = %d\n", k);
38
39    } // function2()
40
41    void function3(void)
42    {
43       ▶( k++; )
44          printf("function3 : k = %d\n", k);
45
46    } // function3()
```

[언어 소스 프로그램 설명]

핵심포인트

함수 내에 선언된 static 변수는 함수를 벗어나도 소멸되지 않는다. 따라서 static 키워드를 활용하여 함수 내에 static 변수로 선언한 경우 함수가 호출되고 난 뒤 종료되어도 변수의 값을 기억하고 있다. 또한 초기화를 하지 않을 경우 자동적으로 0이 된다.

라인 10	전역 변수 k를 선언한다.
라인 25	static 변수로 선언하여 함수를 벗어나도 값을 기억할 수 있다. 따라서 라인 14, 15에서 function()1 함수를 2번 호출하였을 때 static 변수 k값은 각각 1과 2가 된다.
라인 34	전역 변수와 동일한 이름으로 auto 변수가 존재하는 경우 auto 변수를 참조한다.
라인 43	static 변수 k가 아닌 전역 변수 k를 참조한다.

```
1      // C_EXAMPLE\ch7\ch7_project6\static_variables2.c
2
3      #include <stdio.h>
4
5      // 함수 밖에 static 변수 선언(k 값은 자동적으로 0)
6      static int k = 100;              함수 밖에 선언된 static 변수는
7                                       본 소스 파일 내에서만 유효
8      void function4(void)
9      {
10         k++;
11             printf("function4 : k = %d\n", k);
12
13     } // function4()
```

[C 언어 소스 프로그램 설명]

⊕ 핵심포인트

함수 밖에 선언된 static 변수의 통용 범위는 static 변수가 선언된 지점부터 변수가 속한 소스 파일의 끝까지이며, 다른 소스 파일에서는 static 변수를 절대로 참조할 수 없다. 이 변수는 초기화를 하지 않을 경우 자동적으로 0이 된다. 또한 static_variables1.c 내부의 전역 변수를 참조하지 않는다.

라인 10   static 변수 k를 참조하므로 101이 된다.

```
1      // C_EXAMPLE\ch7\ch7_project6\static_variables3.c
2
3      #include <stdio.h>
4
5      extern int k; // static_variables1.c 소스 파일 내의 전역 변수 참조
6
7      void function5(void)
8      {
9              k++;
10             printf("function5 : k = %d\n\n", k);
11
12     } // function5()
```

라인 5   extern 변수를 사용했기 때문에 static_variables1.c 파일의 전역 변수를 참조한다.

실행 결과

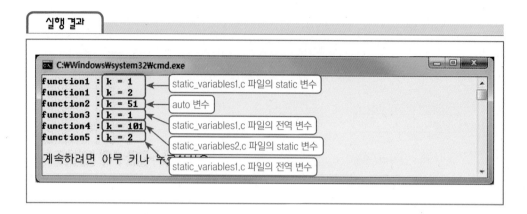

(4) register 변수

register 변수는 일반적인 변수가 저장되는 메인 메모리(RAM)에 저장되지 않고, CPU의 register에 생성되는 특징이 있다. 일반적으로 CPU의 register가 RAM보다 읽고 쓰는 속도가 빠르기 때문에 자주 사용하는 변수나 빠른 응답을 요구하는 카운터 같은 동작을 수행할 때는 register 변수를 사용한다. 만일 register 변수로 선언할 때 register에 충분한 공간이 존재하지 않는다면 auto 변수로 취급된다. register 변수도 일반 변수와 마찬가지로 블록 내부에서 선언되고 블록이 끝나면 register에서 자동으로 소멸된다. **register 변수는 초기화를 하지 않았을 경우에 쓰레기 값이 저장된다.**

예제 7-7   register 변수를 사용하는 프로그램

register 변수를 사용하는 프로그램을 작성한다.

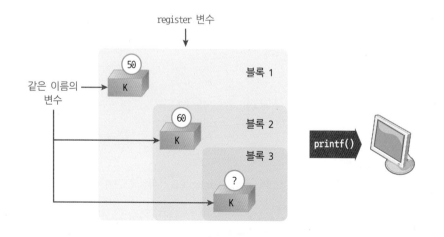

```
1    // C_EXAMPLE\ch7\ch7_project7\register_variables.c
2
3    #include <stdio.h>
4
5    int main(void)
6    {
7        register int k = 50;              ◄──── 일반 변수보다 처리속도가 빠름
8        {
9            register k = 60;              register 변수는 초기화하지 않으면
10           {                             쓰레기 값이 됨
11               register int k;  // 초기화하지 않으면 쓰레기 값이 됨
12
13               printf("세 번째 블록 k의 값 : %d\n", k);
14           } // 세 번째 블록
15
16           printf("두 번째 블록 k의 값 : %d \n", k);
17       } // 두 번째 블록
18
19       printf("첫 번째 블록 k의 값 : %d\n\n", k);
20       return 0;
21   } // 첫 번째 블록
```

[언어 소스 프로그램 설명]

핵심포인트

register 변수는 CPU의 내부 register에 존재하는 기억 공간이다. 따라서 변수를 선언할 때 용량의 제한이 있으므로, 반드시 초기화를 해주어야 한다. 초기화를 해주지 않거나 잘못된 접근이 있는 경우에 프로그램에서 에러가 발생할 수도 있다. 한편, 변수를 선언할 때 초기화를 해주지 않으면 Microsoft Visual C++ 2010 Express 버전 실행시 에러창이 발생하게 된다. 이때 무시를 클릭하면 실행 결과가 나타나게 된다.

라인 7 register형 변수를 선언하였다. 일반 변수보다 처리속도가 빠르다.

라인 13 register형 변수를 선언하고, 별도로 초기화 하지 않았기 때문에 자동으로 초기화 되지 않고 쓰레기 값이 대입된다. 이때 컴파일러는 경고 메시지를 나타낸다. 가장 가까운 블록에 있는 register k 변수를 참조하고, 출력 값은 쓰레기 값이다.

```
1)------ 빌드 시작: 프로젝트: ch7_project7, 구성: Debug Win32 ------
1>  register_varibales.c
1>c:\c_example\ch7\ch7_project7\register_varibales.c(13): warning C4700: 초기화되지 않은 'k' 지역 변수를 사용했습니다.
1>  ch7_project7.vcxproj -> C:\C_EXAMPLE\ch7\ch7_project7\Debug\ch7_project7.exe
========= 빌드: 성공 1, 실패 0, 최신 0, 생략 0 =========
```

실행 결과

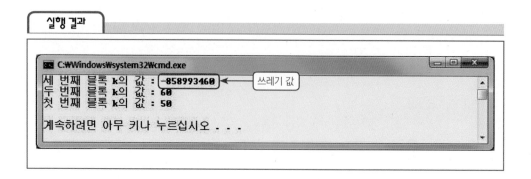

7.5 선행 처리기

7.5.1 선행 처리기란?

선행 처리기(preprocessor)는 우리가 작성하는 소스 코드 내에 포함되는 문장이긴 하지만 프로그램의 일부로 간주하지 않고 컴파일하기 이전에 처리하여 소스 코드를 수정하게 된다. 이러한 선행 처리기들은 항상 # 기호로 시작되며, 코드가 시작되기 전에 우선적으로 시작되는 문장이다. 선행 처리기는 보통 코드 내에서 한 줄 단위로 처리되며 줄 바꿈 문자(\n)를 만나게 되면 종료로 간주한다. 즉 일반적인 C 코드의 세미콜론(;)이 코드 라인의 종료로 간주되는 것과 대비되어 줄 바꿈 문자가 문장의 종료임을 숙지한다.

그림 7.5.1 선행 처리기

7.5.2 선행 처리기의 종류

(1) 파일 포함 기능

① 특정 파일을 컴파일 과정에 추가하도록 Microsoft Visual C++ 2010 Express 버전의 컴파일러에게 지시하며, #include 지시어 다음에 파일(주로 헤더 파일:header file)명을 〈 〉 또는 " "으로 감싼다.

② 〈 〉 내부의 헤더 파일은 파일 검색시 Microsoft Visual C++ 2010 Express 버전의 컴파일러가 설치된 include 디렉토리에서 찾게 되고 " "으로 된 헤더 파일은 먼저 사용자의 작업 디렉토리에서 찾은 후에 존재하지 않는 경우에는 다시 Microsoft Visual C++ 2010 Express 버전의 컴파일러가 설치된 include 디렉토리에서 찾게 된다.

③ 헤더 파일은 사용자 정의 헤더 파일과 시스템 정의 헤더 파일로 구분되어 있으며 확장자는 주로 .h을 사용한다.

④ 시스템 정의 헤더 파일에는 EOF, NULL 등과 같은 심볼들의 값이 정의되어 있고 라이브러리 함수들에 대한 함수원형선언이 되어 있다.

⑤ 사용자 정의 헤더 파일에는 소스 코드에 공통적으로 사용되는 심볼이나 변수 등을 모아서 정의한다. 따라서 프로그램을 간결하게 할 수 있다.

예 #include 〈stdio.h〉

시스템 정의 헤더 파일인 stdio.h를 Microsoft Visual C++ 2010 Express 버전의 컴파일러가 설치된 include 디렉토리에서 찾아 소스 코드에 포함시킨다.

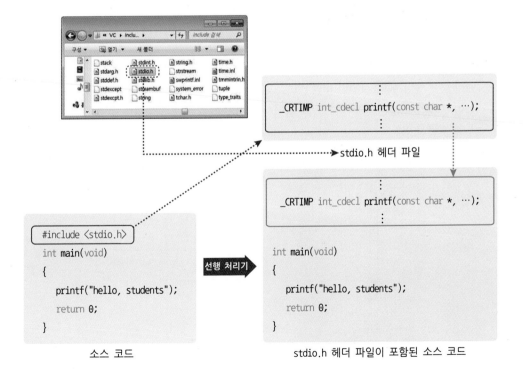

소스 코드   stdio.h 헤더 파일이 포함된 소스 코드

Tip · #include 〈stdio.h〉 문장을 소스 코드에 포함시키지 않으면?

#include 〈stdio.h〉 문장을 소스 코드에 포함시키지 않으면 컴파일 과정에서 "'printf'이(가) 정의되지 않았습니다. extern은 int형을 반환하는 것으로 간주합니다." 라는 경고 메시지가 나타나게 된다. 이는 라이브러리 함수인 printf() 함수에 대한 함수원형이 선언 되지 않았기 때문에 int형을 반환하는 함수로 가정한다는 의미이다. 따라서 이 경고 메시지를 없애려면 printf() 함수에 대한 함수 원형이 선언되어 있는 stdio.h 헤더 파일을 선행 처리기에게 소스 코드에 포함시키게 하면 된다.

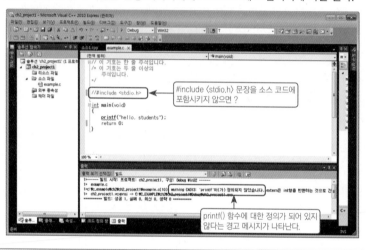

예 #include "myfile.h"

사용자 정의 헤더 파일인 myfile.h를 먼저 사용자의 작업 디렉토리에서 찾은 후 파일이 존재하지 않는 경우 다시 컴파일러가 설치된 include 디렉토리에서 찾아 소스 코드에 포함시킨다.

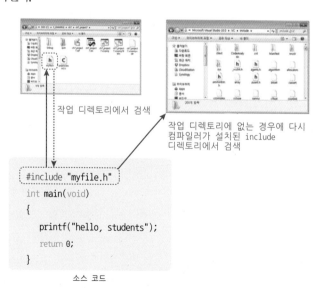

소스 코드

(2) 매크로 치환 기능

① 매크로란 프로그램 내에서 반복적이고 자주 사용되는 부분을 심볼로 따로 정의한 것을 말한다.

② 매크로를 소스 코드에 정의하는데 사용한다.

③ 매크로는 함수와 비슷하지만 실제로는 차이가 있다. 매크로는 사용할 때마다 코드를 만들지만 함수는 프로그램 내에 한번만 상주한다. 따라서 매크로 프로그램 제어는 함수가 본래 있는 장소로 분기하여 실행한 후에 복귀하는 과정없이 직접 실행하므로 함수보다 실행 시간이 빠르다. 그러나 함수보다 프로그램의 코드 분량이 많아지는 단점이 있다.

④ 매크로 치환의 형식은 다음과 같이 2가지가 있다.

```
#define 매크로명  문자열
#define 매크로명(인수1, 인수2, ....) 수식 및 문자열
```

⑤ 매크로명은 보통 대문자를 많이 사용하며 매크로명 중간에 공백을 두어서는 안 된다. 또한 문장 끝에 세미콜론(;)을 붙이지 않는다.

```
#define MULI (x)    (x * x)                              (×)
#define MULI(x)     (x * x)                              (O)

#define PI    3.14;                                      (×)
#define PI    3.14                                       (O)
```

⑥ 매크로 치환시 문자 상수는 단일인용부호(' '), 문자열 상수는 이중인용부호 (" ")로 묶어 처리한다.

```
#define END     ';'
#define STR     "This is C program"
```

⑦ 매크로 치환은 한줄 내에서만 지정이 가능하며 만일 한 줄을 넘길 경우에는 줄의 끝에 연결 표시로 역슬래쉬(\)를 하여 다음 줄에 계속 지정할 수 가 있다.

```
#define STR     "This is \
                C program "
```

■ 일반 상수 매크로 치환

일반 상수 매크로 치환은 특정 단어를 상수화시키는 매크로 선언이다. 일반 상수 매크로를 사용하는 방법은 그림 7.5.2와 같다.

> #define 매크로명   문자열

그림 7.5.2 일반 상수 매크로 치환 방법

자주 사용하는 상수나 숫자 혹은 문자열을 매크로로 정의하면 그림 7.5.3과 같이 컴파일될 때에 코드 내에서 치환되어 사용하기 편리하다.

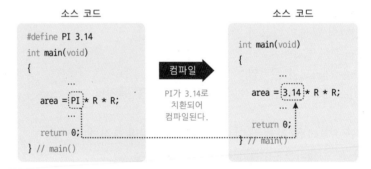

그림 7.5.3 일반 상수 매크로 치환

매크로를 사용하였을 때의 편리성은 그림 7.5.4와 같이 코드 내의 상수값을 일괄적으로 바꿀 수 있으며 상수의 용도 및 값을 쉽게 유추할 수 있다.

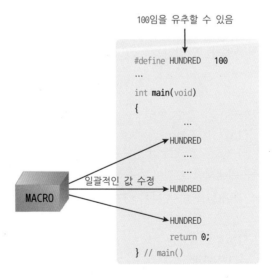

그림 7.5.4 상수 매크로의 사용의 편리성

이미 정의된 매크로를 해제하기 위해서는 #undef을 사용하면 된다.

```
#define PI    3.14              // 매크로 정의
#undef  PI                     // 매크로 해제
```

예제 7-8   일반 상수 매크로 치환을 사용하여 원의 넓이 및 길이를 구하는 프로그램

일반 상수 매크로 치환을 사용하여 원의 둘레와 길이를 구하는 프로그램을 작성한다. 원의 둘레 및 넓이를 구하는 공식은 다음과 같다.

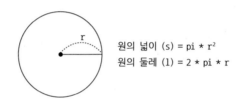

원의 넓이 (s) = pi * r²
원의 둘레 (l) = 2 * pi * r

```
1   // C_EXAMPLE\ch7\ch7_project8\preprocessor1.c
2                      ┌─ 파일 포함 선행 처리기
3   #include <stdio.h> ◄─── 표준 입출력 라이브러리 함수에 대한 함수원형선언이 포함된 헤더 파일
4   #include <math.h> ◄─── 수학연산에 관련된 라이브러리 함수에 대한 함수원형선언이 포함된 헤더 파일
5
6   #define PI         3.141592        // double형 매크로
7   #define R          10              // int형 매크로
8   #define CIRCLE     "circle"        // 문자열 매크로
9
10  int main(void)                                        pow(x,y)는 x의 y제곱을 반환함
11  {
12      double s = PI * pow(R, 2); // pow() 함수 사용
13      double l = 2 * PI * R;
14
15      printf("%s's area  = %f\n", CIRCLE, s);
16      printf("%s's circumference = %f\n", CIRCLE, l);
17      return 0;
18  } // main()
```

[언어 소스 프로그램 설명]

핵심포인트

이 예제에서는 PI, R, CIRCLE 이라는 매크로 상수가 사용되었다. 이와 같이 여러 군데에서 사용되는 상수가 존재하는 경우에는 매크로로 치환하여 사용하면 편리하다. 이유는 이후에 상수값을 변경하고자 할 때, 매크로의 값만 변경해 주면 되기 때문이다.

라인 4	stdio.h 헤더 파일은 표준 입출력 라이브러리 함수에 대한 함수원형선언이 포함되어 있고, math.h 헤더 파일은 수학의 연산에 관련된 라이브러리 함수에 대한 함수원형선언이 포함되어 있다. 존재하는 헤더 파일이다. #include는 파일을 포함시키는 선행 처리기이다. stdio.h와 math.h는 Microsoft Visual C++ 2010 Express 버전의 컴파일러가 설치된 include 디렉토리에 존재하기 때문에 〈 〉를 사용하였다.
라인 6	double형 상수를 매크로 치환하였다.
라인 7	int형 상수를 매크로 치환하였다.
라인 8	문자열 상수를 매크로 치환하였다.
라인 12	pow 함수는 pow(2,3)인 경우 2의 3제곱을 연산하여 double형으로 반환한다. 따라서 pow(10,2)의 값은 100이다.

실행 결과

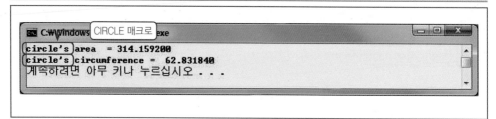

```
C:\windows\   CIRCLE 매크로   .exe
circle's area = 314.159200
circle's circumference = 62.831840
계속하려면 아무 키나 누르십시오 . . .
```

■ 함수 매크로 치환

함수 매크로 치환은 단순한 상수 매크로 치환과는 달리 간단한 함수 자체를 매크로 치환하는 방식이다. 예를 들어 덧셈, 뺄셈 등과 같은 단순한 수식에서부터 복잡한 수식까지 매크로로 작성하면 편리하게 활용할 수 있는 이점이 있다. 함수를 사용할 때와 매크로를 사용할 때의 차이점은 매크로의 경우에 코드 내에 삽입되어 실행되는 반면, 함수는 호출되는 방식을 사용하기 때문에 매크로가 훨씬 처리 속도가 빠르다. 그러나 매크로를 많이 사용하는 경우에 코드가 요소에 삽입되기 때문에 실행 파일의 크기가 커지는 단점이 있다.

함수 매크로 치환을 사용하는 방법은 그림 7.6.5와 같다.

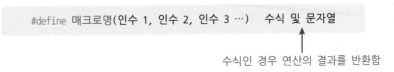

그림 7.5.5 함수 매크로 치환 사용 방법

함수 매크로 치환을 사용할 때에는 연산자의 우선순위를 고려하지 않으면 엉뚱한 결과가 산출될 수 있다. 예를 들어 그림 7.5.6과 같은 수식이 있다고 가정하자.

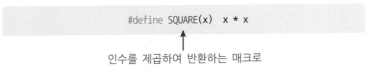

그림 7.5.6 올바르지 못한 함수 매크로 치환의 사용

그림 7.5.6의 함수 매크로 치환을 SQUARE(2+3)의 형식으로 호출하면 그림 7.5.7과 같은 과정으로 연산이 수행되어 3 * 2가 먼저 수행되어 엉뚱한 연산 결과가 산출된다.

그림 7.5.7 함수 매크로 치환의 수행 과정

따라서 그림 7.5.8과 같이 괄호를 사용하여 연산순위를 지정하여 매크로를 정의하는 것이 올바른 방법이다.

그림 7.5.8 올바른 함수 매크로 치환의 사용

예제 7-9 함수 매크로 치환을 사용하는 프로그램

함수 매크로 치환을 사용하는 프로그램을 작성한다.

```c
1    // C_EXAMPLE\ch7\ch7_project9\preprocessor2.c
2
3    #include <stdio.h>
4
5    #define SQUARE1(x)   x * x
6    #define SQUARE2(x)   (x) * (x)          ←————————— 함수 매크로
7    #define SQUARE3(x)   (x * x)
8
9    int main(void)
10   {
11           int k = 5;
12
13           // 5 * 5 = 25
14           printf("SQUARE1(k) = %d\n", SQUARE1(k));
15
16           // 5 + 3 * 5 + 3 = 23
17           printf("SQUARE1(k + 3) = %d\n", SQUARE1(k + 3));
18
19           // (5 + 3) * (5 + 3) = 64
20           printf("SQUARE2(k + 3) = %d\n", SQUARE2(k + 3));
21
22           // 160 / (4) * (4) = 160
23           printf("160 / SQUARE2(4) = %d\n", 160 / SQUARE2(4));
24
25           // 160 / (4 * 4) = 10
26           printf("160 / SQUARE3(4) = %d\n\n", 160 / SQUARE3(4));
27           return 0;
28   } // main()
```

[언어 소스 프로그램 설명]

핵심포인트

일반 함수를 선언하여 사용하는 것보다 본 예제와 같이 함수 매크로를 사용하면 한결 소스 코드가 간결할 수 있다. 본 예제와 같이 함수 매크로를 사용할 때 괄호에 유의한다.

| 라인 5~7 | 함수 매크로를 선언하였다. 문장의 끝에 세미콜론이 필요하지 않다. |
| 라인 17~26 | 함수 매크로를 사용할 때 괄호에 따라 계산 결과가 달라지므로 유의한다. |

실행 결과

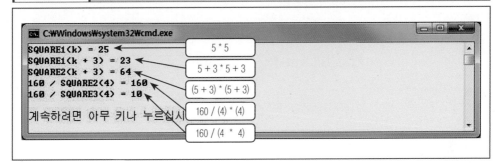

(3) 조건부 포함 기능

조건부 포함 기능을 사용하면 선택적으로 일정 부분을 소스 코드에 포함시켜 컴파일할 수 있다.

■ #if ~ #else

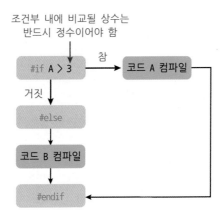

예제 7-10   조건부 포함 기능을 사용하는 프로그램 1

조건부 포함 기능을 사용하는 프로그램을 작성한다.

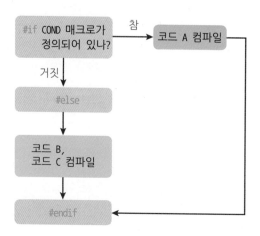

```
1    // C_EXAMPLE\ch7\ch7_project10\preprocessor3.c
2
3    #include <stdio.h>
4
5    #define COND 0  ◀──────────────────────── 매크로 선언
6
7    int main(void)
8    {
9            printf("--- 조건부 포함 예1 ---\n\n");
10
11           #if COND
12                   printf("\t\t코드 A \n\n");
13           #else   // 블록을 나타내는 {, }를 사용하지 않음  ◀── #if 문에 걸쳐있는 블록
14                   printf("\t\t코드 B \n");
15                   printf("\t\t코드 C \n\n");
16           #endif
17           return 0;
18   } // main()
```

[언어 소스 프로그램 설명]

⊕ 핵심포인트

조건부 포함 기능을 사용하면 선택적으로 일정 부분을 소스 코드에 포함시켜 컴파일할 수 있다.

라인 5	COND 매크로를 선언하였다.
라인 11~16	COND 매크로가 0으로 선언되어 있으므로 #else 문이 참이 되어 "코드 B"와 "코드 C"의 내 용을 소스 코드에 포함시켜 컴파일한다.

실행 결과

■ #if ~ #elif

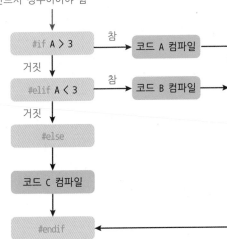

예제 7-11 조건부 포함 기능을 사용하는 프로그램 2

조건부 포함 기능을 사용하는 프로그램을 작성한다.

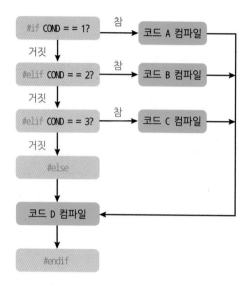

```
1      // C_EXAMPLE\ch7\ch7_project11\preprocessor4.c
2
3      #include <stdio.h>
4
5      #define COND 3                              ◀──── 매크로 선언
6
7      int main(void)
8      {
9              printf("--- 조건부 포함 예2 ---\n\n");
10
11          #if COND == 1
12                  printf("\t\t코드 A \n\n");
13          #elif COND == 2
14                  printf("\t\t코드 B \n\n");
15          #elif COND == 3                        ◀──── #if 문에 걸쳐있는 블록
16                  printf("\t\t코드 C \n\n");
17          #else
18                  printf("\t\t코드 D \n\n");
19          #endif
20          return 0;
21      } // main()
```

[언어 소스 프로그램 설명]

핵심포인트

조건부 포함 기능을 사용하면 선택적으로 일정 부분을 소스 코드에 포함시켜 컴파일할 수 있다.

라인 5	COND 매크로를 선언하였다.
라인 11 ~ 19	COND 매크로가 3으로 선언되어 있으므로 #elif COND == 3 문이 참이 되어 "코드 C"의 내용을 소스 코드에 포함시켜 컴파일한다.

실행 결과

```
C:\Windows\system32\cmd.exe
── 조건부 포함 예2 ──
        코드 C  ◄──── #elif COND == 3 부분이 출력됨

계속하려면 아무 키나 누르십시오 . . .
```

■ #ifdef, #ifndef

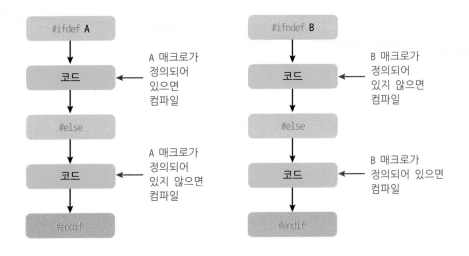

예제 7-12   **조건부 포함 기능을 사용하는 프로그램 3**

조건부 포함 기능을 사용하는 프로그램을 작성한다.

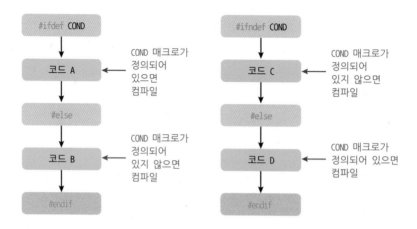

```
1    // C_EXAMPLE\ch7\ch7_project12\preprocessor5.c
2
3    #include <stdio.h>
4
5    #define COND 1                                    ◄───────────── 매크로 선언
6
7    int main(void)
8    {
9            printf("--- 조건부 포함 예3 ---\n\n");
10
11           #ifdef COND
12                   printf("코드 A\n");
13           #else                                     ◄─────── #ifdef 문이 참
14                   printf("코드 B\n");
15           #endif
16
17           #ifndef COND
18                   printf("코드 C\n");
19           #else                                     ◄─────── #ifndef 문이 거짓
20                   printf("코드 D\n\n");
21           #endif
22           return 0;
23    } // main()
```

[언어 소스 프로그램 설명

핵심포인트

조건부 포함 기능을 사용하면 선택적으로 일정 부분을 소스 코드에 포함시켜 컴파일할 수 있다.

라인 5	COND 매크로를 선언하였다.
라인 11~15	COND 매크로가 1로 선언되어 있으므로 #ifdef 문이 참이 되어 "코드 A"의 내용을 소스 코드에 포함시켜 컴파일한다.
라인 17~21	COND 매크로가 0으로 선언되어 있으므로 #ifndef 문이 거짓이 되어 "코드 D"의 내용을 소스 코드에 포함시켜 컴파일한다.

실행 결과

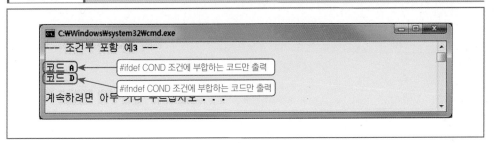

예제 7-13　사용자 정의 헤더 파일을 소스 코드에 포함시킬 때 조건부 포함 매크로에 따라 다르게 포함시키는 프로그램

소스 코드가 여러 개 있을시 조건부 포함 매크로와 함수원형선언 되어 있는 사용자 정의 헤더 파일을 작성하고, 사용자 정의 헤더 파일을 소스 코드에 포함시킬 때에 조건부 포함 매크로에 따라 다르게 포함시키는 프로그램을 작성한다.

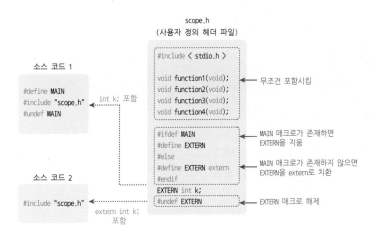

```
1    // C_EXAMPLE\ch7\ch7_project13\preprocessor6.c
2
3    #define MAIN
4    #include "scope.h"          ◀────── 조건을 체크하여 scope.h 사용자 정의 헤더 파일을 포함시킴
5    #undef MAIN
6
7    int main(void)
8    {
9            function1();
10           function2();
11           function3();
12           function4();
13           return 0;
14   } // main()
15
16   void function1(void)        ◀────── 함수원형선언은 사용자 정의 헤더 파일인 scope.h에 존재
17   {
18           k++;
19           printf("function1 : k = %d\n", k);
20
21   } // function1()
22
23   void function2(void)
24   {
25           k++;
26           printf("function2 : k = %d\n", k);
27
28   } // function2()
```

[언어 소스 프로그램 설명]

➕ 핵심포인트

사용자가 작성한 헤더 파일은 〈 〉기호가 아닌 이중인용부호(" ")를 사용한다.

라인 4	사용자 정의 헤더 파일인 scope.h 파일을 소스 코드 내부에 포함시킨다. 이때 조건을 체크하여 scope.h 헤더 파일의 내용을 소스 코드에 포함시킨다.
라인 5	사용한 후 쓸모없는 매크로를 해제시킨다.

```
1   // C_EXAMPLE\ch7\ch7_project13\preprocessor7.c
2
3   #include "scope.h"          ◀─────── 조건을 체크하여 scope.h 사용자 정의 헤더 파일을 포함시킴
4
5   void function3(void)
6   {
7           k++;
8           printf("function3 : k = %d\n", k);
9
10  } // function3()
11
12  void function4(void)
13  {
14          k++;
15          printf("function4 : k = %d\n", k);
16
17  } // function4()
```

라인 3	사용자 정의 헤더 파일인 scope.h 파일을 소스 코드 내부에 포함시킨다. 이때 조건을 체크하여 scope.h 헤더 파일의 내용을 소스 코드에 포함시킨다.

```
1   // C_EXAMPLE\ch7\ch7_project13\scope.h
2
3   #include <stdio.h>
4
5   void function1(void);
6   void function2(void);
7   void function3(void);
8   void function4(void);
9
10  #ifdef MAIN
11  #define EXTERN          ◀─────── MAIN 매크로가 존재하면 EXTERN을 지움
12  #else
13  #define EXTERN extern   ◀─────── MAIN 매크로가 존재하지 않으면 EXTERN을 extern으로 치환
14  #endif
15  EXTERN int k;
16  #undef EXTERN           ◀─────── EXTERN 매크로 해제
```

라인 3	소스 코드 preprocessor6.c와 preprocessor7.c 내부에 stdio.h 사용자 정의 헤더 파일을 포함시킨다.
라인 5~8	함수원형선언들
라인 10~16	MAIN 매크로가 존재하면 EXTERN 매크로를 지운다. 따라서 EXTERN int k는 int k로 되어 소스 코드(preprocessor6.c)에 포함된다. 한편 MAIN 매크로가 존재하지 않으면 EXTERN 매크로를 extern으로 치환한다. 따라서 EXTERN int k는 extern int k로 되어 소스 코드(preprocessor7.c)에 포함된다.

실행 결과

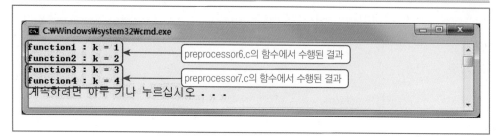

1. 함수에 대한 설명 중 틀린 것은?

   ① 함수란 모듈과 같이 전체 프로그램 중에서 일부분의 기능을 수행한다.

   ② 함수에는 입력과 출력이 있을 수 있다.

   ③ 반복되는 기능이 있는 프로그램의 경우에 함수를 사용하면 유용하다.

   ④ 함수에는 입력과 출력부분이 각각 두 개 이상 사용할 수 있다.

   ⑤ 함수를 사용하면, 다른 프로그램에서 사용할 수 있도록 만들면 구조적 프로그래밍 기법에 가까워진다.

2. 함수명에 대한 것 중 바르지 못한 것은?

   ① _function 과 _Function은 서로 다른 함수이다.

   ② 함수() 함수는 사용할 수 있다.

   ③ 2Function() 함수는 사용할 수 없다.

   ④ void for() 와 같은 함수는 사용할 수 없다.

   ⑤ func tion()과 같이 함수명의 중간에 공백이 존재할 수 없다.

3. 함수의 원형선언에 대한 설명 중 바른 것은?

   ① 함수를 원형선언하지 않아도 동작은 된다.

   ② 함수의 원형선언에는 인수의 자료형을 반드시 명시해야 한다.

   ③ 함수원형선언시 인수의 명칭은 생략해도 된다.

   ④ 2개의 반환형이 있는 경우 함수원형선언시 순서대로 기입한다.

   ⑤ 함수원형선언은 블록 외부에 위치해야 한다.

4. 함수 내부에 사용되는 지역 변수와 전역 변수에 대한 설명 중 바른 것은?

   ① 함수의 전달 인수는 함수가 선언되는 시점에 메모리에 생성된다.

   ② 함수의 전달 인수는 프로그램이 종료되면 메모리에서 사라진다.

   ③ 함수 내부에 선언된 새로운 변수는 함수 내에서만 유효한 변수이다.

   ④ 함수 외부의 다른 블록에 선언된 변수는 함수 내부에서 사용할 수 있다.

   ⑤ 전역 변수는 함수 내부에서 사용할 수 있으며, 함수가 종료되면 메모리에서 사라진다.

5. 함수의 되부름에 대한 설명으로 틀린 것은?

　① 함수의 몸체 내부에서 함수 자신을 호출하는 것이 되부름이다.

　② 함수가 종료되는 시점이 반드시 존재해야 무한루프에서 벗어날 수 있다.

　③ 함수의 되부름을 재귀함수라고도 한다.

　④ 5*4*3*2*1 과 같이 일련의 규칙적이고 반복적인 작업시 되부름을 사용하는 것이 좋다.

　⑤ 되부름은 일반 반복문보다 메모리의 사용이 적다.

6. 기억 클래스에 대한 설명 중 바른 것은?

　① 기억 클래스는 메모리에 저장되어질 변수나 함수 등의 위치를 주소 단위로 임의로 지정할 수 있는 기법이다.

　② 일반적으로 변수 앞에 기억 클래스 키워드를 생략하면 static 변수로 인식된다.

　③ 기억 클래스의 모든 자료는 주기억장치(RAM)에 기록된다.

　④ 기억 클래스는 총 4가지가 존재하며 각각의 클래스는 저장될 위치에 따라 구별된다.

　⑤ 기억 클래스를 사용함으로써 액세스의 속도, 기억될 공간의 효율성등을 쉽게 고려할 수 있다.

7. 기억 클래스의 종류에 대한 설명 중 바른 것은 ?

　① auto 변수는 일반적인 변수의 선언의 경우에 적용된다.

　② auto 변수는 메모리의 스택이라고 불리는 공간에 저장되며, 초기화를 할 경우 0값이 기록된다.

　③ extern 변수는 여러 개의 파일에 걸쳐 변수를 공유할 때 사용하며, 전역 변수인 경우에만 사용된다.

　④ static 변수는 블록을 벗어나도 소멸되지 않으며, 초기화하지 않으면 쓰레기 값이 저장된다.

　⑤ register 변수는 CPU에 저장되는 변수이며, 초기화하지 않으면 자동으로 0이 기록된다.

8. 선행 처리기에 대한 설명 중 바른 것은?

① 선행 처리기는 #으로 시작하는 모든 문장에 해당된다.

② 선행 처리기는 소스 코드 내부에 포함되어, 프로그램의 일부로 간주되어 처리된다.

③ 선행 처리기는 문장의 끝에 세미콜론이 붙지 않는다.

④ 파일을 포함시킬 때 시스템 라이브러리 파일은 " ", 사용자 정의 파일은 〈 〉로 묶어진다.

⑤ 선행 처리기로 묶일 파일의 경우 헤더 파일 이외에 소스 파일도 가능하다.

9. 매크로 치환에 대한 설명 중 바른 것은?

① 매크로 치환은 소스 코드에 특정 문장을 포함시킬 때 사용하며, 프로그램의 크기에 영향을 주지 않는다.

② 프로그램에서 반복적으로 사용될 경우 매크로로 치환하면 유용하다.

③ 매크로치환은 함수와 비슷하나, 함수보다 처리속도가 느리다.

④ 문자열은 매크로로 치환할 수 없다.

⑤ 두 줄 이상에 걸쳐 매크로를 치환할 수 없다.

10. 함수를 매크로로 치환할 때의 예로 올바르지 않은 것은?

① #define PRINTF(x)   printf("%d\n", x)

② #define DIVIDE(x,y)   x/y

③ #define ADD +

④ #define SQUARE(x)   x*x;

⑤ #define STR   printf

11. 다음과 같은 실행결과를 얻기 위한 프로그램을 완성하라.

```c
#include <stdio.h>

int square(int, int);

int main(void)
{
    printf("%d\n", square(10, 2));
    return 0;
} // main()


_____
{
    return a*b;
}
```

[실행결과]

```
C:\Windows\system32\cmd.exe
20
계속하려면 아무 키나 누르십시오 . . .
```

12. 다음과 같은 실행결과를 얻기 위한 프로그램을 완성하라.

```c
#include <stdio.h>

int main(void)
{
    printf("hello, world \n");

    _____
    return 0;
} // main()
```

[실행결과] 무한반복 된다.

```
C:\Windows\system32\cmd.exe
hello, world
hello, world
hello, world
hello, world
hello, world
hello, world
hello, world
hello, world
hello, world
hello, world
```

13. 다음과 같은 실행결과를 얻기 위한 프로그램을 완성하라.

```c
#include <stdio.h>

#define square(x)        x*x

int main(void)
{
    printf("%d\n", square(10));
    printf("%d\n", square(_____));
    return 0;
} // main()
```

[실행결과]

```
C:\Windows\system32\cmd.exe
100
19
계속하려면 아무 키나 누르십시오 . . .
```

14. 다음과 같은 실행결과를 얻기 위한 프로그램을 완성하라.

```c
#include <stdio.h>

void test();

int main(void)
{
    test();
    test();
    return 0;
} // main()

void test(void)
{
    _____int a = 10;
    printf("%d\n", a++);
} // test()
```

[실행결과]

```
C:\Windows\system32\cmd.exe
10
11
계속하려면 아무 키나 누르십시오 . . .
```

15. 다음과 같은 실행결과를 얻기 위한 프로그램을 완성하라.

```c
#include <stdio.h>

int a = 10;

int main()
{
    int a =_____;

    printf("%d\n", a);
    return 0;
} // main()
```

[실행결과]

```
C:\Windows\system32\cmd.exe
20
계속하려면 아무 키나 누르십시오 . . .
```

16. 다음의 동작조건, 요구사항, 실행결과를 만족시키는 프로그램을 작성하라.

동작조건

- 4!(팩토리얼) 함수를 구현한다.

- 예를 들어 4!은 4 * 4-1 * 4-2 * 4-3 과 같은 규칙을 가진 수학 기호이다.

- 함수의 되부름을 사용하여 구현하도록 한다.

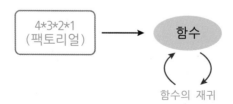

요구사항

- fact 함수를 사용하며 함수의 반환형과 인수는 모두 long 형으로 한다.

- 함수 내의 코드는 4줄로 제한하도록 한다.

- 함수의 되부름을 사용하여 구현하도록 한다.

실행결과

17. 다음의 동작조건, 요구사항, 실행결과를 만족시키는 프로그램을 작성하라.

동작조건

- 사용자로부터 3개의 정수를 입력받고, 입력받은 정수들 중 최댓값을 출력하는 프로그램을 작성한다.
- 프로그램이 시작되면 사용자로부터 3개의 정수를 입력하는 문장을 출력하고, 3개의 정수의 크기를 각각 비교하여 최댓값을 알려주는 프로그램을 작성하도록 한다.
- 함수를 사용하여 입력한 3개의 정수를 비교하는 프로그램을 작성한다. 이때 함수는 인자가 3개 반환형인 1개인 함수이다.

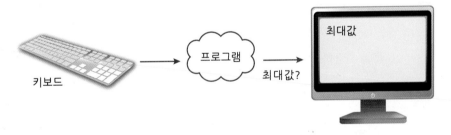

요구사항

- scanf() 라이브러리 함수를 사용한다.
- 함수명은 sort로 하고, 인수와 반환형을 모두 갖는 함수를 사용한다.
- 함수내의 지역 변수는 1개로 제한한다.

실행결과

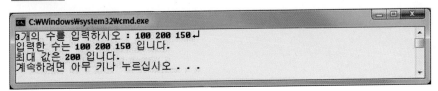

18. 다음의 동작조건, 요구사항, 실행결과를 만족시키는 프로그램을 작성하라.

• 사용자로부터 사칙연산을 수행하는 계산식을 입력하도록 요구한다.

• 사용자가 만일 10*2 라는 식을 입력하면 10과 2를 곱하고 그 결과를 출력하는 프로그램을 작성한다.

• 만일 사칙연산의 기호가 +-*/ 에 속하지 않으면 에러 메시지를 출력하고 프로그램을 종료한다.

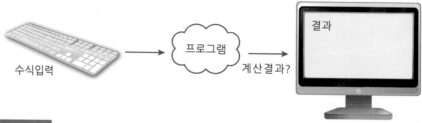

요구사항

• scanf() 라이브러리 함수를 사용한다.

• 함수명은 cal로 하고, 인수와 반환형이 모두 있는 형태이다.

• switch 문을 사용하도록 한다.

실행결과

19. 다음의 동작조건, 요구사항, 실행결과를 만족시키는 프로그램을 작성하라.

동작조건

- 0~9 까지의 값을 정수값으로 변환하는 프로그램을 작성한다.

- 컴퓨터가 인식하는 문자 0은 실제 정수값으로는 0이 아니다. 마찬가지로 1부터 9까지의 문자는 대응되는 ASCII 값이 있으므로 이를 실제 정수값으로 변환하는 프로그램을 작성하도록 한다.

- 만일 0~9가 아닌 문자를 입력했다면 -1을 반환한다.

요구사항

- 0부터 9 이외의 값은 허용치 않도록 한다.

- 임의로 3개의 값을 printf() 라이브러리 함수를 사용하여 출력한다.

- 정수로 변환하는 부분을 함수로 작성한다.

실행결과

20. 다음의 동작조건, 요구사항, 실행결과를 만족시키는 프로그램을 작성하라.

동작조건

- 피라미드 모양의 탑을 그리는 프로그램을 작성한다.

- 사용자가 main() 함수에서 피라미드의 층 수, 그리고 심볼을 바꿀 수 있도록 작성한다.

- 예를 들어 4, *를 입력하면 층 모양의 *의 탑이 그려진다.

- 공백까지 고려하여 프로그램을 작성한다.

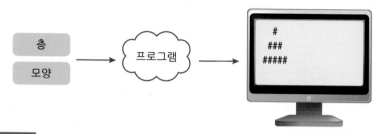

요구사항

- 함수의 인자는 피라미드의 층수와 모양으로 작성한다.

- 프로그램의 경고 메시지가 한 개도 없어야 한다.

- makePyramid 란 이름으로 함수를 작성한다.

실행결과

CHAPTER

8

배열

학 습 목 표

- 배열이란 무엇인지 살펴본다.
- 배열에서 사용되는 주소값이 어떻게 활용되는지 살펴본다.
- 배열과 문자열의 관계가 어떻게 형성되고 그 사용방법은 무엇인지 살펴본다.
- 배열이 메모리에 어떻게 생성되고, 열거되는지 살펴본다.

핵심포인트

C 언어에서 배열이란 메모리 내부에서 어떠한 변수 혹은 상수가 일련의 규칙을 가지고 나열되어 있는 것을 말한다. 여러 개의 변수를 각각 키워드(자료형)를 사용해서 메모리에 선언하는 것 보다 배열을 사용해서 메모리에 선언하는 것이 프로그래밍에 더욱 효과적일 수 있다. 또한 배열을 사용하면 문자열도 쉽게 액세스(access)할 수 있으므로 편리한 프로그래밍 개념이라 할 수 있다.

8.1 배열의 정의

8.1.1 배열이란?

배열(array)의 사전적인 의미는 "일정한 차례나 간격에 따라 벌여 놓음"이라는 의미를 가지고 있다. 이를 프로그램 입장에서 해석하면 메모리에 변수를 선언할 때 일정한 주소의 체계를 가지고 메모리에 저장할 때 사용한다. 여러 개의 변수를 메모리에 할당할 때 배열을 이용하면, 한 번에 메모리가 허용하는 범위 내에서 일률적인 주소체계를 가지고 선언할 수 있다.

예를 들어 그림 8.1.1과 같이 여러 개의 변수가 필요한 상황에서는 일일이 변수명을 정하고, 기입해야 한다.

```
int a1, a2, a3, a4, a5, a6, a7, a8, a9, a10;
```

그림 8.1.1 여러 개의 변수 선언

그림 8.1.1과 같이 변수를 선언하면, a1~a10 까지는 사용자의 입장에서는 일률적으로 변수를 메모리에 할당한 것처럼 보일 수 있으나, 메모리에 할당시 그 위치는 그림 8.1.2와 같이 규칙적이지 못하다.

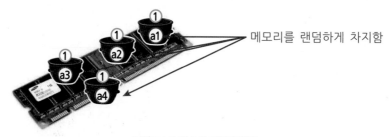

메모리를 랜덤하게 차지함

그림 8.1.2 변수의 메모리 할당

이와 같이 여러 개의 변수를 선언할 때 일일이 변수의 사료형과 변수명을 나열하는 번거로움을 피하기 위하여 C 언어에서는 배열의 기법을 사용하여 메모리를 활용한다. 배열을 선언하는 방법은 그림 8.1.3 과 같다.

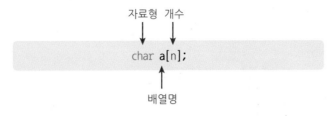

그림 8.1.3 배열의 선언 방법

그림 8.1.3과 같이 선언하면 char의 크기를 갖는 변수를 총 n개를 선언하고 그 이름은 a라고 명명하고, 이는 메모리에 그림 8.1.4와 같이 저장된다.

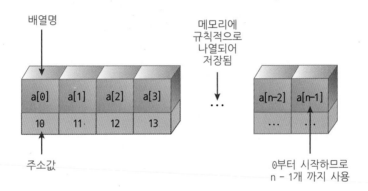

그림 8.1.4 메모리에 배열 저장

8.1.2 배열의 활용

배열은 이처럼 여러 개의 변수를 소스 코드를 줄이기 위해 하나의 변수로 표현할 때 사용되기도 하지만, 문자열을 처리할 때 사용되기도 한다. 또한 여러 개의 변수를 액세스할 때 for 문이나 while 문과 같은 반복문을 사용하여 처리할 수도 있다. 배열을 활용하는 예는 다음 그림들과 같다.

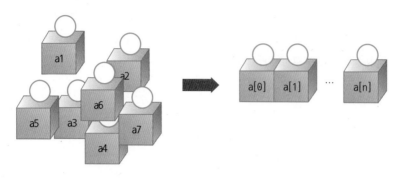

그림 8.1.5 다양한 변수들의 간소화

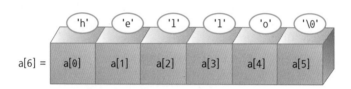

그림 8.1.6 문자열의 처리

```
for(n = 0; n < 5; n ++)  ◄────── n이 0부터 4가 될 때 까지 5번 반복
{
        a[n] = 0;  ◄────── a[0]부터 a[4]까지 0을 대입
}
```

그림 8.1.7 반복문을 활용한 배열의 사용

8.1.3 배열을 사용할 때의 주의사항

다음은 배열 사용시 주의사항이다.

① **선언한 배열의 길이와 사용하는 배열의 길이가 일치해야 한다.**

➡ a[5]로 선언한 배열에 a[6]은 접근할 수 없다(쓰레기 값이 로드된다).

② **선언한 길이만큼의 배열은 그 순서가 반드시 0부터 차례대로 1씩 증가되어야 한다.**

➡ a[5]로 선언했다면 a[0] 부터 a[4] 까지 사용해야 하며, 중간에 0~4 이외의 숫자는 사용할 수 없다.

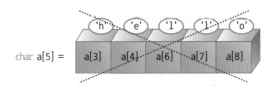

③ 배열명도 일반 변수명 규칙과 같이 키워드는 사용할 수 없다.

④ 선언한 배열의 자료형은 배열의 전체에 해당하는 자료형이며, 배열의 크기는 전체 배열 수에 비례한다.

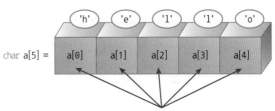

모두 char형이며 크기는 sizeof(char) * 5 = 5바이트이다.

8.1.4 배열의 종류

배열에는 1차원 배열과 다차원 배열이 존재한다. 1차원 배열은 배열의 시작부터 끝까지 하나의 열을 이루며 열거된 배열을 의미하며, 다차원 배열은 그 구조가 입체적으로 이루어져 있기 때문에 다차원 배열이라 불린다.

그림 8.1.8 1차원배열

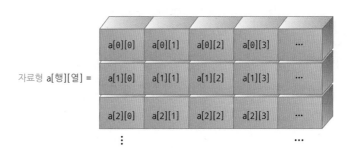

그림 8.1.9 2차원 배열

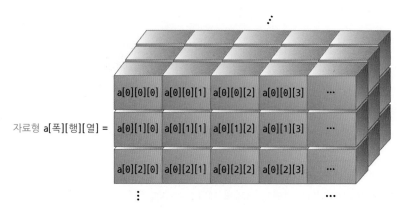

자료형 a[폭][행][열] =

그림 8.1.10 3차원 배열

이와 같이 배열은 차수를 늘리면 늘릴수록 복잡해지므로 보통 1차원 배열과 2차원 배열만 사용한다. 또한 배열은 자료형에 따라 각 원소들의 크기가 결정된다.

8.2 1차원 배열

8.2.1 1차원 배열이란?

1차원 배열은 그림 8.2.1과 같이 배열이 하나의 열을 이루며 원소를 나열한 것을 말한다.

시작   끝

그림 8.2.1 1차원 배열

8.2.2 1차원 배열의 선언

1차원 배열을 선언하기 위해서는 자료형, 배열명, 길이가 필요하다.

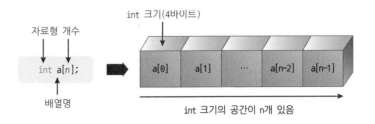

그림 8.2.2 1차원 배열의 선언

1차원 배열의 선언하는 예는 다음과 같다. array라는 이름의 배열은 하나의 원소의 크기가 4바이트인 공간 10개를 할당받는다. storage라는 배열은 하나의 원소의 크기가 1바이트인 20개의 공간을 할당받는다. value라는 배열은 하나의 원소의 크기가 8바이트인 5개의 공간을 할당받는다.

```c
int array[10];
char storage[20];
double value[5];
```

8.2.3 1차원 배열의 초기화

변수를 초기화하듯이 배열도 최초 선언될 때 초기화할 수 있다. 1차원 배열을 초기화를 하는 방법은 그림 8.2.3과 같다.

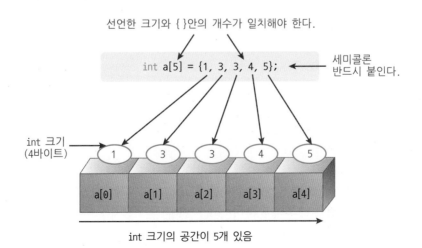

그림 8.2.3 배열의 초기화

그림 8.2.3은 배열을 선언함과 동시에 초기화를 같이 수행하는 문장이다. 배열을 선언할 때 지정한 개수와 중괄호({ }) 안에 사용한 개수가 선언한 개수보다 크면 안 된다. 만일 그림 8.2.4와 같이 선언한 개수보다 초기화를 적게 했다면, 순서대로 마지막에 초기화하지 않은 배열은 자동으로 0값이 대입된다.

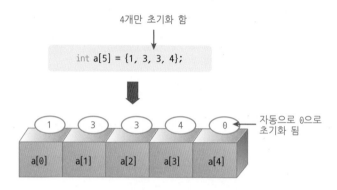

그림 8.2.4 쓰레기 값이 대입된 배열의 초기화

배열을 초기화할 때 배열의 개수를 지정하지 않은 채 초기화하면, 초기화한 초기값의 개수만큼만 할당된다. 그림 8.2.5와 같이 배열의 개수를 지정하지 않고 3개의 항목만 초기화하면 array 라고 하는 배열의 크기는 4바이트의 공간이 3개가 되어 자동으로 12바이트가 할당된다.

그림 8.2.5 자동으로 배열의 크기가 할당되는 경우의 배열 초기화

8.2.4 1차원 배열의 사용 및 접근

1차원 배열을 사용하는 것은 1차원 배열로 선언한 뒤 배열 내의 원소에 값을 대입하거나 읽어오는 것을 의미한다. 그림 8.2.6에서와 같이 array라고 하는 배열은 총 길이가 4이며, 그 크기는 int로 선언했기 때문에 20바이트이다. 한편, 초기화시 array[0]부터 array[2]까지 3개만 초기화하였으며 array[3]에는 0이 존재할 것이다. 이 때 내부 원소들을 불러오려면 그림 8.2.6과 같이 대입 연산자를 사용하며, 원소에 값을 대입하기 위해서는 마찬가지로 대입 연산자를 사용하여 일반 변수에 값을 대입하듯이 사용하면 된다.

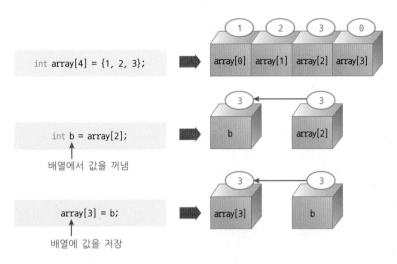

그림 8.2.6 배열의 사용 및 접근

그림 8.2.7은 배열의 초기화와 대입의 관계를 나타내고 있다.

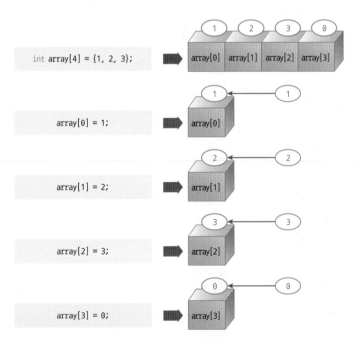

그림 8.2.7 배열의 초기화와 대입의 관계

예제 8-1   배열의 크기를 계산하고, 배열의 원소의 총합을 구하는 프로그램

배열의 크기를 계산하고, 배열내의 원소들의 총합을 구하는 프로그램을 작성한다.

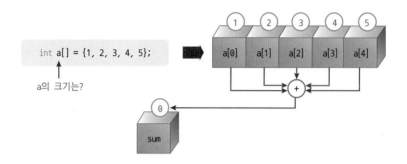

```
1    // C_EXAMPLE\ch8\ch8_project1\array1.c
2
3    #include <stdio.h>
4
5    int main(void)              ──── 1차원 배열의 선언과 동시에 초기화
6    {
7        int a[] = {1, 2, 3, 4, 5};   // a의 크기는 5*4바이트
8        int i, sum = 0;              // i는 for문에 사용, sum은 합을 저장
9
10       printf("배열 a의 크기는 %d \n", sizeof(a));  ◄── a배열의 크기를 바이트 단위로 반환
11
12       // i가 0부터 5가 될때까지 5번 반복
13       for(i = 0; i < 5; i++)
14       {                          ──── a배열의 원소값을 얻어옴
15           sum += a[i];           // sum = sum + a[i]
16       } // for                   ──── a[0]부터 a[4]까지의 합을 더함
17
18       printf("1부터 5까지의 합은 %d \n", sum);
19       return 0;
20   } // main()
```

[언어 소스 프로그램 설명]

⊕ 핵심포인트

배열을 사용하는데 있어 가장 큰 장점은, 하나의 변수를 활용하여 여러 개의 변수를 쉽게 사용할 수 있다는 점이다. 중요한 것은 배열의 크기가 5라고 해서 a[5]까지 사용해야 한다고 생각하는 오류는 범하지 않도록 한다.

라인 7	int형의 크기 배열에 5개의 원소를 초기화하였으므로 자동으로 배열의 길이는 5가 되며 그 크기는 int형의 크기인 4바이트에 5를 곱하여 20바이트가 된다.
라인 8	i는 for문에 사용하고, sum는 각 원소의 합을 저장하기 위하여 사용한다.
라인 10	sizeof(a)는 메모리에 할당되는 배열 a의 전체 크기가 반환된다.
라인 13	i가 0부터 4가 될 때까지 5번 루프내를 반복하고, 5가 되면 루프가 실행되지 않고 종료되어 다음 행으로 넘어간다.
라인 15	sum은 최초로 0부터 시작하여 a[0]부터 a[4]까지의 배열의 원소들이 합을 구하여 저장한다.

실행 결과

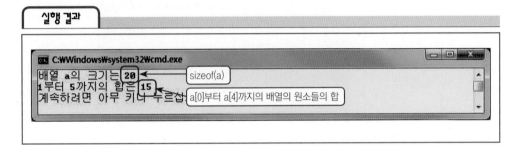

8.3 다차원 배열

8.3.1 다차원 배열이란?

다차원 배열이란 배열을 중복하여 사용하는 것으로 배열이 중복되는 개수만큼 몇 차원의 배열인지 구분한다. 예를 들어 2차원 배열의 경우 1차원 배열이 2개가 존재하는 것으로 그림 8.3.1과 같이 배열 선언시 행은 앞에, 열은 뒤에 기입한다. 또한 1차원 배열과 마찬가지로 모든 배열의 원소는 0부터 시작한다.

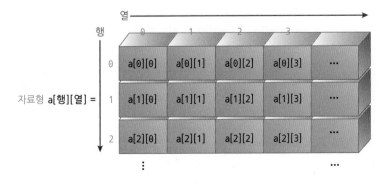

그림 8.3.1 2차원 배열

3차원 배열의 경우에는 2차원 배열에 폭이 1개 더 추가된 형태로 그림 8.3.2와 같다. 3차원 이상의 배열의 경우에는 이를 도식화하기 힘들 뿐만 아니라 입체적으로 판단하기 복잡해 거의 사용하지 않는다. 실제 많이 사용되는 경우는 1차원 배열과 2차원 배열을 많이 사용한다.

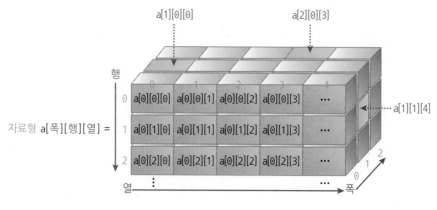

그림 8.3.2 3차원 배열

8.3.2 다차원 배열의 선언

다차원 배열을 선언하는 방법은 1차원 배열을 선언하는 것과 크게 다르지 않다. 2차원 배열과 3차원 배열을 각각 선언했을 때 그 선언방법과 원소를 참조하는 배열 길이의 숫자와 그 크기는 각각 그림 8.3.3과 8.3.4와 같다.

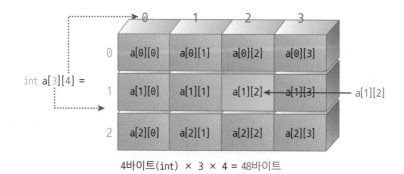

4바이트(int) × 3 × 4 = 48바이트

그림 8.3.3 2차원 배열의 선언과 크기

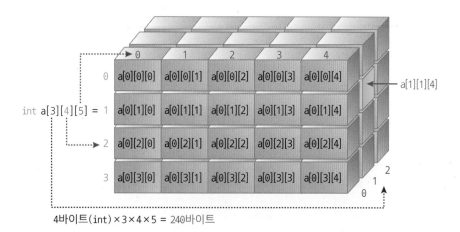

그림 8.3.4 3차원 배열의 선언과 크기

다차원 배열을 선언하는 예는 다음과 같다.

```
int array[10][15];
char storage[20][30][40];
double value[5][5][10][10];
```

8.3.3 다차원 배열의 초기화

다차원 배열의 초기화는 1차원 배열을 초기화하는 것과 크게 다르지 않다. 다만 다차원 배열의 초기화시 중괄호({ })내에 차원수를 고려해서 초기화해야 한다. 예를 들어 2차원 배열의 경우에는 초기화를 그림 8.3.5와 같이 2개의 원소가 한 묶음이 되어 초기화해야 한다.

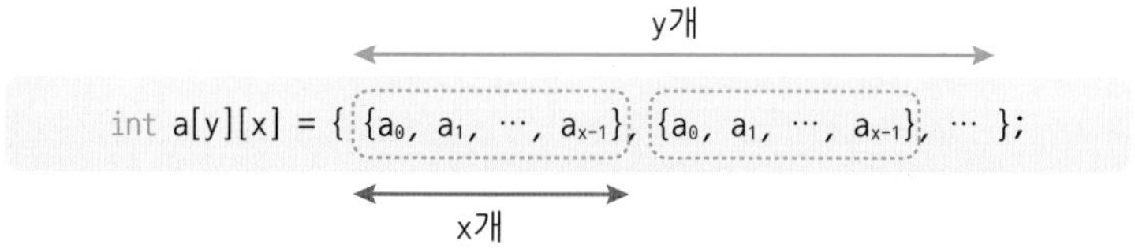

$$\text{int } a[y][x] = \{ \; \{a_0, a_1, \cdots, a_{x-1}\}, \; \{a_0, a_1, \cdots, a_{x-1}\}, \; \cdots \; \};$$

y개

x개

그림 8.3.5 다차원 배열의 초기화

그림 8.3.6은 2차원 배열을 선언하고 초기화한 예를 보여준다. 각 필드에 있는 상수가 어떠한 위치에 들어가는지 유심히 지켜볼 필요가 있다.

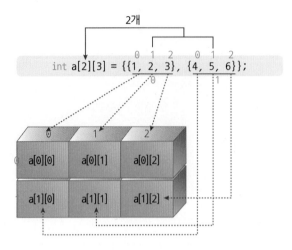

그림 8.3.6 2차원 배열의 초기화의 예

1차원 배열의 경우 초기화를 할 때 배열의 개수를 생략하면 초기화 한 개수만큼 배열의 개수가 자동으로 할당되었다. 마찬가지로 2차원 배열의 경우에도 배열의 개수를 생략할 수 있으나, 배열의 개수를 생략할 수 있는 경우는 그림 8.3.5에서의 y값인 행이다. 배열의 길이를 생략할 때 올바른 경우와 잘못된 경우의 예는 그림 8.3.7과 같다.

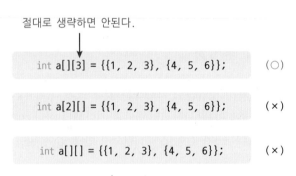

그림 8.3.7 2차원 배열 길이의 생략한 선언

예제 8-2   **2차원 배열을 이용하여 1차함수의 식을 구하는 프로그램**

2차원 배열을 이용하여 1차함수의 식을 구하는 프로그램을 작성한다.
2개의 좌표를 알면, 1차함수의 기본형을 도출해 낼 수 있다. 1차함수의 기본형은 다음과 같다.

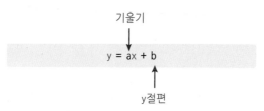

이때 두 점 (x1, y1) 과 (x2, y2)를 알고 있을 때 a와 b를 구하는 방법은 다음과 같다.

$$a = \frac{(y_2 - y_1)}{(x_2 - x_1)} \qquad\qquad b = (y_2 - ax_2)$$

1차함수의 그래프는 다음과 같다.

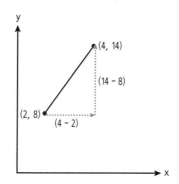

```
1    // C_EXAMPLE\ch8\ch8_project2\array2.c
2
3    #include <stdio.h>
4
5    int main(void)
6    {                    ┌── 생략가능      ┌── 2차원 배열의 초기화
7        int p[][2] = {{2, 8}, {4, 14}};       // (2, 8)와 (4, 14)의 두 좌표 선언
8        int a, b;                             // 기울기와 y절편 선언
9
10       printf("배열 p의 크기는 %d \n", sizeof(p));  ◄── 2차원 배열의 크기 =
                                                        자료형 * 행 * 열
11
12       a = (p[1][1] - p[0][1]) / (p[1][0] - p[0][0]);  // a = (y2-y1) / (x2-x1)
13       b = p[1][1] - a*p[1][0];              // b = y2 - a*x2
14
15       printf("1차 함수 식은 y = %dx + %d \n", a, b);
16       return 0;
17   } // main()
```

C 언어 소스 프로그램 설명

핵심포인트

2차원 배열은 사실 자주 사용되는 기법은 아니다. 배열의 개수가 많아지면 여간 머리 아픈 일이 아닐 것이다. 하지만 부득이하게 사용할 때 2차원 배열의 핵심은 2차원 공간의 x, y 좌표가 있는 그래프를 떠올리면 된다.

라인 7	int형의 크기를 갖는 2차원 배열을 각각 2개씩 짝을 지어 초기화하였으므로 2x2 형태의 격자가 될 것이다. 따라서 그 크기는 4 * 2 * 2가 되어 16바이트가 된다.
라인 8	기울기와 y절편을 저장할 변수를 선언한다.
라인 10	배열의 크기를 화면에 출력한다.
라인 12	알고 있는 2개의 좌표를 이용하여 1차함수의 기울기를 구한다.
라인 13	알고 있는 2개의 좌표를 이용하여 1차함수의 y절편을 구한다.

실행 결과

8.4 함수와 배열

일반적으로 함수를 호출할 때 함수가 정의되어 있는 형식에 따라 인수를 전달해야 하는지, 아니면 인수없이 함수만 호출하는 것인지를 결정한다. 이때 인수를 전달할 때 배열의 경우라면 어떠한 식으로 인수를 전달해야 하는 것일까?

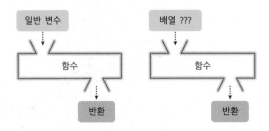

그림 8.4.1 함수의 인수 전달

배열의 경우 함수호출 시 인수를 어떻게 전달하며 함수는 어떻게 선언해야 할지는 다음과 같다.

(1) 1차원 배열의 경우

1차원 배열의 경우에는 배열을 인수로 함수를 호출하여 사용시 그림 8.4.2와 같이 한다. 즉 함수를 호출할 때는 배열명만 사용하고, 함수정의 부분에서 인수로 사용하고자 하는 배열은 대괄호([])안의 개수는 기입하지 않는다.

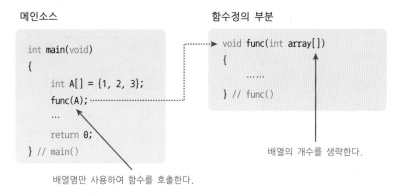

그림 8.4.2 1차원 배열의 경우 함수의 호출과 정의

(2) 2차원 배열의 경우

2차원 배열의 경우 함수를 정의하거나 선언할 때, 그리고 함수를 호출할 때는 그림 8.4.3과 같이 한다. 즉 1차원 배열과 마찬가지로 2차원 배열은 호출 시에는 배열명만 기입하고, 함수정의 부분에서 인수로 사용하고자 하는 배열은 2차원 배열의 행 개수는 생략한다. 이는 규칙이므로 반드시 지켜야 컴파일 에러가 발생하지 않는다.

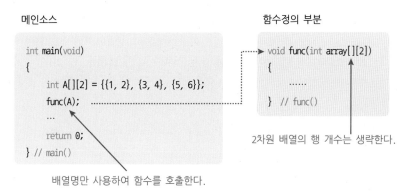

그림 8.4.3 2차원 배열의 경우 함수의 호출과 정의

예제 8-3 　1, 2차원 배열을 사용하여 함수를 호출하고 변경하는 프로그램

일반 int형 변수와 1차원 배열, 2차원 배열을 각각 함수의 인자로 하여 함수를 호출한 뒤 함수 내에서
이 3가지 변수값을 변화시켜 출력해 보는 프로그램을 작성한다.

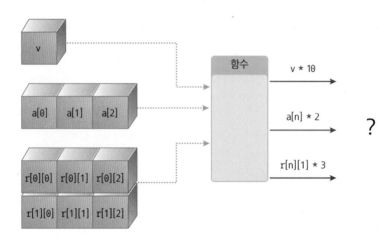

```
1    // C_EXAMPLE\ch8\ch8_project3\array3.c
2
3    #include <stdio.h>
4
5    // func() 함수원형선언, 인수는 총 3개이며 1차원 배열, 2차원 배열, int형을 인수로 함
6    void func(int a1[], int r[][2], int t);  ◄── 함수의 원형선언은 배열을 선언할 때 크기를
7                                                 지정하지 않는 경우와 유사하다.
8    int main(void)
9    {
10       int a[] = {1, 2, 3};             // 1차원 배열
11       int r[][2] = {{1, 2}, {3, 4}, {5, 6}}; // 2차원 배열
12       int v = 10;
                                         ┌── 함수를 호출할 때 배열명만 기입한다.
13
14       func(a, r, v);                  // func() 함수호출, 배열의 경우 배열명만 사용
15       printf("a[1] = %d, r[1][1] = %d, v = %d \n", a[1], r[1][1], v);
16       return 0;
17   } // main()
18
```

```
19   // func() 함수정의, 매개변수 형태에 주의
20   void func(int a1[], int r1[][2], int t)
21   {
22           int i = 0;
23           for(i = 0; i < 3; i++)   // for 문을 3번 돌며 인수로 받아온 배열값을 변화시킴
24           {
25                   a1[i] *= 2;   ◄────────── 1차원 배열 각 원소에 2를 곱하여 저장
26                   r1[i][1] *= 3;  ◄────────── 2차원 배열 중 우측 원소에 3을 곱하여 다시 저장
27           } // for
28
29           t *= 10; ◄                         // 일반 int형 변수를 변화시킴
30   } // func()
```

인수로 넘겨 받은 int형 변수에 10을 곱하여 다시 저장

[언어 소스 프로그램 설명]

핵심포인트

배열을 사용하여 함수를 호출하는 경우 그 사용방법에 대해 반드시 숙지한다. 이는 C 언어에서 사용하는 문법이기 때문이다.

라인 6	func() 함수는 3개의 인자를 필요로 하는 함수이다. 첫 번째는 1차원 배열이고, 두 번째는 2차원 배열이며 세 번째는 int형이다. 이와 같이 함수를 선언할 때 배열을 인수로 사용하는 경우에는 배열의 길이를 생략함에 주의한다.
라인 10	a라는 변수는 1차원 배열로써 개수가 3이며 크기는 int형이므로 12바이트이다.
라인 11	r은 개수가 2개인 1차원 배열 3개를 가지는 2차원 배열이다.
라인 14	func() 함수를 호출할 때 배열의 경우에는 배열명만 넘겨주면 된다.
라인 20	func() 함수가 정의되어 있는 부분이다. 함수를 정의할 때도 선언할 때와 마찬가지로 배열의 사용법은 크기를 자동으로 할당하는 배열의 선언과 다르지 않다.
라인 23	for문을 사용한 반복문이다. i가 0부터 2가 될 때까지 3번의 반복을 수행한다.
라인 25	호출받을 때의 변수는 a1이라고 되어 있지만 이는 이름만 다를 뿐 실제는 a배열을 참조하고 있는 변수이다. 따라서 a1[0] *= 2; 라는 문장은 실제 a[0] = a[0] * 2;가 되어 배열의 값이 변경된다.
라인 26	라인 25와 마찬가지로 2차원 배열이라 할지라도 배열을 참조하고 있는 것은 원본 배열이므로 값이 변경된다.
라인 29	일반 변수는 함수 내에서 값을 변경해도 지역 변수 형태라 그 값은 변경되지 않는다.

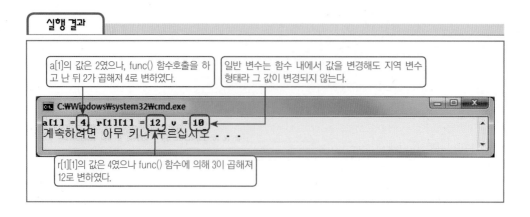

8.5 문자배열

8.5.1 문자배열이란?

문자배열은 문자열을 처리할 때 사용하는 방법으로 1바이트의 문자를 1바이트 크기의 배열 공간에 한 문자씩 삽입하여 전체 문자열을 다룰 때 유용하다. 화면에 "hello"라는 문자를 출력하고자 한다면, 지금까지 배웠던 과정으로는 다음과 같이 선언할 것이다.

```
char str[] = {'h', 'e', 'l', 'l', 'o'};
```

그림 8.5.1 hello 문자변수

만일 그림 8.5.1에서 선언된 str 변수를 printf() 함수를 사용하여 출력하고자 한다면 소스 코드는 다음과 같다.

```
#include <stdio.h>
int main(void)
{
    char str[] = {'h', 'e', 'l', 'l', 'o'};
    printf("% s \n", str);

                       문자열을 찍기 위한 printf()문의
    return 0;          출력형식 지정문자
} // main()
```

그림 8.5.2 hello 라는 문자를 찍기 위한 소스 코드

그러나 그림 8.5.2를 컴파일하여 실행시키면 다음과 같은 결과를 얻는다.

그림 8.5.3 문자열 배열을 출력한 결과

hello라는 문자열 뒤에 이상한 한자와 특수 문자로 이뤄진 쓰레기 값이 출력됨을 알 수 있다. 이와 같은 현상이 발생하는 이유는 printf() 문 안의 %s라는 형식지정문자는 문자열을 출력하는데 문자열의 끝임을 인식할 수 있는 NULL 문자가 str 변수에는 존재하지 않기 때문이다. 이를 해결하기 위해서는 str 변수의 가장 마지막 원소에 NULL 문자나 0 또는 '\0'을 대입해야 한다. 따라서 그림 8.5.2의 소스 코드를 수정하면 그림 8.5.4와 같다.

```c
#include <stdio.h>
int main(void)                        NULL문자 ('\0')를 대입해도 됨
{
    char str[] = {'h', 'e', 'l', 'l', 'o', 0 };
    printf("%s\n", str);
                     문자열을 찍기 위한 printf()문의
    return 0;        출력형식 지정문자
} // main()
```

그림 8.5.4 NULL 문자를 삽입한 배열

```
C:\Windows\system32\cmd.exe
hello      정상적으로 출력됨
계속하려면 아무 키나 누르십시오 . . .
```

그림 8.5.5 정상적인 출력의 결과

또한 문자배열도 일반 int형 배열과 마찬가지로 각각의 배열 원소들을 읽거나 쓸 수 있다. 예를 들면 다음과 같다.

```c
str[4] = '0';
ch = str[2];
```

8.5.2 문자배열의 크기

일반적으로 문자는 char 자료형에 1바이트의 크기를 갖는다. 이를 배열로 선언하여 문자열을 만들게 되면, 문자열의 문자 개수에 NULL 문자를 포함한 크기를 갖는다. 그림 8.5.4에서 사용된 str 문자열 변수의 경우 hello라는 5개의 문자와 NULL를 포함하여 총 6바이트의 크기를 갖는다. 그림 8.5.6은 lee라는 문자를 3바이트의 공간에 저장했을 때의 각 원소에 문자가 저장되는 모습이다.

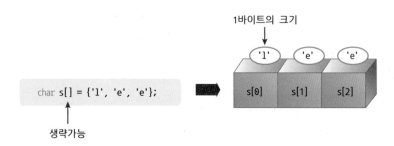

그림 8.5.6 문자배열의 크기

8.5.3 문자배열의 선언

문자배열 선언시 보통 그림 8.5.4와 같이 하지 않는다. 이유는 각각의 문자에 대하여 단일인용부호(' ')를 사용해야 하는 불편함이 있을뿐더러, 항상 문자열의 끝에 NULL 문자를 추가로 입력해야 하기 때문이다. 따라서 문자열을 선언할 때에는 이중인용부호(" ")를 사용하는 것이 일반적이다. 그림 8.5.7과 같이 이중인용부호를 사용하면 크기는 6바이트가 되며 자동으로 문자열의 끝에 NULL 문자가 추가된다.

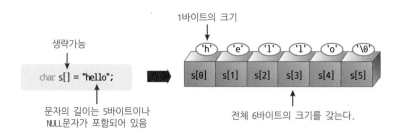

그림 8.5.7 문자배열의 선언

또한 그림 8.5.7에서 선언한 "hello"라는 문자열을 배열의 길이를 생략하지 않고, 그림 8.5.8과 같이 지정한다면 그림 8.5.3과 같은 에러가 발생할 것이다. 왜냐하면 C 언어는 이중인용부호(" ") 안의 내용을 문자열로 인식하고 항상 끝에 NULL 문자를 삽입하기 때문에 하나의 공간을 더 필요로 하기 때문이다.

```
char s[5] = "hello";
```

그림 8.5.8 잘못된 배열의 선언

C 언어에서는 1바이트의 크기를 갖는 문자는 단일인용부호(' ')로 표현할 수 있으며, 1바이트 크기를 갖는 문자가 여러 개 존재할 때는 이중인용부호(" ")를 사용하는 것이 일반적이다. 따라서 문자열을 저장하려면 1바이트 이상의 크기를 갖는 문자배열이 필요하며 저장하고자 하는 문자열 길이보다 1바이트 더 필요하다는 것을 반드시 명심하도록 한다. 문자열의 끝은 항상 '\0'이다.

```
char s[8] = "hello";
```

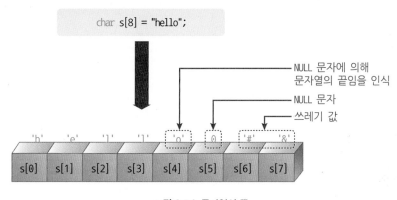

그림 8.5.9 문자열의 끝

예제 8-4 문자배열을 선언하고 각 원소를 확인하는 프로그램

이중인용부호(" ")를 사용하여 문자배열을 선언하고, 일반 배열처럼 문자를 저장하여 2개의 문자배열을 선언하고, 이를 각각 출력하는 프로그램을 작성한다.

```
char s[10] = {'h', 'e', 'l', 'l', 'o'};
```

```
char s2[] = "students";
```

크기는?

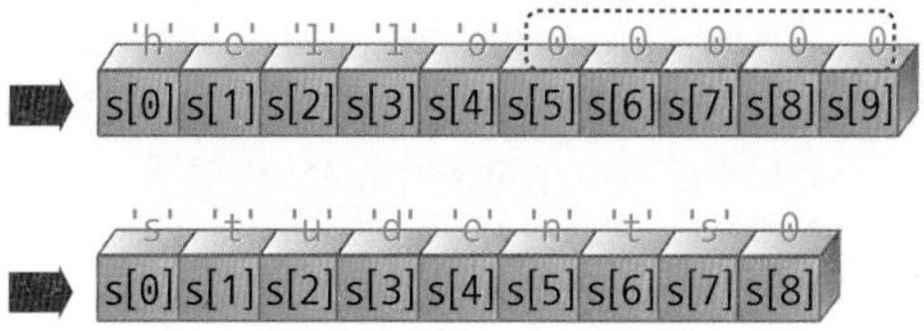

```
1    // C_EXAMPLE\ch8\ch8_project4\array4.c
2
3    #include <stdio.h>
4
5    int main(void)          10개의 공간을 설정했으나, 5개의 공간에만 문자가 저장되고,
6    {                       그 외의 공간에는 0이 자동으로 삽입됨
7        char s[10] = {'h', 'e', 'l', 'l', 'o'};        // 10개의 공간에 5글자를 대입
8        char s2[] = "students";   ←                    // 문자열 초기화
9                          자동으로 문자의 길이 + 1만큼의 공간이 할당됨
10       // s을 %를 이용하여 출력하고, s[5]의 자리의 문자를 확인
11       printf("s = %s, s[5] = %d \n", s, s[5]);
12       // s2[3]의 문자를 출력함        ← s[5]에 0이 삽입되어 정상적으로 문자열이 출력됨
13       printf("s2[3] = %c \n", s2[3]);
14       // s2의 크기를 출력
15       printf("sizeof(s2) = %d \n", sizeof(s2));
16                                    ↑
17       printf("%s %s \n", s, s2);        문자배열의 크기는 문자길이 + 1바이트
18       return 0;
19   } // main()
```

[언어 소스 프로그램 설명]

핵심포인트

문자열을 배열에 저장하는 방법으로 가장 많이 사용되는 방법은 이중인용부호(" ")를 활용하는 것이다. 이렇게 활용하면 문자열을 저장하기 위해서 몇 개의 공간이 필요한지 알 필요도 없고, 자동으로 NULL 문자를 삽입하기 때문에 처리하기가 쉽다. 또한 이중인용부호를 활용하면 일반 배열처럼 각 원소들을 액세스할 수 있으므로 편리하다.

라인 7	char형 10개의 공간을 설정했으나, 실제 필요한 공간은 6개이며 자동으로 나머지 공간은 0으로 채워진다.
라인 8	이중인용부호("")를 사용하여 문자열을 선언하였고, [ ] 안의 개수를 기입하지 않으면 자동으로 크기가 결정된다. 이 때 크기는 문자의 길이 + 1이다.
라인 11	s1[5]에 강제로 0을 대입하지 않아도 그 크기가 큰 상태로 배열을 선언하고 이보다 작은 문자를 초기화하면 나머지 공간은 0이 대입되기 때문에 %s를 사용하면 문자열의 끝은 '\0'로 인식하기 때문에 hello만 출력이 된다.
라인 13	"student"라고 선언하면 s부터 차례대로 '\0' 까지 배열의 원소에 저장된다.
라인 15	s2 배열의 크기는 문자의 길이 8개에 NULL 문자가 추가된 9바이트이다.

실행 결과

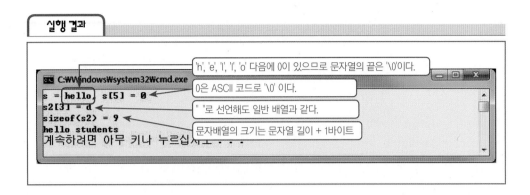

'h', 'e', 'l', 'l', 'o' 다음에 0이 있으므로 문자열의 끝은 '\0'이다.

0은 ASCII 코드로 '\0' 이다.

" "로 선언해도 일반 배열과 같다.

문자배열의 크기는 문자열 길이 + 1바이트

```
s = hello,  s[5] = 0
s2[3] = d
sizeof(s2) = 9
hello students
계속하려면 아무 키나 누르십시오 . . .
```

예제 8-5 2차원 배열을 활용한 문자열 배열을 출력하는 프로그램

2차원 배열을 활용하여 화면에 My name is Jane이라는 문장을 출력하는 프로그램을 작성한다.

char str[][5] = {"My", "name", "is", "Jane"};

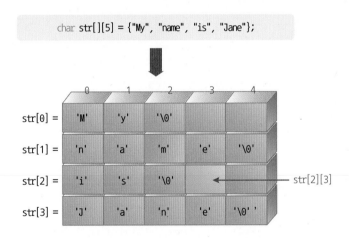

```
1   // C_EXAMPLE\ch8\ch8_project5\array5.c
2
3   #include <stdio.h>
4
5   int main(void)              2차원 배열을 선언할 때 행의 개수는 생략가능
6   {
7       char str[][5] = {"My", "name", "is", "Jane"};
8       int i;
9
```

```
10          for(i = 0; i < 4; i++)  ◄──────  i가 0 ~ 3까지 루프를 돌면서 str[0] ~ str[3] 까지의
11          {                                  문자열을 출력한다.
12                  printf("%s ", str[i]);
13          } // for
14
15          printf("\n");
16          return 0;
17  } // main()
```

[언어 소스 프로그램 설명]

핵심포인트

2차원 배열을 활용하여 다중 문자열을 처리하면 본 소스 코드와 같이 쉽게 처리할 수 있다. 2차원 배열을 사용하여 문자열을 처리할 때는 2차원 배열 열의 개수에 주의한다.

라인 7	각각의 문자열들이 하나의 배열 원소가 되어 2차원 배열을 이루고 있다.
	2차원 배열 선언시 행의 개수는 생략할 수 있다.
라인 10	i가 0부터 3까지 루프를 돌려서 str[0]부터 str[3]까지의 문자열을 출력한다.

실행 결과

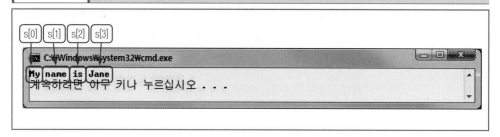

1. 배열에 대한 설명 중 틀린 것은?

① 배열은 여러 개의 값을 하나의 이름으로 나열에 놓고 값을 임의로 꺼내거나 쓸 수 있도록 지원한다.

② 배열의 개수에 따라 메모리가 증가되며, 주소의 부여 방식은 랜덤하다.

③ 배열의 각 원소들은 배열명과 인덱스를 가지고 액세스할 수 있다.

④ 배열의 자료형에 따라 데이터의 크기가 달라진다.

⑤ s 크기의 배열 n 개를 선언하면 그 크기는 s*n 이 된다.

2. 배열을 선언하는 방법에 대한 설명 중 틀린 것은?

① 배열의 크기 및 자료형을 지정한다.

② 배열명을 나타내며 키워드를 사용하면 안된다.

③ 배열의 길이를 나타낸다.

④ 중괄호 대신 소괄호를 사용해도 된다.

⑤ 전체 배열의 크기는 4*n 이 된다.

3. 배열을 사용할 때의 주의사항으로 잘못된 것은?

① 배열을 n개 선언하였으면, a[n]의 배열에는 접근할 수 없다.

② 배열을 n개 선언하였으면, 배열의 번호는 반드시 0부터 시작해야 한다.

③ C 언어에서 사용하는 모든 자료형은 배열로 선언할 수 있다.

④ int형 배열을 선언하였으면, float 혹은 double과 같이 다른 자료형의 값은 넣을 수 없다.

⑤ 배열을 선언할 때 초기화는 반드시 하지 않아도 된다.

4. 다음은 3차원 배열의 구조를 보여주는 그림이다. 해당 원소를 바르게 나타낸 것은?
   (단, 배열명은 a 이다.)

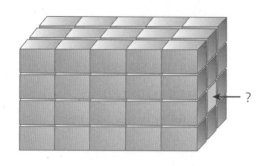

① a[0][3][3]   ② a[1][2][4]

③ a[2][2][4]   ④ a[2][3][5]

⑤ a[4][2][1]

5. 다음 2차원 배열에 대한 설명 중 바른 것은?

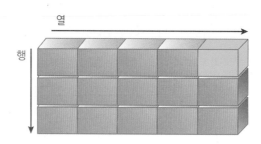

① 만일 위의 배열이 char 형이면 그 크기는 '\0'를 포함하여 16바이트 이다.

② 위의 배열을 선언할 때에는 a[3][5] 와 같이 선언한다.

③ a[1][5]의 위치는 첫 행의 마지막 열이 된다.

④ 만일 a[0][0]의 위치에 255바이트 이상의 값이 대입되면 다음의 배열로 그 값이 넘어간다.

⑤ 2차원 배열의 경우 초기화를 하지 않으면 값이 자동으로 0이 된다.

6. 다음 문장 중 틀린 것은?

① char a[2][3];

② char a[3][2] = {{1,2,3}, {4,5,6}};

③ char a[ ][2] = {{1,2,3}, {4,5,6}};

④ char a[2][ ] = {{1,2,3}, {4,5,6}};

⑤ char a[2][2] = {{0,},};

7. 함수의 인수에 배열을 사용하는 경우에 대한 설명 중 틀린 것은?

① 1차원 배열의 경우 함수를 정의할 때 a[ ]와 같이 정의한다.

② 2차원 배열의 경우 함수를 정의할 때 a[ ][2]와 같이 정의한다.

③ 1차원 배열의 경우 함수를 호출할 때, 배열명만 사용해도 된다.

④ 2차원 배열의 경우 함수를 호출할 때, 원소의 개수는 생략한다.

⑤ 함수를 호출할 때 크기가 다른 배열을 인수로 사용하는 경우 에러가 발생한다.

8. 문자배열에 대한 설명 중 틀린 것은?

① 문자배열은 각 원소의 크기가 1바이트 씩이다.

② 문자배열의 선언은 이중인용부호(" ")를 사용한다.

③ 이중인용부호로 선언된 문자배열은 배열의 끝에 '\0'이 추가된다.

④ 이중인용부호로 선언된 문자배열의 크기는 생략이 가능하다.

⑤ 5글자의 문자열을 저장하기 위해서는 str[5]와 같이 선언하면 된다.

9. 2차원 문자배열에 대한 설명 중 틀린 것은?

① 2차원 문자배열이란 여러 개의 문자열을 배열로 만든 것이다.

② 2차원 문자배열을 str[ ][10]과 같이 각 문자열의 공간을 넉넉하게 잡아주어도 된다.

③ 배열을 초기화 할 때 str[ ][10] = {"hello", "my", "name"}; 과 같이 선언하면, "hello" 문자열부터 차례대로 str[0] 부터 액세스할 수 있다.

④ 문자열 배열의 끝에는 '\0' 문자가 생략될 수 있다.

⑤ 문자열 배열 선언시 a[n][m] 중 m의 값은 가장 긴 문자의 길이보다 커야 한다.

10. 다음과 같은 실행결과를 얻기 위한 프로그램을 완성하라.

```c
#include <stdio.h>

int main(void)
{
    char a[] = {1, 2, 3, 4};
    int i;

    for(i = 0; i < sizeof(a); i++)
        printf("%d\n",_____);
    return 0;
} // main()
```

[실행결과]

```
C:₩Windows₩system32₩cmd.exe

2
4
6
8
계속하려면 아무 키나 누르십시오 . . .
```

11. 다음과 같은 실행결과를 얻기 위한 프로그램을 완성하라.

```c
#include <stdio.h>

void func(int_____)
{
    int i, j;

    for(i = 0; i < 3; i++)
        for(j = 0; j < 2; j++)
            _____ = i + j;
} // func()

int main(void)
{
    int a[2][3] = {{0,},};
    func(a);

    printf("%d\n", a[0][1]);
    printf("%d\n", a[1][1]);
    return 0;
} // main()
```

[실행결과]

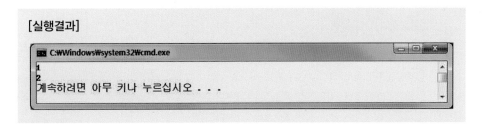

```
1
2
계속하려면 아무 키나 누르십시오 . . .
```

12. 다음과 같은 실행결과를 얻기 위한 프로그램을 완성하라.

```c
#include <stdio.h>

char a[2][2][3] = {{{1,2,3}, {4,5,6}},
                   {{7,8,9}, {10,11,12}}};

int main(void)
{
    printf("%d\n",_____);
    printf("%d\n",_____);
    return 0;
} // main()
```

[실행결과]

```
6
8
계속하려면 아무 키나 누르십시오 . . .
```

13. 다음과 같은 실행결과를 얻기 위한 프로그램을 완성하라.

```c
#include <stdio.h>

char a[7] = {1, 2, 3, 4, 5, 6};

int main(void)
{
    printf("%d\n",_____);
    return 0;
} // main()
```

[실행결과]

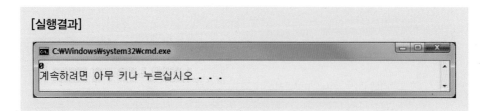

14. 다음과 같은 실행결과를 얻기 위한 프로그램을 완성하라.

```c
#include <stdio.h>

int main(void)
{
    char s[] = "hello";
    int i;

    for(i = 0; i < sizeof(s); i++)
        printf("%c\n",_____);

    printf("%s\n", s);
    return 0;
} // main()
```

[실행결과]

```
C:\Windows\system32\cmd.exe
h
e
l
l
o

hello
계속하려면 아무 키나 누르십시오 . . .
```

15. 다음과 같은 실행결과를 얻기 위한 프로그램을 완성하라.

```c
#include <stdio.h>

int main(void)
{
    char s[][10] = {"hello", "my", "world"};
    int i;
```

```
    for(i = 0; i < 3; i++)
        printf("_____\n", s[i]);
    return 0;
} // main()
```

[실행결과]

```
C:\Windows\system32\cmd.exe
hello
my
world
계속하려면 아무 키나 누르십시오 . . .
```

16. 다음의 동작조건, 요구사항, 실행결과를 만족시키는 프로그램을 작성하라.

동작조건

- 1~10까지의 수 중 2, 3, 4의 배수를 출력하는 프로그램을 작성한다.

- 사용자로부터 수를 입력받도록 하고, 입력받은 수의 배수를 10까지 출력한다.

- 이 때 사용자가 음의 수를 입력하면 프로그램을 종료하도록 한다.

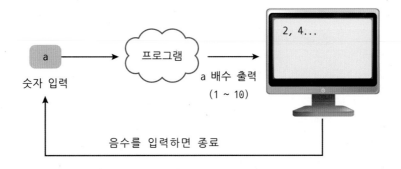

요구사항

- 배열을 사용한다.

- 출력할 때 배열의 원소를 출력한다.

- for 문을 사용한다.(while 문은 사용하지 않는다.)

실행결과

```
C:\Windows\system32\cmd.exe                                    _ □ X

수를 입력하시오<종료는 음수> : 3↵
3 6 9
수를 입력하시오<종료는 음수> : 4↵
4 8
수를 입력하시오<종료는 음수> : 2↵
2 4 6 8 10
수를 입력하시오<종료는 음수> : 1↵
1 2 3 4 5 6 7 8 9 10
수를 입력하시오<종료는 음수> : 5↵
5 10
수를 입력하시오<종료는 음수> : 6↵
6
수를 입력하시오<종료는 음수> : -1↵
계속하려면 아무 키나 누르십시오 . . .
```

17. 다음의 동작조건, 요구사항, 실행결과를 만족시키는 프로그램을 작성하라.

동작조건

- 다음과 같이 무작위의 배열을 사용하여, 크기가 큰 순서대로 다시 재배열하는 프로그램을 작성한다.

- 출력은 배열을 사용하며, 배열의 크기는 10개로 제한하며 겹치는 수가 없다.

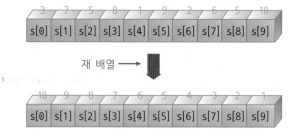

요구사항

- 배열을 사용한다.

- 임시용 변수는 배열을 제외하고 3개로 제한한다.

- 배열의 정렬이 끝나면, 전체 배열의 값을 출력한다.

- 배열이 시작될 때 배열의 원소를 미리 한 번 출력한다.

- 중첩된 for 문을 사용한다.

실행결과

```
C:\Windows\system32\cmd.exe
기존배열 값 : 3 7 4 8 1 9 2 6 5 10
바뀐배열 값 : 10 9 8 7 6 5 4 3 2 1
계속하려면 아무 키나 누르십시오 . . .
```

18. 다음의 동작조건, 요구사항, 실행결과를 만족시키는 프로그램을 작성하라.

동작조건

- 다음과 같이 2차원 배열이 있을 때, 행과 열의 합을 각각 구하는 프로그램을 작성한다.
- 열의 합은 행의 제일 우측에, 행의 합은 가장 마지막 열 하단에 기록하도록 한다.

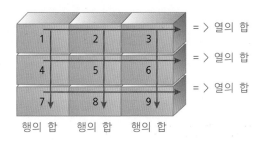

요구사항

- 이차원 배열을 사용한다.
- 임시용 변수는 배열을 제외하고 3개로 제한한다.
- 실행결과와 같이 간격을 일정하게 유지하도록 출력한다.
- 중첩된 for 문을 사용한다.

실행결과

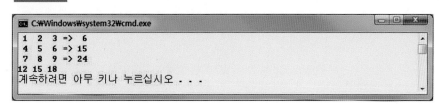

```
C:\Windows\system32\cmd.exe
 1   2   3  =>  6
 4   5   6  => 15
 7   8   9  => 24
12  15  18
계속하려면 아무 키나 누르십시오 . . .
```

19. 다음의 동작조건, 요구사항, 실행결과를 만족시키는 프로그램을 작성하라.

동작조건

- "Good Day Commander, Have a nice day" 라는 문자열이 있을 때, 공백을 '#'으로 치환하는 프로그램을 작성한다.

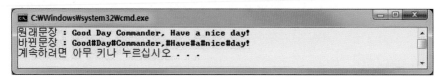

요구사항

- do ~ while 문을 사용한다.
- 프로그램의 코드가 17문장을 넘지 않는다.

실행결과

```
C:\Windows\system32\cmd.exe
원래문장 : Good Day Commander, Have a nice day!
바뀐문장 : Good#Day#Commander,#Have#a#nice#day!
계속하려면 아무 키나 누르십시오 . . .
```

20. 다음의 동작조건, 요구사항, 실행결과를 만족시키는 프로그램을 작성하라.

동작조건

- "Good Day Commander, Have a nice day" 라는 문자열이 있을 때, 단어의 개수, 전체 문자의 개수를 출력하는 프로그램을 작성한다.

- NULL 문자는 문자로 포함시키지 않으며, 단어간의 구분은 공백으로 한다.

"Good Day Commander, Have a nice day" ➡ 프로그램 ➡ 단어 : 7개
문자의 개수 : 36

요구사항

- while 문을 사용한다.
- 프로그램의 코드가 20문장을 넘지 않는다.

실행결과

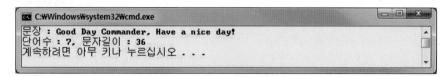

```
C:₩Windows₩system32₩cmd.exe

문장 : Good Day Commander, Have a nice day!
단어수 : 7, 문자길이 : 36
계속하려면 아무 키나 누르십시오 . . .
```

포인터

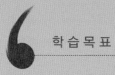

학 습 목 표

- 포인터란 무엇인지 살펴본다.
- 포인터를 사용하는 경우에 무엇이 있는지 살펴보고, 그 사용법을 익힌다.
- 일반적인 배열에서 포인터는 어떻게 사용하는지 살펴본다.
- 프로그램에서 주소는 어떻게 사용되고, 접근하는 방법을 숙지한다.

9.1 포인터의 정의

9.1.1 포인터란?

포인터(pointer)란 사전적 의미로써 지시자 혹은 가리키는 것으로 풀이할 수 있으나, C 프로그래밍 언어에서는 메모리의 주소를 저장하는 변수이다. 포인터 자체가 하나의 변수이기 때문에 포인터도 메모리 내에서 선언이 되며 일반 상수를 저장하는 변수가 아닌 주소값을 저장하는 변수라는 점에서 일반 변수와 구별된다. 그림 9.1.1에서 보면 A라고 하는 변수가 이미 메모리에 생성되었다고 가정하자. 이때 CPU가 A 변수에 접근하기 위해서는 A의 주소값을 알아야 한다. 이 주소값을 알기 위해서는 포인터 변수라는 것을 만들어 그 포인터 변수에 A의 주소를 저장할 수 있다. 따라서 **포인터란 일반 변수의 주소값을 저장하기 위한 용도로 사용되며, 이 포인터를 가지고 변수에 접근할 수 있다.**

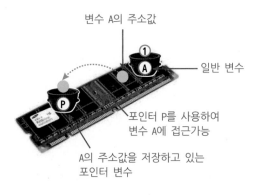

그림 9.1.1 포인터 변수와 일반 변수

9.1.2 변수와 포인터

변수는 일반적으로 상수 등을 저장할 때 사용되며, 변수는 메모리에 생성될 때 주소값을 가지고 있다. 지금까지 변수가 위치하고 있는 메모리의 주소값을 신경 쓰지 않았다. 그러나 내부적으로는 컴퓨터의 중앙처리장치가 각 변수의 위치를 찾기 위해서는 변수가 위치하고 있는 주소를 알아야 한다. 이 때 주소는 변수를 생성할 때에 랜덤하게 할당되며, 물론 비어있는 주소에 변수가 생성된다. 이러한 주소를 사용자가 읽어오고자 할 때 사용하는 것이 바로 포인터 변수이다.

그림 9.1.2 포인터 변수와 변수

9.1.3 포인터 변수의 선언 및 사용

포인터 변수를 선언할 때는 일반적인 변수의 명명법과 같이 키워드는 사용할 수 없으며 포인터 변수명 앞에 * 표시를 붙이는 것을 규칙으로 한다. **변수명 앞에 * 기호가 붙으면 무조건 포인터 변수이다.** 포인터 변수에는 일반적인 값을 저장하기 위함이 아닌 주소값을 저장하기 위해 선언한 것임을 이해하도록 한다.

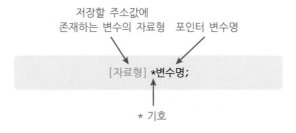

그림 9.1.3 포인터 변수의 선언

예를 들어 val 이란 int 형 변수의 주소값을 pVal 이라고 하는 포인터 변수에 저장하고자 한다면, 이 두 자료형을 일치시켜야 한다.

그림 9.1.4 포인터 변수의 자료형

포인터 변수에 주소값을 저장하는 방법은 그림 9.1.5와 같다.

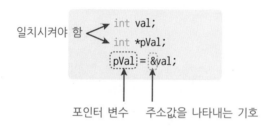

그림 9.1.5 포인터 변수의 사용

그림 9.1.5에서는 pVal 이라고 하는 포인터 변수를 * 기호를 활용하여 선언한 후 val이 위치하고 있는 메모리의 주소를 저장하였다. 이로 인해 pVal 포인터 변수를 사용하여 val 변수의 주소뿐만 아니라, val 변수가 담고 있는 int형 값도 읽고 쓸 수 있다. 한편 포인터 변수는 주소를 저장할 대상이 되는 변수의 자료형과 일치시켜 주어야 컴파일할 때 문제가 발생되지 않는다.

9.1.4 포인터 변수를 활용한 변수값 읽고 쓰기

포인터 변수를 이용하여 포인터가 가리키고 있는 주소에 존재하는 변수의 값 자체를 읽거나 쓸 수 있다. 포인터가 가리키는 주소값에 의미가 있는 것이 아니라, 그 주소에 존재하는 변수에 더 큰 의미가 있기 때문에 포인터를 사용하는 것이다. 그림 9.1.6에서 포인터 pVal은 변수 val의 주소값을 저장하고 있으며, *pVal의 값은 변수 val의 값이다.

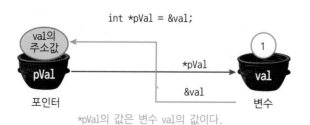

그림 9.1.6 포인터를 활용하여 변수값 읽고 쓰기

한편, **포인터를 이용하여 포인터가 가리키는 변수에 값을 쓰거나 읽기 위해서는 * 기호를 사용하면 된다.** 만약 그림 9.1.7과 같이 변수의 값을 읽으려면 대입 연산자의 좌측에, 변수에 값을 쓰려면 대입 연산자의 우측에 위치하면 될 것이다.

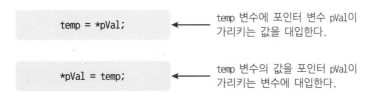

temp = *pVal;   ◀──── temp 변수에 포인터 변수 pVal이 가리키는 값을 대입한다.

*pVal = temp;   ◀──── temp 변수의 값을 포인터 pVal이 가리키는 변수에 대입한다.

그림 9.1.7 포인터 변수의 활용

9.1.5 포인터 사용시 주의사항

포인터를 사용할 때 몇 가지 주의사항이 있다. 보통 포인터는 메모리의 주소값에 직접 영향을 미치기 때문에 예기치 않은 오류가 발생할 수 있으므로, 다음 사항에 대하여 각별히 주의가 요구된다.

① 포인터는 선언과 동시에 초기화하라.

포인터도 일반 변수와 마찬가지로 주소값을 담을 수 있는 변수이다. 따라서 포인터 자체에도 메모리의 특정 주소에 생성이 되는데, 이때 초기화를 하지 않고 포인터가 가리키는 곳의 값을 변경하면 심각한 오류가 생길 수 있다.

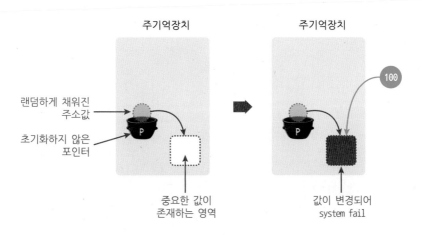

주기억장치   주기억장치

100

랜덤하게 채워진 주소값

초기화하지 않은 포인터

P   P

중요한 값이 존재하는 영역

값이 변경되어 system fail

그림 9.1.8 초기화 하지 않은 포인터

다행스럽게도, Microsoft Visual C++ 2010 Express 버전에서는 초기화하지 않은 포인터를 사용하였을 때 다음과 같은 경고 메시지를 보여준다.

warning C4700: warning C4700: 초기화되지 않은 'pVal' 지역 변수를 사용했습니다.

특별히 초기화할 주소가 있지 않은 경우에는 보통 포인터에 0 값을 대입하여 초기화한다.

예 int *P = 0;

② **포인터에 일반 상수를 대입하지 않는다.**

포인터에는 변수의 주소값만 존재할 수 있다. 이는 포인터를 초기화하지 않고, 임의의 주소를 대입한 것과 같은 결과를 초래할 수 있다. 0 이외의 값은 대입하지 않도록 한다.

③ **포인터를 활용하여 포인터가 가리키는 값을 증가 및 감소시킬 때 연산자 우선순위를 고려해야 한다.**

*p++ 문장에서는 ++ 연산자가 뒤에 있으므로 포인터 p가 가리키는 곳의 값을 변수 a에 먼저 대입하고 주소값 p를 증가시키게 된다. 이때 p가 int형 포인터이면 ++ 연산자를 사용했을 경우 1만큼 증가하지 않고, int형의 크기 4만큼 증가된다.

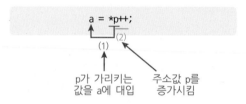

++*p 문장에서는 ++ 연산자가 앞에 있으므로 포인터 p가 가리키는 곳의 값을 1 증가시킨 후에 변수 a에 대입하게 된다.

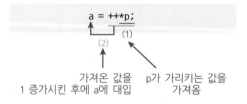

(*p)++ 문장에서는 ++ 연산자가 뒤에 있으므로 먼저 포인터 p가 가리키는 값을 가져와 변수 a에 대입한 뒤에 포인터 p가 가리키는 값을 1 증가시키므로 결국 변수 a가 1 증가된다.

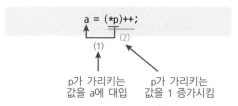

예제 9-1   간단한 포인터 활용 프로그램

포인터를 활용하여 변수에 값을 대입하고 증감연산자를 사용하며 변수에서 값을 읽어 오는 프로그램을 작성한다.

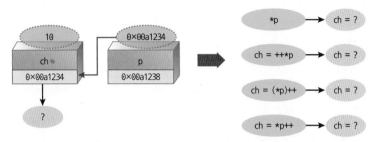

```
1    // C_EXAMPLE\ch9\ch9_project1\simplepointer.c
2
3    #include <stdio.h>
4
5    inr main(void)
6    {                                   포인터는 *의 기호를 사용하며, 포인터만이 주소값을 저장함
7            char ch = 10;
8            char *p = &ch;       // 포인터 p에 ch의 주소를 대입
9                                    %p는 포인터의 값을 출력함          p가 가리키는 주소의
10           printf("ch의 주소는 %p, 값은 %d 입니다. \n", p, *p);      값을 불러옴
11                               포인터를 활용하여 값을 대입할 수도 있음
12           *p = 20;            // p가 가리키는 주소의 값에 20을 대입
13           printf("바뀐 ch의 값은 %d 입니다.\n", *p);   p가 가리키는 값을 ch에 다시 저장한 후 p가 가리
14                                                       키는 값을 1증가시킨다. 결과적으로 p가 가리키는
15           ch = (*p)++;        // p가 가리키는 값을 하나 증가시킨다.   곳은 ch이므로, ch의 값이 1증가 되게 된다.
16           printf("%d\n", ch);
17                                     p가 가리키는 값을 1증가시킨 후 그 값을 다시 ch에 대입한다.
18           ch = ++*p;          // p가 가리키는 값을 1증가시킨 후 ch에 대입
19           printf("%d %p\n", ch, p);
20                               p가 가리키는 값을 ch에 저장한 후 p의 값 자체를 1증가시킨다.
21           ch = *p++;          // p가 가리키는 값을 ch에 대입하고 p(주소값)를 증가시킴
22           printf("%d %p\n", ch, p);
23           return 0;
24   } // main()                 p가 가리키는 주소가 1 증가했음을 알 수 있음.
```

C 언어 소스 프로그램 설명

핵심포인트

포인터 자체로는 주소값을 저장하는 또 하나의 변수라는 측면에서는 커다란 의미가 없다. 그러나 포인터가 단순히 주소값만을 저장하고 있다는 것으로 그 활용성이 제한되어 있다면, 포인터는 크게 의미가 없을 것이다. 주소값을 저장하고 있으므로 포인터의 활용성은 무궁무진하다. 포인터가 주소를 가리키고 있기 때문에 단순히 어떠한 주소에 저장된 값만 가지고 연산할 수 있는 수준에서 벗어나, 값도 변경하고 주소도 변경하여 보다 다양한 연산을 수행할 수 있는 것이다. 주로 사용되는 포인터의 활용도는 배열, 함수의 인수, 자료구조 등이 있다.

라인 7	char형 변수 ch를 선언하고, 10의 값을 대입한다. 변수 ch는 메모리의 특정 주소에 위치하고 있을 것이다.
라인 8	포인터 변수 p를 선언한다. ch와 마찬가지로 p도 메모리의 특정 주소에 위치하고 있을 것이다. 그러나 ch의 주소를 p에 대입함으로써 p의 값은 ch의 주소값이다. 포인터 변수는 반드시 * 기호를 사용해야 하며, 주소를 알아내기 위해서는 &를 써야함을 이미 학습한 바 있다.
라인 10	%p 형식지정문자를 사용하여 p가 가리키고 있는 주소값을 알아낸다. 이 때 %p 이외에도 %x, %d를 사용해도 무방하나 %x를 사용하면 16진수로, %d를 사용하면 10진수로 출력이 될 것이며, %p는 기본적으로 16진수 출력이다.
라인 12	포인터 p가 가리키는 주소에 20을 대입하는 문장이다.

라인 15	*p는 p가 가리키는 주소이므로, 이 문장은 다음과 같은 순서대로 진행된다.
	ch = *p; // 20의 값이 변수 ch에 저장된다.
	(*p)++; // 포인터 p가 가리키는 값을 1 증가시킨다.
	결과적으로 포인터 p가 가리키는 곳에는 변수 ch의 값이 존재하므로, 변수 ch의 값은 최종적으로 21이 된다.

라인 18	p가 가리키는 곳은 ch의 값이 저장되어 있는 곳이므로 ch의 값을 가져와 1 증가시킨 후에 이 값을 다시 ch에 저장하는 문장이다.
라인 19	ch의 값은 1이 증가되어 22가 된다.

라인 21	이 문장은 괄호가 없으므로 연산자 우선순위에 의하여 다음과 같이 진행된다.
	ch = *p; // 22의 값이 변수 ch에 저장된다.
	p++; // 포인터 p가 가리키는 주소값이 1증가된다.
	결과적으로 변수 ch의 값은 증가되지 않고, 포인터 p가 담고있는 주소값 자체가 1증가된다.

라인 22	두 번째 출력된 16진수의 주소값이 라인 10에 의해 출력된 주소값보다 1증가했음을 알 수 있을 것이다.

실행 결과

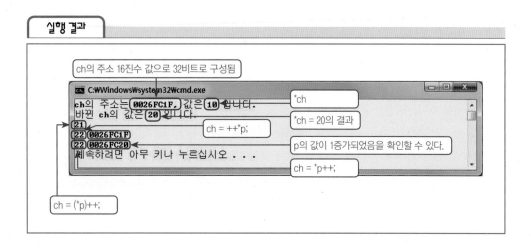

9.2 함수의 인수를 전달하는 방식

9.2.1 함수의 인수 전달 방식

함수를 호출할 때, 함수에 어떠한 입력 매개변수를 전달할 때 이 매개변수를 C 프로그래밍에서는 통상적으로 인수(argument)라고 지칭한다. 이 인수를 전달할 때 그림 9.2.1과 같이 단순히 값을 전달하는 방식과 주소값을 전달하는 방식이 존재한다. **값을 매개체로 하여 함수에 인수를 전달하는 방식을 값에 의한 호출(call by value)이라고 하며, 주소값을 매개체로 하여 함수를 호출하는 방식을 참조에 의한 호출(call by reference)이라고 한다.**

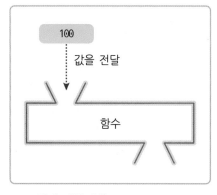

값에 의한 호출 (call by value)

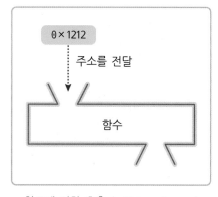

참조에 의한 호출 (call by reference)

그림 9.2.1 함수의 인수 전달 방식

9.2.2 값에 의한 호출

값에 의한 호출인 경우에 함수에 인수를 전달한 후 함수 내부의 몸체에서 사용되는 값은 바로 함수가 호출되고 나서 메모리에 새롭게 생성되는 지역 변수이다. 즉 함수를 호출하고 함수 내에서 어떠한 연산을 하기 위해 함수로 전달되는 이 매개체가 값만 필요로 한 것이기 때문에 그 값을 그대로 메모리의 새로운 영역에 복사하여 사용된다. 따라서 함수내에서 이 값을 변경하더라도, 실제 호출될 때의 값은 변경되지 않는다.

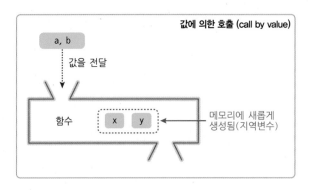

그림 9.2.2 값에 의한 호출인 경우의 변수 관계

9.2.3 참조에 의한 호출

참조에 의한 호출인 경우에 함수를 호출할 때 값 대신에 주소를 넘겨주기 때문에 원본 그대로 함수 내에서 조작한다는 차이가 있다. 이러한 경우 함수 내에서 이 값을 조작하면 호출할 때 매개체의 메모리를 그대로 참조하기 때문에 함수가 종료되어도 그 값이 변경될 수 있다.

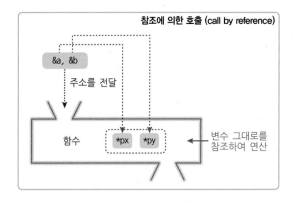

그림 9.2.3 참조에 의한 호출인 경우의 변수 관계

예제 9-2　　값에 의한 호출과 참조에 의한 호출을 사용하여 2개의 변수값을 변경하는 프로그램

값에 의한 호출과 참조에 의한 호출을 사용하여 2개의 변수값을 변경하는 프로그램을 작성한다.

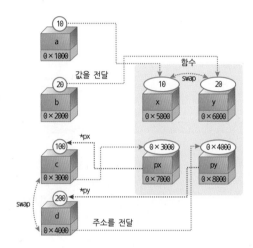

```
1    // C_EXAMPLE\ch9\ch9_project2\swap.c
2
3    #include <stdio.h>                          ──── 자료형과 *기호 사이에 공백이 없어도 된다.
4
5    void swap(int, int, int*, int*);     // 함수원형선언
6
7    int main(void)                             ──── 인수 4개를 갖는 함수원형선언
8    {
9           int a = 10, b = 20;
10          int c = 100, d = 200;              인수가 포인터인 경우 주소값을 넘김
11
12          swap(a, b, &c, &d);      // swap() 함수호출
13
14          printf("a=%d, b=%d, c=%d, d=%d \n", a, b, c, d);
15          return 0;
16   } // main()     x, y 변수에 a, b 값이 복사되어 함수 수행
17
18   void swap(int x, int y, int *px, int *py) // 함수정의
19   {                                        c, d가 존재하는 주소값을 참조하여 함수 수행
20          int temp;          // 임시 저장 공간
21
22          // 일반 변수의 swap
23          temp = x;    ──── x에 y를 바로 대입하면, x값이 소멸되기 때문에 임시 변수를 사용한다.
```

```
24          x = y;
25          y = temp;
26
27          // 포인터 변수의 swap
28          temp = *px;
29          *px = *py;
30          *py = temp;
31     } // swap()
```

각 주소가 가지고 있는 값을 서로 바꾸어 해당 주소에 대입하기 때문에 함수가 종료되어도 주소에 있는 값은 변함이 없다.

[언어 소스 프로그램 설명]

핵심포인트

함수를 호출할 때 참조에 의한 호출 기법을 사용하면, 굳이 전역 변수를 사용하지 않아도 되는 장점이 있다. 전역 변수를 사용하면 함수 내·외부에서 그 값이 유일무이하므로 어떠한 함수에서도 그 값을 참조해서 사용할 수 있는 장점이 있다. 그러나 코드가 길어지고 메모리의 사용량이 많아지며 여러곳에서 분별없이 사용하다보면 코드의 분석이 대단히 어려워질 수 있다. 따라서 포인터를 사용하여 참조에 의한 호출기법을 사용하면 전역 변수를 사용하지 않아도 되므로 코드가 간결해질 수 있다.

라인 5	swap() 함수원형선언을 한다. swap() 함수는 총 4개의 인수를 가지고 있으며, 반환형은 없는 타입이다. 함수원형선언시 함수의 인수 부분에 자료형만 적어주어도 된다.
라인 12	swap() 함수를 호출한다. swap() 함수를 호출할 때에는 함수정의 부분과 인수의 자료형과 개수 등을 맞춘다. 인수가 포인터인 경우에는 주소값을 넘기게 된다.
라인 18	swap() 함수의 정의부분이다. 라인 12에서 swap() 함수를 호출하면, 호출할 때의 a, b 값이 함수 몸체의 x, y에 복사되고, c, d의 주소값이 각각 px, py에 대응된다. 이때 x, y는 전혀 새로운 메모리 영역에 생성되는 변수이며, a, b의 값만 기억하고 있다. 그러나 px, py는 새로운 영역에 생성되는 포인터 변수라 할지라도, x와 y의 주소를 기억하고 있기 때문에 x ,y의 값을 직접 바꾸지 않아도 해당 주소에 있는 값을 포인터를 통하여 변경할 수 있다.
라인 23	temp 변수를 활용하여 x의 값을 미리 저장하고 있다가 x에 y를 대입하고 y에 temp변수의 값을 대입하면 x와 y가 서로 교차되게 된다. 그러나 함수가 끝나면 x, y는 메모리에서 소멸되므로 a, b 값은 그대로 유지된다.
라인 28	px와 py는 각각 c, d의 주소를 참조하고 있으므로 이 주소값을 서로 바꾸어 주면, 함수가 종료되더라도 px, py 포인터 변수만 소멸될 뿐 c, d의 값은 바뀐 채로 유지될 것이다.

실행 결과

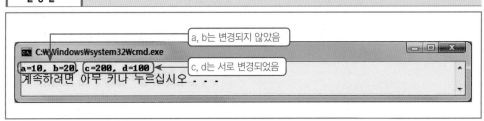

9.2.4 인수를 활용한 값의 반환

함수는 보통 입력으로 사용되는 인수와 반환형으로 구성되어 있다. 함수가 수행될 때 함수의 몸체에서 연산이 이뤄지고, 이의 결과를 반환의 과정을 거쳐 얻어올 수 있지만, 포인터를 활용하면 군이 반환을 사용하지 않고도 값을 얻어올 수 있다. 그림 9.2.4에서와 같이 함수를 호출할 때 인수로써 주소값을 넘겨주고 함수의 몸체에서 연산을 수행하여 해당 주소값에 어떠한 값을 대입해 주면, 함수가 종료될 때 그 주소값에는 함수가 수행될 때의 연산 결과가 저장되어 있을 것이다. 이와 같은 함수의 경우에는 반환을 한 개 밖에 사용할 수 없는 함수의 형식의 결점을 충분히 보완할 수 있으므로 2개 이상의 반환을 얻고자 할 때 사용하면 유용하다.

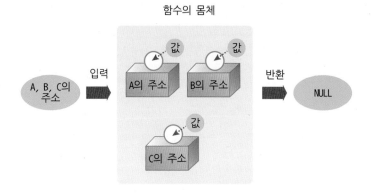

그림 9.2.4 인수를 활용한 값의 반환

예제 9-3   인수를 활용하여 함수 수행 결과를 얻어오는 프로그램

3개의 변수를 선언하고, 이들 각각의 주소를 저장하는 포인터 변수를 선언한다. func()라는 함수에 이들 포인터 변수를 넘겨주어 각각 이들 포인터가 가리키는 값에 2를 곱하여 저장하는 함수를 작성한다.

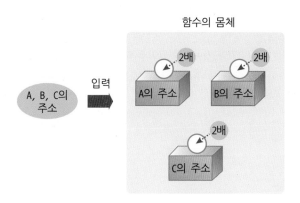

```
1   // C_EXAMPLE\ch9\ch9_project3\pointerargfunction.c
2
3   #include <stdio.h>                            ── 3개의 포인터 변수를 인수로 하는 함수원형선언
4
5   void func(int*, int*, int*);                  // 함수원형선언
6
7   int main(void)
8   {                                             ── a, b, c 각각의 주소를 저장하는 포인터 변수의 선언
9       int a = 10, b = 20, c = 30;
10      int *pa = &a, *pb = &b, *pc = &c;         // 포인터 변수선언 및 주소할당
11
12      func(pa, pb, pc);                         // 포인터를 인수로 하는 함수호출
13
                                                  ── func() 함수호출
14      printf("a = %d, b = %d, c = %d\n", a, b, c);
15      return 0;
16  } // main()
17                                                ── a, b, c 각 주소값을 넘겨 받음
18  void func(int *x, int *y, int *z)             // 함수정의
19  {
20      *x *= 2;                                  // *x = *x * 2
21      *y *= 2;
22      *z *= 2;                                  ── a, b, c 의 각 주소에 존재하는 값에 2를 곱해 다시 저장함
23  } // func()
```

[언어 소스 프로그램 설명]

핵심포인트

함수의 인수로 포인터를 사용하면 참조에 의한 호출이 이뤄지기 때문에 반환을 2개 이상 사용하고자 하는 경우에 활용하면 유용하다.

라인 12	func() 함수의 인수로 a, b, c 각 주소값을 넘겨주어 함수에서 연산된 결과를 이 주소값에 다시 저장하면 반환을 사용하지 않아도 되고 전역 변수를 사용하지 않아도 된다.
라인 18	각 주소값을 넘겨받아 해당 주소값에 존재하는 값을 변경하고자 한다면 지금과 같이 함수의 인수로 포인터를 사용하면 된다.

실행 결과

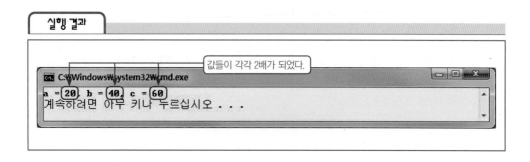

9.3 포인터와 배열

9.3.1 포인터와 배열의 상관관계

포인터를 사용하는 또 하나의 목적은 바로 배열에 접근할 때 보다 편리하게 배열의 원소들에 접근할 수 있기 때문이다. 왜냐하면 배열의 경우 각 배열의 원소들이 메모리에 존재하는 주소가 규칙적으로 할당되기 때문이다. 그림 9.3.1에서와 같이 배열의 시작주소는 랜덤하더라도 그 이후의 배열의 주소는 규칙적이다.

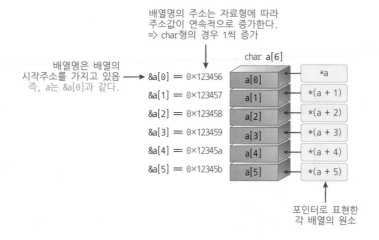

그림 9.3.1 포인터와 배열의 관계

9.3.2 배열 및 포인터의 특성

① 배열명은 배열의 첫 원소의 시작주소를 가지고 있는 포인터이다. 그러나 그 자신의 주소
값은 변경할 수 없다.

a는 a[0]의 주소를
담고 있는 포인터

그림 9.3.2 배열의 시작주소 포인터

② 배열 원소들의 주소값은 메모리에 연속적으로 배치된다. 이때 주소값은 자료형의 크기에
따라 증가하게 된다. 예를 들어 char형인 경우에는 주소값이 1씩 증가하게 된다.

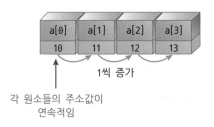

1씩 증가

각 원소들의 주소값이
연속적임

그림 9.3.3 배열의 원소 주소값 할당 규칙

③ **배열을 선언한 자료형에 따라 배열에 할당되는 주소의 크기가 달라진다.**

char형인 경우 그 크기가 1바이트이기 때문에 배열의 주소의 크기는 1이 된다. 그러나
int형, short형, float형 등과 같이 1바이트가 아닌 경우에는 주소의 길이가 자료형의 크
기대로 할당된다. 그림 9.3.4에서 보는 바와 같이 자료형에 따라 할당되는 주소의 크기
는 표 9.3.1과 같다.

표 9.3.1 자료형에 따른 주소의 크기

자료형	주소의 크기
char	1
short	2
int	4
float	4
double	8

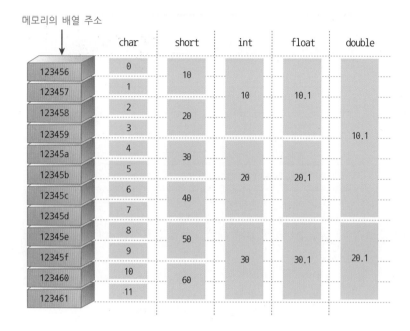

그림 9.3.4 자료형에 따른 배열 주소의 크기

예를 들면 자료형에 따른 각 배열의 선언과 그에 해당하는 주소의 연속적인 할당 규칙은 그림 9.3.5와 같다.

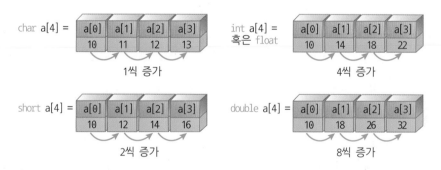

그림 9.3.5 자료형에 따른 배열의 주소 할당의 예

④ **포인터 변수에 증감 연산자(++, --)를 사용할 경우 자료형에 따라 증감되는 값이 다르다.**

배열의 자료형에 따라 주소의 할당되는 길이가 다른 것처럼 포인터에 증감 연산자를 사용하면, 일반적으로 +1, -1 되는 것이 아니라 자료형에 따라 증감되는 값이 달라진다. 각 포인터 별로 증감되는 값은 표 9.3.2와 같다. 한편, 포인터가 메모리 영역에 할당되는 크기를 sizeof 연산자를 사용하여 산출하면, 자료형에 관계없이 4바이트이다.

표 9.3.2 포인터의 증감 크기

자료형	증감 크기
char	1
short	2
int	4
float	4
double	8

예를 들어 char *p의 경우 p++하면 p의 값이 1씩 증가되지만, int *t의 경우에는 t++ 하면 t의 값이 4가 증가하게 된다.

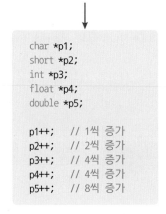

그림 9.3.6 자료형에 따른 증감 예

⑤ **포인터를 사용하여 배열을 표현할 수 있다.**

배열이 메모리에 존재하기 위해서는 배열의 시작주소부터 연속적인 주소값을 갖는 공간에 위치한다. 따라서 주소를 읽을 수 있는 포인터를 활용하면 각 배열에 접근할 수 있다. 이때 자료형별로 할당되는 주소의 길이가 다르기 때문에 포인터 변수값에 유의해야 한다.

그림 9.3.7과 같이 포인터를 사용하여 배열을 표현할 경우에 a[0]의 주소인 &a[0]는 배열명이 시작주소를 가지므로 a가 된다. 따라서 a[2]의 주소는 a+2가 되고, a[2]의 값은 *(a+2)와 같게 된다.

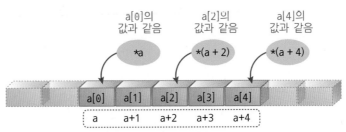

그림 9.3.7 배열을 포인터로 표시

예제 9-4 네 종류의 배열을 선언하고, 각 배열 원소의 주소값과 포인터 증감을 확인하는 프로그램

char형, short형, int형, double형 배열 4개를 각각 선언한 후에 해당 배열의 주소값을 출력하고, 포인터를 이용하여 각 배열의 원소를 출력하는 프로그램을 작성한다. 또한 포인터 변수를 선언하여 포인터의 값을 증가 연산자(++)를 이용하여 증가시킨 후에 증가된 값을 확인한다.

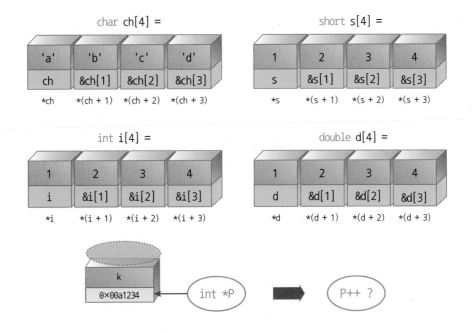

```
1   // C_EXAMPLE\ch9\ch9_project4\arraypointer1.c
2
3   #include <stdio.h>
4
5   int main(void)
6   {
7       char   ch[4] = {'a', 'b', 'c', 'd'};
8       short   s[4] = {1, 2, 3, 4};                    ←──── 4종류의 배열을 선언
9       int     i[4] = {1, 2, 3, 4};
10      double  d[4] = {1, 2, 3, 4};
11      int k;
12      int *P = &k;                                    ←──── k의 주소를 포인터 P가 저장
13
14      // 포인터의 증가값이 1이 아닌지를 확인
15      printf("P = %x ", P++ );                        ──── 포인터 P는 int형이기 때문에 주소를 4개
16      printf("P++ = %x\n\n", P);                           차지하여 1이 아닌 4값이 증가됨
17      // 배열명이 배열의 시작주소값 인지를 확인
18      printf("ch=%x, s=%x, i=%x, d=%x \n\n", ch, s, i, d );   ──── 배열명은 배열의 시작
19                                                              주소를 가지고 있는
20      // 각 배열의 원소들이 갖는 주소값이 연속적인지 확인            포인터이다.
21      for(k = 0; k < 4; k++)                          ←──── k값을 0부터 4까지 증가시켜 가면서 각 배열 원소의
22      {                                                    주소값을 출력한다.
23          printf("ch[%d]=%x, s[%d]=%x, i[%d]=%x, d[%d]=%x \n"
24                  k, &ch[k], k, &s[k], k, &i[k], k, &d[k]);
25      } // for
26
27      // 포인터를 이용하여 각 배열의 원소에 접근
28      printf("\n*ch=%c, *(s+1)=%d, *(i+2)=%d, *(d+3)=%g \n", *ch, *(s+1), *(i+2), *(d+3));
29      return 0;                                              ↑
30  } // main()                     포인터를 사용하여, 각 주소값을 증가시켜 원소에 접근할 수 있다.
                                     *ch==ch[0], *(s+1) == s[1], *(i+2)==i[2], *(d+3)==d[3]
```

[언어 소스 프로그램 설명]

⊕ 핵심포인트

배열을 사용할 때 주소값이 어떻게 할당되는지 유심히 살펴보자. 주소값이 얼마인지는 굳이 알 필요는 없으나 어떠한 체계로 할당되는지는 반드시 기억해야 한다. 각 자료형별로 주소의 길이가 어느 정도를 차지하는지 기억하고, 배열명 자체가 하나의 포인터가 될 수 있음을 기억하도록 한다. 또한 배열의 원소에 접근할 때 굳이 a[n]과 같은 형태로 접근하지 않아도 됨을 이해하자.

라인 12	int형 변수의 주소값을 포인터 P가 저장하고 있다.
라인 15	포인터 P는 자료형이 int형이기 때문에 int형 변수의 주소값만 저장할 수 있으며, int형 포인터를 증가 연산자를 사용하여 증가시켰을 경우에 그 값이 1이 아닌 4의 값이 증가된다.
라인 18	각 배열명은 배열의 시작주소를 가지고 있는 포인터이다.
라인 21	k값을 0부터 3까지 차례대로 증가시키면서 반복문을 4번 수행하며, 각 배열에 할당되는 주소의 체계를 살펴본다.
라인 28	포인터를 가지고 배열의 원소에 접근할 수 있음을 알 수 있다. 이해하기 쉽도록 배열 s의 s+1 값은 s[1]이 위치하고 있는 주소이다.

실행 결과

int *P의 경우 P++는 4씩 증가됨

C:\Windows\system32\cmd.exe   배열명은 배열의 시작주소값을 갖는 포인터

```
P = 43f8b8 P++ = 43f8bc

ch=43f914, s=43f904, i=43f8ec, d=43f8c4        1씩 증가        2씩 증가

ch[0]=43f914,   s[0]=43f904,   i[0]=43f8ec,   d[0]=43f8c4
ch[1]=43f915,   s[1]=43f906,   i[1]=43f8f0,   d[1]=43f8cc     8씩 증가
ch[2]=43f916,   s[2]=43f908,   i[2]=43f8f4,   d[2]=43f8d4
ch[3]=43f917,   s[3]=43f90a,   i[3]=43f8f8,   d[3]=43f8dc

*ch=a, *(s+1)=2, *(i+2)=3, *(d+3)=4        4씩 증가
계속하려면 아무 키나 누르십시오 . . .
```

포인터를 사용하여 배열의 원소에 접근

예제 9-5   6개의 배열을 선언하고, 각 배열의 원소를 접근하는 프로그램

포인터를 사용하여 배열의 원소에 접근하는 방법이 여러 가지가 있는데, 이 중 각 배열의 주소를 하나씩 증가시키면서, 원소에 접근하는 프로그램을 작성한다.

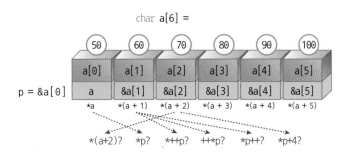

```c
1    // C_EXAMPLE\ch9\ch9_project5\arraypointer2.c
2
3    #include <stdio.h>
4
5    int main(void)
6    {                              ── a배열의 주소를 p에 저장함
7            int *p;
8            int a[6] = {50, 60, 70, 80, 90, 100};
9            p = &a[0];          // p = a;
10
11           printf("a[2] = %d\n", *(a+2));◄──── // a[2]  a의 주소를 2증가한 곳의 원소
12           printf("p = %d\n", *p);              // a[0]
13           printf("p = %d\n", *++p);◄──── // a[1]  p의 주소를 1증가 시킨 곳의 원소
14           printf("p = %d\n", ++*p);◄──── // ++a[1]
15           printf("p = %d\n", *p++);◄──── // a[1] 이후 a[2]로 포인터 이동
16           printf("p = %d\n\n", *p + 4);  // a[2] + 4
17           return 0;
                                           ── p의 주소를 1증가 시킨 곳의 원소를 1증가시킴
18   } // main()
                                     현재 p의 주소가 가리키는 값을 출력 후 주소를 1증가시킴


                                     ── p가 가리키는 값에 4를 더함
```

실행 결과

⑥ **다차원 배열은 포인터로 표현하면 쉽나.**

그림 9.3.8과 같은 2차원 배열이 있다고 가정하자. 이 배열은 a[0][0] 부터 차례대로 포인터의 값을 하나씩 증가시키면 각 원소에 접근할 수 있다.

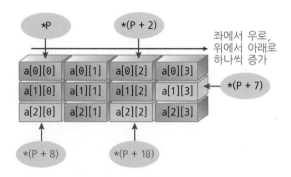

그림 9.3.8 이차원 배열을 포인터로 접근

그림 9.3.8의 2차원 배열을 포인터를 이용하여 각 원소를 나타내면 그림 9.3.9과 같다.

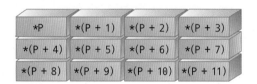

그림 9.3.9 포인터를 이용한 2차원 배열의 표현

예제 9-6   **2차원 배열을 포인터로 이용하여 각 원소들을 출력하는 프로그램**

char형의 2차원 배열 a[3][4]를 선언하고 for 문을 이용하여 각 원소들을 출력하는 프로그램을 작성한다. 한편, 배열명이 아닌 포인터를 가지고 2차원 배열의 원소들을 출력한다.

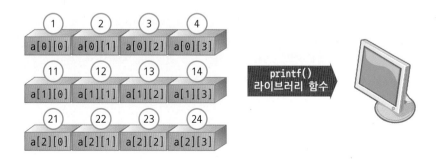

```
1    // C_EXAMPLE\ch9\ch9_project6\arraypointer3.c
2
3    #include <stdio.h>
4
5    int main(void)                                              2차원 배열을 선언
6    {
7        char  a[3][4] = {     // 3x4 형태의 2차원 배열 선언
8                         {1, 2, 3, 4},
9                         {11, 12, 13, 14},
10                        {21, 22, 23, 24}};
11
12       char *P = a;          // 배열명 a는 &a[0]와 같음
13       int i;
                                만일 포인터 P에 a[1]의 주소를 대입하면, a[1][0]부터 출력이 된다.
14
15       // a 배열의 크기만큼 루프를 돌며 각 원소를 출력
16       for(i = 0; i < sizeof(a); i++)
                                        char형 배열이므로, 배열의 크기가 곧 길이이다.
17       {
18           printf("a[][] = %d\n", *(P+i));
19       } // for
20       return 0;
                                i가 증가할수록 각 배열의 원소를 차례대로 가리킨다.
21   } // main()
```

[언어 소스 프로그램 설명]

⊕ 핵심포인트

배열이 곧 포인터라고 인식하면 편리하다. 본 소스 코드와 같이 배열 전체를 출력하는 프로그램을 작성한다고 할 때 포인터를 사용하지 않고, 배열명을 가지고 원소를 출력하려면 a[i][j] 와 같이 출력해야 한다. 그리하면 변수가 적어도 두 개가 필요하다. 그러나 포인터를 이용하여 배열의 원소를 출력하면 코드가 간단해지며 각 원소들의 위치도 쉽게 파악이 가능하다.

라인 7	2차원 배열의 선언이다.
라인 12	배열 a의 시작주소를 포인터 P에 대입하여 포인터 P가 배열 a를 가리키는 포인터가 된다.
라인 16	배열 a는 char형 배열이므로 각 원소가 1바이트를 갖는다. 따라서 12개의 배열이 있다면 그 크기는 12바이트가 되므로, sizeof 연산자는 12를 반환한다. 따라서 루프를 12번 반복한다.
라인 18	*P부터 *(P+1), *(P+2) ... *(P+11)까지 루프를 12번 반복하며 2차원 배열의 원소값들을 화면에 출력한다.

실행 결과

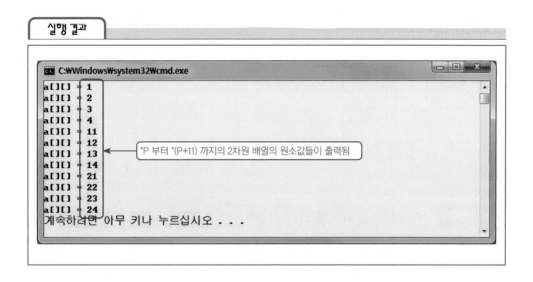

⑦ 문자배열도 포인터로 표현 가능하다. 문자배열은 문자열을 저장시킬 변수가 따로 없기 때문에 배열을 이용한다.

```
char s[] = "C Language"; // 문자배열
```

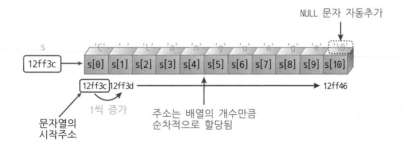

위의 문자배열을 포인터로 표현하면 다음과 같다.

```
char *s = "C Language";   // 포인터 s가 가리키는 메모리 공간에 저장
```

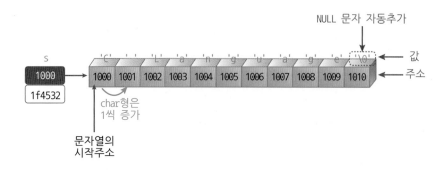

NULL 문자 자동추가

문자열의 시작주소

char형은 1씩 증가

값

주소

예제 9-7 포인터를 이용하여 문자열을 표현하는 프로그램

포인터를 이용하여 문자열을 표현하는 프로그램을 작성한다.

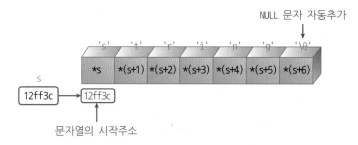

NULL 문자 자동추가

문자열의 시작주소

```
1   // C_EXAMPLE\ch9\ch9_project7\arraypointer4.c
2
3   #include <stdio.h>
4
5   int main(void)
6   {
7       int k;
8       char *s = "string";          ← 문자배열을 선언, 자동으로 '\0' 문자 추가됨
9
10      printf("s의 시작주소 : %d\n", s);
11      printf("s의 문자열 : %s\n\n", s);
12                                   ── k가 0 ~ 6까지 7번 수행
13      for(k = 0; k < 7; k++)
14          printf("*(s + %d) : %c\n", k, *(s + k));
15
16      printf("\n");                        *s, *(s+1) … *(s+6)
17      return 0;
18  } // main()
```

[언어 소스 프로그램 설명]

핵심포인트

문자배열은 곧 char형 1바이트의 데이터의 배열과 같다. 이중인용부호(" ")를 사용하여 문자배열을 선언하면 문자배열의 끝에 자동으로 '\0'문자가 추가되는 장점이 있으므로 유용하게 사용할 수 있다.

라인 8	문자배열을 선언한다.
라인 10	문자배열의 시작주소가 출력된다.
라인 11	%s를 사용하여 문자열을 출력한다.
라인 13	k가 0부터 6까지 하나씩 증가할 때까지 총 7번 for 루프가 수행된다.
라인 14	s가 가리키는 주소를 하나씩 증가시키면서 해당 문자를 출력한다.

실행 결과

```
C:\Windows\system32\cmd.exe

s의 시작주소 : 14440324
s의 문자열 : string

*(s + 0) : s     ◄── 문자열의 시작주소
*(s + 1) : t
*(s + 2) : r
*(s + 3) : i
*(s + 4) : n
*(s + 5) : g
*(s + 6) :       ◄── '\0' 문자는 표시되지 않음

계속하려면 아무 키나 누르십시오 . . .
```

⑧ 함수호출시 인수에 포인터를 사용하는 경우

■ 1차원 배열

```
int array[3];

// 함수호출시 인수에 배열명만 지정
prn(array);

/*
    함수정의시
    자료형 *배열명;
*/
prn(int *array)
```

■ 2차원 배열

```
int array[3][4];

// 함수호출시 인수에 배열명만 지정
prn(array);

/*
    함수정의시
    자료형 (*배열명)[];
*/
prn(int (*array)[4])
```

함수에 1차원 및 2차원 배열을 인수로 전달하는 프로그램

1차원 배열과 2차원 배열의 인수를 출력하는 프로그램을 작성하고, 2차원 배열의 각 원소들의 합을
구하는 프로그램을 작성한다.

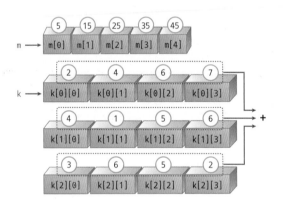

```
1   // C_EXAMPLE\ch9\ch9_project8\arraypointer5.c
2   #include <stdio.h>
3
4   // 함수원형선언
5   void print_array(int *m);          ← 1차원 배열을 인수로 하는 함수원형선언
6   void total_array(int (*k)[4]);     ← 2차원 배열을 인수로 하는 함수원형선언
7
8   int main(void)
9   {
```

```
10          int m[5] = {5, 15, 25, 35, 45};
11          int k[3][4] = {{2, 4, 6 ,7}, {4, 1, 5, 6}, {3, 6, 5, 2}};
12
13          print_array(m);  ◄─────────── 배열명을 인수로 넘김
14          total_array(k);  ◄───┘
15          return 0;
16  } // main()
17
18  void print_array(int *n)  ◄─────────── 1차원 배열을 매개변수로 하는 함수의 정의
19  {
20          int a;
21
22          for(a = 0; a < 5; a++)
23                  printf("n[%d] = %d\n", a, n[a]);
24
25          printf("\n");
26
27  } // print_array()
28
29  void total_array(int (*array)[4])  ◄─────────── 2차원 배열을 매개변수로 하는 함수의 정의
30  {
31          int i, j, sum  = 0;
32
33          for(i = 0; i < 3; i++)
34                  for(j = 0; j < 4; j++)
35                          sum = sum + array[i][j];
36
37          printf("2차원 배열 원소의 총합 : %d\n\n", sum);
38
39  } // total_array()
```

[언어 소스 프로그램 설명]

핵심포인트

배열을 함수의 인수로 하는 경우 함수원형선언 부분에 사용되는 인수와 정의부분에 사용되는 매개변수의 정의 방법에 유의하여 프로그램을 작성한다.

| 라인 5 | 1차원 배열의 함수정의는 배열을 인수로 하는 경우 배열명[]과 같이 정의한다. |
| 라인 6 | 2차원 배열의 함수정의는 배열을 인수로 하는 경우 배열명[][n]과 같이 정의한다. |

라인 13~14	함수를 호출하는 경우에는 배열명만 넘겨준다.
라인 18	함수정의시 1차원 배열의 경우 포인터를 사용할 수 있다.
라인 29	함수정의시 2차원 배열의 경우 다음과 같이 포인터를 사용할 수 있다. 함수명(자료형(*배열명)[원소의개수])

실행 결과

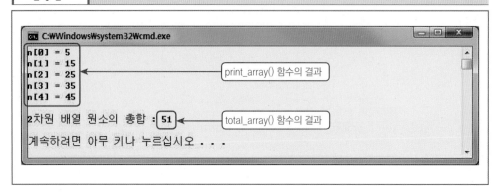

9.4 다중 포인터

9.4.1 이중 포인터

이중 포인터는 포인터의 주소값을 또 다른 포인터가 저장하고 있는 형태이다. 즉 그림 9.4.1 과 같이 포인터가 어떠한 변수의 주소를 저장하고 있고 또 다른 포인터가 변수의 주소값 을 저장하고 있는 포인터가 위치한 또 다른 주소를 담고 있는 형태이다.

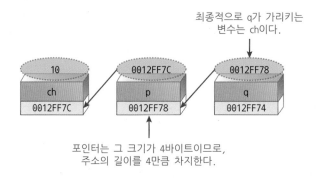

그림 9.4.1 이중 포인터

한편, 이중 포인터 q를 이용하여 변수 ch의 값을 읽어오기 위해서는 * 기호를 2개 사용하면 된다.

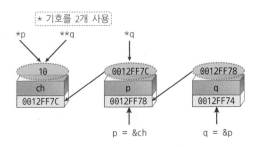

그림 9.4.2 이중 포인터의 변수 접근 방법

9.4.2 이중 포인터 선언 방법

이중 포인터를 선언시 * 기호를 이용하여 포인터를 선언하며 *의 개수를 감안하여 포인터를 선언한다. 즉 이중 포인터의 경우에는 그림 9.4.3과 같이 이중 포인터임을 명시할 수 있는 * 기호의 개수를 포인터 변수 앞에 기재한다.

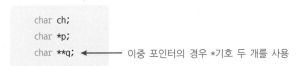

그림 9.4.3 이중 포인터의 선언

9.4.3 다중 포인터

삼중 이상의 포인터는 잘 사용하지는 않으나, 이중 포인터와 개념은 비슷하다. 이중 포인터가 최초의 변수를 하나의 포인터를 거쳐 그 주소값을 저장하는데 반해 다중포인터는 2개 이상의 포인터가 중간에 개입하여 변수를 지칭하도록 한다.

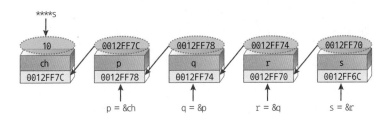

그림 9.4.4 다중 포인터

예제 9-9 **다중 포인터 프로그램**

이중 포인터와 사중 포인터를 이용하여 변수 ch의 값을 출력하는 프로그램을 작성한다.

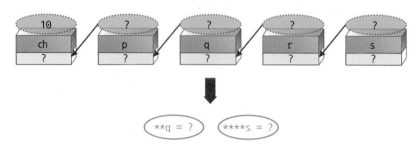

```
1    // C_EXAMPLE\ch9\ch9_project9\multipointer.c
2
3    #include <stdio.h>
4
5    int main(void)                          변수를 선언할 때도 몇 중 포인터인지 명시해야 함
6    {
7        char   ch = 10;                // 일반 변수
8        char *p = &ch;                 // 일반 포인터
9        char **q = &p;                 // 이중 포인터
10       char ***r = &q;                // 삼중 포인터
11       char ****s = &r;               // 사중 포인터            각 주소값들은 4바이트의 길
                                                              이를 갖고, 연속적이다.
12
13       // 각 변수의 주소를 출력
14       printf("p = %p, q = %p, r = %p, s = %p, &s = %x \n", p, q, r, s, &s);
15
16       // 이중 포인터와 사중 포인터를 이용하여 변수 ch값 출력
17       printf("**q = %d, ****s = %d \n", **q, ****s);
18       return 0;
                                          2개 모두 변수 ch의 값을 가리킨다.
19   } // main()
```

[언어 소스 프로그램 설명]

⊕ 핵심포인트

다중 포인터의 경우에 삼중 이상의 포인터는 별로 사용하지 않는다. 그렇다고 이중 포인터도 많이 사용하는 편은 아니지만, 문자열에 접근하거나 포인터 배열의 경우에 주로 사용한다. 변수를 선언할 때는 이중 포인터나 그 이상의 다중 포인터라는 것을 * 기호를 사용하여 명시해야 한다. 또한 각 포인터 선언시에 그 크기는 4바이트이며, 메모리에 위치하는 주소는 대개 가장 마지막에 선언한 변수가 빠른 주소값을 갖는다.

라인 7	일반 char형 변수 선언
라인 8	ch 변수의 주소값을 갖는 포인터 선언
라인 9	포인터 변수 p의 주소값을 갖는 이중 포인터 변수 선언
라인 10	이중 포인터 변수 q의 주소를 갖는 삼중 포인터 변수 선언
라인 11	삼중 포인터 변수 r의 주소를 갖는 사중 포인터 변수 선언
라인 14	각 포인터 변수들이 어떠한 체계로 주소값을 할당받는지 알기 위하여 각 주소값을 차례대로 출력해 본다. 포인터 변수는 주소를 길이 4만큼 차지하며, 일반적으로 가장 마지막에 선언한 변수의 주소값이 상위에 위치한다.
라인 17	**p와 ****s는 모두 변수 ch의 값을 나태낸다.

실행 결과

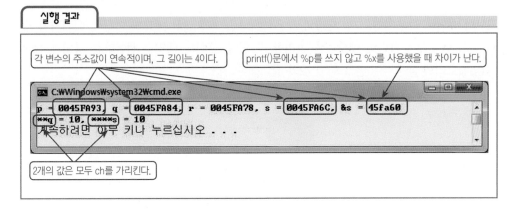

9.5 포인터 배열

9.5.1 포인터 배열이란 ?

포인터 배열(pointer array)은 배열의 원소를 주소값으로 사용한다. 즉 포인터 변수 자체를 배열로써 사용하는 것으로 배열의 각 원소들이 모두 주소값이다. 보통 포인터 배열은 문자열을 배열로써 만들기 위하여 사용하는 것으로 포인터 배열 입장에서는 각 문자열들이 포인터 배열의 원소가 된다. 그림 9.5.1은 일반 2차원 배열을 사용하여 문자열을 배열화 시킨것이다. 이렇게 문자열을 여러 개 선언하고자 할 때 단순히 2차원 배열을 사용하면, 그림 9.5.1처럼 4바이트의 빈 공간이 존재하며 이는 공간의 낭비를 초래할 수 있다. 이를 해결하기 위해 바로 포인터 배열을 사용한다.

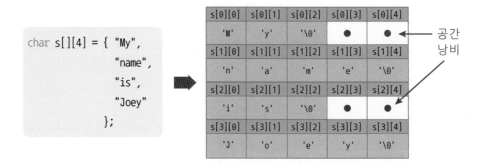

그림 9.5.1 char형 문자 2차원 배열

포인터 배열을 사용하면, 그림 9.5.1과 같은 4개의 영역에 대한 메모리 할당이 이뤄지지 않으므로, 보다 효율적으로 메모리를 관리할 수 있다. 포인터 배열을 선언하는 방법과 그에 따른 메모리의 할당 내용은 그림 9.5.2와 같다.

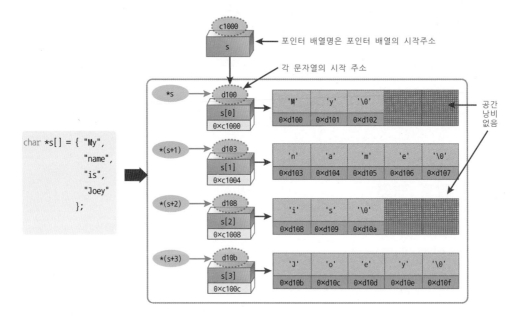

그림 9.5.2 포인터 배열의 선언과 메모리 할당 규칙

9.5.2 포인터 배열의 형식 및 사용법

포인터 배열을 사용하는 방법은 그림 9.5.3과 같다.

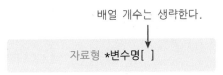

배열 개수는 생략한다.

자료형 *변수명[ ]

그림 9.5.3 포인터 배열의 선언 방법

또한, 포인터 배열을 초기화하는 방법은 그림 9.5.4와 같다.

배열 개수는 생략한다.

char *변수명[ ] = {"문자열 1", "문자열 2", "문자열 3"...};

그림 9.5.4 포인터 배열의 초기화 방법

예제 9-10 **포인터 배열 프로그램**

문자열 포인터 배열을 선언하고, 각 원소 및 문자열을 표현할 수 있는 여러 가지 방법에 대한 프로그램을 작성한다.

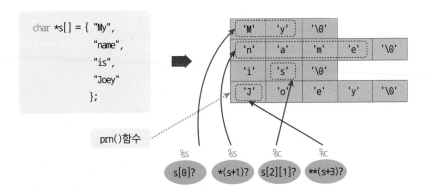

```
1    // C_EXAMPLE\ch9\ch9_project10\pointerarray1.c
2
3    #include <stdio.h>
4
5    void prn(char *name[]); // void prn(char **name);
6
7    int main(void)
8    {
```

```
9          // 포인트 배열의 선언 및 초기화
10         char *s[] = {      "My",
11                            "name",
12                            "is",
13                            "Joey"
14                       };
15
16         // 첫 번째 문자열
17         printf("s[0] = %s \n", s[0]);
18         // 두 번째 문자열
19         printf("*(s+1) = %s \n", *(s+1));
20         // 세 번째 문자열 중 두 번째 문자
21         printf("s[2][1] = %c \n", s[2][1]);
22         // 네 번째 문자열 중 첫 번째 문자
23         printf("**(s+3) = %c \n\n", **(s+3));
24
25         prn(s);
26         return 0;
27    } // main()
28
29    void prn(char *pname[])      // void prn(char **pname)
30    {
31         printf("name = %s\n\n", pname[3]);
32
33    } // prn()
```

총 4개의 문자열이므로, s[0] ~ s[3]까지의 행이 있다.

"My"의 문자열 중 M이 위치한 주소를 나타낸다.

"name"의 문자열 중 n이 위치한 주소를 나타낸다.

"is" 문자열 중 두 번째 문자 's'를 가리킨다.

"Joey" 문자열의 첫 번째 문자 'J'를 가리킨다.

"Joey" 문자열을 가리킨다.

[언어 소스 프로그램 설명]

핵심포인트

포인터 배열을 사용하면, 여러 문자열을 배열로 선언하고자 할 때 대단히 유용하다. 이는 2차원 배열을 선언하여 문자열 배열을 만들고자 할 때 배열의 문자열의 길이가 일치하지 않아 발생하는 메모리의 낭비를 막을 수 있으므로 효과적이다. 따라서 2차원 배열을 사용하여 문자열 및 문자열 내의 문자 1개를 가져올 때 어떠한 방법들이 있는지 알아보자. 가장 쉬운 방법은 역시 포인터를 사용하는 것 보다는 배열의 위치를 확인하여 문자열의 경우 s[n], 문자열 내 문자인 경우 s[n][m]으로 접근하는 것이 가장 쉽다.

라인 10	총 문자열 4개를 갖는 포인터 배열 선언
라인 17	s[0]은 s배열 첫 번째 문자열의 시작주소를 나타낸다. %s를 사용했으므로 '\0' 문자를 만나기 전까지 출력될 것이다.
라인 19	*(s+1)은 s에 주소 4를 더한 공간을 가리키므로 두 번째 문자열을 가리킨다. %s를 사용했으므로 name이 출력된다.

라인 21	세 번째 배열의 두 번째 원소를 니타내므로 's'가 출력된다.
라인 23	s에 3을 더했으므로 네 번째 배열을 가리킨다. 이중 포인터를 사용했으므로 s+3의 주소에 있는 포인터 변수 s[3]이 가리키는 변수값이 출력되므로 'J'가 출력된다.
라인 25	포인터 배열명을 인수로 넘긴다.
라인 29	포인터 배열을 인수로 사용하는 경우 함수의 매개변수에 다음과 같이 사용한다. (자료형 *배열명[])
라인 31	pname[3]은 "Joey" 문자열의 첫 주소값을 가진다. 따라서 %s를 사용했으므로 "Joey" 문자열이 출력된다.

실행 결과

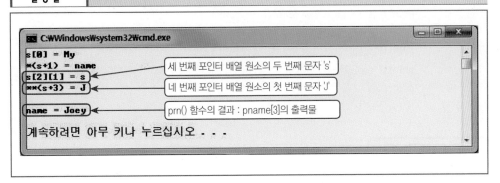

```
C:\Windows\system32\cmd.exe
s[0] = My
*(s+1) = name
s[2][1] = s          세 번째 포인터 배열 원소의 두 번째 문자 's'
**(s+3) = J          네 번째 포인터 배열 원소의 첫 번째 문자 'J'

name = Joey          prn() 함수의 결과 : pname[3]의 출력물

계속하려면 아무 키나 누르십시오 . . .
```

예제 9-11 다중 포인터 배열 프로그램

다중 포인터 배열 프로그램을 작성한다.

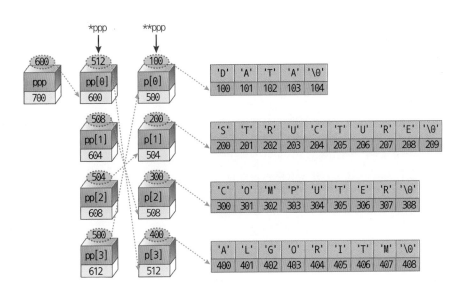

```
1   // C_EXAMPLE\ch9\ch9_project11\pointerarray2.c
2
3   #include <stdio.h>
4
5   char *p[] = {"DATA", "STRUCTURE", "COMPUTER", "ALGORITHM"};
6   char **pp[] = {p + 3, p + 2, p + 1, p};
7   char ***ppp = pp;
8
9   int main(void)
10  {
11      printf("**++ppp + 1 = %s\n", (**++ppp) + 1);          연산순서가 오른쪽에서 왼쪽으로
12      printf("*--*++ppp = %s\n", *--*++ppp);
13      printf("*ppp[-2] + 2 = %s\n", *(ppp[-2]) + 2);        *(ppp - 2)와 같다.
14      printf("ppp[-2][-2] = %s\n\n", (ppp[-2][-2]));        *(*(ppp - 2)결과) - 2)
15      return 0;
16  } // main()
```

[언어 소스 프로그램 설명]

핵심포인트

다중 포인터 배열을 이용하여 다양하게 메모리에 접근하는 방법을 알아보자.

라인 5	포인터 배열을 선언하고 초기화하였다.
라인 6	이중 포인터 배열을 선언하고 초기화하였다. pp의 첫 번째 원소는 p의 네 번째 원소의 주소값을, pp의 두 번째 원소는 c의 세 번째 원소의 주소값을, pp의 세 번째 원소는 p의 두 번째 원소의 주소값을, pp의 네 번째 원소는 p의 첫 번째 원소의 주소값을 가진다.
라인 7	삼중 포인터 배열을 선언하고 초기화하였다. ppp는 pp의 첫 번째 원소의 주소값을 가진다.
라인 11	++ppp는 pp[1]의 주소값을 가지고 다시 **이므로 p[2]의 값을 가지게 된다. p[2]는 "COMPUTER" 문자열의 첫 번째 주소값을 가지므로 + 1은 문자 'C'의 주소값이 된다. 따라서 %s에 의하여 "OMPUTER" 문자열이 출력된다.
라인 12	++ppp는 pp[2]의 주소값을 가지고 다시 *이므로 pp[2]의 값을 가지게 된다. --에 의해 pp[3]이 되고 다시 *에 의하여 p[0]이 된다. p[0]은 "DATA" 문자열의 첫 번째 주소값을 가지므로 %s에 의해 "DATA" 문자열이 출력된다.
라인 13	ppp[-2]는 *(ppp - 2)와 같으므로 pp[0]의 값을 가지게 된다. 다시 *이므로 p[3]의 값을 가지게 된다. p[3]는 "ALGORITHM" 문자열의 첫 번째 주소값을 가지므로 + 2는 문자 'G'의 주소값이 된다. 따라서 %s에 의해 "GORITHM" 문자열이 출력된다.
라인 14	ppp[-2]는 *(ppp - 2)와 같으므로 pp[0]의 값을 가지게 된다. 다시 *(pp - 2)이므로 p[1]의 값을 가지게 된다. p[1]은 "STRUCTURTE" 문자열의 첫 번째 주소값을 가지므로 %s에 의하여 "STRUCTURTE" 문자열이 출력된다.

실행 결과

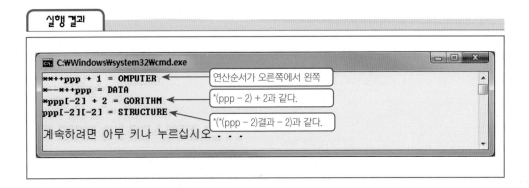

```
C:\Windows\system32\cmd.exe

**++ppp + 1 = OMPUTER          연산순서가 오른쪽에서 왼쪽
*--**++ppp = DATA
*ppp[-2] + 2 = GORITHM          *(ppp - 2) + 2과 같다.
ppp[-2][-2] = STRUCTURE          *(*(ppp - 2)결과 - 2)과 같다.

계속하려면 아무 키나 누르십시오 . . .
```

9.6 함수 포인터

9.6.1 함수 포인터란?

일반적으로 포인터는 변수가 위치하는 주소값을 저장할 수 있는 일종의 변수로써 취급하였다. 그러나 함수자체도 메모리에 위치하고 있는 주소가 있으며, 이 주소를 저장할 수 있는 포인터가 존재한다. 즉, 변수를 가리키는 포인터 이외에도 함수를 가리키는 포인터가 존재한다는 것이다.

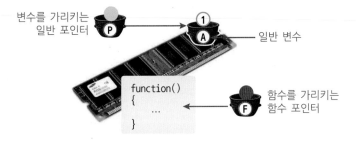

그림 9.6.1 일반 포인터와 함수 포인터

한편, 함수가 위치하는 주소는 함수명 자체가 바로 주소값이다. 이는 배열명 자체가 배열의 주소값을 갖는 것과 마찬가지이다.

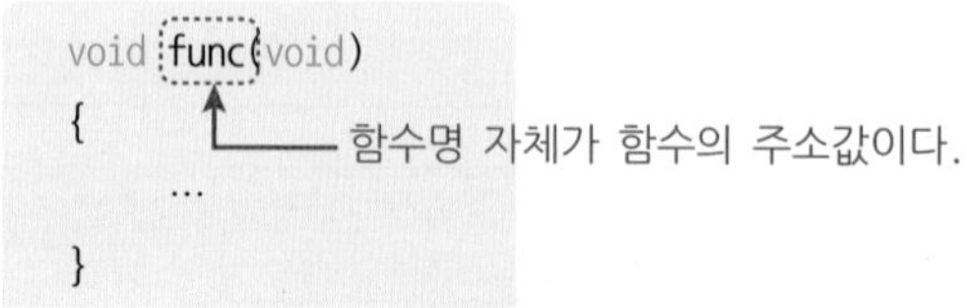

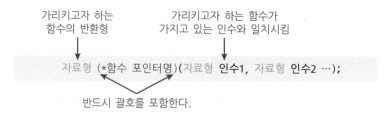

```
void func(void)
{
    …
}
```
함수명 자체가 함수의 주소값이다.

그림 9.6.2 함수명에 담긴 주소

9.6.2 함수 포인터의 형식

함수 포인터는 함수에 대한 주소값을 저장할 수 있는 포인터이므로, 저장하고자 하는 주소에 위치하는 함수와 함수 포인터의 형식은 일치해야 한다. 이때 형식이라 함은 함수가 갖는 반환형과 인수를 의미하며 인수는 자료형과 개수를 일치시켜야 한다. 일반적인 함수 포인터를 선언하는 방법은 그림 9.6.3과 같다.

가리키고자 하는 함수의 반환형

가리키고자 하는 함수가 가지고 있는 인수와 일치시킴

자료형 (*함수 포인터명)(자료형 인수1, 자료형 인수2 …);

반드시 괄호를 포함한다.

그림 9.6.3 함수 포인터의 선언 방법

따라서 함수 포인터를 선언하는 예는 그림 9.6.4와 같다.

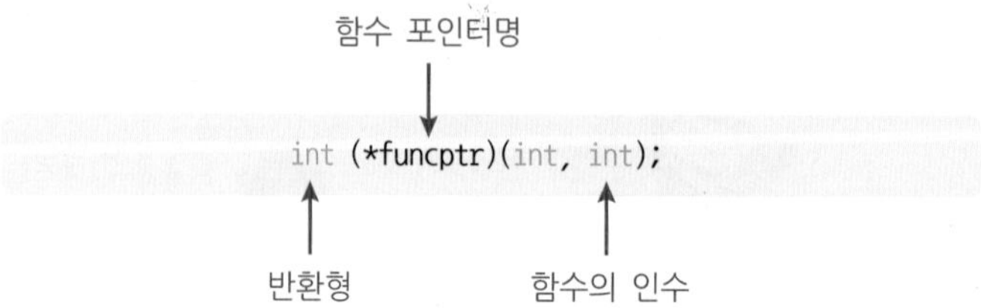

함수 포인터명

int (*funcptr)(int, int);

반환형   함수의 인수

그림 9.6.4 함수 포인터의 선언 예

또한, 함수 포인터를 선언한 이후에 함수 포인터가 원형 함수를 가리키고자 할 때에는 일반적인 변수와 마찬가지로 함수명 자체가 주소값을 가지고 있기 때문에 & 기호를 생략한다.

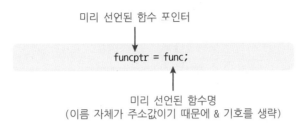

미리 선언된 함수 포인터

funcptr = func;

미리 선언된 함수명
(이름 자체가 주소값이기 때문에 & 기호를 생략)

그림 9.6.5 함수 포인터가 함수를 가리키도록 하는 방법

9.6.3 함수 포인터의 사용

함수 포인터에 함수의 주소를 대입하고 함수 포인터를 선언했다면, 이제 실제 함수를 호출하는 대신 함수 포인터를 활용해 보자. 함수 포인터를 이용하여 실제 함수를 호출할 수 있는데, 이때 그림 9.6.6과 같이 2가지 방법이 있다.

함수 포인터의 선언 예

```
void func(int, int);
void (*funcPtr)(int, int);  ◀── 함수 포인터 선언
        ...
int main(void)
{
        ...
    funcPtr = func;  ◀──────  함수 포인터에 함수 연결
        ...
    funcPtr(10, 20);  ◀──────  대상이 되는 함수호출
        ...                   (*funcPtr)(10, 20)으로 대신 사용이 가능
    return 0;
} // main()
```

그림 9.6.6 함수 포인터를 이용한 함수호출

| 예제 9-12 | 함수 포인터를 이용한 두 수의 합을 구하는 프로그램 |

2개의 인수를 받아 두 수의 합을 반환하는 함수를 작성한 뒤에 함수 포인터를 이용하여 함수를 호출하고, 두 수를 더한 결과값을 화면에 출력하는 프로그램을 작성한다.

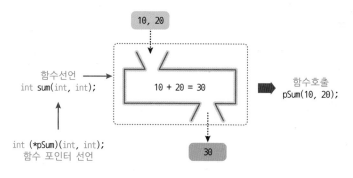

함수선언
int sum(int, int);

함수호출
pSum(10, 20);

10, 20

10 + 20 = 30

30

int (*pSum)(int, int);
함수 포인터 선언

```
 1   // C_EXAMPLE\ch9\ch9_project12\functionpointer.c
 2
 3   #include <stdio.h>
 4
 5   int sum(int, int);                          // 함수원형선언
 6
 7   int main(void)              연결하고자 하는 함수의 원형과 일치시켜야 함
 8   {
 9       int (*pSum)(int, int);                  // 함수 포인터 선언
10       int ans;
11                        함수명 자체가 주소를 가지고 있기 때문에 & 기호를 생략함
12       pSum = sum;                             // 함수 포인터 연결
13       ans = pSum(10, 20);                     // 함수호출
14       printf("10 + 20 = %d\n", ans);
15       return 0;              ans = (*pSum)(10, 20); 으로 사용해도 됨
16   } // main()
17
18   int sum(int a, int b)                       // 함수의 정의
19   {
20       return a + b;                           // 더한 값 반환
21   } // sum()
```

[언어 소스 프로그램 설명]

⊕ 핵심포인트

함수 포인터를 사용하면 함수 자체의 이름을 사용하지 않아도 함수를 호출할 수 있는 큰 장점이 있다. 그러나 함수 포인터를 사용할 때 얻을 수 있는 장점은 여러 개의 함수를 간결한 코드를 이용하여 호출할 수 있다는 데에 있다. 함수 자체를 배열로 만들고 조건에 따라 이 배열의 인덱스(index)를 가지고 호출하면 보다 효과적이다.

라인 5	int형 인수 2개, int형 반환형을 갖는 이름이 sum인 함수원형선언이다.
라인 9	함수 포인터의 이름은 pSum이고, 마찬가지로 int형 반환형을 갖고, int형 인수 2개를 갖는 함수를 가리킬 것을 암시하고 있는 선언문이다.
라인 12	sum() 함수의 주소를 pSum 함수 포인터에 대입하여 pSum 함수 포인터가 sum 함수를 가리키도록 하였다.
라인 13	sum() 함수를 호출하는 대신에 함수 포인터 pSum를 사용하여 실제 함수 sum()을 호출한 효과를 나타내고 있는 문장이다.
라인 18	sum() 함수를 정의하는 부분이다.

실행 결과

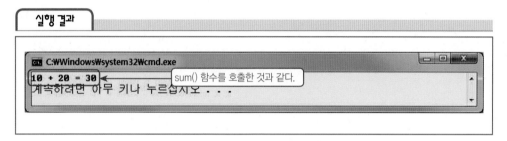

9.6.4 함수 포인터 배열

함수 포인터를 사용하여 얻는 이점은 함수 포인터 배열을 사용하여 여러 개의 함수를 간결한 코드로 접근할 수 있다는 데에 있다. 즉 여러 개의 함수를 선언 및 정의하여 이 함수들을 모두 함수 포인터의 배열에 각각 연결시켜 조건에 따라 해당 배열에 속한 함수를 호출하여 코드를 간결하게 만드는 것이다.

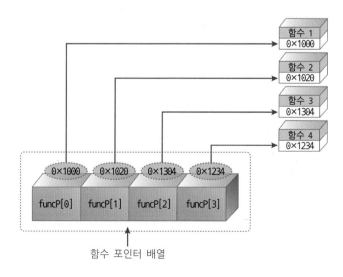

그림 9.6.7 함수 포인터 배열

함수 포인터 배열을 선언하는 방법은 그림 9.6.8과 같다.

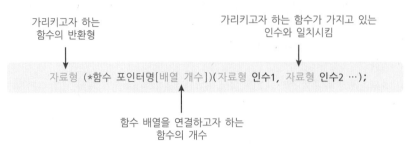

그림 9.6.8 함수 포인터 배열 선언 방법

함수배열에 연결된 각 함수를 호출하는 방법은 그림 9.6.9와 같다.

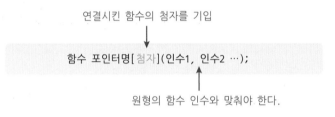

그림 9.6.9 함수를 호출하는 방법

예제 9-13 함수 포인터 배열을 이용하여 원하는 함수를 호출하는 프로그램

사용자로부터 사칙연산 중 한 개의 선택 값을 1부터 4까지의 숫자로 입력받은 뒤 해당 연산을 수행하는 4개의 함수 중 한 개를 호출하여 그 결과를 화면에 출력하는 프로그램을 작성한다.

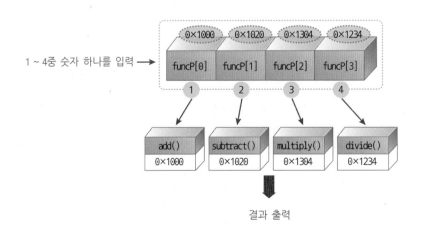

```
1    // C_EXAMPLE\ch9\ch9_project13\functionpointerarray.c
2
3    #include <stdio.h>
4
5    // 함수의 정의
6    int sum(int a, int b)      { return a + b; }        ← 함수원형선언이 생략됨(int형인 경우)
7    int subtract(int a, int b) { return a - b; }
8    int multiply(int a, int b) { return a * b; }        ← 함수 포인터 배열에 연결하기 위해서는
9    int divide(int a, int b)   { return a / b; }           모든 함수의 형태가 일치해야 함
10
11   int main(void)
12   {                                          함수 포인터 배열 선언
13       int (*funcP[4])(int, int);             // 함수 포인터 배열 선언
14       int mode, ans;
15
16       // 함수 포인터 배열과 각 함수들을 연결
17       funcP[0] = sum;
18       funcP[1] = subtract;                   ← 4개의 함수가 funcP 함수 포인터 배열에 등록되었다.
19       funcP[2] = multiply;
20       funcP[3] = divide;
                                                사용자로부터 숫자 한 개를 입력받아 mode 변수에 저장
22       printf("모드를 선택하세요.\n");
23       printf(" 1. 덧셈\n 2. 뺄셈\n 3. 곱셈\n 4. 나눗셈\n ===> ");
24       scanf("%d", &mode);                    // 사용자로부터 숫자를 입력 받음
                                                mode가 1~4 이내의 값인지 비교
26       if(mode >= 1 && mode <= 4){            // 1부터 4까지의 입력인지를 비교
27           ans = funcP[mode-1](10, 5);        // 함수 배열에 연결된 함수를 호출
28           printf("결과는 %d 입니다.\n", ans);
29       } // if                                       funcP[첨자](인수, 인수)의 형태를
30       else       // 1부터 4까지의 입력이 아닌 경우      띄고 함수를 호출함
31           printf("잘못 선택하였습니다.\n");
32       return 0;
33   } // main()
```

[C 언어 소스 프로그램 설명]

⊕ 핵심포인트

본 소스 코드를 함수 포인터 배열을 사용하지 않으면, 해당 함수를 호출하기 위해 적어도 switch문이나 it~else 문을 여러 줄에 걸쳐 사용해야 한다. 하지만 함수 포인터 배열을 사용함으로써 배열의 인덱스만 가지고 여러 개의 함수를 호출할 수 있으므로 코드를 간결하게 만들 수 있다.

라인 6 ~ 라인 9	4개의 함수를 정의하였다. 반환형과 인수가 모두 int형인 경우에는 함수원형선언을 생략해도 된다. 각각의 함수들은 해당 함수의 기능에 따라 int형 인수 2개를 받아와 연산한 후 그 결과를 int 형태로 반환하는 함수이다.
라인 13	함수 포인터 배열 4개를 선언하였다. 이때 함수 포인터 배열의 각 원소로 등록시키고자 하는 함수는 int형 인수가 2개이고 int형 반환값을 갖는 함수들만 가능하다. 배열의 길이는 4이므로 총 4개의 함수만 연결시킬 수 있음에 유의한다.
라인 17 ~ 라인 20	funP[0] 부터 funcP[3]까지의 배열에 총 4개의 함수를 연결시켰다. 이때 함수 포인터 배열에 저장되는 내용은 각각의 함수주소이며, 앞서 언급한 바와 같이 각 함수명 자체가 함수의 주소를 나타내므로 &기호를 생략한다.
라인 22, 23	scanf() 라이브러리 함수를 호출하기 전에 사용자로부터 미리 입력할 숫자에 대한 정보를 알려주는 printf() 라이브러리 문장이다.
라인 24	사용자로부터 정수형 1개를 얻어와 mode에 저장한다.
라인 26	입력된 정수가 1부터 4 이내의 값인지를 확인한다. 만일 본 소스 코드에서 funcP[5]와 같이 미리 설정된 메모리 영역이 아닌 부분을 참조하게 되면, 시스템에 영향을 미칠 수 있으므로 예외처리를 미리 한다.
라인 27	함수 포인터 배열을 이용하여 실제 함수를 호출하는 방법은 funcP[첨자](인수)이다. 또한, 이는 (*funcP[첨자])(인수)처럼 호출해도 무방하다. 이 때 mode에서 1을 뺀 이유는 사용자로부터 1부터 4까지의 입력을 받았으므로 실제 배열의 인덱스는 0부터 3까지이므로 1을 빼주어야 한다.

실행 결과

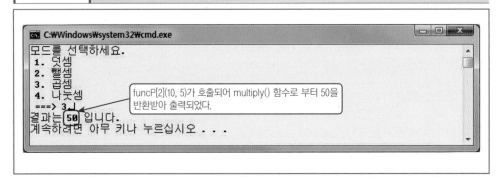

9.7 void 포인터

9.7.1 void 포인터란?

void 포인터란 포인터의 일종이며 일반적으로 사용하는 int*, char*, double* 등의 포인터와는 달리 특별한 자료형이 정해져 있지 않은 포인터이다. 즉 어떠한 변수든 그 자료형에 상관없이 아무 주소값이나 저장할 수 있는 제한이 없는 것이 가장 큰 특징이다.

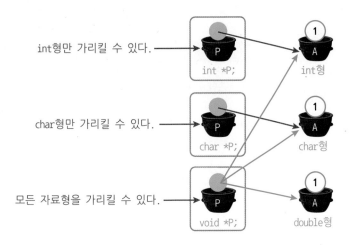

int형만 가리킬 수 있다.　　int *P;　　int형

char형만 가리킬 수 있다.　　char *P;　　char형

모든 자료형을 가리킬 수 있다.　　void *P;　　double형

그림 9.7.1 void 포인터의 특징

하지만, void 포인터가 모든 자료형의 변수를 가리킬 수 있다고 해서 완전한 포인터는 아니다. 왜냐하면 일반 포인터의 경우에는 포인터의 연산이 가능하나 void 포인터의 경우에는 연산, 대입, 증감이 불가능하기 때문이다. 즉 void 포인터의 경우 다음의 몇 가지 항목에 대해 주의한다.

① 간접 참조 연산자를 사용하여 값을 참조할 수 없다.

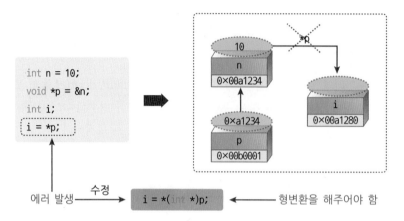

그림 9.7.2 참조하고자 할 때의 void 포인터의 형변환

② 증감 연산자를 사용할 수 없다.

```
vp++;   // 에러
vp--;   // 에러
```

9.7.2 void 포인터를 사용하는 목적

void 포인터를 사용함으로 인하여 얻을 수 있는 이점은 어떠한 자료형의 주소값도 저장할 수 있다는 점이다. 예를 들어 포인터의 연산에서 배운 swap() 함수를 모든 자료형에 대하여 성립할 수 있도록 만들 수 있다.

> **예제 9-14**   모든 자료형에 대해 두 변수의 값을 변경시키는 함수를 작성하는 프로그램

어떠한 자료형이라도 2개의 변수 a, b를 선언한 후에 값을 대입한 뒤 swap() 함수를 호출하여 a와 b의 값을 변경시키는 프로그램을 작성한다. 이때 함수를 호출할 때 호출된 함수의 자료형을 일치시켜야 한다. 그러나 함수의 인수를 void 포인터로 만들면 자료형에 상관없이 함수가 호출된다. swap() 함수를 작성할 때의 기본 알고리즘은 다음 그림과 같다.

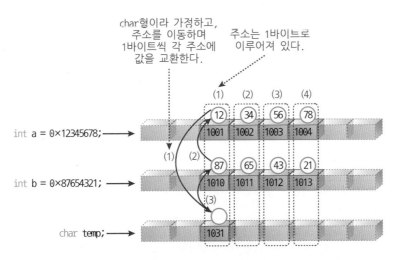

char형이라 가정하고,
주소를 이동하며
1바이트씩 각 주소에
값을 교환한다.

주소는 1바이트로
이루어져 있다.

```
1  // C_EXAMPLE\ch9\\ch9_project14\voidpointer.c
2
3  #include <stdio.h>
4
5  // swap() 함수정의
6  // src에 있는 공간의 값과 des가 가리키는 공간의 값을 size 바이트만큼 교환
7  void swap(void *src, void *des, int size)
8  {
9          char *p1 = (char*)src;      // src void 포인터를 char형 포인터로 형변환
10         char *p2 = (char*)des;      // des void 포인터를 char형 포인터로 형변환
11         char temp;
12         int i;
13
14         for(i = 0; i < size; i++){
15             temp = *p1;             // p1이 가리키는 공간의 1바이트 값을 temp에 저장
16             *p1 = *p2;              // p2가 가리키는 공간의 1바이트 값을 p1에 저장
17             *p2 = temp;             // temp의 값을 p2가 가리키는 공간에 저장
18             ++p1;
19             ++p2;
20         } // for
21  } // swap()
22
23  int main(void)
24  {
25         int a = 0x12345678;
26         int b = 0x87654321;
27
```

모든 자료형을 가리킬 수 있도록 void 포인터를 사용

반드시 형변환해야 한다.

char* 형으로 변환하는 이유는 주소값을 참조하여 값을 변경하는데, 주소를 1바이트 단위로 접근하면 모든 자료형에 대하여 값의 변경이 가능하기 때문이다.

p1과 p2는 함수의 인수 src와 des가 담고 있는 주소를 가지고 있다. 따라서 1바이트씩 size 크기만큼 루프를 돌며 1바이트 단위로 값을 바꾼다.

p1, p2가 가리키는 주소를 1씩 증가시킨다.

```
28        printf("a = %#x, b = %#x\n", a, b);
29        // swap() 함수호출                        ┌── int형의 경우 4바이트
30        swap(&a, &b), (sizeof(int));
31        printf("a = %#x, b = %#x\n", a, b);
32        return 0;                                └── a와 b의 주소값을 함수로 넘긴다.
33  } // main()
```

[언어 소스 프로그램 설명]

핵심포인트

void 포인터는 모든 자료형의 주소값을 저장할 수 있는 범용 포인터이다. 이 포인터를 사용함으로써 어떠한 함수를 작성할 때 자료형에 구애 받지 않은 함수를 작성할 수 있다. 이 함수를 사용하여 swap() 함수를 만들면 어떠한 자료형이더라도 그 값을 변경시킬 수 있다. 또한 본 소스 코드는 메모리의 주소가 1바이트 체계로 이루어져 있음을 사전에 알고 있어야 하며, int형은 4바이트의 공간을 차지하며 4바이트에 걸쳐 값을 저장하고 있다. 따라서 루프를 4번 돌면서 첫 번째 바이트부터 차례대로 1바이트씩 그 값을 변경시켜 4번 수행하면 전체 값이 바뀌게 되는 것이다.

라인 7	swap() 함수는 3개의 인수를 갖는 함수이다. 반환형은 존재하지 않으며 인수 중 2개는 주소값을 받는 포인터인데 자료형은 정해져 있지 않다. 마지막 3번째 인수는 자료형의 크기를 갖는 int형 변수이다. 이 함수의 주된 기능은 첫 번째 인수와 두 번째 인수가 가리키는 주소에 있는 값을 1바이트씩 교체하는 기능을 한다.
라인 9	char형 포인터 p1을 선언하고 인수로 넘어온 void형 포인터를 강제로 형변환시켜 교체하고자 하는 변수의 첫 번째 주소를 가지고 있다.
라인 10	첫 번째 인수와 마찬가지로 두 번째 인수도 값을 변경하고자 하는 두 번째 인수의 시작주소값이다.
라인 11	1바이트의 값을 임시로 저장하기 위한 1바이트 변수이다.
라인 12	루프를 돌기 위한 변수이다. 이 때 루프는 인수로 넘어온 size의 값만큼 반복된다.
라인 14	int형의 경우 총 4개의 바이트 값을, double의 경우 8바이트, char의 경우 1바이트의 값을 변경해야 하므로, for문을 사용하여 각 바이트의 값을 변경시킨다.
라인 15 ~ 라인 17	temp에 p1이 가리키는 주소값을 임시로 저장한다. 또한 p1이 가리키는 공간에는 p2에 존재하는 값을 대입하고, 다시 p2에는 임시로 저장한 원래 p1의 값을 다시 대입하여 p1의 1바이트 값과 p2의 1바이트 값을 상호교환한다.
라인 18 라인 19	교환을 마친 이후에는 p1의 주소값을 1 증가시켜(char 형 포인터이므로 값이 1바이트 증가한다.) 다음 주소를 가리키도록 한다.
라인 23	main() 함수의 시작이다.
라인 25 라인 26	int형 변수 a와 b를 선언하고 이해하기 쉽도록 hex 형태로 4바이트 저장한다. 이때 교환하고자 하는 자료형은 int형이다.
라인 28	원래의 값을 화면에 출력한다.

| 라인 30 | swap() 함수는 포인터를 인수로 가지므로 변수 a, b의 주소값을 넘겨준다. |
| 라인 31 | 최종적으로 교환된 변수 a, b의 값을 화면에 출력한다. |

실행 결과

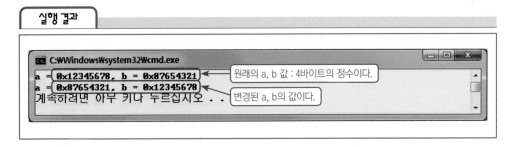

9.8 명령라인 인수

9.8.1 명령라인 인수란?

명령라인 인수(command-line argument)는 프로그램이 실행될 때 2개의 인수를 프로그램에 전달할 수 있다. 이때 전달되는 인수를 명령라인 인수라고 한다. 이때 전달된 인수를 프로그램 몸체에서 활용할 수 있다.

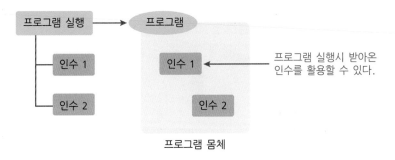

그림 9.8.1 명령라인 인수의 개념

9.8.2 명령라인 인수를 사용하는 방법

지금까지 학습한 소스 코드에서 main() 함수는 모두 인수를 가지고 있지 않았다. 하지만 명령라인 인수를 사용하기 위해서는 main ()함수의 인수가 void가 아닌 그림 9.8.2와 같이 int형과 char형 포인트 배열을 사용한다.

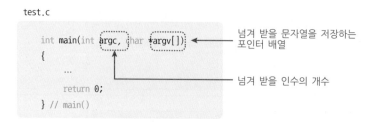

그림 9.8.2 명령라인 인수의 사용방법

명령라인 인수를 사용하기 위해서는 Microsoft Visual C++ 2010 Express 버전에서 바로 실행되지 않고, DOS 창 등에서 실행 파일을 입력하여 실행시켜야 한다. 이때 main()의 인수로 넘어온 argc와 argv에는 실행 파일명까지 포함하고 있다. 만일 명령라인 인수를 사용하여 소스 코드를 작성하고 컴파일된 결과 실행 파일명이 test라 가정하고, DOS 창에서 그림 9.8.3과 같이 입력했다고 하자.

그림 9.8.3 DOS 창에서 프로그램 실행

그림 9.8.3에서 명령라인 인수로 넘어온 argc의 값은 4이고, 포인터 배열 argv에는 총 4개의 문자열이 저장된다. 이를 메모리에서 저장되는 형태는 그림 9.8.4와 같다.

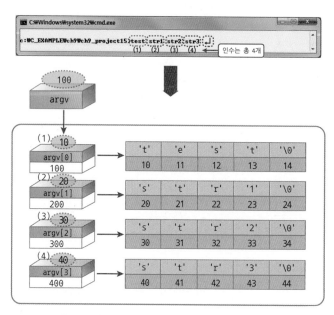

그림 9.8.4 메모리에서 저장되는 형태 명령라인 인수의 구조

예제 9-15 명령라인 인수를 활용하여 화면에 전체 인수의 개수와 각 인수별로 문자열을
출력하는 프로그램

명령라인 인수를 활용하여 DOS 창에서 실행 프로그램을 실행시켜 화면에 전체 인수의 개수와 각 인
수별로 문자열을 출력하는 프로그램을 작성한다.

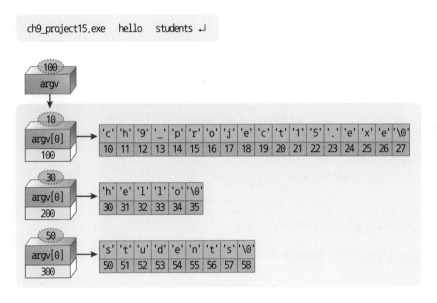

```
1    // C_EXAMPLE\ch9\ch9_project15\cmdlinearg.c
2
3    #include <stdio.h>
4
5    // 명령라인 인수 선언
6    int main(int argc, char *argv[])           ◄──── 반드시 argc, argv라는 변수명을 쓰지 않아도 된다.
7    {                                          ◄──── 두 번째 인수는 포인터 배열이다.
8            int i = 0;
9            printf("argc = %d \n", argc);
10
11           // 명령라인 인수의 개수 만큼 루프를 반복
12           while(i < argc)       ◄──── argc는 실행 파일명을 포함한 개수
13           {
14                   printf("argv[%d] = %s \n", i, argv[i]);
15                   i++;              각 문자열들의 첫 주소를 가지고 있음
16           } // while
17           return 0;
18   } // main()
```

[언어 소스 프로그램 설명]

🔵 핵심포인트

명령라인 인수는 DOS 형 명령어를 작성하고자 할 때 자주 사용되는 개념이다. DOS 창에 dir 이란 명령어가 현재 경로에 있는 파일 및 디렉토리를 표시하는 명령어인데, 이 때 뒤에 dir \w 등과 같은 옵션을 사용하여 화면에 출력할 때의 옵션을 지정한다. 이처럼 명령어를 사용할 때 필요한 옵션 등을 명령라인으로 넘겨주는 것이다.

라인 6	main() 함수에 인수로써 작동되는 것은 명령라인 인수이다. 인수는 첫 번째는 실행 파일명을 포함한 인수의 개수이며, 두 번째는 문자열들이다.
라인 12	while문을 돌면서 i 값이 argc(인수의 개수)보다 작을 때까지 루프를 반복한다.
라인 14	argv[0] ~ arg[n]까지 차례대로 문자열이 출력된다.

DOS 창을 띄우고 실행하는 방법은 다음과 같다.

① 키보드 상에서 ⊞ + R 선택한다.

② 실행 창에 "cmd"라고 입력하고 확인버튼을 클릭한다.

③ 도스 창에서 현재 작성한 프로젝트의 경로로 진입한다.

cd c:\C_EXAMPLE\ch9\ch9_project15\Debug ↵

④ 실행 파일을 다음과 같이 실행시킨다.

ch9_project15.exe hello students ↵

⑤ 결과를 확인한다.

실행 결과

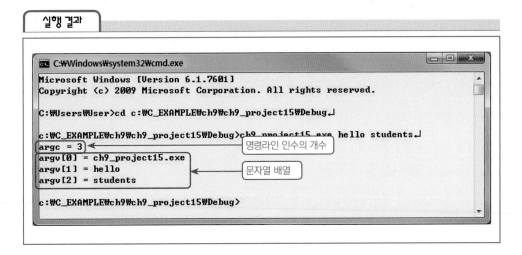

1. 포인터에 대한 설명 중 틀린 것은?

① 변수 혹은 메모리를 차지하는 영역의 주소를 가리키는 변수이다.

② 포인터 자체도 주소를 가지고 있다.

③ 포인터의 크기는 포인터가 가리키는 변수에 따라 달라진다.

④ 포인터는 일반적으로 *연산자를 사용하여 선언한다.

⑤ 포인터도 일반 변수와 마찬가지로 메모리에 생성된다.

2. 다음은 포인터를 선언하는 방식이다. 설명이 올바르지 못한 것은?

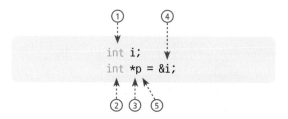

① 1과 2의 타입이 일치해야 한다.

② 포인터 변수 p는 i의 주소값을 가지고 있다.

③ 4는 i의 주소값을 나타내는 연산자이다.

④ 3은 포인터 변수를 선언할 때 사용하는 연산자이다.

⑤ 5의 크기는 1바이트이다.

3. 포인터를 사용할 때의 주의사항으로 틀린 것은?

① 포인터도 초기화가 반드시 필요하다.

② 포인터에는 일반 상수의 값을 저장해선 안된다.

③ 포인터의 값 자체를 증가시키거나 감소시킬 때에는 연산자 우선순위를 고려해야 한다.

④ 포인터의 값은 주소값이므로 임의로 변경하면 시스템의 오류를 야기할 수 있다.

⑤ 포인터에 자료형과 주소를 담을 변수의 자료형을 일치시켜야 한다.

4. 값에 의한 호출(call by value)에 대한 설명 중 틀린 것은?

① 함수의 인수에 변수 자체를 전달하는 방식을 말한다.

② 함수에 변수 자체를 전달하면 함수 내의 인수는 또 다른 주소값을 갖는다.

③ 함수가 종료되면, 인수 자체의 주소는 사라진다.

④ 인수로 넘겨진 두 값을 바꿀 때 일반적으로 사용하는 방법이다.

⑤ 인수로 사용된 변수는 함수 내로 복사될 뿐이다.

5. 참조에 의한 호출(call by reference)에 대한 설명 중 틀린 것은?

① 함수의 인수에 변수의 주소를 넘겨주는 방식을 의미한다.

② 참조에 의한 호출 기법을 사용하여 함수를 정의할 때 함수의 인수에 *연산자를 사용해야 한다.

③ 인수로 넘길 변수의 주소값을 전달하므로 함수 내에서 값을 조작하면 원본의 값이 변경된다.

④ 배열의 경우에는 배열명 자체가 주소값이므로 참조에 의한 호출이 자동으로 이뤄진다.

⑤ 함수 내에서 인수의 값을 임의로 바꿀 수 있는 기법이다.

6. 일반적으로 함수는 반환형 하나에 한 개 이상의 인수를 사용할 수 있다. 만일, 함수를 통하여 두 개 이상의 반환을 하고자 할 때, 즉 함수를 통하여 두 개 이상의 값을 변경하고자 한다면 어떠한 기법을 써야 하며, 그 방법에 대하여 설명하여라.

7. 포인터와 배열에 대한 설명 중 틀린 것은?

① 배열명 자체가 배열의 주소를 담고 있는 포인터이다.

② 배열의 경우 주소가 연속적으로 이루어져 있다.

③ 배열 주소의 경우 자료형에 따라 주소의 크기도 달라진다.

④ a[5]의 배열이 있는 경우 a[3]의 주소는 (a+3)과 같다.

⑤ a[5]의 배열의 경우 &a와 &a[0] 그리고 *(a+0) 모두 같은 문장이다.

8. 다음은 자료형 별로 구분된 배열이다. 빈칸에 주소값을 기입하라.(10진수)

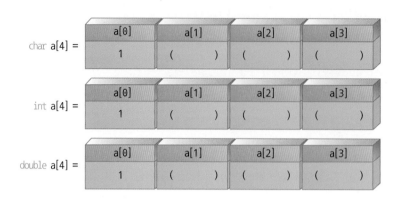

char a[4] =

a[0]	a[1]	a[2]	a[3]
1	( )	( )	( )

int a[4] =

a[0]	a[1]	a[2]	a[3]
1	( )	( )	( )

double a[4] =

a[0]	a[1]	a[2]	a[3]
1	( )	( )	( )

9. 포인터 변수에 증감연산자를 사용하는 경우 다음의 표를 참고하여 빈칸을 채워라.

자료형	a	a++
char a[10]	1	( )
short a[10]	1	( )
int a[10]	1	( )
float a[10]	1	( )
double a[10]	1	( )

10. 다음은 2차원 배열의 구조이다. 주어진 예를 사용하여 원소를 포인터로 표현하라.

int P[4][3] =

*P	( )	( )	( )
( )	( )	( )	( )
( )	( )	( )	( )

11. 함수 포인터에 대한 설명 중 틀린 것은?

① 함수명 자체가 주소값이다.

② 함수를 가리키는 포인터의 크기는 함수의 반환형 크기와 일치한다.

③ 함수의 포인터를 선언할 때에는 함수의 원형과 일치시켜야 한다.

④ 함수의 포인터에 함수의 주소를 대입하기 위해서는 &연산자를 생략한다.

⑤ 함수를 호출할 때 포인터를 가지고 호출할 수도 있다.

12. void 포인터에 대한 설명으로 틀린 것은?

① void 포인터는 자료형에 상관없이 주소를 담을 수 있는 변수이다.

② void 포인터는 일반 포인터와 마찬가지로 대입, 증감 등의 연산이 가능하다.

③ void 포인터를 사용하는 목적은 어떠한 자료형에 대해 주소값을 담을 수 있다는 점이다.

④ 간접참조연산자 *를 void 포인터에서는 직접 사용할 수 없다.

⑤ void 포인터를 사용하여 값을 참조하기 위해서는 형변환이 필요하다.

13. 명령라인 인수에 대한 설명 중 틀린 것은?

① 명령라인 인수는 프로그램이 실행될 때 외부에서 인수를 프로그램에 전달할 때 사용한다.

② 명령라인 인수를 활용하여 전달하는 인수에는 실행 파일도 포함된다.

③ 명령라인 인수를 사용하려면 main 함수의 인수를 변형해야 한다.

④ 명령라인 인수를 사용할 때 argc와 argv명은 변경하면 안된다.

⑤ DOS 커맨드를 사용할 때에는 해당 실행 파일이 있는 경로에서 실행해야 한다.

14. 다음과 같은 실행결과를 얻기 위한 프로그램을 완성하라.

```c
#include <stdio.h>

int a[] = {0, 1, 2, 3, 4};
int *p[] = {a, a+1, a+2, a+3, a+4};
int **pp = p;

int main(void)
{
    printf("%d\n", **p_____);
    printf("%d\n", *a_____);
    printf("%d\n", **pp____);
    return 0;
} // main()
```

[실행결과]

```
C:\Windows\system32\cmd.exe

1
2
3
계속하려면 아무 키나 누르십시오 . . .
```

15. 다음과 같은 실행결과를 얻기 위한 프로그램을 완성하라.

```c
#include <stdio.h>

int a[3][3] = {{1, 2, 3}, {4, 5, 6}, {7, 8, 9}};
int *pa[3] ={a[0], a[1], a[2]};
int *p = a[0];

int main(void)
{
    int i;

    for(i = 0; i < 3; i++)
        printf("%d %d\n", *____[i],____[i]);
    return 0;
} // main()
```

[실행결과]

```
C:\Windows\system32\cmd.exe

1 1
4 2
7 3
계속하려면 아무 키나 누르십시오 . . .
```

16. 다음의 동작조건, 요구사항, 실행결과를 만족시키는 프로그램을 작성하라.

동작조건

- 두 수를 교환하는 프로그램을 작성하되 함수를 사용한다.

- 두 개의 함수를 작성하고, 하나의 함수는 일반 변수를 인수로 하고, 나머지 함수는 포인터를 인수로 하는 함수를 작성하여 두 개 함수의 동작을 비교할 수 있는 프로그램을 작성한다.

- 함수를 호출한 뒤 그 값을 바로 출력한다.

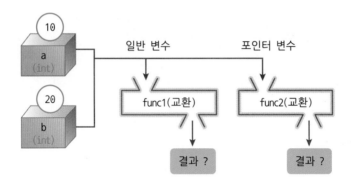

요구사항

- a, b 두 개의 변수가 서로 교환이 되어야 한다.

- 주어진 실행결과와 일치해야 한다.

실행결과

```
C:\Windows\system32\cmd.exe
a = 10 b = 20
a = 20 b = 10
계속하려면 아무 키나 누르십시오 . . .
```

17. 다음의 동작조건, 요구사항, 실행결과를 만족시키는 프로그램을 작성하라.

동작조건

- 포인터 배열을 선언하여, 각 문자들을 액세스 하는 프로그램을 작성한다.
- 문자열의 내용은 다음 그림과 같다.
- %s, %c의 출력 형식 지정문자를 적절히 사용하여 주어진 조건에 맞게 출력한다.
- 배열과 포인터를 적절히 사용하여 주어진 조건에 맞도록 출력한다.

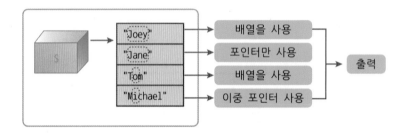

요구사항

- 주어진 조건의 그림에 표시된 문자 혹은 문자열만 출력한다.
- 배열을 사용해야 하는 부분에는 배열만, 포인터를 사용해야 하는 부분에는 포인터만 사용하여 원하는 결과를 얻어야 한다.

실행결과

18. 다음의 동작조건, 요구사항, 실행결과를 만족시키는 프로그램을 작성하라.

- 3개의 문자열을 순서대로 출력하는 프로그램을 작성한다.

- 반복문을 사용하여 3개의 문자열을 차례대로 출력하되 함수를 호출하여 각 문자열들을 출력한다.

- 문자열들은 전역 변수가 아닌 main() 함수 내의 지역 변수로써 main() 함수에서 출력하는 함수를 호출하여 출력한다.

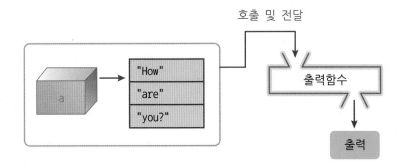

요구사항

- func() 함수에 문자열 포인터를 반드시 인수로 전달한다.

- for 문을 사용한다.

- for 문을 사용시 초기화 문은 생략한다.

실행결과

```
C:\Windows\system32\cmd.exe
How
are
you?
계속하려면 아무 키나 누르십시오 . . .
```

19. 다음의 동작조건, 요구사항, 실행결과를 만족시키는 프로그램을 작성하라.

동작조건

- 1, 2, 3, 4를 저장하는 4개의 변수가 있다. 이 4개의 변수의 값을 제곱하여 다시 저장하는 프로그램을 작성한다.
- 이때, 4개의 변수는 배열이 아닌 일반 정수형 변수이며, 일반 함수의 호출에 의해 값을 변경한다.
- 함수의 호출이 있고, 함수가 종료되면 각 값들이 제곱이 되어 변수에 저장되는 형태를 갖는다.

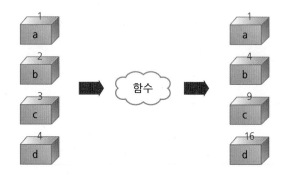

요구사항

- 배열을 사용하지 않는다.
- 함수의 호출은 한 번만 한다.
- 반드시 지역 변수를 사용한다.
- 코드의 길이가 20줄을 넘지 않는다.

실행결과

20. 다음의 동작조건, 요구사항, 실행결과를 만족시키는 프로그램을 작성하라.

동작조건

- 길이의 단위를 변경하여 출력하는 프로그램을 작성한다.

- 사용자로부터 길이(meter)와 변환하고자 하는 단위를 선택하도록 요구한다.

- 입력된 메뉴 및 1meter를 환산하는 값은 다음과 같다.

단위(1)	환산	단위(2)	환산	단위(3)	환산	단위(4)	환산
inch	39.37	feet	3.28	yard	1.09	자	3.3

- 일 0을 입력하였다면, 프로그램을 종료하도록 한다.

수와 메뉴
입력

요구사항

- 함수 포인터 배열을 사용한다.

- 변환된 수는 소수점 2자리까지 표현한다.

실행결과

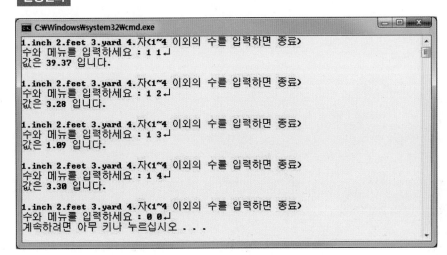

CHAPTER **10**

구조체

학 습 목 표

- 구조체란 무엇인지 살펴보자.
- 구조체를 이용하여 프로그램을 했을 때의 이점과, 사용하는 방법에 대하여 학습한다.
- 공용체와 형정의는 무엇이며, 이 두 가지를 사용하는 목적과 이점에 대하여 이해한다.
- 구조체, 공용체, 형정의는 실제 프로그래밍에서 어떻게 활용되는지 이해한다.

[언어 소스 프로그램 설명

⊕ 핵심포인트

구조체는 어떠한 변수들의 집합들을 하나의 변수로 만드는 방법이다. 자료를 관리하고, 부득이하게 여러 가지 변수들의 집합으로 하나의 군을 만들고자 할 때 사용하면 유용하다. 이는 C++의 클래스와 비슷한 개념이기도 하지만, 실제 C 언어에서는 각 자료들을 관리하거나 연결리스트를 구현할 때 사용하기도 한다.

10.1 구조체 정의

10.1.1 구조체란?

구조체(structure)는 여러 변수들을 하나로 묶어 자료를 관리하기 쉽도록 고안된 개념이다. 여러 변수들을 하나로 묶기 때문에 구조체는 변수의 집합으로도 설명이 가능하다. 즉 구조체 자체를 하나의 변수로 보고 이 구조체 변수 내부에는 또 다른 여러 개의 변수들이 모여 있다. 데이터의 처리가 많은 경우 구조체를 사용함으로써 복잡한 자료를 다루는데 커다란 이점이 있다.

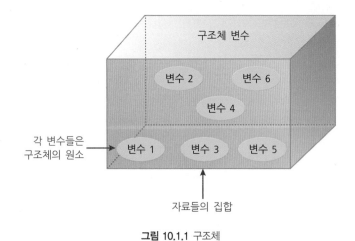

그림 10.1.1 구조체

10.1.2 구조체와 배열의 차이

여러 개의 자료를 하나로 묶어서 사용할 수 있다는 점에서 배열과 구조체는 크게 다를 것이 없어 보인다. 그러나 배열은 같은 자료형들만의 집합으로 이루어져 있고, 구조체는 자료형과 상관이 없이 여러 개의 자료형 모두 그룹으로 만들 수 있다는 데에 가장 커다란 차이점이 있다. 또한 구조체는 자기 자신 자체도 구조체의 멤버로 포함할 수 있으며, 구조체 내에 배열을 자료로 삼을 수도 있다.

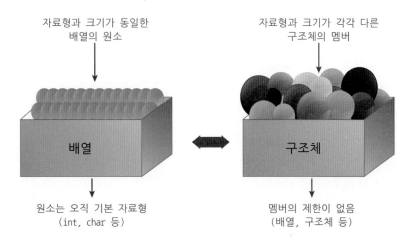

자료형과 크기가 동일한
배열의 원소

자료형과 크기가 각각 다른
구조체의 멤버

배열

구조체

원소는 오직 기본 자료형
(int, char 등)

멤버의 제한이 없음
(배열, 구조체 등)

그림 10.1.2 구조체와 배열의 차이

10.1.3 구조체 선언

구조체를 선언하는 방법은 그림 10.1.3에서와 같이 struct 키워드를 활용한다. 구조체를 선언하는 것도 일반 변수를 선언하는 것과 크게 다르지 않으므로, 선언후에는 반드시 세미콜론(;)을 문장의 끝에 반드시 붙이도록 한다. 그림 10.1.3과 같이 구조체를 선언할 때는 struct 키워드를 사용하며, 구조체명은 사용자가 정할 수 있으며 키워드와 중복되지 않도록 유의한다. 또한 구조체에는 멤버라고 불리는 구성요소가 존재하며 일반적인 변수 선언 방법과 동일하게 선언한다. 구조체의 멤버가 존재하는 몸체는 중괄호({ })로 구분하며, 구조체의 선언이 끝나는 마지막 문장에는 반드시 세미콜론이 존재함에 주의한다.

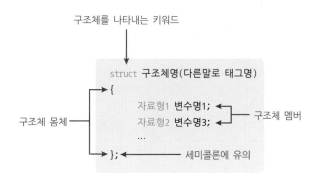

구조체를 나타내는 키워드

struct **구조체명**(다른말로 태그명)
{
　자료형1 **변수명1;**
　자료형2 **변수명3;**
　...
};

구조체 멤버

구조체 몸체

세미콜론에 유의

그림 10.1.3 구조체의 선언 방법

그림 10.1.4는 구조체를 선언한 예를 나타낸다.

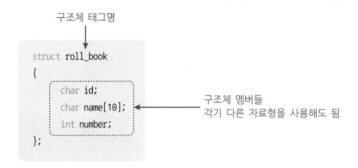

그림 10.1.4 구조체의 선언 방법의 예

lo.l.4 구조체의 사용

(1) 구조체의 변수 선언

선언된 구조체를 사용할 때는 일반 변수와 같이 구조체의 태그명과 사용할 구조체의 변수명을 소스 코드 내부에 선언해야 한다. 구조체에서 사용하는 구조체명 또는 구조체의 태그명은 구조체를 대신하는 일종의 자료형이므로, 이를 사용하려면 별도의 변수를 선언해야 한다.

반드시 선언한 구조체명 또는 태그명을 사용

struct **구조체명** **변수1, 변수2 … ;**

struct 키워드를   여러 개의 변수를
사용한다.   선언할 수 있음

그림 10.1.5 구조체의 사용방법

10.1.4의 roll_book 구조체를 프로그램 내부에서 선언한 예는 그림 10.1.6과 같다.

```
int main(void)
{
    struct roll_book rollA;
    ...
    return 0;         구조체   구조체
} // main()          명      변수명
```

그림 10.1.6 구조체의 사용의 예

(2) 구조체 변수를 사용하여 구조체의 멤버를 읽고 쓰는 방법

구조체의 변수를 선언했다면, 구조체의 변수에 값을 쓰고 읽을 수 있다. 이 때 사용하는 방법은 그림 10.1.7과 같이 구조체 변수명과 멤버 연산자(.) 그리고 멤버명을 사용하여 값을 읽거나 쓴다.

구조체 멤버 연산자

```
구조체 변수명.구조체 멤버명 = xxx;
```

← 기록할 때

```
xxx = 구조체 변수명.구조체 멤버명;
```

← 읽을 때

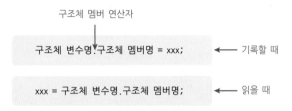

그림 10.1.7 구조체의 멤버를 읽고 쓰는 방법

그림 10.1.6의 roll_book 구조체의 rollA 구조체 변수의 멤버 id에 10이란 값을 쓰는 예는 그림 10.1.8과 같다.

```
int main(void)
{
    struct roll_book rollA;
    rollA.id = 10;
    …
    return 0;
}  // main()
```

그림 10.1.8 구조체 멤버에 값을 쓰는 방법의 예

10.1.5 구조체 선언과 동시에 변수를 생성하는 방법

그림 10.1.9과 같이 구조체를 선언함과 동시에 변수를 생성하는 방법이 있다.

```
struct roll_book
{
    char id;
    char name[10];
    int number;
}rollA;
```

← 세미콜론은 변수명 뒤에 붙는다.

↑ roll_book의 구조체 변수

그림 10.1.9 구조체 선언과 동시에 변수 생성 방법

이는 프로그램 내부에서 자유롭게 사용할 수 있으며, 동시에 구조체와 변수명을 선언했더라도 또 다른 구조체 변수를 새로이 생성할 수 있다. 그림 10.1.10에서 rollA는 main() 함수 외부에 선언된 변수이므로 전역 변수가 되고, rollB는 main() 함수의 내부에 선언된 변수이므로 지역 변수가 된다.

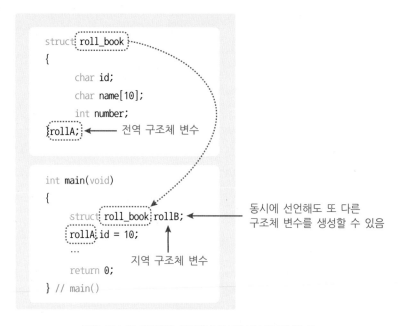

그림 10.1.10 구조체를 선언함과 동시에 변수를 생성한 예

10.1.6 구조체의 초기화 방법

일반 변수도 선언될 때 메모리에 값을 초기화하듯이 구조체도 선언할 때 바로 초기화 시킬 수 있다. 그러나 구조체를 선언할 때 각 변수에 값을 주는 것이 아닌 구조체의 변수에 값을 주는 것에 유의하자.

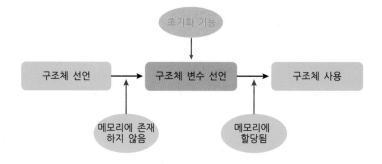

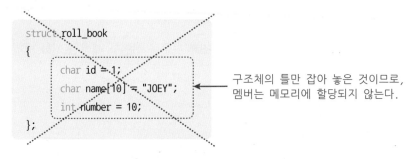

구조체의 틀만 잡아 놓은 것이므로,
멤버는 메모리에 할당되지 않는다.

그림 10.1.11 잘못된 구조체의 초기화

구조체를 초기화하는 방법은 다음과 같다.

(1) case 1 – 구조체의 생성과 변수의 선언을 동시에 할 때

선언된 변수에 중괄호를 사용하여 각 멤버를 초기화한다.

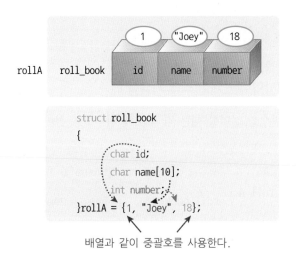

배열과 같이 중괄호를 사용한다.

(2) case 2 – 별도로 구조체 변수를 선언할 때

구조체를 선언한 뒤에 main() 함수 등에서 구조체 변수를 선언할 때의 초기화 방법이다.

```c
struct roll_book
{
        char id;
        char name[10];
        int number;
};
int main(void)
{
        ...
        struct roll_book rollA = {1, "JoeyLee", 18};
        ...
        return 0;
} // main()
```

(3) case 3 – 2개 이상의 구조체 변수를 사용할 때

2개 이상의 구조체 변수를 선언할 때는 각 구조체 변수별로 콤마(,)로 구분한다.

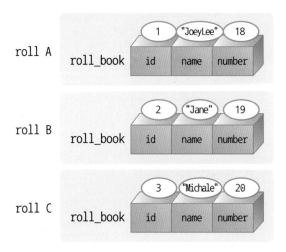

```
struct roll_book
{
    char id;
    char name[10];
    int number;
};
int main(void)
{
    ...
    struct roll_bool rollA = {1, "JoeyLee", 18},  ◀── 콤마(,)로 구분함
                      rollB = {2, "Jane", 19},
                      rollC = {3, "Michael", 20};  ◀── 끝은 세미콜론(;)
    ...
    return 0;
} // main()
```

예제 10-1 간단한 구조체 선언과 멤버 읽고 쓰기 프로그램

roll_book이라는 구조체를 선언하고 구조체 변수 rollA를 동시에 생성한 뒤에 rollB를 main() 함수에서 생성한다. 다음 각각의 멤버를 출력한 후 rollA의 멤버 number의 값을 바꾼 뒤 바뀐 값을 확인하기 위해 그 값을 화면에 출력하는 프로그램을 작성한다.

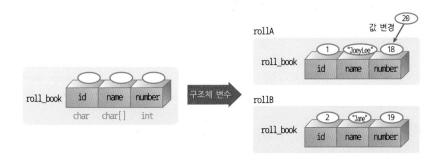

```
1    // C_EXAMPLE\ch10\ch10_project1\simplestruct.c
2    #include <stdio.h>
3
4    // 구조체 선언                          ──── 구조체의 몸체 선언
5    struct roll_book{
6            char id;                         구조체를 선언함과 동시에 변수선언 후 초기화
7            char name[10];
8            int number;
9    }rollA = {1, "JoeyLee", 18};         // 구조체 선언과 구조체 변수 동시 선언 및 초기화
10
11   int main(void)            또 다른 구조체 변수 rollB 선언
12   {
13           struct roll_book rollB = {2, "Jane", 19};   // 새로운 구조체 변수 선언
14                                                    구조체의 멤버를 참조하기 위해서는
15           // 2개의 구조체 멤버 출력                   구조체 멤버 연산자를 사용
16           printf("%d %-8s %d \n", rollA.id, rollA.name, rollA.number);
17           printf("%d %-8s %d \n", rollB.id, rollB.name, rollB.number);
18
19           // 구조체 rollA의 number를 변경
20           rollA.number = 20;              ──── 구조체의 멤버값을 변경함
21           printf("변경된 %s의 번호는 %d \n", rollA.name, rollA.number);
22           rerutn 0;
23   } // main()
```

[언어 소스 프로그램 설명]

핵심포인트

구조체는 다양한 변수를 포함하는 일종의 그룹에 대하여 자료 관리가 편리하도록 지원하는 C 언어의 기법이다. 구조체를 활용하면 배열과는 달리 각기 다른 자료형과 크기를 갖는 자료일지라도 쉽게 관리할 수 있다. 구조체의 각 멤버를 참조하기 위해서는 구조체 멤버 연산자(.)를 활용한다.

라인 5	roll_book 이라는 구조체를 선언한다. 이 구조체는 char형, 크기가 10인 char형 배열, int형 등의 3개의 멤버를 갖는데 각각 이름은 id, name, number이다.
라인 9	구조체를 선언하고, rollA 라는 구조체형 변수를 선언하였다. 또한 선언함과 동시에 각 멤버들을 초기화하고 있다. 이 rollA는 외부에서 선언되었으므로, main() 함수를 벗어나도 그 값을 잃지 않는 전역 변수이다.
라인 13	rollB는 rollA와는 달리 main() 함수 내부에서 선언되었으므로, 지역 변수이며 멤버를 초기화하고 있다. 이때 struct 키워드를 생략하면 안된다.
라인 16	rollA의 각 멤버들을 출력하는 문장이며, 이때 구조체 변수명.멤버와 같은 문법의 형식을 기억한다.

라인 17	rollB의 각 멤버값을 출력한다.
라인 20	rollA의 멤버 number의 값을 20으로 변경하는 부분이다.
라인 21	rollA의 멤버 number의 값을 출력하는 문장이다.

실행 결과

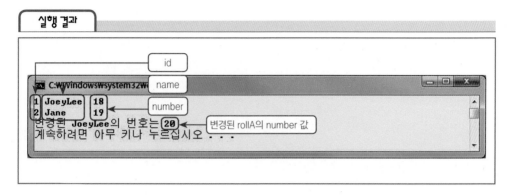

10.2 구조체 배열

10.2.1 구조체 배열이란?

구조체 배열은 구조체 자체를 배열로 만들어 여러 개의 그룹자료를 관리할 때 사용하면 굉장히 편리한 개념이다. 구조체 배열을 사용하면, 구조체 변수들이 배열의 원소가 되어 구조체 변수 내부의 멤버들도 배열의 인덱스를 활용하여 관리를 쉽게 할 수 있다. 구조체 배열은 그림 10.2.1과 같이 각 구조체의 변수 자체를 배열로 만들어 여러 개의 자료를 관리 하고자 할 때 사용하면 편리하다. 구조체 배열로 선언된 구조체 변수는 각 멤버를 구조체 배열명과 인덱스, 구조체 멤버 연산자(.)를 사용하여 지시할 수 있다.

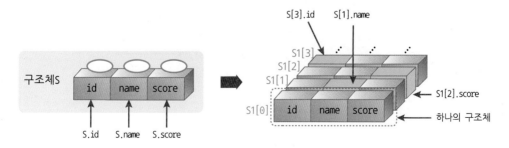

그림 10.2.1 구조체 배열

lo.2.2 구조체 배열 선언 및 초기화 방법

(1) 구조체 선언과 동시에 하는 경우

```
struct S
{
        char id;
        char name[10];
        int score;
}S1[3] = { {1, "Joey", 100},  ← S1[0]
            {2, "Jane", 50},   ← S1[1]
            {3, "Nick", 90}    ← S1[2]
구조체 배열 초기화 몸체 ──→ };
```

그림 10.2.2 구조체 배열의 선언과 동시에 초기화 하는 방법

(2) 구조체 선언 후 별도로 배열을 선언하는 경우

```
struct S  ←──────  구조체 선언
{
        char id;
        char name[10];
        int score;
};
```

그림 10.2.3 구조체 선언

```
int main(void)
{
    ...
                  구조체 배열 선언
    struct S S1[3] = { {1, "Joey", 100},  ←─── S1[0]
                        {2, "Jane", 50},   ←─── S1[1]
                        {3, "Nick", 90}    ←─── S1[2]
    구조체 배열 몸체 ──→ };
    ...
    return 0;
} // main()
```

그림 10.2.4 구조체 배열의 개별 선언

10.2.3 구조체 배열의 멤버를 읽고 쓰는 방법

구조체 배열로 선언된 구조체의 멤버를 읽고 쓸 때는 그림 10.2.5와 같이 일반 변수의 배열의 원소를 가리키는 것과 같이 구조체 배열도 하나의 배열 변수로 간주하고 멤버를 참조할 수 있다.

그림 10.2.5 구조체 배열의 멤버를 읽고 쓰는 방법

구조체 배열의 멤버를 참조하는 예는 그림 10.2.6과 같다.

```
int main(void)
{
    ...
    struct S S1[3];
    S1[1].score = 100;    ← S1[1]의 멤버 score에 100을 대입
    ...
    return 0;
} // main()
```

그림 10.2.6 구조체 배열의 멤버를 읽고 쓰는 예

예제 10-2 **구조체 배열의 간단한 프로그램**

S라는 구조체를 작성한다. 이 구조체에 대한 변수 3개를 배열로 선언하고 각 멤버를 초기화 한 뒤 화면에 각각의 멤버값을 출력하는 프로그램을 작성한다.

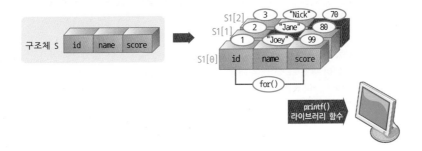

```
1    // C_EXAMPLE\ch10\ch10_project2\structarray.c
2
3    #include <stdio.h>
4
5    // 구조체 배열 선언
6    struct S
7    {
8            char id;
9            char name[10];          ◄──────── 구조체 S를 선언하고 멤버는 3개이다.
10           int score;
11   };
12
13   int main(void)
14   {                              ┌── 구조체 배열을 선언하고, 각 배열의 멤버를 초기화함
15           // 3개의 구조체 배열 선언 및 초기화
16           struct S S1[3] = {{1, "Joey", 99},  ◄──── S1[0]
17                             {2, "Jane", 50},  ◄──── S1[1]
18                             {3, "Nick", 90}   ◄──── S1[2]
19                             };
20
21           int i;
22
23           printf("번호  이름  점수 \n");       // 제목줄 표시
24           // 루프를 돌며 각 구조체의 멤버들을 한 줄씩 출력
25           for(i = 0; i < 3; i++)
26           {
27                   printf("%4d  %4s  %4d\n", S1[i].id, S1[i].name, S1[i].score);
28           } // for                    ▲
29           return 0;              S1[n].멤버변수의 형식으로 작성
30   } // main()
```

[C 언어 소스 프로그램 설명]

🔍⊕ 핵심포인트

구조체 배열은 여러 개의 자료들로 구성되어 있는 자료 집합이 여러 개 있을 때 그 자료를 관리하기 위해 사용되는 기법이다. 이와 같이 구조체의 배열을 사용하면 자료의 입출력이 쉬울 뿐만 아니라 자료를 관리하기 대단히 편리하다. 구조체 배열이라고 하여 특수한 배열의 형태가 아니라 일반적인 배열과 같이 취급됨으로 크게 어려운 내용은 아니다.

라인6	S라는 이름의 구조체를 선언하였다. S 구조체는 3개의 멤버를 가지고 있는 형태이며, 그 멤버는 각각 char id, char name[10], int score 이다.
라인 11	구조체의 선언 이후에 } 다음에 반드시 세미콜론(;)을 붙인다.
라인 16	S1이라는 구조체 배열을 선언한다. 이때 구조체 S는 하나의 자료형으로 인식하며, S1 구조체 배열은 총 3개로 선언되어 있다.
라인 21	for 문의 카운터 변수로써 활용된다.
라인 27	구조체의 멤버를 참조할 때는 구조체 변수명[index].멤버이름의 규칙을 따라야 하며, 이는 배열의 원소에 접근하기 위한 식별번호(index)를 붙이는 것을 제외하면 단순한 구조체의 멤버를 참조하는 것과 크게 다르지 않다.

실행 결과

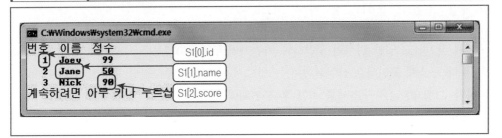

구조체의 멤버를 참조하는 경우 구조체의 변수명 다음에 구조체 멤버 연산자(.)를 입력하면, 자동으로 그 멤버가 팝업 형태로 표시된다. 이 때 마우스 혹은 키보드의 방향키를 이용하여 선택하면 자동으로 입력된다. 이는 Microsoft Visual C++ 2010 Express 버전이 지원하는 기능이다.

```
S1[i].id, S1[i].name, S1[i].
```
🔵 id ◄──── 멤버가 자동으로 표시됨
🔵 name
🔵 score

lo.3 구조체 포인터

lo.3.1 구조체 포인터란?

일반적인 변수의 경우에 이 변수가 위치하고 있는 메모리의 주소값을 담을 수 있는 포인터
가 존재하듯이, 구조체도 구조체 변수가 위치하고 있는 메모리의 주소값을 담을 수 있는
구조체 포인터가 존재한다.

lo.3.2 구조체 포인터의 선언 방법

구조체 포인터도 일반 변수의 포인터와 마찬가지로 별표(*)기호를 사용하여 선언할 수 있
다. 이때 구조체 포인터로 선언된 변수는 반드시 구조체의 주소값만 저장할 수 있음에 유
의한다. 그림 10.3.1은 구조체를 선언 후 구조체의 주소를 구조체 포인터에 저장하는 예를
보여준다.

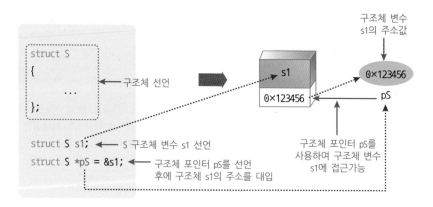

그림 10.3.1 구조체 포인터의 선언 방법

lo.3.3 구조체 포인터의 멤버에 읽고 쓰는 방법

구조체 변수를 사용하여 멤버값을 참조하고자 할 때에는 구조체 멤버 연산자(.)를 사용하
여 구조체의 멤버에 접근하였다. 그러나 **구조체 포인터의 경우에는 구조체 멤버 연산자(.)를
사용하지 않고, 화살표(-)) 기호를 사용하여 구조체의 멤버에 접근할 수 있다.**

그림 10.3.2 구조체 포인터의 멤버에 읽고 쓰는 방법

예제 10-3 구조체 배열로 선언된 구조체를 구조체 포인터를 사용하여 표시하는 프로그램

S라는 구조체를 작성한다. 이 구조체에 대한 변수 s1 3개를 배열로 선언하고 각 멤버를 초기화한 뒤 화면에 각각의 멤버값을 출력하는 프로그램을 작성한다. 이때 구조체 변수와 구조체 포인터를 사용하여 각각 출력한다.

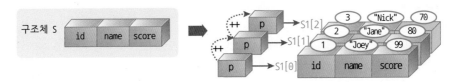

```
1    // C_EXAMPLE\ch10\ch10_project3\structpointer.c
2
3    #include <stdio.h>
4
5    // 3개의 구조체 배열 선언 및 초기화
6    struct S
7    {
8            char id;
9            char name[10];
10           int score;
11   }s1[3] = {{1, "Joey", 99},
12           {2, "Jane", 50},
13           {3, "Nick", 90}
14           };
15                      배열명은 주소값이므로 주소를 구조체 포인터에 저장
16   int main(void)     struct *p 라고 작성하지 않음에 주의
17   {
18           struct S *p = s1;     // 구조체 포인터 선언 및 s1의 주소 대입
19           int i;
20
```

```
21          printf("번호  이름  점수  번호  이름  점수\n");        // 제목줄 표시
22
23          // 구조체 변수를 활용하여 멤버 출력
24          for(i = 0; i < 3; i++, p++)  ←─── 구조체 s1의 주소를 증가시켜 구조체 배열의 원소에 접근
25          {                                      *p를 하나씩 증가시킬 때마다 s[1], s[2]를 가리킨다.
26              printf("%4d  %4s  %4d", s1[i].id, s1[i].name, s1[i].score);
27              printf("  %4d  %4s  %4d\n", p->id, p->name, p->score);
28          } // for
29          return 0;
30 } // main()
```

구조체 포인터인 경우에는 . 대신에 → 기호를
사용하여 멤버에 접근한다.

[언어 소스 프로그램 설명]

⊕ 핵심포인트

구조체 포인터를 사용하는 경우 일반적인 포인터 변수와 마찬가지로 주소값을 저장하고 있기 때문에 활용할 수 있는 범위가 많다. 특히 구조체 포인터의 경우 구조체의 멤버를 포인터로 두어 특정 구조체를 가리키도록 하면, 구조체 간의 연결고리가 형성되어 자료의 관리가 쉬울 수 있다.

라인6	S라는 이름의 구조체를 선언하였다. S 구조체는 3개의 멤버를 가지고 있는 형태이며, 그 멤버는 각각 char id, char name[10], int score 이다.
라인 11	s1 구조체 배열을 선언하고, 그 멤버값을 각각 초기화하였다.
라인 18	s1 구조체 배열은 그 이름 자체가 주소값을 가지고 있으므로 구조체 포인터 p에 대입할 수 있다. 구조체 포인터를 사용할 때도 구조체 변수를 선언하는 것과 같이 struct 키워드, 구조체명, * 기호를 사용하여 포인터임을 알려주도록 한다.
라인 24	for 문을 사용하여 3개의 구조체를 출력하도록 루프를 사용한다. 이때 for 문이 반복되면서 증가하는 값은 i와 p의 값으로, p의 값에 증가 연산자(++)를 사용하면 각 자료형별로 증가하는 값이 다르다고 배운적이 있다. 따라서 본 소스 코드의 구조체 포인터 p의 값을 증가시키면 다음 구조체 배열에 접근할 수 있다.
라인 26	구조체의 멤버 참조시 구조체 변수명[index].구조체 멤버명의 규칙을 따라야 하며, 이는 배열의 원소에 접근하기 위한 식별번호(index)를 붙이는 것을 제외하면 단순한 구조체의 멤버를 참조하는 것과 크게 다르지 않다.
라인 27	구조체 포인터의 경우에는 구조체 멤버를 참조하기 위해서 반드시 → 기호를 사용하며, 포인터의 경우라도 굳이 . 기호를 쓰고자 한다면 (*p).id 등과 같이 사용하면 된다.

실행 결과

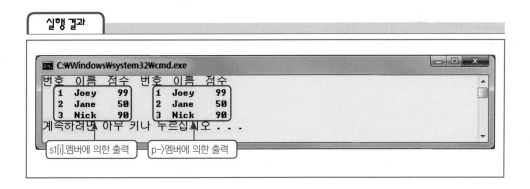

10.4 구조체를 함수의 인수와 반환형으로 사용하는 방법

구조체도 일반 변수와 마찬가지로 함수의 인수로 사용할 수 있다. 또한 구조체의 변수를
인수로 사용할 수도 있고 구조체 전체를 인수로 사용할 수도 있다. 한편, 인수뿐만 아니라
구조체를 반환형으로 넘겨받아 구조체 전체를 함수의 반환형으로도 사용할 수 있다.

10.4.1 구조체를 함수의 인수로 사용하는 방법

(1) 구조체 멤버를 함수의 인수로 전달하는 방법

이 방법은 구조체의 복사본이 함수 내의 인수로 사용된다. 따라서 값에 의한 호출이 되어
새로운 복사본이 생성되어 함수 내에서 구조체를 변경해도 원본 구조체는 변동이 없다.

예제 10-4   **구조체 멤버를 함수의 인수로 넘겨주어 출력하는 프로그램**

Student라는 구조체를 작성하고 이 구조체에 대한 변수 s1, s2 2개를 선언한다. 구조체 멤버를 함수
를 호출할 때 인수로 넘겨주는 프로그램을 작성한다.

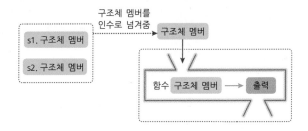

```
1    // C_EXAMPLE\ch10\ch10_project4\structfunction1.c
2    #include <stdio.h>
3
4    // Student 구조체 선언
5    struct Student
6    {
7            char id;
8            char name[10];
9    };
10
11   // 함수원형선언
12   void print(int id, char *name);          ◄──────── 구조체 멤버 2개를 인수로 하는 함수
13
14   int main(void)
15   {
16           struct Student s1 = {1, "학생1"};
17           struct Student s2 = {2, "학생2"};
18
19           // print() 함수호출
20           print(s1.id, s1.name);           ◄──────── 구조체의 멤버를 함수호출시 인수로 넘김
21           print(s2.id, s2.name);
22           return 0;
23   } // main()
24
25   // 함수정의
26   void print(int id, char *name)
27   {
28           printf("id = %d, name = %s \n", id, name);
29   } // print()
```

[언어 소스 프로그램 설명]

🔍⊕ 핵심포인트

구조체의 멤버를 함수호출시에 인수로 전달하는 방법은 일반적인 함수의 인수를 전달하는 것과 같다. 구조체를 함수의 인수로 사용하지 않기 때문에 구조체의 멤버는 단순 변수일 뿐이다.

라인 5	Student 라는 구조체를 선언하고, 그 멤버는 각각 char형과 char형 배열이다.
라인 12	print() 함수원형선언되었으며, 구조체 내부의 멤버를 인수로 사용한다.
라인 20 ~21	구조체의 멤버를 print() 함수호출시 인수로 넘긴다.

실행 결과

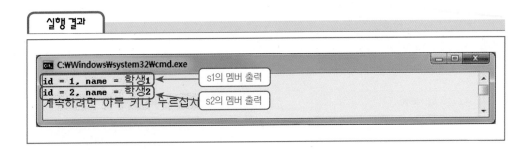

(2) 구조체 전체를 함수의 인수로 전달하는 방법

이 방법은 구조체의 복사본이 함수내의 인수로 사용된다. 따라서 값에 의한 호출이 되어 새로운 복사본이 생성되어 함수 내에서 구조체를 변경해도 원본 구조체는 변동이 없다.

예제 10-5   구조체 전체를 함수의 인수로 넘겨주어 2개의 구조체를 교환하는 프로그램

Student라는 구조체를 작성한다. 이 구조체에 대한 변수 s1, s2 각 2개를 선언하고 2개의 구조체를 교환하는 함수를 작성한 뒤에 교체 전, 함수의 인수로 사용된 교환 후의 구조체, s1, s2의 값을 출력하는 프로그램을 작성한다.

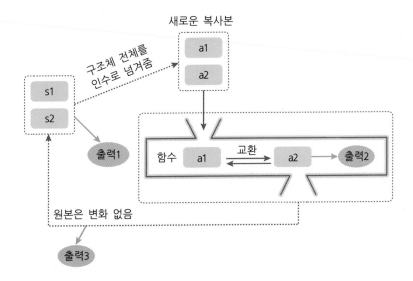

```
1    // C_EXAMPLE\ch10\ch10_project5\structfunction2.c
2    #include <stdio.h>
3
4    // Student 구조체 선언
5    struct Student
6    {
7            char id;                           ───── 구조체 선언
8            char name[10];
9    };
10                                               ───── 구조체 2개를 인수로 하는 함수
11   // 함수원형선언
12   void exchange(struct Student arg1, struct Student arg2);
13
14   int main(void)
15   {
16           struct Student s1 = {1, "학생1"};    ─── 2개의 구조체 변수 선언
17           struct Student s2 = {2, "학생2"};
18
19           // 교환되기 전의 구조체 값
20           printf("s1 = %d, %s , s2 = %d, %s \n", s1.id, s1.name, s2.id, s2.name);
21
22           // exchange() 함수호출
23           exchange(s1, s2);                   ─── 구조체 전체를 함수호출시 인수로 넘김
24                                               exchange() 함수를 호출한 뒤 2개의 구조체를 확인
25           // 교환된 후의 구조체 값
26           printf("s1 = %d, %s , s2 = %d, %s \n", s1.id, s1.name, s2.id, s2.name);
27           return 0;
28   } // main()                                 임시 구조체 temp를 사용하여,
29                                               2개의 구조체를 각각 바꾸는 함수정의
30   // 함수정의
31   void exchange(struct Student a1, struct Student a2)
32   {
33           struct Student temp;     // 임시 구조체 변수 선언
34           temp = a1;                          ───
35           a1 = a2;                            ─── 복사된 a1과 a2 구조체, 함수가 종료되면 소멸됨
36           a2 = temp;
37                                               ─── a1과 a2는 서로 교환됨
38           printf("a1 = %d, %s , a2 = %d, %s \n", a1.id, a1.name, a2.id, a2.name);
39   } // exchange()
```

[언어 소스 프로그램 설명]

핵심포인트

구조체 전체를 함수호출시에 인수로 전달할 수 있음을 확인할 수 있다. 이 경우에 값에 의한 호출이 되어 함수 내부에서 또 다른 복사본의 구조체를 생성하기 때문에 이 인수로 사용된 복사본의 변수는 함수 내에서만 지역 변수로 사용되어 함수가 종료되면 메모리에서 소멸된다.

라인5	Student 라는 구조체를 선언하고, 그 멤버는 각각 char형과 char형 배열이다.
라인 12	exchange() 함수원형선언되었으며, 구조체 전체를 인수로 사용하며 인수의 개수가 2개인 함수이다.
라인 20	exchange() 함수를 호출하기 전의 값을 출력해 본다.
라인 23	exchange() 함수를 호출하는데, 2개의 인수는 각각 구조체 전체인 s1과 s2이다.
라인 26	exchange() 함수가 호출된 뒤의 s1, s2 구조체의 멤버를 출력해 본다.
라인 31	exchange() 함수정의시, 인수는 구조체 자체로 2개를 사용하며 반환형은 없는 함수이다. 라인 23에 의하여 a1은 s1의 복사본이 되고, a2는 s2의 복사본이 된다.
라인 33	temp라고 하는 임시 구조체 변수를 선언한다. 이는 a1의 값을 임의로 저장하였다가 a2에 복사하기 위함이다.
라인 34	a1 구조체를 temp 구조체에 그대로 복사한다.
라인 38	a1과 a2 구조체가 서로 바뀌었음을 확인할 수 있다.

실행 결과

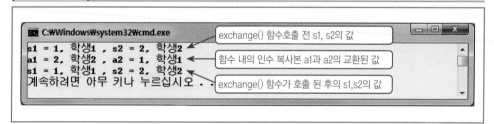

(3) 구조체 주소를 함수의 인수로 전달하는 방법

이 방법은 구조체 포인터를 사용하여 주소값을 넘겨줌으로써 복사본이 발생되지 않고, 원본의 주소를 가지고 있기 때문에 원본의 값을 변경시킬 수 있다. 따라서 참조에 의한 호출이 된다.

예제 10-6 구조체 주소를 함수의 인수로 넘겨주는 프로그램

Student라는 구조체를 작성한다. 이 구조체에 대한 변수 s1을 선언하고 각 구조체의 멤버를 변경하는 함수를 작성한다. 이때 함수의 인수는 구조체 포인터이며, 함수를 호출할 때 구조체의 포인터를 사용함으로써 호출한 원본 구조체의 값이 변경되는지 살펴본다.

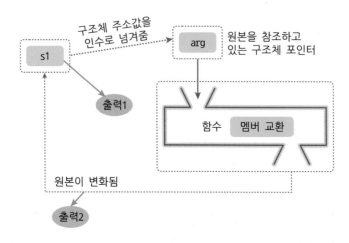

```
1   // C_EXAMPLE\ch10\ch10_project6\structfunction3.c
2   #include <stdio.h>
3   #include <string.h>          ←──── strcpy() 라이브러리 함수를 사용하기 위해 추가
4
5   // Student 구조체 선언, 변수 선언 및 초기화
6   struct Student
7   {
8           char id;             ←──── 구조체 선언과 동시에 초기화
9           char name[10];
10  }s1 = {1, "Joey"};
11
12  // 함수원형선언
13  void change(struct Student *arg);     ←──── 구조체 포인터를 인수로 하는 함수원형선언
14
15  int main(void)
16  {
17          // 바뀌기 전의 구조체 값
18          printf("s1 = %3d, %s  \n", s1.id, s1.name);
19
20          // change() 함수호출
```

```
21        change(&s1);                    ──── 구조체의 주소를 함수호출시 인수로 넘김
22
23        // 바뀐 후의 구조체 값
24        printf("s1 = %3d, %s  \n", s1.id, s1.name);
25        return 0;
26  } // main()
27
28  // change() 함수정의
29  void change(struct Student *arg)         ──── 인수의 원본 주소를 참조하고 있음
30  {
31        arg->id = 100;                     ──── 원본 구조체의 멤버 id 값을 변경
32        strcpy(arg->name , "Jane");   // 문자열 복사
33  } // change()
```

strcpy()는 문자열을 복사하는 라이브러리 함수
ex) strcpy(a, b) => b문자열을 a로 복사

[언어 소스 프로그램 설명]

⊕ 핵심포인트

구조체 포인터도 일반 포인터와 마찬가지로 주소를 담을 수 있는 일종의 변수이다. 구조체 포인터를 사용하면 함수를 호출했을 때 원본의 주소를 참조하고 있으므로, 원본내용을 함수 내에서도 수정할 수 있다. 그러나 원본의 값을 참조할 수 있으므로 그 내용이 변하지 않도록 주의해야 한다.

라인 2	stdio.h 헤더 파일은 표준 입출력 함수에 관련된 라이브러리 함수들에 대한 함수원형선언이 포함되어 있는 파일이다.
라인 3	string.h 헤더 파일은 문자열 처리에 관련된 라이브러리 함수들에 대한 함수원형선언이 포함되어 있는 파일이다.
라인 6	Student 구조체를 선언함과 동시에 초기화시켰다.
라인 13	Student 구조체 포인터를 인수로 하는 함수원형선언을 하였고, 반환형은 존재하지 않는다.
라인 18	바뀌기 전의 Student 구조체 멤버값을 출력한다.
라인 21	Student 구조체 변수 s1의 주소값을 인수로 넘겨 change() 함수를 호출하였다.
라인 24	바뀐 후의 Student 구조체 멤버값을 출력한다. 이때 Student 구조체 멤버값이 변경되어 출력됨을 확인할 수가 있다.
라인 29	change() 함수를 정의하였다. 이때 넘겨받은 인수는 Student 구조체의 주소값이다.
라인 31	arg 구조체 포인터는 함수를 호출할 때 넘겨받은 인수의 원본 주소값을 참조하고 있다. 따라서 arg->id = 100; 이라는 문장은 원본 구조체의 멤버 id의 값을 100으로 변경시키는 것이다. 이때 구조체 포인터이기 때문에 arg.id 대신에 arg->id 라고 사용해야 한다.
라인 32	arg->name에 "Jane"이라는 문자열을 저장하기 위하여 strcpy() 라이브러리 함수를 사용한다. strcpy(a, b) 라이브러리 함수는 b 문자열을 a 공간에 복사한다.

실행 결과

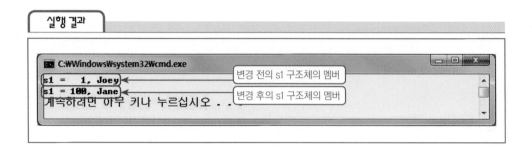

10.4.2 구조체를 함수의 반환형으로 사용하는 방법

구조체를 함수의 반환형으로 사용할 수 있다. 구조체 자체를 함수의 반환형으로 사용하는 방법은 10.4.1과 같다.

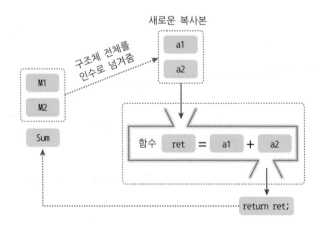

그림 10.4.1 함수의 구조체 반환

예제 10-7   행렬의 덧셈을 구하는 프로그램

x1, x2, y1, y2의 멤버를 가지고 있는 구조체를 선언한다. 구조체 변수 2개를 선언하여 각각의 멤버를 초기화 한 후에 x1은 x1끼리, y1은 y1끼리 각각 덧셈을 수행하여 새로운 구조체를 만드는 프로그램을 작성한다.

$$\begin{pmatrix} 1 & 2 \\ 3 & 4 \end{pmatrix} + \begin{pmatrix} 11 & 12 \\ 13 & 14 \end{pmatrix} = \begin{pmatrix} 12 & 14 \\ 16 & 18 \end{pmatrix}$$

```
1    // C_EXAMPLE\ch10\ch10_project7\structmatrix.c
2    #include <stdio.h>
3
4    // Matrix 구조체 선언
5    struct Matrix                                              ←──── Matrix 구조체 선언
6    {
7            int x1; int x2; int y1; int y2;
8    };
9
10   // 함수원형선언
11   struct Matrix sumMatrix(struct Matrix, struct Matrix);     ←──── 함수원형선언
12
13   int main(void)
14   {
15           // 구조체 변수 선언 및 초기화
16           struct Matrix M1 = {1, 2, 3, 4};                   ←──── 구조체 변수 선언 및 초기화
17           struct Matrix M2 = {11, 12, 13, 14};
18           struct Matrix Sum;                                 ←──── 행렬을 더한 값을 저장할 구조체
19
20           // sumMatrix() 함수호출, 반환된 값을 Sum 구조체 변수에 저장
21           Sum = sumMatrix(M1, M2);                           ←──── 2개의 구조체를 인수로 하여 sumMatrix() 함수를
22                                                                    호출하고, 그 결과를 Sum 구조체에 저장
23           // 덧셈 후의 구조체 값
24           printf("x1=%d x2=%d \ny1=%d y2=%d \n", Sum.x1, Sum.x2, Sum.y1, Sum.y2);
25           return 0;
26   } // main()
27
28   // sumMatrix() 함수정의
29   struct Matrix sumMatrix(struct Matrix a1, struct Matrix a2)
30   {
31           struct Matrix ret;           // 임시 구조체 변수 선언
32           ret.x1 = a1.x1 + a2.x1;
33           ret.x2 = a1.x2 + a2.x2;                             각 구조체 멤버들간의 연산결과를
34           ret.y1 = a1.y1 + a2.y1;                             ret 구조체 변수에 저장
35           ret.y2 = a1.y2 + a2.y2;
36
37           return ret;                  // 구조체 반환
38
39   } // sumMatrix()
```

[언어 소스 프로그램 설명]

🕀 핵심포인트

구조체를 함수의 반환형으로 사용하면, 본 소스 코드와 같이 여러 개의 인자를 갖는 집합 연산인 경우에 편리하다. 행렬, 복소수, 벡터연산 등 다양하게 활용될 수 있다.

라인 5	구조체 Matrix를 선언하였다. 2X2 행렬에 대응되므로 멤버는 총 4개이다.
라인 11	구조체를 인수로 하고, 구조체를 반환하는 sumMatrix() 함수원형선언이다.
라인 16	각 구조체 변수를 선언하고 초기화한다.
라인 18	행렬의 연산 결과를 저장할 구조체 변수를 선언하였다.
라인 21	sumMatrix() 함수를 호출하는데, 2개의 인수는 각각 M1과 M2이다.
라인 24	행렬간 덧셈연산을 한 후에 그 결과를 출력하는 문장이다.
라인 29	행렬간 각 멤버에 대응되는 것끼리 덧셈연산을 한 후에 결과의 구조체를 반환하는 함수를 정의하였다. 인수는 구조체 자체로 2개를 사용하며 반환형은 없는 함수이다.
라인 31	결과를 저장할 임시 구조체 변수 선언
라인 37	덧셈 결과를 저장하고 있는 Matrix 구조체를 반환

실행 결과

```
C:\Windows\system32\cmd.exe

x1=12  x2=14  ◄── [각각의 멤버간 덧셈이 되었다.]
y1=16  y2=18
계속하려면 아무 키나 누르십시오 . . .
```

10.5 중첩된 구조체

10.5.1 중첩된 구조체란?

중첩된(nested) 구조체는 그림 10.5.1과 같이 구조체의 멤버가 또 다른 하나의 구조체가 되는 것을 말한다. 구조체에는 일반적으로 변수 형태를 갖는 멤버가 존재하는데 이 멤버가 일반적인 변수가 아닌 구조체가 됨을 의미한다.

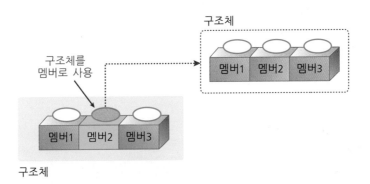

그림 10.5.1 중첩된 구조체

lo.5.2 중첩된 구조체의 선언 및 초기화 방법

중첩된 구조체를 선언한 예는 그림 10.5.2과 같다.

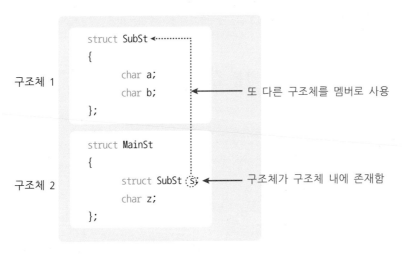

그림 10.5.2 중첩된 구조체 선언의 예

한편, 중첩된 구조체를 선언한 뒤 초기화를 하는 방법은 그림 10.5.3와 같다.

```
                    ┌──────────────────────────────────────┐
                    │  struct SubSt                        │
                    │  {                                   │
          구조체 1   │        char a;  ◄┄┄┄┄┄┄┄┄┄┄┄┄       │
                    │        char b;  ◄┄┄┄┄┄┄┄┄┄┄┄┄        │
                    │  };                                  │
                    └──────────────────────────────────────┘
                    ┌──────────────────────────────────────┐
                    │  struct MainSt                       │
                    │  {                                   │
          구조체 2   │        struct SubSt s;  ◄┄┄┄┄┄       │
                    │        char z;  ◄┄┄┄┄┄┄┄┄┄┄           │
                    │  };                                  │
                    └──────────────────────────────────────┘

    struct MainSt m = {

                          {'A', 'B'}; ◄───── 구조체 SubSt
                           'C'         ◄───── MainSt의 멤버 z

                      };
```

그림 10.5.3 중첩된 구조체를 초기화 하는 방법

lo.5.3 중첩된 구조체의 멤버를 참조하는 방법

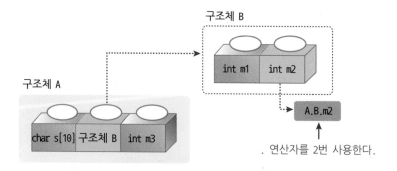

그림 10.5.4 중첩된 구조체의 멤버 참조 방법

예제 10-8	중첩된 구조체 활용 프로그램

2개의 구조체를 선언하는데, 한 개의 구조체는 다른 하나의 구조체를 멤버로 하도록 프로그램을 작성한다. 작성한 구조체를 main() 함수에서 초기화하고 각각의 멤버값을 화면에 출력하도록 한다.

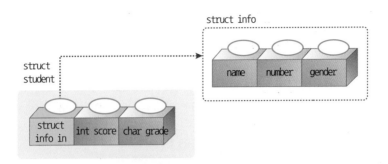

```
1    // C_EXAMPLE\ch10\ch10_project8\nestedstruct.c
2
3    #include <stdio.h>
4
5    // info 구조체 선언
6    struct info
7    {
8            char name[10];                          ◀── 1번 구조체 선언
9            int number;
10           char gender;
11   };
12
13   // student 구조체 선언
14   struct student                                 ◀── 2번 구조체 선언
15   {                                               구조체를 구조체의 멤버로 사용함
16           struct info in;     // 구조체 내부에 또 다른 구조체를 사용
17           int score;
18           char grade;
19   };
20
21   int main(void)
22   {
23           // 구조체 배열 선언 및 초기화                        s[0].in의 멤버 초기화
24           struct student s[3] = {
25                   { {"Joey", 18, 'M'}  100, 'A'},    ◀── s[0]의 멤버 초기화
26                   { {"Jane", 25, 'F'}, 89, 'B'},    ◀── s[1]의 멤버 초기화
27                   { {"John", 31, 'M'}, 44, 'F'}     ◀── s[2]의 멤버 초기화
28           };
29           int i;
30
```

```
31          // 루프를 돌면서 구조체의 멤버를 출력
32          for(i = 0; i < 3; i++)
33          {
34              printf("이름 : %s, 번호 : %d, 성별 : %c, 점수 : %d, 등급 : %c \n",
35                  s[i].in.name, s[i].in.number, s[i].in.gender, s[i].score, s[i].grade);
36          } // for
37          return 0;       구조체 내의 구조체 멤버를 참조하기 위해서는 . 연산자를 2번 사용함
38  } // main()
```

[언어 소스 프로그램 설명]

🔍 핵심포인트

중첩된 구조체는 구조체의 멤버에 또 다른 구조체가 존재하는 경우를 가리키는 말이다. 이렇게 중첩되어 구조체를 사용하는 경우는 자료구조를 관리할 때 그룹 내에 또 다른 그룹이 속해 있는 경우로써 사용자가 보다 쉽게 데이터를 처리하고 관리할 때를 위한 방법이기도 하다. 중첩된 구조체 멤버를 참조하기 위해서는 구조체 멤버 연산자(.)를 2번 활용하고 3개 이상의 구조체가 중첩되었을 때는 그 개수만큼 연산자를 사용해야 한다.

라인 6	info 구조체를 선언하였으며, 멤버는 각각 name, number, gender 이다.
라인 14	student 구조체를 선언하였으며, 멤버는 각각 구조체 student, int형 score, char형 grade 이다.
라인 24	student 구조체 배열을 선언하였다. 구조체 배열을 선언함과 동시에 초기화하기 위해서는 { } 사이의 자료를 쉼표로 구분하여 초기화한다. 이때 구조체가 중첩되었기 때문에 중첩된 구조체에 대해서는 { }로 묶어 주었다.
라인 29	for 문을 반복하기 위해서 변수 i를 선언하였다.
라인 32	i가 0부터 3이 될 때까지 3번 루프를 반복한다.
라인 34	중첩된 구조체에 접근하기 위해선 메인 구조체.서브구조체,멤버와 같은 형식으로 접근할 수 있다.

[실행 결과]

```
C:\Windows\system32\cmd.exe

이름 : Joey, 번호 : 18, 성별 : M, 점수 : 100, 등급 : A
이름 : Jane, 번호 : 25, 성별 : F, 점수 : 89, 등급 : B
이름 : John, 번호 : 31, 성별 : M, 점수 : 44, 등급 : F
계속하려면 아무 키나 누르십시오 . . .
```

중첩된 구조체에 접근한 경우

10.6 비트 필드 구조체

10.6.1 비트 필드 구조체란?

비트 필드(bit field) 구조체는 0 또는 1의 비트단위로 구조체의 멤버를 선언하여 메모리를 효율적으로 관리할 때 사용하는 기법이다. 비트 필트 구조체는 각 멤버들이 0 또는 1의 비트단위로 이루어져 있으므로 값을 할당할 때 불필요한 메모리의 사용을 방지할 수 있으며, 비트단위의 연산 및 비트단위로 처리된 각종 연산을 보다 손쉽게 처리할 수 있는 장점이 있다.

10.6.2 비트 필드 구조체의 선언 방법

비트 필드 구조체를 선언할 때는 그림 10.6.1과 같이 한다.

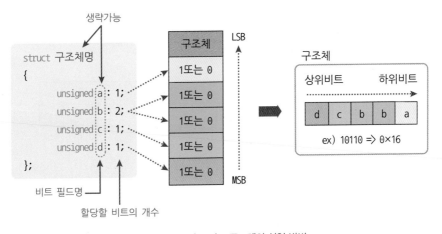

그림 10.6.1 비트 필드 구조체의 선언 방법

10.6.3 비트 필드 구조체의 멤버 참조방법

비트 필드의 구조체 멤버를 참조할 때는 일반 구조체와 동일하다. 그림 10.6.2와 같이 비트 필드 구조체의 각 구성 멤버에 값을 쓰기 위해서는 구조체 멤버 연산자(.)를 사용한다. 이때 비트 필드 구조체를 선언한 순서에 따라 최하위비트에 연결되므로 주의하도록 한다.

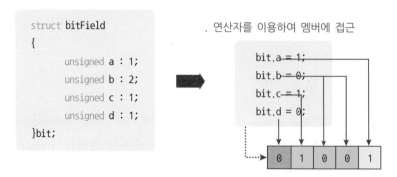

그림 10.6.2 비트 필드 구조체의 멤버 참조 방법

10.6.4 비트 필드 구조체의 크기

비트 필드 구조체는 하나의 구조체의 크기가 32비트(int형)를 초과할 수 없으며, 각 비트 필드도 그 크기가 32비트를 초과할 수 없다. 그림 10.6.2에서 선언한 비트 필드 구조체는 메모리 공간에 그림 10.6.3과 같이 할당된다.

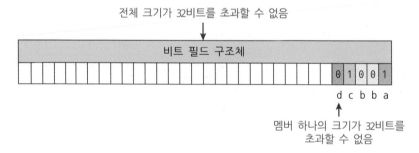

그림 10.6.3 비트 필드 구조체의 크기

예제 10-9   비트 필드 구조체를 활용하는 프로그램 1

비트 필드 구조체를 선언하고, 이를 구성하는 멤버 4개를 선언하는데 2번째 멤버는 2개의 비트를 할당하도록 한다. 각 멤버에 값을 할당하여 최종적으로 비트 필드 구조체가 어떠한 값을 갖는지를 확인하는 프로그램을 작성한다.

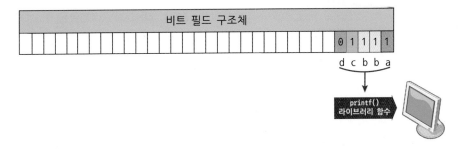

```
1    // C_EXAMPLE\ch10\ch10_project9\bitfieldstruct1.c
2
3    #include <stdio.h>
4
5    // 비트 필드 구조체 선언
6    struct bitField
7    {
8        unsigned a : 1;          ──── 총 5개의 비트가 할당되었음
9        unsigned b : 2;                  // 2개의 비트 공간을 할당
10       unsigned c : 1;
11       unsigned d : 1;
12   }bit;
13
14   int main(void)
15   {
16       bit.a = 1;               ──── 01111로 할당된다.
17       bit.b = 3;                       // 3은 2진수로 11
18       bit.c = 1;
19       bit.d = 0;
20
21       printf("%d \n", bit);            // 2진수로 01111, 10진수로 15
22       return 0;
23   } // main()
```

[언어 소스 프로그램 설명]

핵심포인트

비트 필드 구조체는 32비트의 공간을 가지는 변수에 대하여 비트간의 연산을 보다 빠르고 쉽게 하기 위하여 제공되는 기법이다. 그러나 실제 프로그램에서는 자주 사용되지는 않으나 비트 필드 구조체를 사용하면 보다 쉽게 비트의 연산을 할 수 있다.

라인 6	bitField의 이름으로 비트 필드 구조체를 선언하였으며, bitField 구조체에는 총 5비트의 비트 필드가 존재한다.
라인 16	5개 비트 중 가장 마지막 비트에 1을 대입한다.
라인 17	2번째, 3번째 비트에 각각 1을 대입한다. 3은 2진수로 11이기 때문이다.
라인 18	4번째 비트에 1을 대입한다.
라인 19	5번째 비트에 0을 대입한다.
라인 21	비트 필드 구조체의 변수 bit를 출력하면, 그 값이 01111이 되므로 10진수 15가 출력된다.

실행 결과

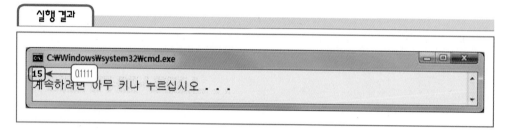

예제 10-10   비트 필드 구조체를 활용하는 프로그램 2

비트 필드 구조체를 선언하고, 이를 구성하는 멤버 4개를 선언하는데 2번째 멤버는 비트 필드명을 생략하고 2개의 비트를 할당한다. 각 멤버에 값을 할당하여 최종적으로 비트 필드 구조체가 어떠한 값을 갖는지를 확인하는 프로그램을 작성한다.

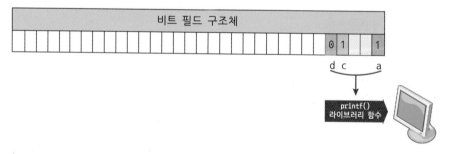

```
1   // C_EXAMPLE\ch10\ch10_project10\bitfieldstruct2.c
2
3   #include <stdio.h>
4
5   // 비트 필드 구조체 선언
6   struct bitField
7   {
```

```
8       unsigned a : 1;
9       unsigned   : 2;     // 비트 필드명을 생략하고 2개의 비트 공간을 할당
10      unsigned c : 1;     ──── 총 5개의 비트가 할당되었음
11      unsigned d : 1;
12   }bit;
13
14   imt main(void)
15   {
16       bit.a = 1;
17       bit.c = 1;         ──── 01001로 할당된다.
18       bit.d = 0;
19
20       printf("%d \n", bit);    // 2진수로 01001, 10진수로 9
21       return 0;
22   } // main()
```

[언어 소스 프로그램 설명]

⊕ 핵심포인트

비트 필드명을 생략하고 2개의 비트를 할당할 때에 비트 필드 구조체가 어떠한 값을 갖는지를 확인하는 프로그램을 작성한다.

라인 6	bitField의 이름으로 비트 필드 구조체를 선언하였으며, bitField 구조체에는 총 5비트의 비트 필드가 존재한다. 이때 2개의 공간을 갖는 비트 필드명은 생략한다.
라인 16	5개 비트 중 가장 마지막 비트에 1을 대입한다.
라인 17	4번째 비트에 1을 대입한다.
라인 18	5번째 비트에 0을 대입한다.
라인 20	비트 필드 구조체의 변수 bit를 출력하면, 그 값이 01001이 되므로 10진수 9가 출력된다.

실행 결과

예제 10-11 비트 필드 구조체를 활용하는 프로그램 3

비트 필드 구조체의 일부 필드명을 생략하고 그 공간을 0으로 할당하는 경우 그 이후의 필드들은 현 비트 필드 구조체에 할당되지 않는다. 각 멤버에 값을 할당하여 최종적으로 비트 필드 구조체가 어떠한 값을 갖는지를 확인하는 프로그램을 작성한다.

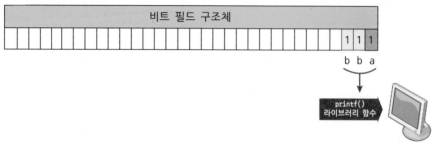

```c
1   // C_EXAMPLE\ch10\ch10_project11\bitfieldstruct3.c
2
3   #include <stdio.h>
4
5   // 비트 필드 구조체 선언
6   struct bitField
7   {
8       unsigned a : 1;          ──── 총 3개의 비트가 할당되었음
9       unsigned b : 2;          // 2개의 비트 공간을 할당
10      unsigned   : 0;          // 이후의 필드들은 현 비트 필드 구조체에 할당되지 않음
11      unsigned d : 4;          // 현 비트 필드 구조체에 필드가 할당되지 않음
12  }bit;
13
14  int main(void)
15  {
16      bit.a = 1;               ──── 111로 할당된다.
17      bit.b = 3;
18      bit.d = 1;               ──── 할당되지 않는다.
19
20      printf("%d \n", bit);    // 2진수로 111, 10진수로 7
21      return 0;
22  } // main()
```

[언어 소스 프로그램 설명]

⊕ 핵심포인트

비트필드 구조체의 일부 필드명을 생략하고 그 공간을 0으로 할당하는 경우에는 그 이후의 필드들은 현 비트 필드 구조체에 할당되지 않는다.

라인 8	a 필드는 1개의 공간을 차지한다.
라인 9	b 필드는 2개의 공간을 차지한다.
라인 10	필드명이 생략되고 그 공간을 0으로 할당하는 경우에는 그 이후의 필드들은 현 비트 필드 구조체에 할당되지 않는다.
라인 11	현 비트 필드 구조체에 할당되지 않는다.
라인 16	가장 마지막 비트에 1을 대입한다.
라인 17	2번째, 3번째 비트에 각각 1을 대입한다. 3은 2진수로 11이기 때문이다.
라인 18	d는 현 비트 필드 구조체에 할당되지 않는다.
라인 20	비트 필드 구조체의 변수 bit를 출력하면, 그 값이 111이 되므로 10진수 7이 출력된다.

실행 결과

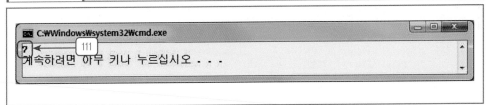

```
C:\Windows\system32\cmd.exe

7   111
계속하려면 아무 키나 누르십시오 . . .
```

예제 10-12   비트 필드 구조체를 활용하는 프로그램 4

비트 필드 구조체는 하나의 구조체의 크기가 32비트(int형)를 초과할 수 없으며, 각 비트 필드도 그 크기가 32비트를 초과할 수 없다. 각 멤버에 값을 할당하여 최종적으로 비트 필드 구조체가 어떠한 값을 갖는지를 확인하는 프로그램을 작성한다.

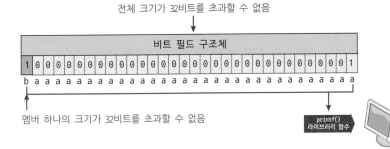

전체 크기가 32비트를 초과할 수 없음

비트 필드 구조체

멤버 하나의 크기가 32비트를 초과할 수 없음

printf()
라이브러리 함수

```
1    // C_EXAMPLE\ch10\ch10_project12\bitfieldstruct4.c
2
3    #include <stdio.h>
4
5    // 비트 필드 구조체 선언
6    struct bitField
7    {
8        unsigned a : 31;        // 31개의 비트 공간을 할당
9        unsigned b : 1;         // 1개의 비트 공간을 할당
10       unsigned c : 1;         // 32비트를 초과한 필드들은 현 비트 필드 구조체에
11       unsigned d : 1;         // 할당되지 않음
12
13   }bit;
14
15   int main(void)
16   {
17       bit.a = 1;
18       bit.b = 1;
19       bit.c = 1;
20       bit.d = 1;              ─── 할당되지 않는다.
21
22       printf("%d \n", bit);   // 2진수로 10000000000000000000000000000001
23       return 0;               // 10진수로 2147483649는 -2147483647이 됨
24   } // main()
```

라인 8에서 $2^{0\sim30}$, 라인 11에서 2^{31} 표시.

[C 언어 소스 프로그램 설명]

⊕ 핵심포인트

비트 필드 구조체는 하나의 구조체의 크기가 32비트(int형)를 초과할 수 없으며, 각 비트 필드도 그 크기가 32비트를 초과할 수 없다.

라인 8	a 필드는 31개의 공간을 차지한다.
라인 9	b 필드는 1개의 공간을 차지한다.
라인 10 ~ 라인 11	비트 필드 구조체는 하나의 구조체의 크기가 32비트(int형)를 초과할 수 없으므로 b 필드와 c 필드는 현 비트 필드 구조체에 할당되지 않는다.
라인 17 ~ 라인 18	1번째, 2번째 비트에 각각 1을 대입한다.

라인 19 ~ 라인 20	c와 d는 현 비트 필드 구조체에 할당되지 않는다. 비트 필드 구조체는 하나의 구조체의 크기가 32비트(int형)를 초과할 수 없으며, 각 비트 필드도 그 크기가 32비트를 초과할 수 없다.
라인 22	비트 필드 구조체의 변수 bit를 출력하면, 그 값이 10000000000000000000000000000001이 되므로 10진수로 2147483648 + 1 = 2147383649가 된다. 그러나 int형이 가질 수 있는 최대 범위가 2147483748이므로 오버플로우가 되어 -21474836447이 출력된다.

실행 결과

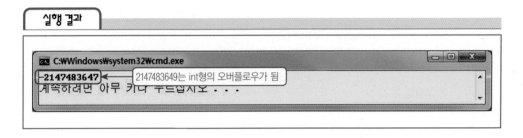

10.7 공용체

10.7.1 공용체란?

공용체(union)는 하나의 메모리 공간에 서로 다른 자료형을 공유할 수 있어 메모리를 절약할 수 있다. 공용체는 공용체 내부에 선언된 멤버들이 메모리를 하나로 공유한다는 차원에서 공용이란 말을 사용하였으며, 메모리에 할당될 때 멤버 중 가장 큰 변수의 크기 하나만 가지고 있다.

10.7.2 공용체의 선언 방법

공용체를 선언하는 방법은 union이라는 키워드를 사용하며, 구조체를 선언하는 방법과 동일하다.

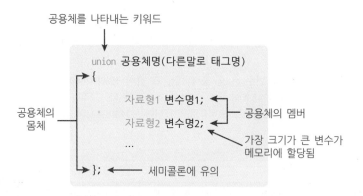

그림 10.7.1 공용체의 선언 방법

10.7.3 공용체의 초기화 및 멤버 참조 방법

공용체를 초기화하는 방법은 구조체를 초기화하는 방법과 동일하며, 멤버에 참조하는 방법도 구조체와 동일하다. 다만, 공용체의 멤버에 값을 쓸 때에는 메모리를 서로 공용하기 때문에 값을 덮어 씌우면, 이전에 할당된 변수의 내용을 참조할 수 없다.

```
union student
{
        int age;
        char  blood;
        double hakbun;
}lee = {18,'A', 121212};
```

그림 10.7.2 공용체의 초기화 방법

```
union student
{
        int age;
        char  blood;
        double hakbun;
}lee = {18,'A', 121212};

int main(void)
{
        ...
        lee.age;  ←──── lee 공용체의 멤버 age를 참조

        return 0;
} // main()
```

그림 10.7.3 공용체의 멤버 참조 방법

10.7.4 구조체와 공용체의 메모리 할당 방식

그림 10.7.4의 구조체에서는 가장 큰 변수인 double형을 기준으로 나머지 int형, char형이
같이 할당되므로 총 16바이트가 메모리에 할당된다.

```
struct student
{
    int age;
    char blood;
    double hakbun;
};
```

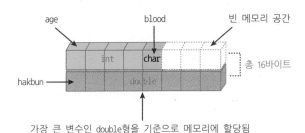

그림 10.7.4 구조체의 메모리 할당 방식1

그림 10.7.5의 구조체에서는 가장 큰 변수인 double형을 기준으로 나머지 int형, char형이
같이 할당될 수 없으므로 총 24바이트가 메모리에 할당된다.

```
struct student
{
    int age;
    double hakbun;
    char blood;
};
```

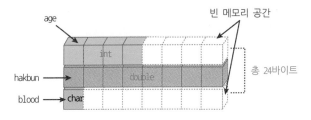

그림 10.7.5 구조체의 메모리 할당 방식2

한편, 그림 10.7.6의 공용체에서는 가장 큰 변수인 double형을 기준으로 나머지 int형, char형이 같이 공유되어 메모리에 할당되므로 총 8바이트가 메모리에 할당된다.

```
union student
{
    int age;
    double hakbun;
    char blood;
};
```

int age
double hakbun →
char blood →

총 8바이트

그림 10.7.6 공용체의 메모리 할당 방식

예제 10-13 공용체의 멤버에 값을 대입하고 출력하는 프로그램

student 공용체를 선언하는데 멤버는 3개로 하고, 각 공용체의 멤버에 차례대로 값을 대입한 뒤에 바로 값을 출력하고 처음에 선언한 name의 멤버값을 다시 출력하는 프로그램을 작성한다.

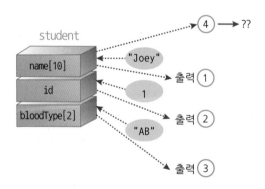

```
1    // C_EXAMPLE\ch10\ch10_project13\simpleunion.c
2
3    #include <stdio.h>
4    #include <string.h>          ◀────── strcpy() 라이브러리 함수를 사용하기 위해 추가
5
6    // student 공용체 선언
```

```
7   union student
8   {
9       char name[10];
10      char id;                    ← 가장 큰 변수 name의 크기로 공용함(10바이트)
11      char bloodType[2];
12  }st;
13
14  int main(void)
15  {                               strcpy() 라이브러리 함수를 이용하여 문자열 복사
16      strcpy(st.name, "Joey");        // name 멤버에 "Joey" 문자열 복사
17      printf("name = %s\n", st.name);
18
19      st.id = 1;                      // id 멤버에 1대입
20      printf("id = %d\n", st.id);     구조체와 같은 방법으로 공용체 멤버에 값 대입
21
22      strcpy(st.bloodType, "AB");     // bloodType에 "AB" 문자열 복사
23      printf("blood type = %s\n", st.bloodType);
24
25      printf("name = %s\n", st.name); // name 값 출력
26      return 0;                       이 위치의 메모리에 값이 이미 다른 값이 저장되었음
27  } // main()
```

[언어 소스 프로그램 설명]

핵심포인트

공용체는 하나의 메모리를 가지고 여러 개의 자료형 변수를 저장할 수 있도록 지원하기 위한 기법이다. 공용체를 사용하면 불필요한 메모리의 낭비를 막을 수 있으나, 이전에 기억시켜 놓은 값이 사라지기 때문에 사용시 주의가 필요하다. 메모리를 적게 사용해야 하는 임베디드 시스템이나 소형 마이크로프로세서에서 본 기법을 활용하면 메모리를 여유있게 확보할 수 있으므로 구조체와는 대비되는 개념이라 할 수 있다.

라인 4	stdio.h 헤더 파일은 표준 입출력 함수에 관련된 라이브러리 함수들에 대한 함수원형선언이 포함되어 있는 파일이고, string.h 헤더 파일은 문자열 처리에 관련된 라이브러리 함수들에 대한 함수원형선언이 포함되어 있는 파일이다.
라인 7	공용체 student를 선언하였으며, 이때 3개의 멤버 중 name[10]이 가장 크기 때문에 공용체 변수를 선언하면 메모리 공간에 그 크기가 10바이트 할당된다.
라인 16	name 배열에 "Joey" 문자열을 대입한다.
라인 25	라인 22에 의해 이미 메모리에 "AB" 문자열이 저장되어 있으므로, st.name이 가리키는 주소에는 "AB" 문자열이 존재한다.

실행 결과

```
■ C:\Windows\system32\cmd.exe                         □ □ X

name = Joey ◄─────────── st.name
id = 1 ◄──────────────── st.id
blood type = AB ◄──────── st.bloodType
name = AB ◄─────────────
계속하려면 아무 키나 누르십시오 . . .
          st.name 이나 이미 메모리에 다른 변수가 차지하고 있으므로,
          최종 할당된 값 "AB"로 출력됨
```

예제 10-14 구조체 및 공용체의 크기를 확인하는 프로그램

char형 배열 6개와 int형, double형을 멤버로 갖는 공용체와 구조체를 각각 선언하고, 변수를 선언한 뒤에 이들의 크기를 각각 출력하는 프로그램을 작성한다.

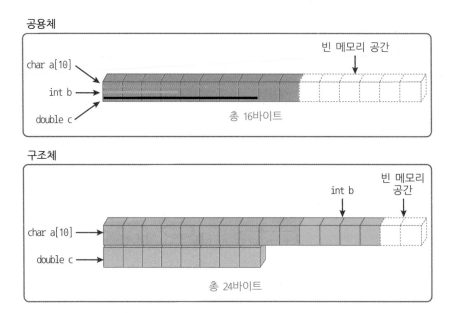

공용체

char a[10]
int b
double c
총 16바이트
빈 메모리 공간

구조체

char a[10]
double c
int b
총 24바이트
빈 메모리 공간

```
1   // C_EXAMPLE\ch10\ch10_project14\unionsize.c
2
3   #include <stdio.h>
4
5   // 공용체 선언
6   union U
```

```
7    {
8            char a[10];
9            int b;
10           double c;
11   }u;
12
13   // 구조체 선언
14   struct S
15   {
16           char a[10];
17           int b;
18           double c;
19   }s;
20
21   int main(void)
22   {
23           printf("sizeof(u) = %d \n", sizeof(u));    // 공용체의 크기
24           printf("sizeof(s) = %d \n", sizeof(s));    // 구조체의 크기
25           return 0;
26   } // main()
```

─ 공용체 변수 u의 크기를 출력

─ 구조체 변수 s의 크기를 출력

[언어 소스 프로그램 설명]

핵심포인트

공용체와 구조체의 크기가 할당되는 방식이 서로 다르다. 이 때 구조체의 경우 메모리 할당 규칙이 컴파일러마다 차이가 있을 수 있으나 기본적으로는 메모리를 공유하지 않는다는 사실에만 유의하자.

라인 23   공용체 변수 u인 경우 가장 큰 변수인 double형을 기준으로 나머지 int형, char형이같이 공유되어 메모리에 할당된다. char[10]은 메모리상에서 10바이트를 차지하는데 double형이 기준이므로 8바이트의 배수가 된다. 따라서 총 16바이트가 공용체 변수 u가 메모리에 할당되는 크기이다. 한편, 6바이트는 빈 메모리 공간이 된다.

라인 24   구조체 변수 s인 경우 가장 큰 변수인 double형을 기준으로 나머지 int형, char형이 같이 할당된다. int형 4바이트와 char[10]의 10바이트가 합쳐져 메모리상에서 14바이트를 차지하는데 double형이 기준이므로 8바이트의 배수가 된다. 따라서 총 16바이트 + 8바이트 = 24바이트가 구조체 변수 s가 메모리에 할당되는 크기이다. 한편, 2바이트는 빈 메모리 공간이 된다.

실행 결과

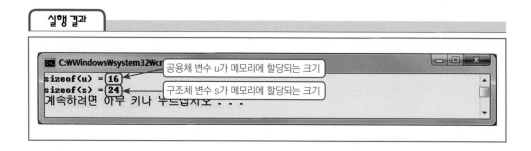

10.8 형정의

10.8.1 형정의란?

형정의(typedef)는 프로그램을 작성하는 사람이 임의로 자료형을 생성하는 것을 말한다. 즉 기존에 사용하고 있는 자료형을 프로그래머가 쉽게 이해할 수 있도록 자신의 취향에 맞게 바꾸는 경우와 복잡한 함수 혹은 구조체를 형정의하므로써 쉽게 사용할 수 있다. 다음은 형정의를 사용한 예이다. unsigned char -> UC라고 형정의를 하면, 이후에 나오는 소스 코드에서 굳이 unsigned char 라고 할 필요없이 UC라는 단어로 대치하면 된다.

10.8.2 형정의 방법

형정의를 하는 방법은 그림 10.8.1과 typedef 키워드를 활용한다.

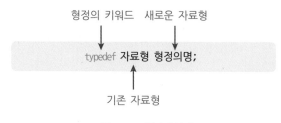

그림 10.8.1 형정의 방법

따라서, 그림 10.8.2와 같이 unsigned int를 UI로 형정의하면, 2개의 문상은 같은 문장이 되는 것이다.

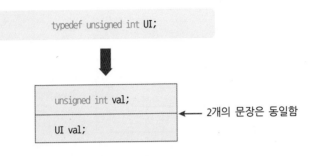

```
typedef unsigned int UI;
```
```
unsigned int val;

UI val;
```
← 2개의 문장은 동일함

그림 10.8.2 형정의 사용 예

lo.8.3 형정의 예

형정의를 사용한 예는 다음과 같다.

①
```
typedef unsigned int UI;
UI a, b, c;
=> unsigned int a, b, c;
```

②
```
typedef char STR[10];  ← 배열의 개수는 뒤로
STR name, text;
=> char name[10], text[10];
```

③
```
typedef struct record
{
        int id;
        char *header;
        char *contents;
        char *tail;
}DATA;
DATA data[10];
=> struct record data[10];
```

예제 10-15 일반 변수 및 구조체를 형정의하는 프로그램

unsigned int 자료형을 UI로 형정의하고, 간단한 구조체 DATA를 형정의하여 값을 대입하고 출력해 보는 프로그램을 작성한다.

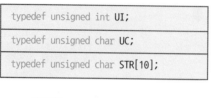

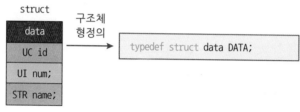

```
1    // C_EXAMPLE\ch10\ch10_project15\simpletypedef.c
2
3    #include <stdio.h>
4
5    // 각각의 자료형 형정의
6    typedef unsigned int UI;
7    typedef unsigned char UC;              ←─────── 3가지 자료형에 대한 형정의
8    typedef unsigned char STR[10];
9
10   // data 구조체를 DATA로 형정의
11   typedef struct data ←───────────────── 구조체를 형정의
12   {
13        UC id;                    // unsigned char id
14        UI number;                // unsigned int number
15        STR name;                 // unsigned char name[10]
16   }DATA;
17
18   int main(void)
19   {                                      ─────── data 구조체 배열
20        DATA record[3] = {        // struct data record[3]
21                       {1, 18, "Joey"},
22                       {2, 30, "Jane"},
```

```
23                        {3, 40, "John"}
24                   };
25                                                        ─────── for 문에 사용할 변수
26       UC i;                    // unsigned char i
27
28       for(i = 0; i < 3; i++)
29       {
30               printf("%3d %3d %s \n", record[i].id, record[i].number, record[i].name);
31       } // for
32       return 0;
33  } // main()
```

[언어 소스 프로그램 설명]

핵심포인트

형정의를 사용하면 긴 문장의 자료형과 자주 사용하는 자료형에 대해 쉽고 빠르게 작성할 수 있다. 또한 형정의를 하면 프로그램을 보다 쉽게 작성할 수도 있다. 하지만 많은 형정의를 사용하면 프로그램이 보다 복잡해 질 수 있고 시간이 지나 형정의된 단어의 용도가 생각이 나지않아 어려움을 초래할 수도 있으므로, 가급적 쉬운 자료형만 형정의하여 사용하는 것이 효과적이다.

라인 6	unsigned int의 자료형을 UI로 정의하였다.
라인 7	unsigned char 자료형을 UC로 정의하였다.
라인 8	unsigned char STR[10]으로 정의하여 길이가 10인 char형 배열을 STR로 정의하였다.
라인 11	data 구조체를 DATA로 정의하였다.
라인 13	UC를 사용하여 id 변수를 unsigned char 형으로 선언하였다.
라인 14	UI를 사용하여 number 변수를 unsigned int 형으로 선언하였다.
라인 15	STR을 사용하여 unsigned char name[10]을 선언하였다.
라인 26	for 문을 사용하기 위한 변수로 형정의된 UC를 사용하였다.

실행 결과

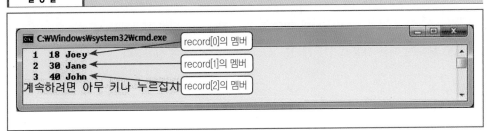

1. 구조체에 대한 설명 중 맞는 것은?

   ① 구조체는 여러 개의 변수를 하나로 묶어 관리하기 용이하게 지원하는 기법이며 전역 변수로만 사용한다.

   ② 구조체를 사용할 때의 키워드는 structure 이다.

   ③ 구조체의 크기는 내부에 속해 있는 변수들의 크기의 합과 같다.

   ④ 구조체 내부에는 변수 뿐만아니라, 함수 등도 포함시킬 수 있다.

   ⑤ 구조체는 전역 혹은 지역 변수 모두 활용될 수 있다.

2. 구조체와 배열은 여러 개의 자료를 하나로 묶는다는 데에서 공통점이 있다. 구조체와 배열의 가장 큰 차이점이 무엇인가?

3. 다음은 구조체의 예를 보여준다. 설명이 올바르지 못한 것은?

```
struct structure
{
    char a;
    char arr[10];
    int n;
};
```

   ① 구조체명은 structure이다.

   ② 본 구조체는 총 3개의 멤버를 가지고 있다.

   ③ 본 구조체의 크기는 16바이트이다.

   ④ 구조체의 전체 크기는 int형 4바이트의 크기에 비례되어 할당된다.

   ⑤ 본 구조체를 사용하기 위해서는 structure st; 와 같이 선언한다.

4. 구조체 배열에 대한 설명으로 틀린 것은?

① 구조체 배열은 구조체 자체를 배열로 만든 것이며, 일반 배열처럼 구조체 각각이 배열의 원소가 된다.

② 구조체 s[4]가 선언되어 있다면 구조체는 총 4개이며, 첫 번째 구조체는 s[0]이다.

③ 구조체 배열은 구조체를 선언한 후에 별도로 배열로 선언할 수 있다.

④ 구조체 배열에서 구조체가 배열로 이루어져 있는 만큼 구조체 배열 수만큼 멤버도 늘어난다.

⑤ 메모리를 효과적으로 사용하기 위해서는 서로 다른 구조체를 여러 개 사용하는 것보다, 배열로 만드는 것이 더 효율적이다.

5. 다음과 같은 구조체 배열이 있다. 설명으로 올바르지 못한 것은?

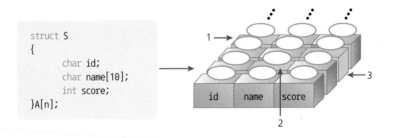

① 1은 A[3].id이다.

② 2는 A[1].name이다.

③ 3은 A[2].score이다.

④ 3개의 멤버 중 가장 크기가 큰 변수는 name이다.

⑤ id, name, score라는 변수는 프로그램 내에서 다른 지역 변수로 활용될 수 없다.

6. 다음 중 설명이 올바르지 못한 것은?

① 구조체도 주소값이 존재하므로 포인터를 사용할 수 있다.

② 구조체 포인터를 사용하였을 경우 구조체의 멤버는 -> 연산자를 활용해야 한다.

③ 구조체 포인터도 일반 포인터와 마찬가지로 * 연산자를 사용하여 선언한다.

④ 구조체는 일반 변수보다 크기가 크기 때문에 주소가 차지하는 영역이 더 넓다.

⑤ 구조체 변수 S의 주소값은 &S이다.

7. 다음 중 설명이 올바르지 못한 것은?

① 구조체의 멤버도 함수의 인수로 사용할 수 있다.

② 구조체 자체도 함수의 인수로 사용할 수 있다.

③ 구조체 자체를 함수의 반환형으로 사용할 수 있다.

④ 구조체의 변수가 많아도 함수의 인수로 사용할 수 있다.

⑤ 구조체 내에 함수를 포함할 수 있다.

8. 다음 중 설명이 올바르지 못한 것은?

① 구조체 내부에 또 다른 구조체를 포함시킬 수 있다.

② 구조체 내부에 포함된 또 다른 구조체의 멤버도 구조체일 수 있다.

③ 구조체 멤버에 구조체가 포함되어 있으면, struct 키워드를 사용하여 구조체를 선언해야 한다.

④ 구조체의 멤버로써 구조체의 포인터가 포함될 수 있다.

⑤ 구조체를 중첩하여 사용하는 경우 멤버로 포함된 구조체의 크기가 상위 구조체보다 작아야 한다.

9. 비트 필드 구조체에 대한 설명으로 바르지 못한 것은?

① 비트 필드 구조체를 사용하는 이유는 비트단위의 연산을 할 때 필요 없는 메모리를 낭비하지 않기 위해서이다.

② 비트 필드 구조체의 멤버는 비트단위이며 0 또는 1의 값을 갖는다.

③ 비트 필드 구조체의 멤버를 선언하기 위해서는 a, b 등의 알파벳을 사용한다.

④ a, b, c 가 비트필드 구조체의 멤버로 사용되었으면 가장 상위 비트는 a이고 하위비트는 c이다.

⑤ a, b, c 등의 멤버가 연속적일 필요는 없다.

10. 공용체에 대한 설명으로 바르지 못한 것은?

① 공용체는 구조체와 비슷한 것이나, 메모리를 공유하는 데에 큰 차이가 있따.

② 공용체의 키워드는 union이다.

③ 공용체를 초기화 하는 방법은 구조체와 똑같다.

④ 공용체는 멤버들간 메모리를 공유하기 때문에, 최종적으로 대입된 멤버의 값만 유지된다.

⑤ 공용체의 멤버가 double, int, char 형이면 총 크기는 13바이트이다.

11. 다음이 설명하는 것은 무엇인가 빈칸을 채워라?

> unsigned int 변수는 프로그램 내에서 자주 사용된다. 그런데 프로그램에서 일일이 타이핑하기가 번거로울 경우에 unsigned int와 같이 이름이 긴 자료형을 쉽게 바꾸기 위해 형 정의를 사용한다. 이때형정의를 사용하는 방법은 (   ) unsigned int WORD; 라고 정의하면 된다.

12. 다음 두 개의 공용체를 보고 크기를 작성하라.

크기 : ( )	크기 : ( )
union S { 　　　char a; int b; double c; }s;	union T { 　　　int a; char b[5]; }t;

연습문제

13. 다음과 같은 실행결과를 얻기 위한 프로그램을 완성하라.

```c
#include <stdio.h>

struct point
{
        int x;
        int y;
};

int diff(struct point s)
{
        int res =_____;

        if(res < 0)
                return res * -1;
        return res;
} // diff()

int main(void)
{
        struct point a = {10, 100};

        printf("%d\n", diff(a));
        return 0;
} // main()
```

[실행결과]

```
C:\Windows\system32\cmd.exe
90
계속하려면 아무 키나 누르십시오 . . .
```

14. 다음과 같은 실행결과를 얻기 위한 프로그램을 완성하라.

```c
#include <stdio.h>

struct person
{
        char name[10];
        int age;
};

struct person input()
{
        struct person p = {"Joey", 33};
        return p;
} // input()

void print(_____)
{
        printf("name : %s\n", p.name);
        printf("age : %d\n", p.age);
} // print()

int main(void)
{
        struct person k;
        k = input();
        print(k);
        return 0;
} // main()
```

[실행결과]

```
C:\Windows\system32\cmd.exe
name : Joey
age : 33
계속하려면 아무 키나 누르십시오 . . .
```

15. 다음과 같은 실행결과를 얻기 위한 프로그램을 완성하라.

```c
#include <stdio.h>

struct student
{
        int n;
};

int main(void)
{
        struct student s;
        struct student *sp = &s;

        (*       ).n = 0;
        printf("s.n : %d \n", s.n);

        sp_____n = 1;
        printf("s.n : %d \n", s.n);

        return 0;
} // main()
```

[실행결과]

```
C:\Windows\system32\cmd.exe
s.n : 0
s.n : 1
계속하려면 아무 키나 누르십시오 . . .
```

16. 다음의 동작조건, 요구사항, 실행결과를 만족시키는 프로그램을 작성하라.

동작조건

- 구조체의 멤버를 int형 포인터를 사용하는 구조체 student를 생성한다.
- 이 구조체에 대한 변수 2개를 선언하는데, 하나(s)는 일반 구조체 변수, 다른 하나(sp) 는 구조체 포인터 변수를 선언하여 s 구조체의 주소를 sp가 갖도록 한다.
- int형 변수 i를 선언하고, 이 주소를 student 구조체의 멤버 포인터 변수가 가리키도록 프로그램하고 값을 20, 40 각각 대입하여 그 결과를 출력한다.
- 20, 40을 각각 대입할 때에는 s 구조체와 sp 구조체 모두 활용한다.

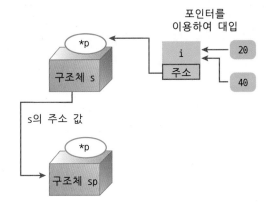

요구사항

- 구조체를 사용한다.
- 구조체의 멤버를 포인터 변수로 사용한다.
- i에 값을 대입할 때, 반드시 구조체의 멤버를 사용한다.
- 값을 출력할 때에는 반드시 i변수를 사용한다.

실행결과

17. 다음의 동작조건, 요구사항, 실행결과를 만족시키는 프로그램을 작성하라.

동작조건

- ID와 name(문자열)을 멤버로 하는 구조체 student를 선언한다.
- 총 5개의 구조체 변수를 선언하고 ID와 name을 임의로 지정한다. 이 때 ID는 3, 5, 1, 2, 4와 같이 순서대로 할당하지 않는다.
- 구조체를 교환하는 함수를 작성하고 5개의 구조체 멤버의 ID를 비교하여 낮은 순서대로 재 정렬하여 출력하는 프로그램을 작성한다.

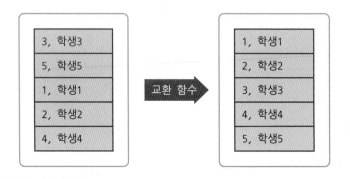

요구사항

- 구조체 배열을 사용한다.
- name(문자열) 멤버는 배열을 사용한다.
- 두 개의 구조체를 교환하는 change() 함수를 사용한다.
- ID를 비교하여 낮은 ID를 갖는 구조체부터 배열의 낮은 인덱스부터 배치한다.
- 주어진 결과와 일치하도록 프로그램을 한다.

실행결과

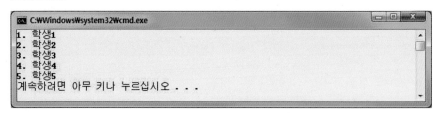

18. 다음의 동작조건, 요구사항, 실행결과를 만족시키는 프로그램을 작성하라.

동작조건

- 학생들의 성적부를 관리하는 단순한 프로그램을 작성한다.

- 관리자로부터 5명의 학생의 이름과 성적을 입력하도록 요구한다.

- 학생들의 성적을 모두 입력한 후에는 입력한 결과를 출력하고, 성적의 평균을 구한다.

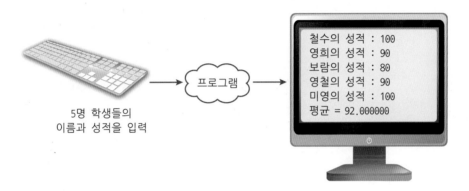

```
철수의 성적 : 100
영희의 성적 : 90
보람의 성적 : 80
영철의 성적 : 90
미영의 성적 : 100
평균 = 92.000000
```

5명 학생들의
이름과 성적을 입력

프로그램

요구사항

- 구조체 배열을 사용한다.

실행결과

```
C:₩Windows₩system32₩cmd.exe

1번 학생 이름 : 학생1↵
성적 : 100↵
2번 학생 이름 : 학생2↵
성적 : 90↵
3번 학생 이름 : 학생3↵
성적 : 80↵
4번 학생 이름 : 학생4↵
성적 : 90↵
5번 학생 이름 : 학생5↵
성적 : 100↵
학생1의 성적 : 100
학생2의 성적 : 90
학생3의 성적 : 80
학생4의 성적 : 90
학생5의 성적 : 100

 평균 = 92.000000
계속하려면 아무 키나 누르십시오 . . .
```

19. 다음의 동작조건, 요구사항, 실행결과를 만족시키는 프로그램을 작성하라.

- 자료에 학생들의 입학년도와 이름이 등록되어 있다. (2010 홍아무개, 2011 김아무개, 2012 박아무개, 2012, 이아무개, 2012 최아무개)
- 검색할 입학년도를 물어본 뒤 해당 입학년도의 학생을 출력하고, 몇 명이 검색되었는지 출력한다.

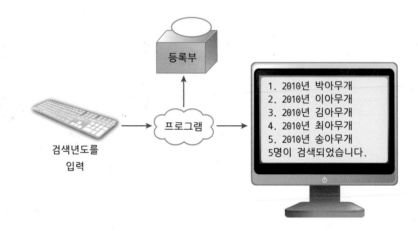

요구사항

- 구조체 배열을 사용한다.
- 구조체를 검색할 때는 포인터를 사용한다.

실행결과

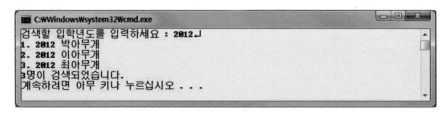

20. 다음의 동작조건, 요구사항, 실행결과를 만족시키는 프로그램을 작성하라.

동작조건

- 자료에 학생들의 과목(수학, 영어, 역사)의 점수를 미리 등록해 놓는다.

  〈 김씨 83 67 58, 이씨 45 51 88, 최씨 70 94 92, 박씨 95 32 47, 강씨 34 64 62 〉

- 각 사람별로 과목에 대한 총점을 계산하고, 평균을 계산한다.

- 출력을 할 때에는 높은 점수부터 차례대로 출력한다.

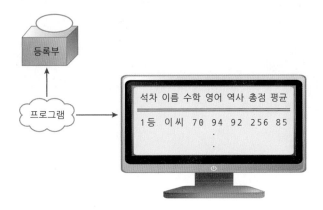

요구사항

- 구조체 배열을 사용한다.

- 모든 함수는 참조에 의한 호출 기법을 사용한다.

- 모든 함수에는 반환형이 존재하지 말아야 한다.

실행결과

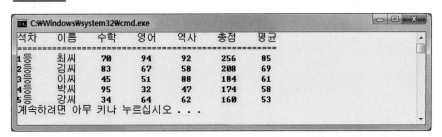

```
석차   이름    수학      영어      역사      총점      평균
=================================================
1등    최씨     70        94        92        256       85
2등    김씨     83        67        58        208       69
3등    이씨     45        51        88        184       61
4등    박씨     95        32        47        174       58
5등    강씨     34        64        62        160       53
계속하려면 아무 키나 누르십시오 . . .
```

CHAPTER **11**

동적 메모리

학 습 목 표

- 동적 메모리란 무엇인지 살펴보자.
- 동적 메모리와 정적 메모리의 차이점은 무엇인지 학습한다.
- 동적 메모리는 언제 사용하며, 동적 메모리를 사용할 때의 장점을 학습한다.
- malloc(), calloc(), realloc()의 차이점을 살펴본다.

핵심포인트

동적 메모리는 어떠한 데이터나 변수 등이 메모리에 할당될 때 그 크기가 동적으로 할당되는 것을 의미한다. 동적으로 메모리의 크기가 정해지면, 불필요한 데이터의 낭비를 막을 수 있고, 저장할 데이터의 양이 많은 경우에 정적으로 할당된 메모리의 공간에 저장하지 못하는 결과를 막을 수 있다. 또한 프로그램이 시작될 때 메모리가 할당되는 것이 아니고, 프로세스의 실행 도중에 메모리가 할당되기 때문에 프로그램의 전체에 메모리 영향을 미치지 않고, 메모리를 필요시에만 만들었다가 삭제하는 일련의 과정을 반복하면서 메모리의 효율적인 사용을 꾀할 수 있는 기법이다.

11.1 동적 메모리의 정의

11.1.1 동적 메모리란?

지금까지 프로그램을 작성할 때 변수를 선언하거나, 배열의 선언, 함수의 선언, 구조체의 선언 등은 정적 메모리 할당으로 프로그램이 시작될 때 미리 정해진 크기만큼 메모리에 자리를 잡는다. 프로그램이 종료되면 이 메모리는 삭제되지만 프로그램이 시작되고 종료될 때까지 이 메모리에 있는 모든 데이터를 사용하지는 않을 것이다. 따라서 메모리의 낭비를 가져올 수 있다. 반면에 동적 메모리 할당을 사용하면, 사용자의 요구에 의해 자유롭게 메모리를 할당받고 삭제하는 방식을 사용하게 된다. 따라서 프로그램을 실행할 때 필요시에만 메모리를 사용하기 때문에 보다 효율적으로 메모리 관리가 가능하며, 메모리를 할당해 주는 OS(운영체제)도 보다 여유롭게 메모리를 사용할 것이다. 그림 11.1.1은 동적 메모리 할당과 정적 메모리 할당의 차이를 나타내고 있다.

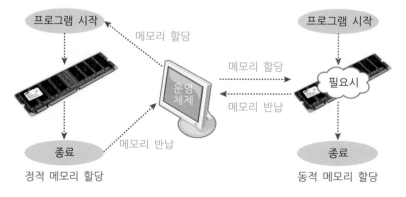

그림 11.1.1 정적 메모리 할당과 동적 메모리 할당의 차이

11.1.2 동적 메모리의 사용 과정

동적 메모리를 사용하기 위해서는 우선 할당할 메모리의 크기를 지정하고, 메모리의 사용이 끝나면 해제를 해줘야 한다. 그림 11.1.2와 같이 프로그램은 운영체제에 원하는 크기만큼의 메모리 할당을 요구하고, 운영체제는 프로그램에 요청된 메모리만큼을 할당해 준다. 프로그램은 이 메모리를 사용하고 난 뒤에 다시 운영체제에 메모리를 다시 반납해야 한다.

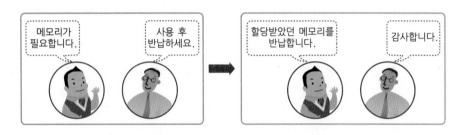

그림 11.1.2 동적 메모리의 할당 및 반납 과정

11.1.3 동적 메모리의 할당 및 해제 방법

동적 메모리를 할당받기 위해서는 malloc(), calloc(), realloc() 등과 같은 함수를 사용하여 운영체제에 메모리를 요구하고, 할당받았던 메모리를 반납하기 위해서는 free() 함수를 사용한다. 이 함수들에 대한 함수원형선언이 stdlib.h 헤더 파일에 존재하므로 프로그램을 작성할 때 stdlib.h를 추가하도록 한다.

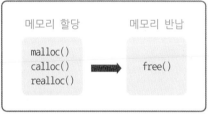

그림 11.1.3 메모리 할당과 해제 함수

11.2 malloc() 함수와 free() 함수

11.2.1 malloc() 함수

동적 메모리를 할당하는 가장 기본적인 함수는 malloc() 함수이다. malloc() 함수를 사용하는 방법은 그림 11.2.1과 같다. malloc() 함수는 인수가 바이트의 크기이며, 반환형은 주

소값이다. 따라서 malloc 함수를 이용하여 메모리 공간을 할당받으려면 주소값을 저장할 수 있는 포인터가 반드시 필요하다.

```
void *malloc(size_t size);
```
➡ size 바이트 만큼의 메모리를 할당한다. 반환형은 void형 포인터이다.
⋯⋯⋯⋯⋯⋯⋯⋯⋯⋯⋯⋯⋯⋯⋯⋯⋯⋯⋯⋯⋯⋯⋯⋯⋯⋯⋯⋯⋯⋯⋯⋯⋯⋯⋯⋯⋯⋯
예 int *p = (int*)malloc(2 * sizeof(int)); // 2 * 4바이트만큼의 공간 할당

그림 11.2.1 malloc() 함수의 사용방법

그림 11.2.1의 예에서 sizeof(int) * 2의 크기만큼 할당받았음으로 총 8바이트의 메모리 공간을 요구한 것이며, 이를 그림으로 표현하면 그림 11.2.2와 같다. 그림 11.2.2에서 나타난 바와 같이 malloc() 함수를 사용하여 동적 메모리를 할당하고 난 후에는 그 공간이 초기화되지 않는다.

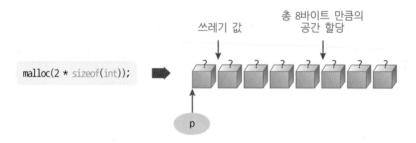

그림 11.2.2 malloc() 함수의 메모리 할당 방식

11.2.2 free() 함수

free() 함수는 할당받은 메모리를 다시 반납하는 역할을 하는 함수이다. 메모리를 할당받았으면, 이를 다시 해제시켜주어야 메모리의 원활한 사용이 가능할 것이다.

free() 함수를 사용하는 방법은 그림 11.2.3과 같다.

그림 11.2.3 free() 함수의 사용방법

```
void free(void *p);
```

➡ p가 가리키는 주소에 있는 공간을 메모리에서 해제한다.

예 free(p); // p가 가리키는 공간을 메모리에서 해제한다

예제 11-1   malloc() 함수와 free() 함수의 사용 프로그램

malloc() 함수를 이용하여 메모리를 동적으로 할당하고 값을 대입한 뒤에 값을 출력하고, 이 메모리를 해제하는 프로그램을 작성한다.

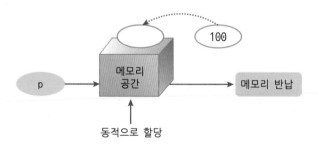

```
1   // C_EXAMPLE\ch11\ch11_project1\simplemalloc.c
2
3   #include <stdio.h>
4   #include <stdlib.h>          ← malloc() 함수와 free() 함수를 사용하기 위해 추가
5
6   int main(void)
7   {
8       char *p;                 반환형을 char*로 형변환
9                                1바이트만큼의 동적 할당
10      p = (char *)malloc(sizeof(char));    // 동적 할당
11      printf("*p = %d\n", *p);  ← 공간이 할당은 됐으나, 쓰레기 값이 존재
12
```

```
13        *p = 100;                              // p가 가리키는 공간에 100을 대입
14        printf("*p = %d\n", *p); ◄────────── p가 가리키는 곳에 100이 대입되어 있음을 확인
15
16        free(p);                               // 동적 할당된 메모리 해제
17        printf("*p = %d\n", *p); ◄────────── 메모리가 해제되어 p가 가리키는 곳의 값이 사라짐
18        return 0;
19    } // main()
```

[C 언어 소스 프로그램 설명]

핵심포인트

동적 할당은 메모리를 효율적으로 관리하기 위해 사용하는 기법이다. 동적 메모리를 사용함으로써 제한된 리소스를 자유자재로 생성하고 삭제하여 보다 여유 있는 메모리를 사용할 수 있다. 또한 메모리를 동적으로 할당받고 난 뒤에는 해제를 해주어야 동적 메모리 할당을 사용하는 의미가 있다.

라인 4	stdlib.h 헤더 파일은 동적 메모리 할당에 관련된 라이브러리 함수들에 대한 함수원형선언이 포함되어 있는 파일이다. 한편, stdlib.h 헤더 파일은 기본적으로 Microsoft Visual C++ 2010 Express 버전을 설치하였다면 다음의 경로에 존재한다. C:\Program Files\Microsoft Visual Studio 10.0\VC\include
라인 8	char형 포인터를 선언하여 동적으로 할당된 메모리의 주소를 저장하기 위하여 선언하였다.
라인 10	sizeof(char)는 값이 1이며, 1바이트만큼의 공간을 할당한 뒤에 그 주소를 p로 가리킨다.
라인 11	malloc() 함수를 사용하여 동적 메모리를 할당한 후에는 그 공간이 초기화되지 않는다.
라인 13	p가 가리키는 곳에 1바이트만큼의 공간이 생성되었고, 그 곳에 100을 저장한다.
라인 16	free() 함수를 사용하여 p가 가리키는 곳의 메모리를 반납한다.
라인 17	메모리가 반납되었으므로 p가 가리키는 곳의 값은 없어지게 되고, printf() 라이브러리 함수를 사용하면 쓰레기 값이 출력이 된다.

실행 결과

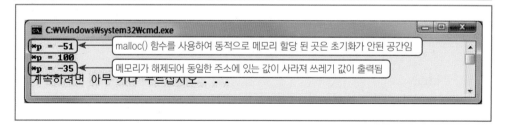

11.3 calloc() 함수

11.3.1 malloc() 함수와의 차이

malloc() 함수는 할당할 메모리의 바이트 크기를 인수로 한다. 그러나 calloc() 함수는 인수가 하나가 아니라 2개의 인수를 받으며, 각각 할당할 크기와 개수로 구분된다. 이는 malloc() 함수와는 달리 전체 크기보다 할당할 블록을 중요시 하는 경우에 사용되는 방식 이나, 결과적으로는 두 함수의 기능은 같다. 그러나 메모리가 할당될 때 그 공간이 초기화 가 되지 않는 malloc() 함수와는 달리, **calloc() 함수는 할당될 때 그 공간이 0으로 초기화 된다.** 그림 11.3.1은 이 두 함수의 차이점을 나타낸다.

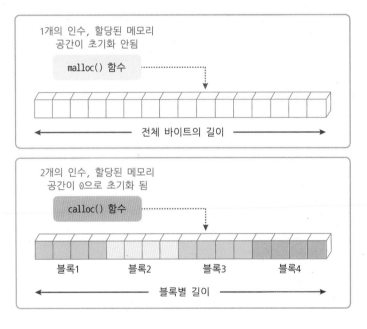

그림 11.3.1 malloc() 함수와 calloc() 함수의 차이점

11.3.2 calloc() 함수

calloc() 함수를 사용하는 방법은 그림 11.3.2와 같다.

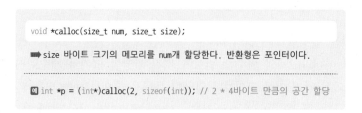

```
void *calloc(size_t num, size_t size);
```
➡️ size 바이트 크기의 메모리를 num개 할당한다. 반환형은 포인터이다.

```
예 int *p = (int*)calloc(2, sizeof(int)); // 2 * 4바이트 만큼의 공간 할당
```

그림 11.3.2 calloc() 함수의 사용방법

한편, 그림 11.3.2의 예에서 sizeof(int) 크기의 블록을 2개만큼 할당받았음으로 총 8바이트의 메모리 공간을 요구한 것이며, 이를 그림으로 표현하면 그림 11.3.3과 같다. 그림 11.2.3에서 나타난 바와 같이 calloc() 함수를 사용하여 동적 메모리를 할당하고 난 후에는 그 공간이 0으로 자동적으로 초기화된다.

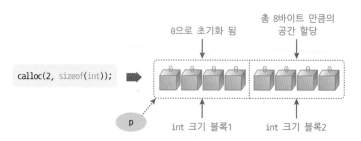

그림 11.3.3 calloc() 함수의 메모리 할당 방식

예제 11-2   calloc() 함수와 free() 함수의 사용 프로그램

calloc() 함수를 이용하여 메모리를 동적으로 할당하고 값을 대입한 뒤에 값을 출력하고, 이 메모리를 해제하는 프로그램을 작성한다.

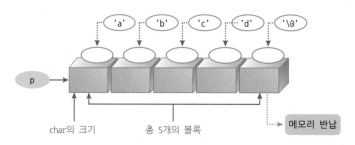

```
1    // C_EXAMPLE\ch11\ch11_project2\simplecalloc.c
2
3    #include <stdio.h>
4    #include <stdlib.h>          ◄──────── calloc() 함수와 free() 함수를 사용하기 위해 추가
5    #include <string.h>          ◄──────── strcpy() 함수를 사용하기 위해 추가
6
7    int main(void)
8    {
9            char *p;
10           int i;                              1바이트 공간 5개를 요구함
11
12           p = (char *)calloc(5, sizeof(char)); // 동적 할당
13           for(i = 0; i < 5; i++)
14                   printf("p[%d] = %d ", i, p[i]);  ◄──── calloc() 함수는 할당된 메모리 공간이
15                                                            0으로 자동 초기화됨
16           strcpy(p, "abcd");  ◄────              // 문자열 복사
17           printf("\np = %s\n", p);     NULL 문자를 포함하여 5개의 공간에 값 대입
18
19           free(p);                               // 동적 할당된 메모리 해제
20           for(i = 0; i < 5; i++)
21                   printf("p[%d] = %d ", i, p[i]);
22
23           printf("\n");          메모리를 해제하여 쓰레기 값이 출력됨
24           return 0;
25   } // main()
```

[언어 소스 프로그램 설명]

핵심포인트

calloc() 함수와 malloc() 함수는 기능상 같은 함수이지만, calloc() 함수가 값을 0으로 초기화하는 것과 인수 2개를 사용한다는 점에서 차이가 있을 뿐이다.

라인 4	stdlib.h 헤더 파일은 동적 메모리 할당에 관련된 라이브러리 함수들에 대한 함수원형선언이 포함되어 있는 파일이다.
라인 5	string.h 헤더 파일은 문자열 처리에 관련된 라이브러리 함수들에 대한 함수원형선언이 포함되어 있는 파일이다.
라인 12	char의 크기 5개를 할당하여 총 5바이트의 크기만큼 동적으로 할당한다.
라인 13	p[0]부터 p[4]까지 이동하면서 값을 출력하는데, calloc() 함수의 특성상 할당된 메모리의 각 공간은 0으로 자동적으로 초기화된다.

라인 16	"abcd" 문자열을 1문자씩 p[0]가 가리키는 공간부터 차례대로 대입하여 마지막에 NULL 문자를 넣어준다. "abcd" 문자열의 끝에는 NULL 문자가 있음을 상기한다. strcpy(a, b) 라이브러리 함수는 b 문자열을 a 공간에 복사한다.
라인 19	free() 함수를 사용하여 p가 가리키는 곳의 메모리를 반납한다.
라인 20	메모리가 반납되었으므로 p가 가리키는 곳의 값은 없어지게 되고, printf() 라이브러리 함수를 사용하면 쓰레기 값이 출력이 된다.

실행 결과

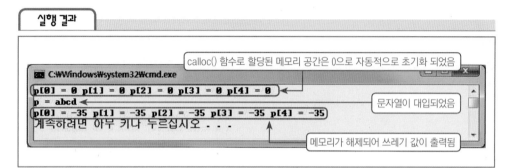

11.4 realloc() 함수

realloc() 함수는 그림 11.4.1과 같이 할당된 메모리 블록의 크기를 변경할 때 사용하는 함수이다. 블록의 크기를 변경하고 난 뒤의 값은 0으로 초기화되지 않는다.

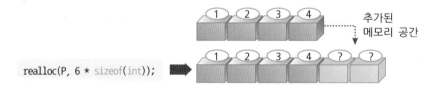

그림 11.4.1 realloc() 함수의 용도

한편, realloc() 함수를 사용하는 방법은 그림 11.4.2와 같다.

```
void *realloc(void *block, size_t size);
```

➡block은 변경하고자 하는 메모리의 포인터이며, size 바이트 만큼 메모리의 크기를 변경한다.

⋯⋯⋯⋯⋯⋯⋯⋯⋯⋯⋯⋯⋯⋯⋯⋯⋯⋯⋯⋯⋯⋯⋯⋯⋯⋯⋯⋯⋯

예 p = (int*)realloc(p, 6 * sizeof(int)); // p의 공간은 6 * 4 바이트 만큼의 크기로 변경

그림 11.4.2 realloc() 함수의 사용방법

예제 11-3 realloc() 함수의 사용 프로그램

calloc() 함수를 사용하여 2바이트만큼의 공간을 할당하고, 이를 realloc() 함수를 사용하여 다시 4바이트만큼의 공간으로 변경하는 프로그램을 작성한다.

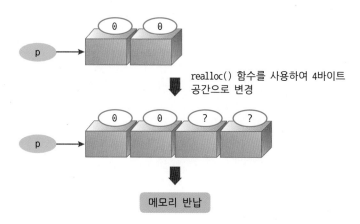

```
1    // C_EXAMPLE\ch11\ch11_project3\simplerealloc.c
2
3    #include <stdio.h>
4    #include <stdlib.h>          ◄──── realloc() 함수와 calloc() 함수와 free() 함수를 사용하기 위해 추가
5
6    int main(void)
7    {
8          char *p;                          2바이트 공간 동적 할당, 0으로 자동적으로 초기화됨
9          int i;
10
11         p = (char *)calloc(2, sizeof(char));          // 동적 할당
12
13         for(i = 0; i < 2; i++)
14               printf("p[%d] = %d\n", i, p[i]);
                                                          2바이트를 추가하여 동적 할당
15
16         p = (char*)realloc(p, 4*sizeof(char));          // 재동적 할당
17                                                        4바이트 공간이 할당됨
18         for(i = 0; i < 4; i++)
19               printf("p[%d] = %d\n", i, p[i]);          p[2], p[3]은 쓰레기 값
20
21         free(p);          // 동적 할당된 메모리 해제
22
```

```
23              for(i = 0; i < 4; i++)
24                      printf("p[%d] = %d\n", i, p[i]);  ←──── 메모리를 해제하여
25              return 0;                                         쓰레기 값이 출력됨
26    } // main()
```

[언어 소스 프로그램 설명]

⊕ 핵심포인트

realloc() 함수는 동적 할당된 메모리의 크기를 늘리거나, 줄일 때 사용한다. 자주 사용하는 문법은 아니나 기존의 메모리를 확장하는 측면에서는 유용하다.

라인 4	stdlib.h 헤더 파일은 동적 메모리 할당에 관련된 라이브러리 함수들에 대한 함수원형선언이 포함되어 있는 파일이다.
라인 11	2개 바이트만큼 메모리를 할당하였다. calloc() 함수를 사용하였으므로 할당된 메모리 공간이 0으로 자동적으로 초기화화된다.
라인 13	2개 바이트만큼 할당된 메모리이지만 메모리에 주소가 연속적으로 존재하므로, 값은 출력될 것이다.
라인 16	realloc() 함수를 사용하여 추가로 2개 바이트만큼 메모리를 할당한다.
라인 18~ 라인 19	라인 11에서 할당받았던 기존에 있던 2바이트는 그 값이 그대로이지만, 뒤의 2개 바이트는 초기화가 되지 않는다. 따라서 p[2] 값과 p[3] 값은 쓰레기 값이 출력된다.
라인 21	free() 함수를 사용하여 메모리를 해제한다.
라인 23~ 라인 24	메모리가 반납되었으므로 printf() 라이브러리 함수를 사용하면 쓰레기 값이 출력이 된다.

실행 결과

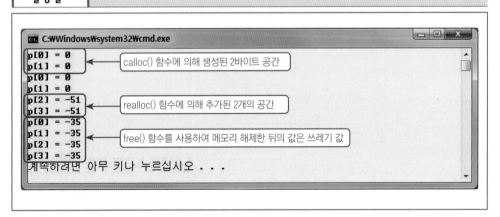

1. 동적 메모리에 대한 설명 중 맞는 것은?

① 동적 메모리란 메모리를 일시적으로 확장하거나 축소할 때 사용하는 기능이다.

② 동적 메모리로 할당된 변수는 프로그램이 종료해도 사라지지 않는다.

③ 동적 메모리 영역은 OS가 관리하지 않고 프로그램이 직접 관리한다.

④ 메모리를 할당하고 반납하는 과정에서 별도의 추가적인 명령이 필요하다.

⑤ 동적 메모리를 사용하면 메모리의 변수에 입출력 속도가 그렇지 않은 경우보다 빠르다.

2. 동적 메모리를 사용했을 때 가장 큰 장점이 무엇인지 기술하라.

※ 동적 메모리를 사용했을 때와 사용하지 않았을 때의 차이점을 위주로 기술할 것.

3. 동적 메모리를 사용할 때 필요한 헤더 파일은 무엇인가?

① stdio.h ② string.h

③ mapioid.h ④ stdlib.h

⑤ memory.h

4. malloc() 함수에 대한 설명 중 틀린 것은?

① 원하는 크기만큼 바이트로 할당이 된다.

② 함수를 사용하면 메모리의 포인터를 반환한다.

③ 메모리를 할당받으면 자동으로 메모리가 0으로 초기화된다.

④ malloc() 함수의 반환형은 자료형에 구애받지 않는다.

⑤ malloc(sizeof(int) * 10) 과 같이 사용하면 메모리의 크기는 총 40바이트가 된다.

5. free() 함수에 대한 설명 중 틀린 것은?

① 동적으로 할당받은 메모리를 다시 반환하는 함수이다.

② 동적으로 할당받고 free() 함수를 사용하지 않으면 메모리 에러가 발생된다.

③ free() 함수의 인수는 void 형 포인터이다.

④ free() 함수는 반환형을 갖지 않는다.

⑤ 메모리를 반납할 때, OS는 해당 영역에서 자료를 삭제시킨다.

6. calloc() 함수에 대한 설명 중 틀린 것은?

① 블록단위로 메모리를 동적 할당할 때 사용하는 함수이다.

② 함수의 인수는 malloc()과 달리 두 개다.

③ 메모리가 할당될 때 공간에 쓰레기 값이 채워진다.

④ 함수를 사용할 때 반환형은 void 형 포인터이다.

⑤ malloc() 함수와의 큰 차이점은 메모리가 초기화되는지의 유무이다.

7. realloc() 함수에 대한 설명 중 틀린 것은?

① 이미 할당 된 영역의 크기를 확장하거나 축소할 때 사용한다.

② 크기가 변경된 메모리의 공간은 쓰레기 값이 존재한다.

③ void형 포인트를 반환한다.

④ 두 개의 인수를 사용하며, 메모리의 포인터와 크기이다.

⑤ 동적으로 할당된 영역의 크기만 변경할 수 있다.

8. 다음과 같이 동적 메모리 함수를 사용했을 때 메모리 크기는 얼마인가?

(바이트)

```c
int *t = (int*)malloc(sizeof(int) * sizeof(int));
```

9. 다음과 같이 동적 메모리 함수를 사용했을 때 메모리 크기는 얼마인가?

(바이트)

```
#define BLOCK    10
int *t = (int*)calloc(BLOCK, sizeof(int));
```

10. 다음과 같이 동적 메모리 함수를 사용했을 때 메모리 크기는 얼마인가?

(바이트)

```
char *t = (char*)malloc(sizeof(char) * sizeof(int));
t = realloc(t, sizeof(int) * sizeof(int));
```

11. 다음과 같은 실행결과를 얻기 위한 프로그램을 완성하라.

```c
#include <stdio.h>
#include <stdlib.h>

int main(void)
{
    int *a = malloc(sizeof(int));
    *a = 100;
    printf("*a = %d\n", *a);
    _____
    printf("*a = %d\n", *a);
    return 0;
} // main()
```

[실행결과]

```
C:\Windows\system32\cmd.exe
*a = 100
*a = -572662307
계속하려면 아무 키나 누르십시오 . . .
```

12. 다음과 같이 프로그램을 작성하여 실행할 때 예상되는 결과에 대하여 설명하라.

```c
#include <stdio.h>
#include <stdlib.h>

int main(void)
{
        int *a = 0;
        printf("*a = %d\n", *a);

        free(a);
        return 0;
} // main()
```

13. 다음과 같은 실행결과를 얻기 위한 프로그램을 완성하라.

```c
#include <stdio.h>
#include <stdlib.h>

int main(void)
{
        char *a = 0;
        int length;

        printf("메모리의 길이를 입력하시오 : ");
        scanf("%d", &length);
        _____
        _____
        printf("%d\n", *a);

        free(a);
        return 0;
} // main()
```

[실행결과]

```
C:\Windows\system32\cmd.exe

메모리의 길이를 입력하시오 : 10
100
계속하려면 아무 키나 누르십시오 . . .
```

14. 다음과 같은 실행결과를 얻기 위한 프로그램을 완성하라.

```c
#include <stdio.h>
#include <stdlib.h>

int main(void)
{
    int i;

    _____

    for(i=0; i < 8; i++)
        t[i] = 'a' + i;

    t[i] = 0;

    printf("%s\n", t);

    free(t);
    return 0;
} // main()
```

[실행결과]

```
C:\Windows\system32\cmd.exe

abcdefgh
계속하려면 아무 키나 누르십시오 . . .
```

15. 다음과 같은 실행결과를 얻기 위한 프로그램을 완성하라.

```c
#include <stdio.h>
#include <stdlib.h>

struct time
{
        int hour;
        int min;
        int sec;
};

int main(void)
{
        struct time *t;

        t = (struct time*)calloc(_____, 1);

        t->hour = 12;
        t->min = 10;
        t->sec = 50;

        printf("현재시각 - %d:%d:%d\n", t->hour, t->min, t->sec);
        free(t);
        return 0;
} // main()
```

[실행결과]

```
C:\Windows\system32\cmd.exe
현재시각 - 12:10:50
계속하려면 아무 키나 누르십시오 . . .
```

16. 다음의 동작조건, 요구사항, 실행결과를 만족시키는 프로그램을 작성하라.

동작조건

- 동적 할당 및 해제를 테스트 하는 프로그램을 작성한다.

- 1바이트 공간을 동적으로 할당하고, 이 공간에 'A' 값을 대입한다.

- 값과 주소를 출력한 뒤 메모리를 해제하고, 다시 같은 포인터에 공간을 할당한 뒤 값과 주소를 찍어 그 차이점을 확인하는 프로그램을 작성한다.

- 주소값은 PC마다 다를 수 있으므로 이에 유의한다.

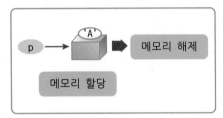 

요구사항

- malloc() 함수를 사용한다.

- char형 포인터를 사용한다.

실행결과

17. 다음의 동작조건, 요구사항, 실행결과를 만족시키는 프로그램을 작성하라.

동작조건

- 사용자로부터 입력하고자 하는 문자열의 길이를 저장할 수 있는 공간을 바이트 단위로 입력받고, 문자열을 다시 입력받은 뒤 문자열을 출력하는 프로그램을 작성한다.
- 만일 입력한 길이보다 문자열이 더 긴 경우에는 에러를 출력한 후 프로그램을 강제로 종료시킨다.

메모리
같이 입력   문자열 입력

요구사항

- malloc() 함수를 사용한다.
- strlen() 함수를 사용한다. 문자열의 길이를 계산한 후 unsigned int 형태로 길이를 반환한다.
- exit(1) 함수를 사용하여 프로그램을 강제로 종료하도록 한다.
- 경고 혹은 에러가 하나도 발생하지 말아야 한다.

실행결과

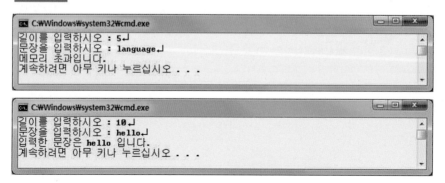

18. 다음의 동작조건, 요구사항, 실행결과를 만족시키는 프로그램을 작성하라.

동작조건

- 미리 정의된 크기(10)만큼의 공간을 동적으로 할당한 뒤, 1부터 10까지의 제곱 값을 10 개의 공간에 넣는다.

- 첫 번째 값부터 차례대로 출력하는 프로그램을 작성한다.

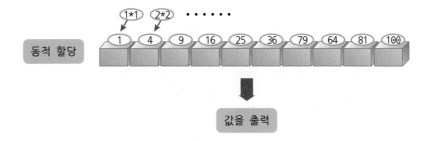

요구사항

- malloc() 라이브러리 함수를 사용한다.

- #define 문장을 사용하여 크기를 정의한다.

- 프로그램 종료 시에 메모리를 반환한다.

- 변수는 단 두 개만 사용한다.

실행결과

```
C:\Windows\system32\cmd.exe

1 * 1 = 1
2 * 2 = 4
3 * 3 = 9
4 * 4 = 16
5 * 5 = 25
6 * 6 = 36
7 * 7 = 49
8 * 8 = 64
9 * 9 = 81
10 * 10 = 100
계속하려면 아무 키나 누르십시오 . . .
```

19. 다음의 동작조건, 요구사항, 실행결과를 만족시키는 프로그램을 작성하라.

동작조건

- 사용자로부터 문자열의 길이를 입력받아 a부터 길이만큼 ASCII 문자를 출력하는 프로 그램을 작성한다.

- 만일 길이에 10을 입력하였다면 abcdefghij 까지 출력한다.

- 입력받은 만큼 동적으로 메모리를 할당하고, 마지막에 '\0' 문자를 추가한다.

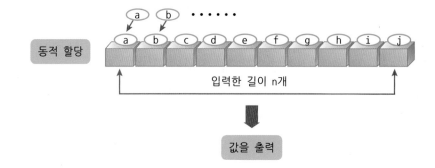

요구사항

- malloc() 라이브러리 함수를 사용한다.

- for 문을 사용한다.

- 주어진 실행결과와 같이 문자열의 끝에 쓰레기 값이 존재하면 안된다.

실행결과

```
C:\Windows\system32\cmd.exe
문자열 길이를 입력하세요 : 10↵
문자열 : abcdefghij
계속하려면 아무 키나 누르십시오 . . .
```

20. 다음의 동작조건, 요구사항, 실행결과를 만족시키는 프로그램을 작성하라.

동작조건

- 조체를 선언하고 구조체 변수를 동적으로 선언하여 값을 대입하고 출력하는 예제를 작성한다.
- 구조체 변수를 선언할 때 그 크기를 구조체의 크기에 맞도록 동적 할당한다.
- 구조체 변수에 값을 대입할때는 . 연산자를 사용하고, 값을 출력할 때에는 ->연산자를 활용한다.

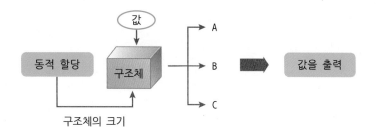

요구사항

- 구조체 포인터를 사용한다.
- malloc() 라이브러리 함수를 사용한다.
- 멤버에 값을 대입할 때에는 간접 참조자(*)를 사용하고, 값을 읽을 때에는 포인터 변수를 사용한다.
- typedef 형정의를 사용하여 구조체를 선언한다.

실행결과

라이브러리 함수

학 습 목 표

- 라이브러리 함수란 무엇인지 학습한다.
- 라이브러리 함수의 사용방법을 살펴본다.

12.1 표준 입출력 함수

표준 입출력 함수들에 대한 함수원형선언은 stdio.h 헤더 파일에 포함되어 있다.

12.1.1 gets() 함수

(1) 의미

gets() 함수는 그림 12.1.1과 같이 표준 입력장치(키보드)로부터 문자열을 입력받아 buf가 가리키는 주소에 문자열을 저장하는 함수이다. 이때 사용자가 문자열을 입력하고 엔터(↵)키를 누르면 엔터키는 NULL 문자('\0')가 자동으로 문자열의 끝에 붙는다. 한편, gets() 함수는 scanf() 함수와는 달리 입력되는 문자열 사이에 공백이 존재해도 된다.

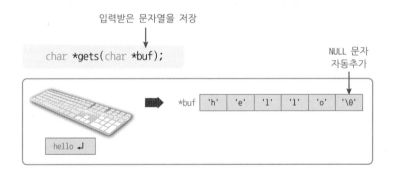

그림 12.1.1 gets() 함수

(2) 사용 예

```
char str[20];
gets(str);
```
키보드로 입력받은
문자열이 str에 저장

그림 12.1.2 gets() 함수의 사용 예

12.1.2 puts() 함수

(1) 의미

puts() 함수는 그림 12.1.3과 같이 표준 출력장치(모니터)에 문자열을 출력하는 함수이다. puts() 함수는 자동적으로 문자열의 끝에 줄 바꿈 문자('\n')가 추가되어 출력되기 때문에 줄 바꿈이 일어나게 된다.

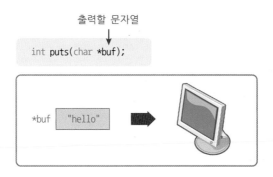

출력할 문자열

```
int puts(char *buf);
```

*buf "hello"

그림 12.1.3 puts() 함수

(2) 사용 예

```
char *str = "hello";
puts(str);
```
모니터에 "hello"가 출력됨

그림 12.1.4 puts() 함수의 예

　gets() 함수와 puts() 함수 프로그램

gets() 함수를 사용하여 문자열을 키보드로부터 입력받고, puts() 함수를 이용하여 입력받은 문자열을 모니터로 출력하는 프로그램을 작성한다.

```
1    // C_EXAMPLE\ch12\ch12_project1\getsputs.c
2
3    #include <stdio.h>
4
5    int main(void)
6    {
7            char str[20];                    키보드로부터 입력받은 문자열 저장
8
9            gets(str);                       // 키보드로부터 입력
10
11           puts(str);                       // 모니터로 출력
12           return 0;                        str이 가리키는 문자열을 화면에 출력
13   } // main()
```

[언어 소스 프로그램 설명

핵심포인트

gets() 함수와 puts() 함수는 문자를 키보드로부터 쉽게 입력하고 출력할 때 사용하는 함수이며, 특히 gets() 함수의 경우에 함수의 인수로 사용한 변수에 문자열을 저장함에 유의한다.

라인 7	20바이트의 공간을 미리 할당해 놓았다. 이때 키보드로부터 20바이트 이상 입력하면 메모리 참조 에러가 발생할 수 있다.
라인 9	포인터 str이 가리키는 곳부터 사용자가 키보드를 입력한 문자를 순서대로 저장한다, 사용자가 키보드의 [Enter]를 누르면 gets() 함수를 빠져 나가는데, 이때 마지막에 '\0'문자가 자동으로 추가된다. gets() 함수는 scanf() 함수와는 달리 입력되는 문자열 사이에 공백이 존재해도 된다.
라인 11	포인터 str이 가리키는 곳의 문자열을 '\0'문자를 만나기 전까지 모니터에 출력한다. 한편, 문자열의 끝에 줄 바꿈 문자('\n')가 추가되어 출력되기 때문에 줄 바꿈이 일어나게 된다.

실행 결과

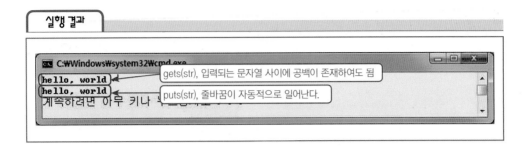

C:\Windows\system32\cmd.exe

`hello, world`   gets(str), 입력되는 문자열 사이에 공백이 존재하여도 됨
`hello, world`   puts(str), 줄바꿈이 자동적으로 일어난다.
계속하려면 아무 키나

12.1.3 sprintf() 함수

sprintf() 함수는 printf() 함수를 조금 변형한 것으로 printf() 함수가 표준출력장치에 출력을 내보내는 것과는 달리, sprintf() 함수는 그림 12.1.6과 같이 출력을 특정 포인터로 내보내는 역할을 한다.

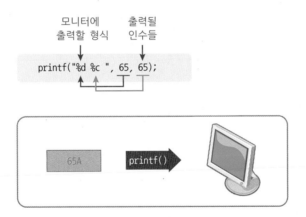

그림 12.1.5 printf() 함수

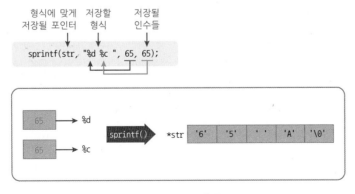

그림 12.1.6 sprintf() 함수

예제 12-2 sprintf() 함수 프로그램

sprintf() 함수를 사용하여 특정값들을 문자열에 저장하는 프로그램을 작성한다.

"정수 = %d 16진수 = %#x 문자 = %c"
65   65   65
sprintf()   변형된 문자열

```
1    // C_EXAMPLE\ch12\ch12_project2\sprintf.c
2
3    #include <stdio.h>
4
5    int main(void)
6    {
7        char str[40];
8                                              3개의 인수들이 형식지정문자에 맞게 포인터 str에 저장됨
9        puts("65는 다음과 같이 표현된다.");
10       sprintf(str, "정수 = %d 16진수 = %#x 문자 = %c", 65, 65, 65);
11
12       puts(str);    // 모니터로 출력
13       return 0;     포인터 str이 가리키는 문자열을 화면에 출력
14   } // main()
```

[언어 소스 프로그램 설명]

핵심포인트

sprintf() 함수는 printf() 함수와 비슷한 기능을 가진다. 그러나 printf()함수가 표준출력장치에 출력을 내보내는 반면에 sprintf()함수는 첫 번째 인자인 문자열을 저장하는 변수에 출력을 내보내는 차이가 있다.

라인 10   str[] 배열에 두 번째 인수 " " 안의 내용에 맞게 문자열이 복사된다. 이때 저장하는 방법은 각 형식지정문자에 맞도록 문자열이 생성되며, 형식지정문자는 뒤에 나오는 각 인수에 대응되어 저장된다.

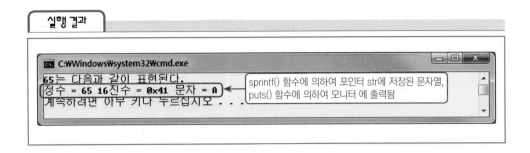

실행 결과

```
C:₩Windows₩system32₩cmd.exe
65는 다음과 같이 표현된다.
정수 = 65 16진수 = 0x41 문자 = A      ← sprintf() 함수에 의하여 포인터 str에 저장된 문자열,
계속하려면 아무 키나 두르십시오 . . .       puts() 함수에 의하여 모니터 에 출력됨
```

12.2 파일 입출력 함수

파일 입출력 함수는 C 프로그램을 이용하여 파일들을 조작할 때 사용하는 방식을 제공하는 함수들의 집합이다. 파일 입출력 함수도 일반 표준 입출력 함수와 같이 함수원형선언은 stdio.h 헤더 파일에 포함되어 있다. 한편 각 파일처리 함수들은 출력 결과가 모니터가 아닌 파일임에 유의한다.

12.2.1 파일 포인터

파일 포인터란 일반 포인터와 마찬가지로 파일이 위치하고 있는 곳의 주소값을 저장할 수 있는 변수이다. 파일을 조작하기 위해서는 이 파일 포인터가 가장 많이 사용되며, 파일 포인터를 선언하는 방법은 그림 12.2.1과 같다.

FILE *fp;

그림 12.2.1 파일 포인터 선언 방법

12.2.2 fopen() 함수와 fclose() 함수

(1) 의미

fopen() 함수는 파일명을 가지고 지정한 파일을 열어 파일에 자료를 읽거나 쓰기 위해서 파일의 자료를 버퍼에 할당하고 열린 파일의 포인터를 반환한다. fopen() 함수는 에러가 발생할때는 NULL 값을 반환한다. 반면에 fclose() 함수는 fopen() 함수에 의해 열린 파일을 닫을 때 사용한다.

(2) 형식

fopen() 함수의 형식은 그림 12.2.2와 같다.

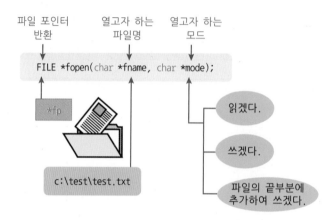

```
FILE *fopen(char *fname, char *mode);
```

그림 12.2.2 fopen() 함수 형식

한편, fopen() 함수에 의해 열고자 하는 파일의 모드를 나타내는 기호는 다음과 같다.

표 12-1

모드	의미
r	파일을 읽기만 하도록 연다. 이때 파일이 존재하지 않으면 에러가 발생한다.
w	파일을 쓰기만 하도록 연다. 이때 파일이 존재하지 않으면 새로 만들어지고 기존 파일이 있으면 기존 파일의 내용은 지워진다.
a	파일의 맨 끝 부분에 추가하여 쓰도록 연다. 이때 파일이 존재하지 않으면 새로 만든다.

또한 열려진 파일은 fclose() 함수를 이용하여 닫을 수 있다. 닫히지 않은 파일은 다시 열 수 없으므로 다시 열고자 할 때는 fclose() 함수를 한번 수행한 후에 열어야 한다. 그림 12.2.3은 fclose() 함수의 형식을 나타내고 있다.

닫고자 하는
파일 포인터

```
fclose(FILE *fp);
```

그림 12.2.3 fclose() 함수 형식

(3) 사용 예

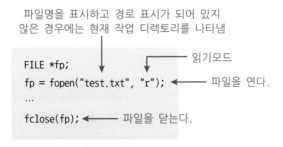

그림 12.2.4 fopen() 함수와 fclose() 함수의 사용 예

12.2.3 getc() 함수와 putc() 함수

getc() 함수는 그림 12.2.5과 같이 **파일 포인터가 가리키는 파일에서 문자 1개를 읽어와 반환한 후 파일 포인터의 위치를 1개 이동시킨다.** 만일 파일의 끝이거나 에러가 발생하면 EOF를 반환한다.

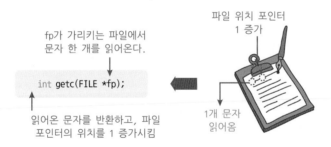

그림 12.2.5 getc() 함수

putc() 함수는 그림 12.2.6과 같이 **파일 포인터가 가리키는 위치에 1개의 문자를 기록하는 함수이며, 문자를 기록하고 난 뒤에는 파일 포인터의 위치를 1 증가시킨다.**

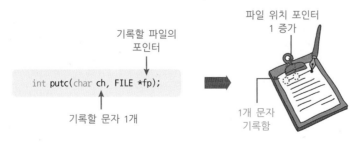

그림 12.2.6 putc() 함수

예제 12-3   파일 입출력 프로그램 1

fopen() 함수, fclose() 함수, putc() 함수를 사용하여 프로그램 내 문자열을 파일에 복사하여 생성하는 프로그램을 작성한다.

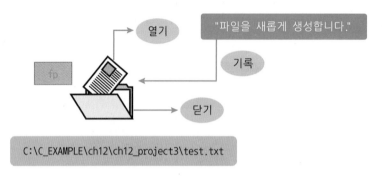

C:\C_EXAMPLE\ch12\ch12_project3\test.txt

```
1    // C_EXAMPLE\ch12\ch12_project3\fileinout1.c
2
3    #include <stdio.h>
4
5    int main(void)
6    {
7         FILE *fp;                                        파일에 복사할 문자열
8         int i = 0;
9         char str[] = "파일을 새롭게 생성합니다.";
10
11        // C_EXAMPLE\ch12\ch12_project3\디렉토리에 파일 생성     디렉토리에 존재하는
12        fp = fopen("test.txt", "w");                           test.txt 파일을 여는데,
13                                                               파일이 없으면 생성한다.
14        while(str[i])                   // NULL 문자를 만날 때까지 루프를 반복
15                putc(str[i++], fp);     // 루프를 돌며 문자 1개씩을 파일에 기록
16
17        fclose(fp);                     // 파일을 닫는다.
18        return 0;
19   } // main()
```

str[] 배열의 끝은 '\0'이고, '\0'은 값이 0이다. 따라서 문자열의 끝에 가면 조건문이 거짓이 되어 while 문이 종료된다.

[언어 소스 프로그램 설명]

⊕ 핵심포인트

C 언어를 이용하여 파일을 조작할 수 있다. 이때 파일명에 경로를 기입하지 않으면, 현재 project가 수행중인 경로를 참조하여 파일을 처리한다.

라인 12	이중인용부호 안의 파일명에 경로를 지정하지 않으면, 기본적으로 실행 파일이 존재하는 위치가 된다. 실행 파일은 project 내의 디렉토리에 존재한다. 만일 해당 경로에 파일이 존재하지 않으면 자동으로 생성한다.
라인 14	str[0]부터 배열 내의 원소를 돌면서 문자열의 끝에 가면 '\0'을 만나므로 조건문이 0이 되어 거짓이므로, while 문이 종료된다.
라인 15	puts() 함수의 파일 포인터 fp가 가리키는 파일에 str[i] 문자를 기록하고 포인터의 위치를 1 증가시킨다.
라인 17	열려져 있는 파일을 닫는다.

실행 결과

| 예제 12-4 | 파일 입출력 프로그램 2 |

파일의 내용을 화면에 보여주는 프로그램을 작성하는데, 명령라인 인수를 사용하여 작성한다. 이때 파일명을 입력하지 않고, 실행 파일만 입력했다면 키보드로 입력받은 문자를 그대로 화면에 출력한다. 파일명을 입력하였다면, 그 파일의 내용을 그대로 모니터로 출력하도록 한다. 만약 2개 이상의 파일명을 입력하면 모든 입력된 파일의 내용을 화면에 출력한다.

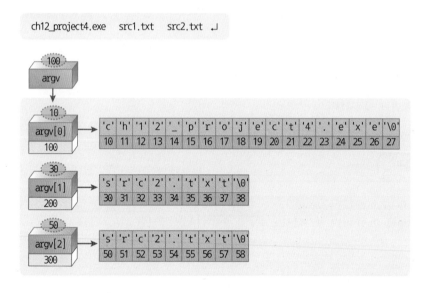

```
1    // C_EXAMPLE\ch12\ch12_project4\fileinout2.c
2
3    #include <stdio.h>
4    #include <stdlib.h>          ← exit() 함수를 사용하기 위해 추가
5
6    void filecopy(FILE *, FILE *);        // 함수원형선언
7    int main(int argc, char *argv[ ])
8    {
9            FILE *fp;                        키보드를 가리키는 파일 포인터
10                                            모니터를 가리키는 파일 포인터
11           if(argc == 1)               // 파일명을 입력하지 않은 경우
12               filecopy(stdin, stdout);        키보드의 입력 문자를 화면에 출력
13           else
```

```
14      while(--argc > 0)                              // 입력한 파일의 개수대로 반복
15              if((fp = fopen(*++argv, "r")) == NULL) // 파일이 없는 경우
16              {
17                      printf("type : can't open %s\n", *argv);
18                      exit(1);
19              } // if
20              else{
21                      filecopy(fp, stdout);          // 파일의 내용을 화면에 출력
22                      fclose(fp);
23              } // else
24      return 0;
25 } // main()
26
27 void filecopy(FILE *ifp, FILE *ofp)                 ifp의 내용을 ofp로 복사함
28 {
29      int c;
30
31      while((c = getc(ifp)) != EOF)                  파일의 끝
32              putc(c, ofp);
33
34      putc('\n', ofp);
35 } // filecopy()
```

실행 파일 외 파일명의 개수대로 루프 반복

루프를 돌며 파일명을 좌측부터 차례대로 선택

파일의 내용을 화면에 출력

[언어 소스 프로그램 설명]

⊕ 핵심포인트

표준 입력 포인터와 표준 출력 포인터도 파일 포인터의 일종이다. 이 포인터를 이용하면 키보드로부터 입력받을 수 있으며 이를 화면에 출력할 수 있다.

라인 4	stdlib.h 헤더 파일은 exit() 라이브러리 함수를 사용하기 위해 추가하였다.
라인 7	명령라인 인수를 사용하기 위함이다.
라인 11	실행 파일명만 입력했을 때의 조건이다.
라인 12	키보드로부터 입력받은 문자를 화면에 그대로 출력하도록 하는 함수를 호출한다.
라인 14	실행 파일 외에 입력한 파일명의 개수대로 루프를 반복한다.

라인 15	명령라인 인수를 좌측부터 차례대로 하나씩 읽어오면서 루프를 반복한다. 만약, 파일이 정상적으로 읽히지 않으면, fopen() 함수는 NULL을 반환한다. argv는 DOS 창에서 입력한 명령라인 인수들의 문자열을 가리키는 포인터 배열이다. ++argv는 두 번째 명령라인 인수의 문자열을 가리키는 포인터 배열이므로 *++argv는 두 번째 명령라인 인수의 문자열이다. 따라서 루프를 돌며 차례로 좌측부터 파일명을 선택하여 연다.
라인 18	exit() 라이브러리 함수는 해당 루프를 강제로 종료하는 기능이다.
라인 21	fp 포인터가 가리키는 파일로부터 내용을 읽어 모니터로 출력을 내보내는 함수를 호출한다.
라인 22	열린 파일을 닫는다.
라인 31	ifp 포인터로부터 문자 하나씩을 읽어 EOF를 만날 ofp 포인터로 출력을 내보낸다.

실행 결과

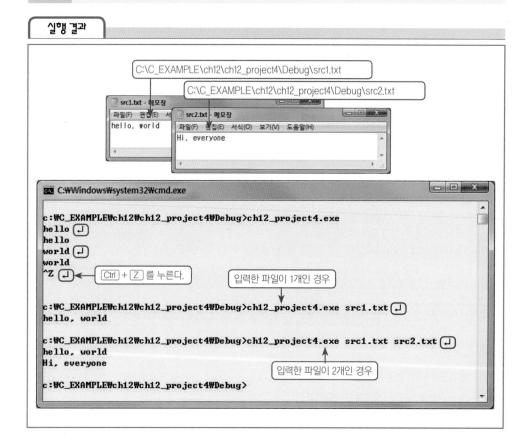

12.2.4 fgets() 함수와 fputs() 함수

fgets() 함수는 그림 12.2.7과 같이 파일 포인터가 가리키는 파일에서 n-1바이트만큼 읽어오는데, n-1바이트만큼 읽기 전에 파일에서 '\n' 문자를 만나면 읽기를 종료하고 str이 가리키는 주소에 문자열을 저장하고 끝에 '\0'을 추가한다. 만일 파일의 끝이거나 에러가 발생하면 NULL을 반환한다.

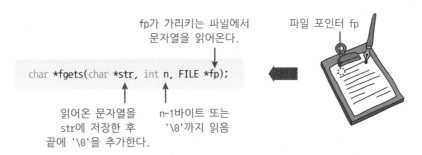

그림 12.2.7 fgetc() 함수

한편, fputs() 함수는 그림 12.2.8과 같이 **파일 포인터가 가리키는 위치에 str이 가리키는 주소의 문자열을 기록한다.** 이때 str에서 '\0'를 만나면 기록을 중단한다.

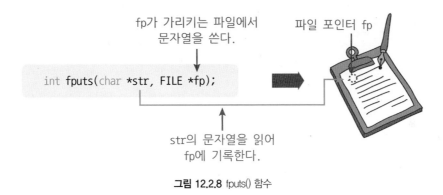

그림 12.2.8 fputs() 함수

예제 12-5 파일 입출력 프로그램 3

2개의 파일을 열고 fgets() 함수와 fputs() 함수를 사용하여 src.txt 파일의 내용을 읽어 des.txt로 복사하는 프로그램을 작성한다.

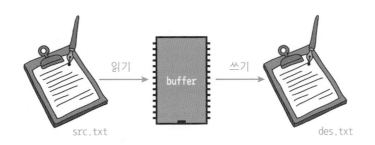

```
1    // C_EXAMPLE\ch12\ch12_project5\fgetsfputs.c
2
3    #include <stdio.h>
4
5    int main(void)
6    {
7        char buffer[100];                              문자열을 읽어와 저장하는 공간
8        FILE *fp_src;                    // 읽기용 파일 포인터
9        FILE *fp_des;                    // 쓰기용 파일 포인터
10
11       fp_src = fopen("src.txt", "r");               2개의 파일을 연다.
12       fp_des = fopen("des.txt", "w");
13
14       while(fgets(buffer, 80, fp_src) != NULL)      // 파일의 끝이면 NULL
15               fputs(buffer, fp_des);
16
17       fclose(fp_src);                               파일의 끝이면 NULL을 반환한다.
18       fclose(fp_des);
19       return 0;
20   } // main()
```

[언어 소스 프로그램 설명]

핵심포인트

fgets() 함수와 fputs() 함수는 여러 개의 블록 단위로 파일의 내용을 읽거나 쓸 때 유용한 함수이다. 본 함수를 사용하면 일정 개수 혹은 '\n'이전까지의 문자열을 읽을 수 있기 때문에 편리하다. 이때 fgets() 함수는 정해진 길이만큼 읽는데, 정해진 길이 전에 '\n'을 만나면 읽기를 멈추고 읽은 바이트 수를 반환한다.

라인 7	파일에서 문자열을 읽어와 임시로 저장하기 위한 버퍼이다.
라인 8	읽으려는 파일 포인터이다.
라인 9	쓰고자 하는 파일 포인터이다.
라인 11	src.txt 파일을 읽기 전용으로 연다. 이때 src.txt 파일은 미리 만들어져 있어야 한다.
라인 12	des.txt 파일을 쓰기 전용으로 연다.
라인 14	src.txt 파일로부터 80바이트만큼 읽어서 buffer에 저장한다. 80바이트 읽기 전에 '\n'을 만나면 읽기를 멈추고, 읽은 바이트수를 반환한다. 또한 파일의 끝이거나 에러가 발생하면 NULL을 반환하여 루프를 빠져나간다.
라인 15	buffer에 있는 문자열을 des.txt 파일에 쓴다.
라인 17~18	열린 파일을 닫는다.

실행 결과

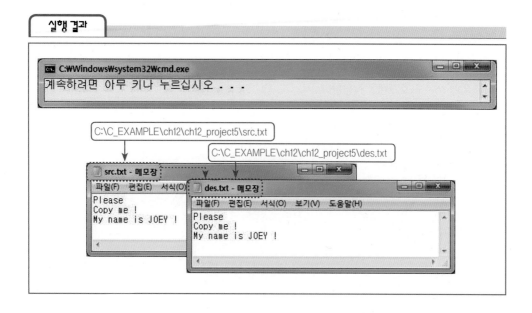

12.2.5 fscanf() 함수와 fprintf() 함수

fscanf() 함수는 scanf() 함수와 비슷한 함수이다. scanf() 함수가 키보드로부터 정해진 형식에 맞게 읽어와 변수에 저장하는 반면에 fscanf() 함수는 파일 포인터가 가리키는 파일로부터 지료를 읽어와 변수에 저장하는 차이가 있다. 만일 파일의 끝이거나 에러가 발생하면 EOF를 반환한다.

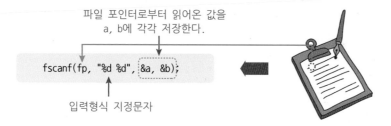

fprintf() 함수는 지정된 형식에 맞게 자료를 파일 포인터가 가리키는 파일에 쓴다.

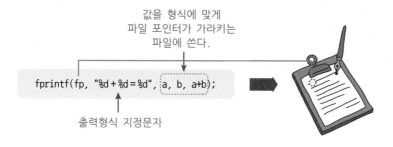

예제 12-6 　파일 입출력 프로그램4

2개의 파일을 열고 fscanf() 함수와 fprintf() 함수를 사용하여 src.txt 파일의 내용을 읽어 des.txt로 형식에 맞게 쓰는 프로그램을 작성한다.

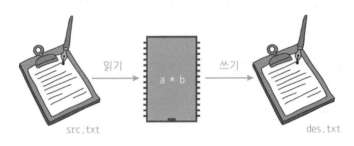

읽기　　a * b　　쓰기

src.txt　　　　　　　　　　　　　　　des.txt

```
1    // C_EXAMPLE \ch12\ch12_project6\fscanffprintf.c
2
3    #include <stdio.h>
4
5    int main(void)
6    {
7            int a, b;
8            // 파일 열기                              ────── 파일을 연다.
9            FILE *fp_src = fopen("src.txt", "r");
10           FILE *fp_des = fopen("des.txt", "w");
11
12           while((fscanf(fp_src, "%d %d", &a, &b)) != EOF)     ◄──── src.txt에서 2개의 값을
13                   fprintf(fp_des, "%d * %d = %d\n", a, b, a*b);       읽어와 a,b에 저장
14
15           fclose(fp_src);              1 * 2 = 2 와 같은 형식으로 des.txt에 쓴다.
16           fclose(fp_des);
17           return 0;
18   } // main()
```

[C 언어 소스 프로그램 설명]

⊕ 핵심포인트

fscanf() 함수와 fprintf() 함수는 많이 사용하는 함수는 아니지만, fprintf() 함수는 파일의 내용을 특정 형식에 맞게 저장할 때는 편리하게 사용할 수 있다.

라인 9	읽으려는 파일 포인터이다. 이때 src.txt 파일은 미리 만들어져 있어야 한다.
라인 10	쓰고자 하는 파일 포인터이다.
라인 12	파일의 끝이나 에러가 발생하면 EOF를 반환한다.
라인 13	정해진 형식에 맞게 des.txt 파일에 쓴다.
라인 15	열린 파일을 닫는다.
라인 16	열린 파일을 닫는다.

실행 결과

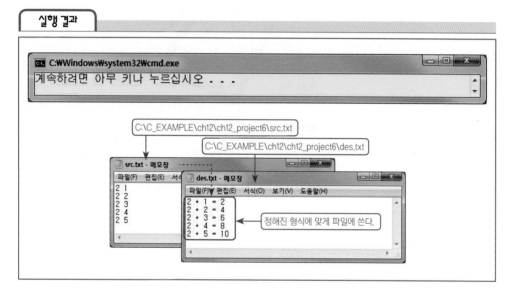

12.2.6 fread() 함수와 fwrite() 함수

(1) fread() 함수

fread() 함수는 파일에서 블록 단위로 자료를 읽어낼 때 사용하는 함수이며 블록의 단위는 바이트이다. fread() 함수는 파일의 끝이거나 에러가 발생될 때 NULL을 반환하며, 그렇지 않은 경우에는 읽어들인 실제 블록의 수를 반환한다. fread() 함수의 형식은 12.2.9와 같다.

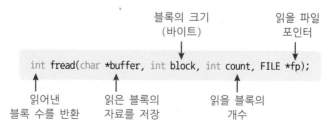

그림 12.2.9 fread() 함수 형식

fread() 함수의 개념은 그림 12.2.10과 같다.

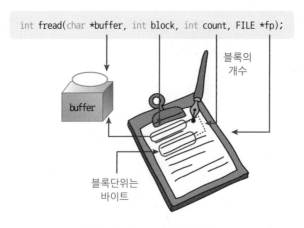

그림 12.2.10 fread() 함수의 개념

만일 fp 파일 포인터가 가리키는 파일에서 10바이트의 블록 1개를 읽어와 buffer 포인터가 가리키는 공간에 저장하고자 한다면, 그림 12.2.11과 같이 작성한다.

그림 12.2.11 fread() 함수의 예

(2) fwrite() 함수

fwrite() 함수는 fread() 함수와 반대로, 블록 단위로 파일에 자료를 기록할 때 사용하는 함수이다. fwrite() 함수는 파일의 끝이거나 에러가 발생될 때 NULL을 반환하며, 그렇지 않은 경우 기록한 실제 블록의 수를 반환한다. fwrite() 함수의 형식은 12.2.12와 같다.

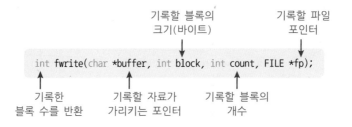

12.2.12 fwrite() 함수 형식

만일 buffer 포인터가 가리키는 공간에 데이터가 있다고 가정하자. 여기서 10바이트의 블록 1개를 읽어와 fp가 가리키는 파일에 기록 하고자 한다면 그림 12.2.13과 같이 작성한다.

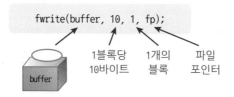

그림 12.2.13 fwrite()함수의 예

예제 12-7　　**파일 입출력 프로그램5**

2개의 파일을 열고 fread() 함수와 fwrite() 함수를 사용하여 src.txt의 내용을 복사하여 des.txt에 붙여 넣는 프로그램을 작성한다.

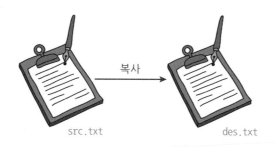

```
1    // C_EXAMPLE\ch12\ch12_project7\filecopy.c
2
3    #include <stdio.h>              파일에서 읽고 쓸 블록수 지정
4
5    #define BLOCKSIZE 4             // 읽고 기록할 블록당 바이트 수
6
7    int main(void)
8    {
9         FILE *fp1, *fp2;
10        int n = 0;
11        int byteRead = 0;
12        char buff[BLOCKSIZE];      임시용 버퍼 저장소(char형)
13
```

```
14          // C_EXAMPLE\ch12\ch12_project7\디렉토리에 있는 파일 열기
15          fp1 = fopen("src.txt", "r");  ←── 읽기 전용으로 열기
16          // 새롭게 생성할 파일 열기, 없으면 새로 생성함
17          fp2 = fopen("des.txt", "w");  ←── 쓰기 전용으로 열기
18                            ┌── 읽어들인 블록 수를 반환하며 파일의 끝인 경우 NULL 반환
19          // fp1에서 4바이트를 블록으로 하여 읽어서 buff에 저장
20          while(n = fread(buff, BLOCKSIZE, 1, fp1))  ←── fp1에서 4바이트씩 데이터를
21          {                                              읽어 buff에 저장함
22                  // buff에서 4바이트를 블록으로 하여 읽어서 fp2에 쓰기
23                  fwrite(buff, BLOCKSIZE, 1, fp2);
24                  // 읽어 온 블록 수를 더한다.
25                  byteRead += n;  ←──────── buff에서 4바이트를 블록으로 하여
26          } // while                        읽어서 fp2에 쓰기
27
28          printf("기록한 블록 수는 %d 입니다.\n", byteRead);
29
30          fclose(fp1);  ←── // 열린 파일 포인터를 닫는다.
31          fclose(fp2);  ←──┘
32          return 0;  파일을 연 뒤에는 닫는다.
33  } // main()
```

라인 5	블록당 읽거나 쓸 바이트 수를 매크로로 치환해 놓으면 소스 코드내에서 사용된 블록의 크기를 일일이 바꿔 줄 필요가 없으므로 매크로를 사용하면 편리하다.
라인 12	4바이트의 배열을 선언하여 최대 4개의 문자를 저장할 수 있는 버퍼를 선언한다.
라인 15	src.txt 파일을 읽기 전용으로 연다. 이때 src.txt 파일은 미리 만들어져 있어야 한다.
라인 17	des.txt 파일을 쓰기 전용으로 열고, 파일이 존재하지 않을 때 새로 생성된다.
라인 20	4바이트씩 fp1이 가리키는 파일에서 데이터를 읽어 buff에 저장한다. 이때 읽어들인 블록 수를 반환하며 파일의 끝인 경우에는 NULL 반환하여 while문이 종료된다.
라인 23	buff 가리키는 공간에 존재하는 데이터를 fp2가 가리키는 파일에 4바이트씩 기록한다.
라인 25	읽어들인 블록 수를 byteRead 변수에 합하여 저장한다.
라인 30~31	읽어들이기 위하여 열었던 파일을 사용한 뒤 닫는다.

실행 결과

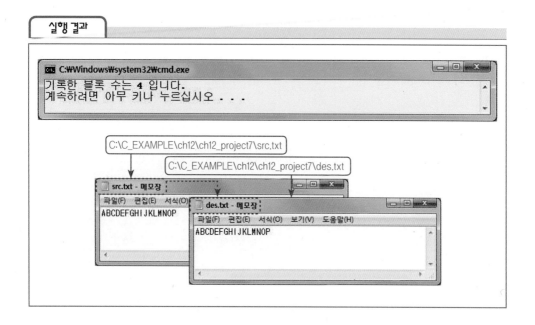

12.2.7 fseek() 함수, ftell() 함수, rewind() 함수

(1) fseek() 함수

fseek() 함수는 이미 열려진 파일의 특정 위치에서 포인터의 위치를 특정 바이트만큼 이동시키는 역할을 하는 함수이다. 포인터의 위치 변경이 성공하였으면 0, 실패하였으면 0이 아닌 값을 반환한다. fseek() 함수의 형식은 그림 12.2.14와 같다.

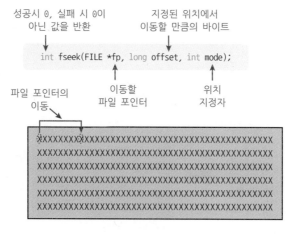

그림 12.2.14 fseek() 함수 형식

위치를 지정하는 mode의 값은 다음과 같다.

① **mode = 0**

파일의 처음으로 이동시킨 후에 포인터를 이동시킨다.

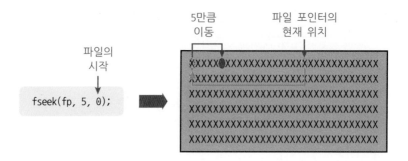

② **mode = 1**

현재 위치하고 있는 포인터에서 offset 만큼 위치를 이동시킨다.

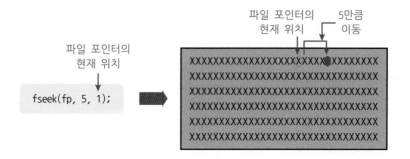

③ **mode = 2**

파일의 끝으로 포인터를 이동시킨 후에 포인터를 이동시킨다. 이때 offset의 값이 (-)인
경우에는 앞으로 이동한다.

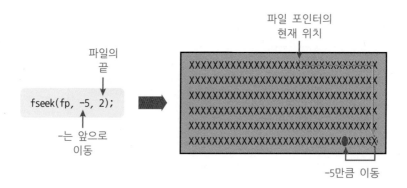

예제 12-8 파일을 수정하는 프로그램

fopen() 함수를 사용하여 test.txt 파일을 열고, fputc() 함수를 이용하여 파일에 "I like Jane" 문자열을 기록한다. 다음에 fseek() 함수를 이용하여 포인터를 'J'에 위치하도록 한 뒤에 "Jane" 문자열을 "Joey"로 변경시키는 프로그램을 작성한다.

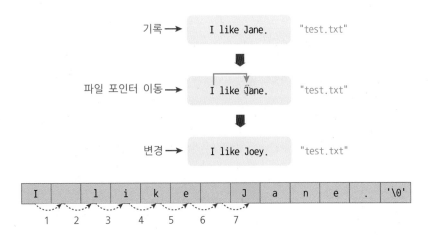

```
1    // C_EXAMPLE\ch12\ch12_project8\filemodify.c
2
3    #include <stdio.h>                                    ─── 파일명도 매크로로 치환할 수 있다.
4
5    #define FILENAME "test.txt"                           // 파일명 매크로로 치환
6
7    int main(void)
8    {
9        FILE *fp;
10       int i = 0;
11       char buff[20] = "I like Jane.";   ◄─── 이중인용부호의 끝은 항상 '\0' 문자가 삽입됨
12
13       // C_EXAMPLE\ch12\ch12_project8\디렉토리에 있는 파일 열기
14       fp = fopen(FILENAME, "w");   ◄─── 쓰기 전용으로 파일을 연다.
15       // 파일에 문자열을 기록함
16       while(buff[i])   ◄─── 문자열의 끝은 0이다.
17               fputc(buff[i++], fp);
18
19       // J의 위치로 포인터 이동
20       fseek(fp, 7, 0);   ◄─── 파일의 시작에서 7바이트만큼 이동
21
```

```
22
23          // 파일에 "Joey" 문자열 기록
24          fwrite("Joey", 4, 1, fp);          ─────── 7번째 자리에서 "Joey" 문자열을 덮어 씌움
25          fclose(fp); // 열린 파일 포인터를 닫는다.
26          return 0;
27      } // main()
```

라인 5	파일명을 매크로로 치환하였다.
라인 14	쓰기 전용으로 test.txt 파일을 연다.
라인 17	buff 배열을 이동하며 문자열의 끝에 도달하면 NULL 값이 존재하므로, while 문이 종료된다.
라인 18	test.txt 파일에 buff 배열에 존재하는 문자들을 기록한다.
라인 21	test.txt 파일의 시작에서 7바이트를 이동하여 현재 포인터는 'J'를 가리킨다.
라인 24	현재 포인터 위치에서 "Joey" 문자열을 새로이 기록하여 "Jane" 대신에 "Joey"로 대치된다.

실행 결과

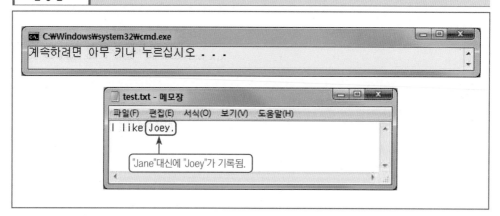

(2) ftell() 함수

ftell() 함수는 파일의 시작위치에서 현재 위치한 파일 포인터의 바로 전까지의 합을 바이트로 계산하는 함수이다. 이를 이용하면 파일의 크기를 알 수 있으며, 현재 위치한 파일 포인터의 위치도 알 수 있다.

ftell() 함수의 형식은 그림 12.2.15과 같다.

시작위치 ~ 현재위치 바로 전까지의   파일
합을 바이트로 반환   포인터

그림 12.2.15 ftell() 함수 형식

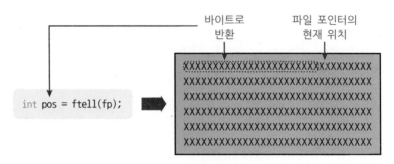

그림 12.2.16 ftell() 함수의 개념

파일의 크기를 알아내는 프로그램

ftell() 함수를 사용하여 파일의 끝으로 파일 포인터를 이동시킨 뒤에 파일의 전체 크기를 알아내는
프로그램을 작성한다.

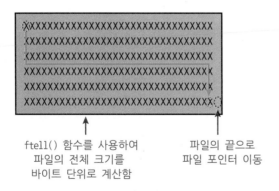

ftell() 함수를 사용하여   파일의 끝으로
파일의 전체 크기를   파일 포인터 이동
바이트 단위로 계산함

```
1    // C_EXAMPLE\ch12\ch12_project9\filesize.c
2
3    #include <stdio.h>
                                                원도우의 파일명은 대소문자를 구분 안함
4
5    #define FILENAME ("filesize.c")    // 파일명 매크로 치환
6
```

```
7    int main(void)
8    {
9            // 읽기 전용으로 파일 열기
10           FILE *fp = fopen(FILENAME, "r");
11
12           // 파일 포인터를 파일의 끝으로 이동
13           fseek(fp, 0, 2);              ◄───── 파일의 끝에서 0바이트 이동 = 파일의 끝
14
15           // ftell() 함수를 사용하여 파일 전체 크기 계산
16           printf("filesize.c의 크기는 %d 바이트 \n", ftell(fp));
17
18           // 열린 파일 포인터 닫기            ftell() 함수를 사용하여 파일 시작위치부터 현재
19           fclose(fp);                    위치 바로 전까지의 크기를 바이트 단위로 계산
20           return 0;
21   } // main()
```

[언어 소스 프로그램 설명]

🔍 핵심포인트

ftell() 함수는 파일의 크기를 파일의 시작위치부터 현재 파일 포인터가 위치하고 있는 바로 전 까지의 길이를 바이트로 환산하는 함수이다. 따라서 파일의 전체 크기를 알아내기 위해서는 파일 포인터의 위치를 반드시 파일의 끝에 위치하고 크기를 계산해야 한다.

라인 5	파일명을 매크로로 치환하였다. 파일명은 대소문자를 구별하지 않는다.
라인 10	읽기 전용으로 파일을 연다.
라인 13	파일 포인터를 파일의 끝으로 이동시킨다.
라인 16	ftell() 함수를 사용하여, 파일의 크기를 바이트로 출력한다.
라인 19	열린 파일을 닫는다.

실행 결과

```
C:\Windows\system32\cmd.exe
filesize.c의 크기는 442 바이트
계속하려면 아무 키나 누르십시오
```
ftell() 함수를 사용하여 파일 크기를 바이트 단위로 계산

(3) rewind() 함수

int rewind(FILE *fp) 함수는 파일 포인터 fp를 파일의 시작지점으로 되돌리는 역할을 하는 함수이다.

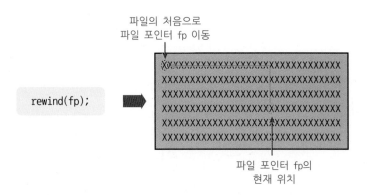

파일의 처음으로
파일 포인터 fp 이동

rewind(fp);

파일 포인터 fp의
현재 위치

예제 12-10 **rewind() 함수를 이용하여 파일 포인터를 이동시키는 프로그램**

파일의 시작점부터 줄 바꿈 문자('\n')가 있는 부분까지 출력한 후 처음으로 이동한 후에 3번 연속하여 출력하는 프로그램을 작성한다. 이때 파일의 내용은 다음과 같다.

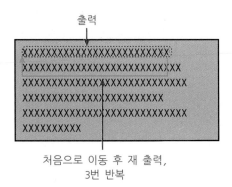

출력

처음으로 이동 후 재 출력,
3번 반복

```
1   // C_EXAMPLE\ch12\ch12_project10\rewind.c
2
3   #include <stdio.h>
4   #include <stdlib.h>     ◄──── exit() 함수를 사용하기 위해 추가
5
6   int main(void)
7   {
```

```
8          char buffer[100];  ◄──────────────── 문자열 저장 버퍼
9          int i = 0;
10
11         // 읽기 전용으로 파일 열기
12         FILE *fp = fopen("src.txt", "r");
13
14         while(fgets(buffer, 80, fp) != NULL)
15         {
16                 if(i++ < 3)                        buffer의 내용을 모니터에 출력
17                 {
18                         fputs(buffer, stdout);   // 모니터에 출력
19                         rewind(fp);              // 파일 포인터를 처음으로 이동
20                 } // if
21                 else                     파일의 처음으로 파일 포인터 fp를 이동
22                         exit(1);  ◄──────────────── 3번 반복 후 프로그램 종료
23         } // while
24
25         // 열린 파일 포인터 닫기
26         fclose(fp);
27         return 0;
28   } // main()
```

[언어 소스 프로그램 설명]

⊕ 핵심포인트

rewind() 함수는 파일의 포인터 위치를 처음으로 되돌려 놓는 함수이다. rewind() 함수의 인수는 파일 포인터임을 명심한다.

라인 4	stdlib.h 헤더 파일은 exit() 라이브러리 함수를 사용하기 위해 추가하였다.
라인 8	파일로부터 읽어온 문자열을 저장하기 위한 버퍼이다.
라인 12	읽기 전용으로 src.txt 파일을 불러온다. 이때 src.txt 파일은 미리 만들어져 있어야 한다.
라인 14	파일 포인터가 가리키는 파일에서 80바이트의 길이를 읽어서 buffer에 저장한다. 그 전에 줄 바꿈 문자('\n')를 만나면 읽은 개수를 반환한다.
라인 16	3번 반복하는 문장이다.
라인 18	buffer의 내용을 표준출력장치(모니터)로 출력한다.
라인 19	파일의 처음으로 파일 포인터 fp를 이동시킨다.
라인 22	buffer의 내용을 표준출력장치(모니터)로 출력하는 과정을 3번 반복하고 종료한다.

12.3 문자열 조작을 위한 함수

문자열 조작을 위한 함수들에 대한 함수원형선언은 string.h 헤더 파일에 포함되어 있다.

(1) strcpy() 함수

char *strcpy(char* des, char* src) 함수는 src가 가리키는 문자열을 des가 가리키는 공간에 복사를 한다.

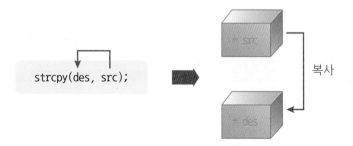

예제 12-11 | 문자열을 복사하는 프로그램

src1 문자배열의 내용을 src2에 복사하고, "복사 성공"이란 문자열을 src3에 복사하는 프로그램을 작성한다.

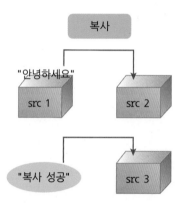

```
1    // C_EXAMPLE\ch12\ch12_project11\strcpy.c
2
3    #include <stdio.h>
4    #include <string.h>          ◀──── 문자열 관련 라이브러리 함수를 사용하기 위해 추가
5
6    int main(void)
7    {
8            char str1[] = "안녕하세요";
9            char str2[20];
10           char str3[20];
11
12           strcpy(str2, str1);                // str2에 str1을 복사
13           strcpy(str3, "복사 성공");          // str3에 문자열 복사
14           printf("str1: %s\nstr2: %s\nstr3: %s\n", str1, str2, str3);
15           return 0;
16   } // main()
```

[언어 소스 프로그램 설명]

핵심포인트

strcpy() 문자열 복사 함수는 문자열을 다루는데 가장 많이 사용하는 함수중 하나이다. 본 함수를 사용하기 위해서는 string.h 헤더 파일을 추가해야 하며, 문자열을 복사할 때 그 길이는 바로 문자열의 종료를 알 수 있는 '\0' 문자까지의 문자임을 상기하도록 한다.

라인 4	string.h 헤더 파일은 문자열 처리에 관련된 라이브러리 함수들에 대한 함수원형선언이 포함되어 있는 파일이다.
라인 8	"안녕하세요"의 마지막엔 '\0'가 생략되어 표현되었으나, '\0' 문자가 있음을 기억한다.
라인 12	srtcpy() 함수는 str1의 문자열 중 '\0' 문자까지의 문자열을 str2에 복사한다.
라인 13	"복사 성공"의 마지막엔 '\0' 문자가 생략되어 표현되었으나, '\0' 문자가 있음을 기억한다.

실행 결과

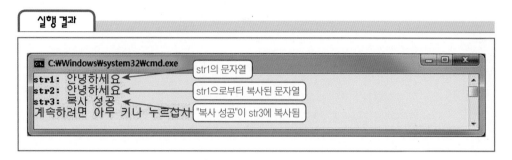

(2) strncpy() 함수

char *strncpy(char* des, char* src, size_t len)는 src가 가리키는 문자열을 des에 복사하는 데 len의 크기만큼 복사한다.

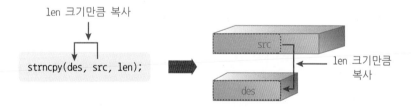

예제 12-12　문자열의 일부를 복사하는 프로그램

"Boys, be ambitious"의 문자열에서 8바이트만큼 복사하여 str2 변수에 저장하고 이를 출력하는 프로그램을 작성한다.

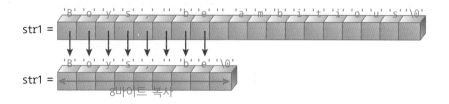

```
1    // C_EXAMPLE\ch12\ch12_project12\strncpy.c
2
3    #include <stdio.h>
4    #include <string.h>        ←————————— 문자열 관련 라이브러리 함수를 사용하기 위해 추가
5
6    int main(void)
7    {
8            char str1[] = "Boys, be ambitious";
9            char str2[9];
10
11           // str2에 8바이트 만큼 str1의 문자열을 복사
12           strncpy(str2, str1, 8);
13           str2[8] = 0;                    // NULL 문자 삽입
14           puts(str2);     ←————————— 화면에 문자열 출력
15           return 0;
16   } // main()
```

[언어 소스 프로그램 설명]

⊕ 핵심포인트

strcpy() 함수가 문자열 전체를 복사하는 함수인데 반해, strncpy() 함수는 일부 크기를 지정하여 문자열의 일부를 복사할 수 있는 기능을 가진 함수이다. 길이를 임의로 저장할 수 있으므로 유용하다.

라인 4	string.h 헤더 파일은 문자열 처리에 관련된 라이브러리 함수들에 대한 함수원형선언이 포함되어 있는 파일이다.
라인 12	str1에 저장되어 있는 문자열 중 8바이트만큼을 복사하여 str2에 저장한다.
라인 13	문자열의 끝을 알리기 위해 복사한 마지막 위치에 '\0' 문자를 삽입한다.

실행 결과

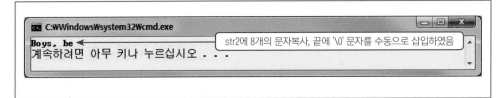

```
C:\Windows\system32\cmd.exe
Boys, be  ←———————  str2에 8개의 문자복사, 끝에 '\0' 문자를 수동으로 삽입하였음
계속하려면 아무 키나 누르십시오 . . .
```

(3) strcat() 함수

char *strcat(char* des, char* src) 함수는 des가 가리키는 곳의 문자열의 끝인 NULL 문자에 src가 가리키는 문자열을 이어서 붙이는 역할을 한다.

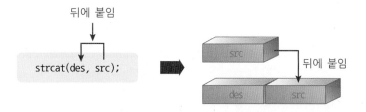

예제 12-13   기존의 문자열의 끝에 새로운 문자열을 복사해 붙이는 프로그램

비어있는 공간에 "Boys, ", "be ", "ambitious" 문자열을 각각 연결하여 str 변수에 저장하는 프로그램을 작성한다.

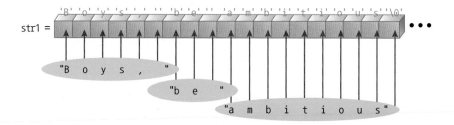

```
1    // C_EXAMPLE\ch12\ch12_project13\strcat.c
2
3    #include <stdio.h>
4    #include <string.h>              ◀─────── 문자열 관련 라이브러리 함수를 사용하기 위해 추가
5
6    int main(void)
7    {
8        char str[80] = {0,};         ◀─────── 80개의 배열을 0으로 초기화
9
10       // str에 문자열을 붙임
11       strcat(str, "Boys, ");       ◀─────── str에 "Boys, " 문자열 붙임
12       strcat(str, "be ");          ◀─────── str에 "Boys, " + "be " 문자열 붙임
```

```
13          strcat(str, "ambitious");  ◄──── str에 "Boys, " + "be " + "ambitious" 문자열 붙임
14
15          puts(str);
16          return 0;
17  } // main()
```

[언어 소스 프로그램 설명]

핵심포인트

strcat() 함수는 기존 문자열의 '\0'문자를 찾아 그 위치에 새로운 문자열을 복사하는 기능을 갖는 함수이다. 이때 '\0'문자는 삭제되고 '\0'문자가 있는 위치부터 새로운 문자열을 저장한다. 물론 마지막에 다시 '\0'문자를 포함시킨다.

라인 4	string.h 헤더 파일은 문자열 처리에 관련된 라이브러리 함수들에 대한 함수원형선언이 포함되어 있는 파일이다.
라인 8	str[] 배열의 모든 필드에 0 값이 저장되어 초기화된다.
라인 11	str의 시작 위치부터 "Boys, "와 '\0' 문자를 포함하여 저장된다.
라인 12	str의 시작 위치부터 "be "와 '\0' 문자를 포함하여 저장된다.
라인 13	str의 시작 위치부터 "ambitious"와 '\0' 문자를 포함하여 저장된다.

실행 결과

```
복사 1   복사 2   복사 3

C:\Windows\system32\cmd.exe

Boys, be ambitious
계속하려면 아무 키나 누르십시오 . . .
```

(4) strncat() 함수

char *strncat(char* des, char* src, size_t len) 함수는 des가 가리키는 문자열의 끝에 src가 가리키는 문자열을 붙이되 len 길이만큼 붙인다.

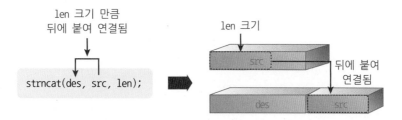

예제 12-14   정해진 길이만큼 기존 문자열에 새로운 문자열을 붙이는 프로그램

정해진 길이만큼 기존 문자열에 새로운 문자열을 붙이는 프로그램을 작성한다.

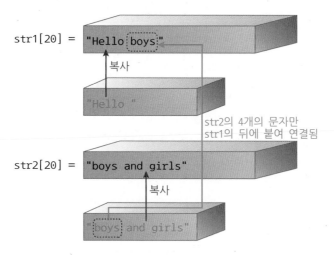

```
1   // C_EXAMPLE\ch12\ch12_project14\strncat.c
2
3   #include <stdio.h>
4   #include <string.h>  ◄───────── 문자열 관련 라이브러리 함수를 사용하기 위해 추가
5
6   int main(void)
7   {
```

```
8         char str1[20] = "";     ◄────── 문자열을 초기화 함
9         char str2[20] = "";     ◄──────┘
10
11        strcpy(str1, "Hello ");     ◄────── str1에 "Hello " 문자열 복사
12        strcpy(str2, "boys and girls");  ◄── str2에 "boys and girls" 문자열 복사
13        strncat (str1, str2, 4);    ◄────── str2의 4개의 문자만 str1의 뒤에 붙여 연결됨
14
15        puts(str1);
16        return 0;
17    } // main()
```

[언어 소스 프로그램 설명]

핵심포인트

strncat() 함수는 strcat() 함수와 달리 문자열 전체를 붙이지 않고, 일부 길이를 정하여 붙이는 기능을 하는 함수이다.

라인 4	string.h 헤더 파일은 문자열 처리에 관련된 라이브러리 함수들에 대한 함수원형선언이 포함되어 있는 파일이다.
라인 8 ~ 9	str1[] 배열과 str2[] 배열에 문자열을 초기화한다.
라인 11	str1에 "Hello "문자열을 복사한다.
라인 12	str2에 "boys and girls" 문자열을 복사한다.
라인 13	str1의 끝에 str2 문자열 중 4바이트 즉 "boys" 문자열만 str1의 뒤에 붙인다. 따라서 str1은 "Hello boys"가 된다.

실행 결과

(5) strlen() 함수

int strlen(char* str) 함수는 str이 가리키는 문자열의 길이를 반환한다. 이때 문자열의 끝은 '\0' 문자까지이므로 그 이전까지의 길이를 바이트 단위로 반환한다.

길이 계산

| 예제 12-15 | 문자열의 길이를 알아내는 프로그램 |

키보드로부터 문자열을 입력받아 입력한 문자열의 길이를 바이트 단위로 출력하는 프로그램을 작성한다.

키보드   문자입력   프로그램   길이 ?

```
1   // C_EXAMPLE\ch12\ch12_project15\strlen.c
2
3   #include <stdio.h>
4   #include <string.h>          ← 문자열 관련 라이브러리 함수를 사용하기 위해 추가
5
6   int main(void)
7   {
8           char input[256];
9           printf("문자열을 입력 : ");                     input이 가리키는 문자열의 길이를 반환
10                                                          '\0' 문자 이전까지의 길이 반환
11          gets(input);                                              ↓
12          printf ("입력한 문자열의 길이는 %d 이다.\n", strlen(input));
13          return 0;
14  } // main()
```

[언어 소스 프로그램 설명]

핵심포인트

strlen() 함수는 문자열 중 문자열의 시작 위치부터 '\0' 문자 이전까지의 길이를 바이트로 반환하는 함수이다.

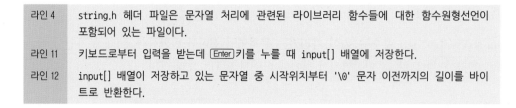

라인 4	string.h 헤더 파일은 문자열 처리에 관련된 라이브러리 함수들에 대한 함수원형선언이 포함되어 있는 파일이다.
라인 11	키보드로부터 입력을 받는데 Enter 키를 누를 때 input[] 배열에 저장한다.
라인 12	input[] 배열이 저장하고 있는 문자열 중 시작위치부터 '\0' 문자 이전까지의 길이를 바이트로 반환한다.

실행 결과

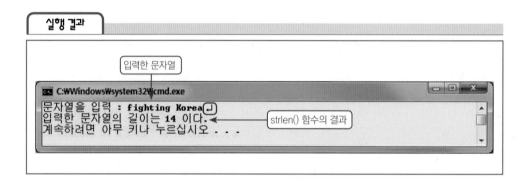

(6) strcmp() 함수

int strcmp(char* str1, char* str2) 함수는 포인터 str1이 가리키는 문자열과 포인터 str2가 가리키는 문자열을 왼쪽부터 차례로 한 문자씩 비교하여 두 문자열이 같으면 0을, str1이 str2보다 크면 양수 값(1)을, str1이 str2보다 작으면 음수 값(-1)을 반환한다. 이때 비교되는 두 문자는 ASCII 코드 값에 의하여 크기가 비교된다.

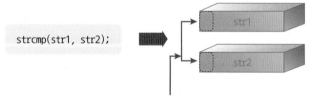

str1, str2가 일치하면 0을 반환
앞의 문자부터 비교하여
str1이 크면 1, 반대의 경우 -1을 반환

예제 12-16   2개의 문자열을 비교하는 프로그램

"joey" 라는 문자열을 변수에 저장하고, 키보드로부터 입력된 문자열이 "joey" 문자열과 일치하는지의 여부를 검사하여 맞으면 "correct !" 문자열을 출력하여 프로그램을 종료하고, 틀리면 계속 물어보는 프로그램을 작성한다.

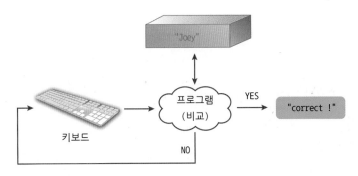

```
1    // C_EXAMPLE\ch12\ch12_project16\strcmp.c
2
3    #include <stdio.h>
4    #include <string.h>
5
6    int main(void)
7    {
8            char key[] = "joey";
9            char input[80] = "";
10
11           do{
12                   printf("What is my name ? : ");
13                   gets(input);
14           }while(strcmp(input, key)); // 문자열을 비교
15
16           printf("correct ! \n");
17           return 0;
18   } // main()
```

[언어 소스 프로그램 설명]

🔍⊕ 핵심포인트

strcmp() 함수는 2개의 문자열을 비교하는데 사용되는 함수이다. 2개의 문자열이 일치하는지의 여부를 검사할 때 유용하다.

라인 4	string.h 헤더 파일은 문자열 처리에 관련된 라이브러리 함수들에 대한 함수원형선언이 포함된 파일이다.
라인 8	비교할 문자열을 key[] 배열에 저장한다.
라인 11 ~ 14	키보드로부터 문자열을 입력받고, "joey" 문자열과 일치하지 않으면 참이 되어 루프를 절대 빠져나갈 수 없다. 만일 입력받은 문자열이 "joey" 문자열과 일치하면 strcmp() 함수가 0을 반환하므로 루프를 빠져나간다.

실행 결과

```
입력한 문자열

C:\Windows\system32\cmd.exe
What is my name ? : jane ↵
What is my name ? : tom ↵
What is my name ? : joey ↵       strcmp() 함수의 반환값 0인 경우
correct !
계속하려면 아무 키나 누르십시오 . . .
```

12.4 수학 관련 함수

수학관련 함수 함수들에 대한 함수원형선언은 math.h 헤더 파일에 포함되어 있다.

(1) int abs(int x)

x의 절대값을 반환한다.

예 int res = abs(-100);   ➡ res 값은 100

(2) double fabs(double x)

x의 절대값을 반환한다.

예 double res = fabs(-100.2);   ➡ res 값은 100.200000

(3) double sin(double x)

x의 sin 값을 반환한다. 괄호 안은 라디안값이 들어간다.

예 double res = sin(30.0*3.141592/180);　　　　// sin(30°)　　➡ res 값은 0.500000

(4) double cos(double x)

x의 cos 값을 반환한다. 괄호 안은 라디안값이 들어간다.

예 double res = cos(60.0*3.141592/180);　　　　// cos(60°)　　➡ res 값은 0.500000

(5) double tan(double x)

x의 tan 값을 반환한다. 괄호 안은 라디안값이 들어간다.

예 double res = tan(45.0*3.141592/180);　　　　// tan(45°)　　➡ res 값은 1.000000

(6) double log(double x)

x의 로그값을 반환한다.

예 double res = log(5.5);　　　　　　　　　　　　　　➡ res 값은 1.704748

(7) double pow(double x, double y)

x의 y 제곱을 반환한다.

예 double res = pow(10, 3);　　　　　　　　　　　　➡ res 값은 1000.000000

(8) double sqrt(double x)

x의 제곱근을 구한다.

예 double res = sqrt(81);　　　　　　　　　　　　　　➡ res 값은 9.000000

예제 12-17	수학에 관련된 계산 프로그램

여러 가지 수학에 관련된 함수를 테스트하는 프로그램을 작성한다.

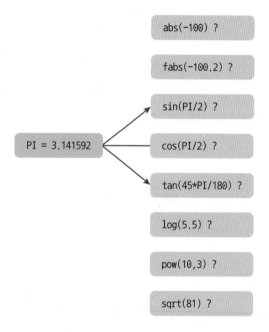

```
1   // C_EXAMPLE\ch12\ch12_project17\math.c
2
3   #include <stdio.h>
4   #include <math.h>  ◄─────── 수학 관련 라이브러리 함수를 사용하기 위해 추가
5
6   #define    PI    3.141592    // 일반 상수 매크로 치환
7   int main(void)
8   {
9           printf("abs(-100) = %d \n", abs(-100));
10          printf("fabs(-100.2) = %f \n", fabs(-100.2));
11          printf("sin(PI/2) = %f\n", sin(PI/2));
12          printf("cos(PI/2) = %f\n", cos(PI/2));
13          printf("tan(45*PI/180) = %f\n", tan(45*PI/180));
14          printf("log(5.5) = %f\n", log(5.5));
15          printf("pow(10,3) = %f\n", pow(10, 3));
16          printf("sqrt(81) = %f\n", sqrt(81));
17          return 0;
18  } // main()
```

[언어 소스 프로그램 설명

핵심포인트

math.h 헤더 파일은 수학과 관련된 연산을 할 때 사용하는 라이브러리들이 모여 있는 헤더 파일이다. 따라서 프로그램에 사용된 함수 이외에도 유용하게 사용할 수 있는 함수들이 모여 있다.

라인 4	math.h 헤더 파일은 수학연산 처리에 관련된 라이브러리 함수들에 대한 함수원형선언이 포함된 파일이다.
라인 9	-100의 절대값을 구하는 식이다.
라인 10	-100.2의 절대값을 구하는 식이다.
라인 11	sin 90도를 구하는 식이다. 이때 각도는 라디안이다.
라인 12	cos 90도를 구하는 식이다. 이때 각도는 라디안이다.
라인 13	tan 45도를 구하는 식이다. 이때 각도는 라디안이다.
라인 14	log 5.5를 구하는 식이다.
라인 15	10의 3승을 구하는 식이다.
라인 16	81의 제곱근을 구하는 식이다.

실행 결과

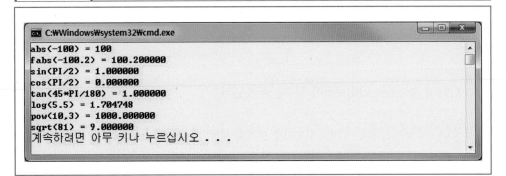

```
C:\Windows\system32\cmd.exe

abs(-100) = 100
fabs(-100.2) = 100.200000
sin(PI/2) = 1.000000
cos(PI/2) = 0.000000
tan(45*PI/180) = 1.000000
log(5.5) = 1.704748
pow(10,3) = 1000.000000
sqrt(81) = 9.000000
계속하려면 아무 키나 누르십시오 . . .
```

1. 다음이 설명하는 라이브러리 함수는 무엇인가?

> 이 라이브러리 함수는 키보드로부터 문자열을 입력받으며, 입력받은 뒤 문자열의 마지막에 NULL문자를 자동으로 추가시킨다.

① gets()   ② getc()

③ puts()   ④ putc()

⑤ scanf()

2. 다음이 설명하는 라이브러리 함수는 무엇인가?

> 이 라이브러리 함수는 주소값을 인수로 하며, 표준 출력장치에 주소값이 가리키는 문자열을 출력하는 함수이다. 이때 문자열의 끝에는 자동으로 '\n'문자가 추가되어 출력된다.

① gets()   ② getc()

③ puts()   ④ putc()

⑤ scanf()

3. 다음이 설명하는 라이브러리 함수는 무엇인가?

> 이 라이브러리 함수는 파일 포인터를 인수로 하며, 파일 포인터가 가리키는 파일에서 문자 1개를 읽어와 반환하는 함수이다. 반환을 한 후에는 포인터의 위치를 1개 이동시킨다. 또한, 파일의 끝에 도달하면 EOF를 반환한다.

① gets()   ② getc()

③ puts()   ④ putc()

⑤ scanf()

4. 다음이 설명하는 라이브러리 함수는 무엇인가?

> 이 라이브러리 함수는 파일 포인터와 char형 두 개를 인수로 하며, 파일 포인터가 가리키는 위치에 char형 변수의 값을 기록한 뒤 포인터의 위치를 1개 이동시킨다.

① gets() ② getc()

③ puts() ④ putc()

⑤ scanf()

5. 다음의 문장을 사용했을 때 str의 값은 무엇인가?

```
sprintf(str, "%d * %d = %d", 10, 20, 10*20);
```

6. fopen() 라이브러리 함수에 대한 설명 중 틀린 것은?

① 파일에 기록을 하려면 w 옵션을 준다.

② 파일을 쓰기로 열었을 때, 파일의 내용이 이미 존재하는 경우 파일 포인터가 마지막으로 이동한다.

③ 파일을 열 때 에러가 발생하면 NULL 값을 반환한다.

④ 함수의 인수로는 파일명과 열기 옵션이다.

⑤ 파일명에 경로가 포함되어 있지 않으면 기본적으로 실행 파일이 위치하는 경로이다.

7. 다음이 설명하는 라이브러리 함수는 무엇인가?

> 파일 포인터가 가리키는 파일에서 문자열을 읽어오는데, 줄 바꿈 문자('\n')를 만나면 읽기를 종료하고 원하는 바이트만큼을 읽어온다.

① fgets() ② fscanf()

③ fputs() ④ fprintf()

⑤ fclose()

8. 다음이 설명하는 라이브러리 함수는 무엇인가?

> 파일 포인터가 가리키는 파일에서 문자열을 기록할 때 사용하며, 기록할 문자열이 저장된 공간에 '\0'가 포함되어 있으면 기록을 중단한다.

① fgets()　　　　　　　　② fscanf()

③ fputs()　　　　　　　　④ fprintf()

⑤ fclose()

9. 다음이 설명하는 라이브러리 함수는 무엇인가?

> 파일 포인터로부터 정해진 형식에 맞게 읽어오는데 형식지정 변환문자에 의하여 문자열을 저장할 수 있다.

① fgets()　　　　　　　　② fscanf()

③ fputs()　　　　　　　　④ fprintf()

⑤ fclose()

10. 다음이 설명하는 라이브러리 함수는 무엇인가?

> 파일을 블록단위로 읽어들여, 정해진 위치에 블록을 저장하는 함수이며, 읽어낸 블록수를 반환한다.

① fseek()　　　　　　　　② fread()

③ fwrite()　　　　　　　　④ ftell()

⑤ rewind()

11. 다음이 설명하는 라이브러리 함수는 무엇인가?

> 파일에 블록 단위로 데이터를 기록하며, 파일의 끝이거나 에러가 발생되면 NULL을 반환하는 라이브러리 함수이다.

① fseek()   ② fread()

③ fwrite()   ④ ftell()

⑤ rewind()

12. 다음이 설명하는 라이브러리 함수는 무엇인가?

> 파일 내부에서 특정한 길이만큼 포인터의 위치를 변경시키는 라이브러리 함수이다. 이때 함수의 인수로써 파일 포인터, 이동 시작 위치, 이동할 길이를 가지고 있다.

① fseek()   ② fread()

③ fwrite()   ④ ftell()

⑤ rewind()

13. 다음이 설명하는 라이브러리 함수는 무엇인가?

> 파일의 시작 위치에서 현재 위치한 파일 포인터의 위치 바로 전까지를 바이트로 환산하는 라이브러리 함수이며, 정해진 길이만큼 포인터를 위치시킬 때 유용하게 사용된다.

① fseek()   ② fread()

③ fwrite()   ④ ftell()

⑤ rewind()

14. 다음이 설명하는 라이브러리 함수는 무엇인가?

> 문자열을 복사할 때 사용하며, 문자열의 끝은 '\0'로 인식하는 함수이다.

① strcpy() ② strcat()

③ strlen() ④ strcmp()

⑤ strncpy()

15. 다음이 설명하는 라이브러리 함수는 무엇인가?

> 문자열의 길이를 반환하는 라이브러리 함수이며, 문자열의 끝은 '\0'이다. 따라서 '\0'문자 앞까지의 길이를 반환한다.

① strcpy() ② strcat()

③ strlen() ④ strcmp()

⑤ strncpy()

16. 다음의 동작조건, 요구사항, 실행결과를 만족시키는 프로그램을 작성하라.

동작조건

- 사용자로부터 파일명을 입력받는다.

- 파일을 생성한 뒤 사용자로부터 다시 파일의 내용을 입력받는다.

- 해당 파일에 입력받은 내용을 기록한 뒤 파일을 저장하는 프로그램을 작성한다.

파일명,
파일내용 입력

요구사항

- 파일명만 입력하면 자동으로 확장자(.txt)가 붙도록 프로그래밍 한다.

- gets() 라이브러리 함수를 사용한다.

- fwrite() 라이브러리 함수를 사용한다.

실행결과

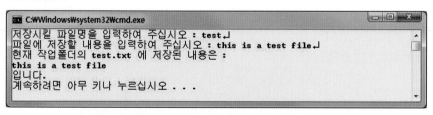

```
C:\Windows\system32\cmd.exe
저장시킬 파일명을 입력하여 주십시오 : test↵
파일에 저장할 내용을 입력하여 주십시오 : this is a test file↵
현재 작업폴더의 test.txt 에 저장된 내용은 :
this is a test file
입니다.
계속하려면 아무 키나 누르십시오 . . .
```

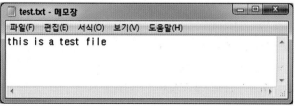

```
test.txt - 메모장
파일(F)  편집(E)  서식(O)  보기(V)  도움말(H)
this is a test file
```

17. 다음의 동작조건, 요구사항, 실행결과를 만족시키는 프로그램을 작성하라.

동작조건

- 사용자의 이름과 비밀번호를 파일에 저장하는 프로그램을 작성한다.

- 프로그램이 시작되면, 패스워드를 저장할 파일명을 묻는다.

- 패스워드를 입력할 때 한번 더 확인을 하며, 만일 처음 입력한 패스워드와 일치하지 않으면, 다시 묻는다.

- 모두 입력을 마쳤으면, 최종적으로 사용자의 정보를 출력하고, 해당 파일에서 사용자의 정보를 저장한다.

파일명
사용자이름
비밀번호

요구사항

- 파일명만 입력하면 자동으로 확장자(.txt)가 붙도록 프로그래밍 한다.

- gets() 라이브러리 함수를 사용한다.

- fwrite() 라이브러리 함수와 strcmp() 라이브러리 함수를 사용한다.

- 배열을 사용한다.

실행결과

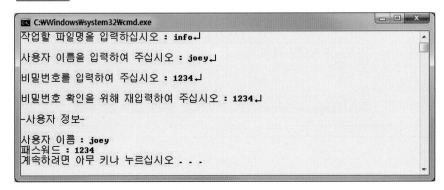

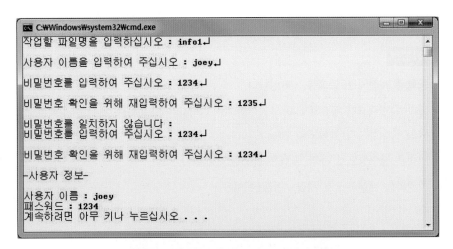

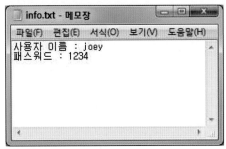

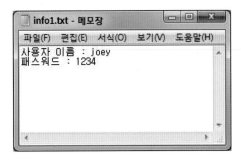

18. 다음의 동작조건, 요구사항, 실행결과를 만족시키는 프로그램을 작성하라.

동작조건

- 공학용 계산기 프로그램을 작성한다.
- 음수가 입력되면 종료하도록 하고, 원하는 입력값을 사용하여 계산을 수행하고 그 결과를 출력하여 반복하도록 한다.
- 입력은 정수형으로 하되, 출력은 실수형으로 한다.
- 지원하는 계산은 log, 제곱, 제곱근이다.

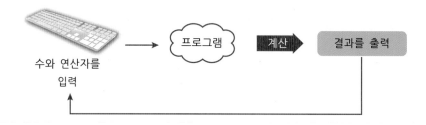

수와 연산자를
입력

요구사항

- 출력 결과는 소수점 1째 자리만 출력한다.
- 경고 메시지가 존재해선 안된다.

실행결과

```
C:\Windows\system32\cmd.exe

숫자를 입력하여 주십시오 : 10↵
log(10) = 2.3, 10^2 = 100.0, 제곱근 = 3.2 입니다.
숫자를 입력하여 주십시오 : 100↵
log(100) = 4.6, 100^2 = 10000.0, 제곱근 = 10.0 입니다.
숫자를 입력하여 주십시오 : -1↵
계속하려면 아무 키나 누르십시오 . . .
```

19. 다음의 동작조건, 요구사항, 실행결과를 만족시키는 프로그램을 작성하라.

- 현재 작성하고 있는 소스 코드의 총 라인개수를 셈하여 출력하는 프로그램을 작성한다.
- 라인의 구분은 줄 바꿈 문자의 유무이며, 현재 작업중인 소스 코드는 src.c로 한다.

소스 코드 → 프로그램 → 행의 개수 → 결과를 출력

요구사항

- 출력 결과는 파일명과 라인의 개수로 한정한다.
- 만일 파일명이 잘못 되었을 경우에는 에러 메시지를 출력하여 프로그램을 종료시키도록 한다.
- fgets() 라이브러리 함수를 사용한다.

실행결과

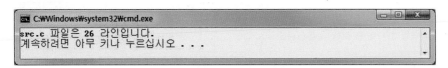

```
C:\Windows\system32\cmd.exe
src.c 파일은 26 라인입니다.
계속하려면 아무 키나 누르십시오 . . .
```

20. 다음의 동작조건, 요구사항, 실행결과를 만족시키는 프로그램을 작성하라.

동작조건

- 소스 코드의 크기를 계산하는 프로그램을 작성한다.
- 소스 코드를 탐색기에서 열어 크기를 확인한 후 값이 일치하는지 확인한다.

소스 코드

요구사항

- fseek() 라이브러리 함수를 사용한다.
- ftell() 라이브러리 함수를 사용한다.
- 파일명이 잘못 입력되었으면, 에러를 발생시키고 프로그램을 종료시킨다.

실행결과

INDEX